한국산업인력공단 주관·시행

2027 개정최신판

NCS 기반 굴착기 운전기능사 필기

핵심요약 및 기출문제

박상언 편저

- 도로명 주소 내용 수록
- 체계적인 핵심요약 정리
- 최신 기출문제 수록
- 상시검정 예상문제 수록

차례 CONTENTS

핵심요약

Chapter 01 굴착기의 구조 및 기능 · · · · · · · · · · · · · · 13
Chapter 02 굴착기 점검 및 주행 · · · · · · · · · · · · · · 16
Chapter 03 안전관리 · · · · · · · · · · · · · · 34
Chapter 04 건설기계관리법규 및 도로통행방법 · · · · · · · · · 39
Chapter 05 장비구조 · · · · · · · · · · · · · · 56

기출문제

2011 기출문제
2011.2.13 · · · · · · · · · · · · 66
2011.4.17 · · · · · · · · · · · · 73
2011.7.31 · · · · · · · · · · · · 80
2011.10.9 · · · · · · · · · · · · 87

상시검정 예상문제

상시검정 예상문제(1) · · · · · · · 95
상시검정 예상문제(2) · · · · · · · 102
상시검정 예상문제(3) · · · · · · · 108
상시검정 예상문제(4) · · · · · · · 115
상시검정 예상문제(5) · · · · · · · 121
상시검정 예상문제(6) · · · · · · · 128
상시검정 예상문제(7) · · · · · · · 135
상시검정 예상문제(8) · · · · · · · 142
상시검정 예상문제(9) · · · · · · · 149
상시검정 예상문제(10) · · · · · · · 156
상시검정 예상문제(11) · · · · · · · 163
상시검정 예상문제(12) · · · · · · · 170
상시검정 예상문제(13) · · · · · · · 177
상시검정 예상문제(14) · · · · · · · 184
상시검정 예상문제(15) · · · · · · · 191

굴착기운전기능사 출제기준(필기)

직무분야	건설	중직무분야	건설기계운전	자격종목	굴착기운전기능사	적용기간	2025. 1. 1 ~ 2027. 12. 31
직무내용	건설 현장의 토목 공사 등을 위하여 장비를 조종하여 터파기, 깎기, 상차, 쌓기, 메우기 등의 작업을 수행하는 직무이다.						
필기검정방법	객관식		문제수	60		시험시간	1시간

필시 과목명	출제문제수	주요항목	세부항목	세세항목
굴착기 조종, 점검 및 안전관리	60	1. 점검	1. 운전 전·후 점검	1. 작업 환경 점검 2. 오일·냉각수 점검 3. 구동계통 점검
			2. 장비 시운전	1. 엔진 시운전 2. 구동부 시운전
			3. 작업상황 파악	1. 작업공정 파악 2. 작업간섭사항 파악 3. 작업관계자간 의사소통
		2. 주행 및 작업	1. 주행	1. 주행성능 장치 확인 2. 작업현장 내·외 주행
			2. 작업	1. 깍기 2. 쌓기 3. 메우기 4. 선택장치 연결
			3. 전·후진 주행장치	1. 조향장치 및 현가장치 구조와 기능 2. 변속장치 구조와 기능 3. 동력전달장치 구조와 기능 4. 제동장치 구조와 기능 5. 주행장치 구조와 기능 6. 타이어
		3. 구조 및 기능	1. 일반사항	1. 개요 및 구조 2. 종류 및 용도
			2. 작업장치	1. 암, 붐 구조 및 작동 2. 버켓 종류 및 기능
			3. 작업용 연결장치	1. 연결장치 구조 및 기능
			4. 상부회전체	1. 선회장치 2. 선회 고정장치 3. 카운터웨이트
			5. 하부회전체	1. 센터조인트 2. 주행모터 3. 주행감속기어

필기 과목명	출제 문제수	주요항목	세부항목	세세항목
물차기 초종, 강장기 및 안전관리	60	1. 안전관리 일반	1. 안전관리조직 및 운영	1. 안전관리조직 형태 및 종류 2. 안전관리조직 및 운영관리
			2. 안전보호구 확인	1. 안전표시 2. 안전모의 착용 3. 보호구
			3. 안전운전 준수	1. 안전사용절차 2. 운전안전 3. 작업안전 및 기타 안전 사항
			4. 장비 안전관리	1. 장비안전관리 2. 일상 점검표 3. 작업요청서 4. 장비안전관리교육 5. 기계·기구 및 공구에 관한 사항
			5. 가스 및 전기안전관리	1. 가스안전 및 가스배관 2. 전기안전 및 전기시설물(전기기기 등) 3. 전기안전장치 및 주의사항(전기기계설비) 4. 수공구, 작업시 주의사항(전기기구설비)
			6. 건설기계관리법령	1. 건설기계관리법령 제정 목적 2. 건설기계관리법(정의, 고유번호) 3. 건설기계관리법의 적용 범위
		6. 장비구조	1. 엔진구조	1. 엔진본체 구조와 기능 2. 윤활장치 구조와 기능 3. 연료장치 구조와 기능 4. 흡배기장치 구조와 기능 5. 냉각장치 구조와 기능
			2. 전기장치	1. 시동장치 구조와 기능 2. 충전장치 구조와 기능 3. 등화 및 계기장치 구조와 기능 4. 퓨즈 및 계기장치 구조와 기능
			3. 작업장치	1. 작업장 2. 작업용, 작동장치 및 작업방법 3. 작이 특성 4. 작업기 동력 취출 5. 기타 부속장치

굴착기운전기능사 출제기준(실기)

직무분야	건설	중직무분야	건설기계운전	자격종목	굴착기운전기능사	적용기간	2025. 1. 1 ~ 2027. 12. 31

직무내용	건설 현장의 토목 공사 등을 위하여 장비를 조종하여 터파기, 깎기, 상차, 쌓기, 메우기 등의 작업을 수행하는 직무이다.

수행준거

1. 장비의 원활한 작동 여부를 확인하기 위하여 계기판을 점검하고 엔진의 예열 후 각 작동장치의 정상적인 동작 여부를 확인할 수 있다.
2. 굴착기의 제반 성능을 확인하고 교통 법규·수칙을 준수하며 주변여건을 파악하여 안전하게 굴착기를 작업 현장에 이동시킬 수 있다.
3. 토목 기초공사를 위해 굴착기를 이용하여 작업지시사항에 따라 작업 내용을 숙지하고 안전하게 땅을 파는 기능을 수행할 수 있다.
4. 굴착기를 이용하여 작업지시사항에 따라 부지조성을 하기 위해 흙, 암반 구간 등을 깎을 수 있다.
5. 터파기와 깎기 작업에서 발생한 돌, 토사를 후속 작업에 지장이 없도록 조치하여 쌓을 수 있다.
6. 부지, 관로, 조경 시설물, 도로를 완성시키기 위해 장비를 이용하여 돌, 흙, 골재, 모래 등으로 빈 공간을 채울 수 있다.
7. 현장 여건에 따라 장비에 각 선택장치를 연결하여 암 파쇄, 콘크리트 파쇄·절단, 집기 등 다양한 작업을 수행할 수 있다.
8. 굴착기작업을 원활하고 안전하게 수행하기 위하여 작업목적, 작업공정 및 작업간섭사항을 파악하고 작업관계자간 의사소통 방법을 수립할 수 있다.
9. 굴착기의 안전하고 원활한 작업을 위해 장비사용설명서에 따라 각부 오일, 벨트, 냉각수, 타이어, 트랙 등을 점검하고, 굴착기 외관을 확인할 수 있다.
10. 작업 현장에서 안전사고를 예방하기 위하여 안전교육과 장비의 이상 유무 점검을 통해 지속적인 안전을 확보하고 환경을 보존하며 긴급 상황에 대처할 수 있다.
11. 건설현장의 작업을 완료한다. 후 차기 작업에 지장이 없도록 연료를 보충하고 장비의 이상 유무를 점검할 수 있다.

실기검정방법	작업형	시험시간	15분 정도

실시 과목명	주요항목	세부항목	세세항목
굴착기 조종 실무	1. 장비 시운전	1. 엔진 시동 전·후 계기판 점검하기	1. 엔진 시동 전·후 계기판 경고등의 점등 여부와 경고음을 확인 할 수 있다. 2. 계기판 표시와 육안을 통해 연료량, 배터리, 엔진오일, 유압유의 이상 유무를 확인할 수 있다. 3. 계기판 경고등 점등 시 장비사용설명서에 따라 자가 수리 여부를 파악할 수 있다. 4. 계기판 경고등 점등 시 장비사용설명서에 따라 자가 수리(정비) 여부를 파악할 수 있다.
		2. 엔진 예열하기	1. 엔진의 과부하로 인한 손상을 방지하기 위하여 공회전을 수행할 수 있다. 2. 장비의 원활한 작동을 위해 공회전을 수행할 수 있다. 3. 계기판의 냉각수 온도 표시를 보고 엔진의 예열 여부를 확인할 수 있다. 4. 계기판의 rpm(회전수) 표시를 보고 엔진의 정상온도 도달 여부를 확인할 수 있다.

실기 과목명	주요항목	세부항목	세세항목
초음 진동기 측정	1. 진동 시험장치	3. 진동 시험하기	1. 임의의 진동 신호에 대하여 미지 신호의 성분을 예측할 수 있다. 2. 임의의 진동 신호에 대하여 임의의 신호의 성분을 예측할 수 있다. 3. 임의의 진동 신호에 대하여 영향인자의 예측할 수 있다. 4. 임의의 진동 신호에 대하여 주변의 영향인자의 영향을 예측할 수 있다. 5. 임의의 진동 신호에 대하여 기기의 상태를 예측할 수 있다.
		4. 결과 분석기	1. 타이머 동작하기 경우 관련 인자를 고려하여 결과분석 할 수 있다. 2. 스트레인게이지 동작하기 경우 이동 관련 인자 고려 신·하중 시 고려사항을 분석할 수 있다. 3. 진동계 분석 진동 예측하여 결과·지역 관련을 분석할 수 있다. 4. 분석의 결과 관련 인자를 고려하여 가상의 결과를 분석할 수 있다. 5. 인자들의 결과를 분석하여 진단 결과 대안자의 인자들의 관련의 과 장애 관련 할 수 있다. 6. 시험들 분석 예측하여 진단 관련 장애를을 확인할 수 있다.
	2. 측정	1. 주임진동수 확인	1. 장·측 장치 시와 예측 하여 하중과 동 인가의 미치도 진동을 하고 주요인자 종 가 매우 차이 지도 여부 확인할 수 있다. 2. 측·동 장치 시와 예측 하여 시스템 미치도 가득이 가도록 과 과정하고 확인할 수 있다. 3. 주임진동수 인가하기 예측하여 종종 진단자의 차장 여부를 확인할 수 있다. 4. 주임진동수 인가하기 예측하여 에너지들이 진동 여부를 확인할 수 있다.
		2. 시정상진동 확인하기	1. 분석기를 인가하여 이진동하기 예측하여 상장 영향까지의 고려량 파이를 확인할 수 있다. 2. 분석기를 인가하여 이진동하기 예측하여 사장의 대해 영향량 영상을 확인할 수 있다. 3. 분석기를 인가하여 이진동하기 예측하여 주장 경영의 장장배들의 파장들을 확인할 수 있다. 4. 인가행에서 분석기의 경우 고려한 관련으로 인해 기존 그것의 일부 동작되는 등 시뮬하여 이동할 수 있다.
		3. 시정상진동 내 추정하기	1. 시정상진동 대비 이동 동작 시 경재 및자를 인가하여 다양의 인·단을 확인할 수 있다. 2. 시정상진동 대비 인가하기 예측하여 자장, 상자, 자장지 확인할 수 있다. 3. 시정상진동 대비 인가하기 예측하여 가장의 나감하의 예측 혹 확인할 수 있다. 4. 시정상진동 대비 예측하기 인가하여 다양하이 자장 여부 안을 예측할 수 있다.
	3. 타파기	1. 정확 타파기	1. 인가행한 타파기 사용에 표준 수치를 통해 주임진동자의 이사성을 확인 수 있다. 2. 관련 예측을 인가하게 하기 예측하여 인가자의 정상성의 여부를 확인 수 있다. 3. 관련 예측을 인가하게 하기 예측하여 인가의 정상기를 확인할 수 있다. 4. 주임기시내용에 대하 인가 것장장의 확인하기 인가하여 정상을 확인할 수 있다. 5. 주임기시내용에 대하 애양장 관련 분기, 정이, 정이에 인가 타파기를 확인 수 있다. 6. 주임기시내용에 대하 애양장 관련 인 종류 인가 인가 타파기를 확인 수 있다. 7. 주임기시내용에 대하 애양장 관련 배이에 아가 인가 타파기를 확인 수 있다. 8. 특성이 이다 지정이 위치하여 그것의 평균 관련 타파기를 확인 수 있다.
		2. 구조물 타파기	1. 인가행한 타파기 사용에 표준 수치를 통해 연관자주의 이사성을 확인 수 있다. 2. 구조물의 인가하게 예측하여 인가자의 정상성의 인가지 확인 수 있다. 3. 구조물 인가하게 예측하여 하기 인가의 정상기를 확인 수 있다. 4. 구조물시내용에 대하 인가 것장장의 확인하기 인가에 정성을 확인 수 있다.

실시 과목명	주요항목	세부항목	세세항목
굴착기 조종 실무	3. 터파기	2. 구조물 터파기	5. 작업지시사항에 따라 설치할 구조물의 종류에 맞게 터파기를 할 수 있다. 6. 작업지시사항에 따라 설치할 구조물의 위치에 맞게 터파기를 할 수 있다. 7. 토압에 의한 지반의 붕괴를 고려하여 구조물 터파기를 할 수 있다.
	4. 깎기	1. 깎기 작업 준비하기	1. 안전사고 예방을 위하여 작업 수행 전 안전교육 받을 수 있다. 2. 작업지시사항에 따라 안전한 작업 방법을 숙지할 수 있다. 3. 작업지시사항에 따라 작업 기간을 숙지할 수 있다. 4. 안전하고 원활한 깎기 작업을 위하여 작업현장의 지형·지반의 특성을 파악할 수 있다. 5. 원활한 깎기 작업을 위하여 벌개제근을 수행할 수 있다. 6. 토사의 운반을 위하여 진·출입로를 확보할 수 있다. 7. 토사 유실과 지반 붕괴를 방지하기 위하여 배수로 및 침사지를 확보할 수 있다. 8. 작업지시사항에 따라 깎기의 위치, 폭, 길이, 깊이, 경사도를 파악할 수 있다.
		2. 부지사면 작업하기	1. 안전한 부지사면 작업을 위하여 표준 수신호를 통해 동반 작업자와 의사소통을 할 수 있다. 2. 작업지시사항에 따라 부지사면의 경사, 면, 크기를 고려하여 흙을 제거할 수 있다. 3. 작업지시사항에 따라 부지사면의 특성과 경사 비율을 고려하여 흙을 제거할 수 있다. 4. 토압에 의한 사면의 붕괴를 고려하여 흙을 제거할 수 있다. 5. 부지사면 작업을 통해 발생한 토사의 상차 작업을 할 수 있다. 6. 토사의 반출을 고려하여 부지사면 작업을 할 수 있다.
		3. 암반 구간 작업하기	1. 안전한 깎기 작업을 위하여 표준 수신호를 통해 동반 작업자와 의사소통을 할 수 있다. 2. 암반 파쇄 작업을 위하여 암반파쇄기를 부착할 수 있다. 3. 암반의 크기, 강도, 경사, 결을 고려하여 암반 작업을 할 수 있다. 4. 암반 발파 작업을 위하여 암반 노출작업을 할 수 있다. 5. 암반 파쇄 작업 도중 파편을 막기 위한 안전망을 설치할 수 있다. 6. 암반 작업을 통해 발생한 돌의 상차 작업을 할 수 있다.
		4. 상차 작업하기	1. 상차 시 작업 반경 내의 안전사고 발생을 고려하여 신호수를 배치할 수 있다. 2. 상차 작업을 위한 운반차량의 진·출입로를 확보할 수 있다. 3. 상차 작업 준비를 위한 상차내용물(흙, 모래, 돌, 폐기물)을 모을 수 있다. 4. 상차 시 운반차량의 크기, 위치를 고려하여 상차 작업을 수행할 수 있다. 5. 상차 시 버킷의 내용물이 낙하하지 않도록 작업을 수행할 수 있다. 6. 상차 작업 시 운반물의 낙하 방지를 위해서 고르기 작업을 수행할 수 있다.
	5. 쌓기	1. 쌓기 작업 준비하기	1. 안전하고 원활한 쌓기 작업을 위하여 돌, 토사의 놓을 위치를 파악할 수 있다. 2. 돌, 토사 쌓기 작업이 용이하도록 주변의 장애물을 정리할 수 있다. 3. 보행자의 통행에 방해가 되지 않도록 통행로를 확보할 수 있다. 4. 돌, 토사의 쌓기 작업을 위하여 현장 내 작업로를 확보할 수 있다.
		2. 쌓기 작업하기	1. 신호수의 유도에 의하여 쌓기 작업을 수행할 수 있다. 2. 쌓을 돌, 토사의 양을 고려하여 쌓기 작업을 수행할 수 있다. 3. 장비의 회전 반경을 고려하여 쌓기 작업을 수행할 수 있다. 4. 돌, 토사가 흘러내리지 않도록 쌓기 작업을 수행할 수 있다. 5. 돌, 토사를 더 쌓기 위해 고르기, 다짐 작업을 수행할 수 있다.
		3. 야적 작업하기	1. 작업지시서에 따라 야적장 부지와 야적물의 규모를 파악할 수 있다. 2. 안전한 작업 수행을 위하여 주변 지상 장애물을 파악할 수 있다. 3. 신호수의 유도에 따라 야적 작업을 수행할 수 있다. 4. 돌, 토사의 흘러내림을 방지하기 위하여 사면의 정리·다짐 작업을 수행할 수 있다.

실시 교육명	주요 교육명	세부교육명	시세항목
공조 동용 설치기	5. 설치 3. 야외 설치하기		1. 설치시사항에 따른 지점, 지면의 빙결토 파악할 수 있다. 5. 틈, 틈사이 볼트너트를 사용하여 설치기를 고르고 바르게 설치할 수 있다. 6. 틈, 틈사이 볼트너트를 사용하여 설치기를 매트수로 설정할 수 있다. 7. 안전사고 예방등을 위하여 안전소로 배치 설치할 수 있다.
		1. 매기기 설치 공통 설치하기	1. 설치시사항에 따라 지점의 매기기 설치 내용을 파악할 수 있다. 2. 매기기 설정에 따라 풍량의 풍속, 풍향 등을 파악할 수 있다. 3. 사용한 매기기 설정에 따라 설치기를 매지할 수 있다. 4. 기준이 지점 매기기 설정에 따라 지점 매기기 용량을 파악할 수 있다. 5. 기준이 지점 매기기 설정에 따라 지점 매기기 용량을 파악할 수 있다. 6. 매기기 설정에 따른 설정값 등을 확인할 수 있다. 7. 지점 설치를 완료하기 위하여 설기 지세 보 설정을 수행할 수 있다.
	6. 매기기	2. 매기기 설정하기	1. 설치시사항에 따른 매기기 설정 내용을 파악할 수 있다. 2. 지점을 파악하여 매기 설정을 매지할 수 있다. 3. 통상설정기의 설치설정에 따라 설정값을 고려하여 등, 풍저, 풍으로 등이 설정기를 할 수 있다. 4. 매기기 설정을 수행할 수 있다. 5. 매기기 설정을 수행하기 위하여 설치기를 설정 다양 등을 수행할 수 있다.
		3. 리메하기 설정하기	1. 타이머 중 파악하고 지점 매기물의 동상상의 설치기를 리메이기 중 설정을 수행할 수 있다. 2. 지점 매기물과 지점 매기물의 동상을 파악하기 위하여 리메이기 고제를 파악할 수 있다. 3. 지점 매기물과 지점 매기물의 동상을 파악하기 위하여 리메이기 고제를 파악할 수 있다. 4. 설정지시이 설정 기준에 따른 통상이 도이 리메이기 설정기를 설정할 수 있다. 5. 지점의 공정동 저속기에 따라 통으로 리메이기 설정기를 설정할 수 있다. 6. 사물과 사용자의 안전성을 확보하기 위해 지점 고지 설정을 수행할 수 있다.
	7. 설비설정	1. 시간설정	1. 용상 설정 여건에 맞는 설정기를 설정할 수 있다. 2. 배지설을 설정하기 위하여 안전설정 재가동을 할 것 가정하고 사시지를 수행할 수 있다. 3. 설비설정을 수행하기 위하여 각종 자동 스위치를 ON(접속) 시설 OFF(해제) 시설 수 있다. 4. 설비설정 설정지시이 이용하기 위하여 안전설정 검사 시설 수 있다. 5. 설비설정 설비설정기 이용하기 위하여 사용자이 요구사설 검사 설명할 수 있다. 6. 설비설정 설비설정기를 이용하기 위하여 사용하는 구 부품 스물 페먼 등 안 수 있다. 7. 설비설정 설비설정기 설정설정이 설정상이기 이용하기 위하여 상시에 사시동시물을 할 수 있다.
		2. 만일이기 설정하기	1. 안정성을 저장하고 안저하게 화하고 각정의 지정이이 내용의 확인을 할인할 수 있다. 2. 각정이가 저정으로 망저하는 과정과 등이 시공 상에 맞게 잠지하기 있다. 3. 등이 과정이 이용 잠저이 파저과 해에 하기이 하기이 인지가능 확인할 수 있다. 4. 각종 수동 적인 시 보인되는 저정하기 상에서 자도에 자리이 작동할 수 있다. 5. 각정이 등을 확인하기 위해 등이 파상과 과정을 시용할 수 있다. 6. 각정이 등을 확인하기 위한 각도(등)를 감지할 수 있다.

실시 과목명	주요항목	세부항목	세세항목
굴착기 조종 실무	7. 선택 장치 작업	3. 크러셔 작업하기	1. 안전한 작업을 위하여 안전구역을 확보하고 주변인의 통행과 안전펜스 설치 여부를 확인할 수 있다. 2. 안전한 작업을 위하여 구조물의 특성과 구조를 파악할 수 있다. 3. 구조물의 붕괴로 발생하는 파편과 분진, 소음에 의한 상해를 방지하기 위하여 개인안전보호구를 착용할 수 있다. 4. 안전한 작업을 위하여 장비의 자리잡기를 할 수 있다. 5. 안전한 작업을 위하여 구조물의 특성과 구조에 맞게 파쇄할 수 있다. 6. 안전한 작업을 위하여 크러셔의 각도를 신중하게 선택하여 파쇄할 수 있다.
		4. 집게 작업하기	1. 안전한 작업을 위하여 안전구역을 확보하고 주변인의 통행을 확인할 수 있다. 2. 안전한 작업을 위해 신호수의 유도에 따를 수 있다. 3. 작업 대상물의 특성에 따라 집게의 강약을 조절하여 집는 작업을 수행할 수 있다. 4. 작업 대상물의 특성을 고려하여 집게 각도를 선정하여 집는 작업을 수행할 수 있다. 5. 작업 대상물이 놓여질 위치에 따라 집게 각도를 조절하여 작업을 수행할 수 있다.
	8. 작업 상황 파악	1. 작업목적 파악하기	1. 작업 목적의 이해를 위해 작업 공정을 파악할 수 있다. 2. 작업 목적의 이해를 위해 작업지시사항을 파악할 수 있다. 3. 작업지시사항에 따라 작업 대상물의 종류를 파악할 수 있다. 4. 작업지시사항에 따라 작업주변여건을 파악할 수 있다.
		2. 작업공정 파악하기	1. 작업지시사항에 따라 작업일정을 파악할 수 있다. 2. 작업지시사항에 따라 작업물량을 확인할 수 있다. 3. 작업지시사항에 따라 작업의 종류를 확인할 수 있다. 4. 작업지시사항에 따라 연계작업을 파악할 수 있다.
		3. 작업간섭사항 파악하기	1. 장비제원 확인을 통하여 운전 작업 반경을 파악할 수 있다. 2. 작업지시사항과 육안을 통하여 작업지반, 작업지형을 파악할 수 있다. 3. 장비제원과 육안을 통하여 지상·지하 장애물을 파악할 수 있다. 4. 작업지시사항과 공정검토를 통하여 타 장비와의 접촉위험을 파악할 수 있다.
		4. 작업관계자간 의사소통 방법 수립하기	1. 정기적인 회의 참석을 통하여 현장작업관계자로부터 작업지시사항을 파악할 수 있다. 2. 작업효율성과 안전 확보를 위하여 작업지시사항에 따라한 작업관계자간 현장 통신방법과 통신수단을 파악할 수 있다. 3. 작업효율성과 안전 확보를 위하여 현장신호수의 위치와 수신호를 파악할 수 있다. 4. 작업효율성과 안전 확보를 위하여 현장작업관계자간 임의의 통신 신호를 약속할 수 있다.
	9. 운전 전 점검	1. 장비의 주변 상황 파악하기	1. 운전 전 점검을 위해 굴착기 주기(주차) 상태를 육안으로 확인할 수 있다. 2. 안전사고 예방을 위해 굴착기 작업 반경 내의 위험 요소를 확인할 수 있다. 3. 주변 시설물의 손괴 방지를 위해 시설물의 위치를 확인할 수 있다.
		2. 각부 오일 점검하기	1. 장비사용설명서에 따라 엔진오일의 게이지로 유량과 점도를 확인 할 수 있다. 2. 장비사용설명서에 따라 유압오일의 게이지로 유량과 누유 여부를 육안으로 확인할 수 있다. 3. 장비사용설명서에 따라 기어오일의 게이지로 유량과 점도를 확인 할 수 있다. 4. 장비사용설명서에 따라 그리스의 주입 상태를 육안으로 확인할 수 있다.

실시 과목명	교육영역	세부영역	세시활동
공통기초 교육과정	10. 인정·평정	3. 튜트·당각수 정장하기	1. 정시사용양식에 대한 때 번과 비빔의 정장과 마음 상태를 확인할 수 있다. 2. 정시사용양식에 대한 때 아이의 불안과 집정의 정장 상태를 확인할 수 있다. 3. 정시사용양식에 대한 때 부가 수나 수반례의 정장과 마음 상태를 확인할 수 있다.
		4. 타이·튀어 정장하기	1. 정시사용양식에 대한 타이의 마음 상태를 움직임으로 확인할 수 있다. 2. 정시사용양식에 대한 타이의 뒤기기능 정장을 정장할 수 있다. 3. 정시사용양식에 대한 타이의 튀어 상태를 확인할 수 있다. 4. 정시사용양식에 대한 타이의 튀어 마음 상태를 확인할 수 있다.
		5. 장기정지 정장하기	1. 정시사용양식에 대한 배터리의 충전상태를 움직임으로 확인할 수 있다. 2. 정시사용양식에 대한 배터리 타이의 장정상태를 확인할 수 있다. 3. 정시사용양식에 대한 수기의 단지 여부를 확인할 수 있다. 4. 정시사용양식에 대한 기름 등의 여부를 확인할 수 있다.
	2. 인지사항	1. 인지교육 받기	1. 인지장치 예방하기 위하여 정장인장지지에 정한 기지교육을 받을 수 있다. 2. 인지사고를 예방하기 위하여 정장인지지지의 정한 기지훈련을 받을 수 있다. 3. 인지사고에 대비하여 인지보조, 인지복지를 착용할 수 있다. 4. 정장 특성에 맞는 인지사항을 고려할 수 있다. 5. 인지장치 받기 위하여 인지정시 표준 수시을을 고려할 수 있다.
		2. 인지사항 준수하기	1. 인지장치 예방하기 위해서 공유의 단정 대장 건정 사항을 확인할 수 있다. 2. 정시에 의한 인지사고를 예방하기 위하여 인지의 정한 수시 사항을 확인할 수 있다. 3. 자업 반경 내에 다른 움직으로 확인할 수 있다. 4. 인지적 장치를 예방하기 위하여 기계자의 작동 여부를 확인할 수 있다. 5. 인지적 장치를 예방하기 위하여 정당한 정장의 여부를 확인할 수 있다. 6. 인지장치 예방하기 위하여 시 정고등 정한 아부 여부를 확인할 수 있다. 7. 인지장치 예방하기 위하여 대기 정장지지의 이상 여부를 확인할 수 있다. 8. 인지장치 예방하기 위하여 대기 방해지지 이동 장정 여부와 이상 정장의 파정 확인할 수 있다. 9. 인지장치 예방하기 위하여 인공적 장기 상태를 확인할 수 있다.
		3. 장비 점정하기	1. 장비의 이상유무 확인하여 정시의 정장사를 이상 유무를 확인할 수 있다. 2. 정비에서 내부하는 매기의 정장하여 이상 유무를 확인할 수 있다. 3. 수일수 정장의 정인과, 연자일, 기어일, 유압일의 누수 여부를 확인할 수 있다. 4. 정비의 계기판을 정장하여 정장자의 이상 여부를 확인할 수 있다.
		4. 환경점호점정하기	1. 환경호청을 위하여 정장인장지지에 지시를 준수할 수 있다. 2. 환경호청을 위하여 기 유일 수일을 방지할 수 있다. 3. 소음과 비산정지지 지정을 위하여 정장인장지지를 준수할 수 있다. 4. 매일 매출 지정을 위하여 정장인장지지에 가기기지를 준수할 수 있다. 5. 환경호청을 위하여 정비의 배부를 정상기정지에 지정을 수 있다.
		5. 긴급 상황 조치하기	1. 교장과 정기장지의 이상으로 인한 중지 발생 시 마대적 조치로 진행 진행할 수 있다. 2. 담정 중의 파정에 인한 정지 등등 동 시 연락단과 정성등을 지기할 수 있다. 3. 남가 수반대의 감정과 파정으로 인한 장지 정지 시 지속적으로 정지할 수 있다. 4. 타이어 부상기고 정장 중 장지 이상 시 드림의 가장지로로 이동 가장 수 있다. 5. 매시움과 장치 동으로 파정이 발생할정지지정에 지속하기 통보할 수 있다.

실시 과목명	주요항목	세부항목	세세항목
굴착기 조종 실무	11. 작업 후 점검	1. 필터 · 오일 교환주기 확인하기	1. 차기 작업을 위해 연료 계기판과 외부 게이지를 육안으로 확인하고 연료를 보충할 수 있다. 2. 장비의 원활한 작동을 위하여 수시로 수분 분리기 내의 물을 제거할 수 있다. 3. 장비의 원활한 작동을 위하여 에어클리너 필터의 상태를 확인 후 청소, 교환할 수 있다. 4. 장비의 원활한 작동을 위하여 각부 필터의 교환 주기를 확인할 수 있다. 5. 장비의 원활한 작동을 위하여 각부 오일의 교환 주기를 확인할 수 있다.
		2. 오일 · 냉각수 유출 점검하기	1. 장비의 원활한 작동을 위해 육안으로 엔진 오일의 누유를 점검할 수 있다. 2. 장비의 원활한 작동을 위해 육안으로 기어 오일의 누유를 점검할 수 있다. 3. 장비의 원활한 작동을 위해 육안으로 미션 오일의 누유를 점검할 수 있다. 4. 장비의 원활한 작동을 위해 육안으로 유압유의 누유를 점검할 수 있다. 5. 장비의 원활한 작동을 위해 육안으로 냉각수의 누수를 점검할 수 있다.
		3. 각부 체결상태 확인하기	1. 타이어식 굴착기의 경우 안전한 주행을 위하여 타이어 휠 볼트의 체결 상태를 확인할 수 있다. 2. 장비의 유압라인의 흔들림을 방지하기 위하여 유압라인 고정 볼트의 체결상태를 확인할 수 있다. 3. 장비의 원활한 작동을 위하여 육안으로 각부 체결 핀 · 부싱의 마모 상태를 확인할 수 있다. 4. 장비의 각부 핀의 이탈을 방지하기 위하여 마무리 볼트의 체결상태와 핀의 끼움상태를 확인할 수 있다.
		4. 각 연결부위 그리스 주입하기	1. 장비의 원활한 작동을 위하여 버킷 연결부위에 수시로 그리스를 주입할 수 있다. 2. 장비의 원활한 작동을 위하여 암 연결부위에 주기적으로 그리스를 주입할 수 있다. 3. 장비의 원활한 작동을 위하여 붐 연결부위에 주기적으로 그리스를 주입할 수 있다. 4. 장비의 원활한 작동을 위하여 선회 연결부위에 주기적으로 그리스를 주입할 수 있다. 5. 장비의 원활한 작동을 위하여 조향장치에 주기적으로 그리스를 주입할 수 있다. 6. 장비의 원활한 주행을 위하여 주행장치에 수시로 그리스를 주입할 수 있다. 7. 무한궤도식일 경우 트랙의 장력을 조절하기 위해서 그리스를 주입할 수 있다.

굴착기운전기능사

핵 심 요 약

굴착기의 구조 및 기능

굴착기 점검 및 주행

안전관리

건설기계관리법규 및 도로통행방법

장비구조

굴착기의 구조 및 기능

1. 일반사항
1) 개요 및 구조
① 개요
  ㉠ 굴착기: 굴착기의 주요 용도는 토사굴토 및 굴착 작업, 도랑 파기 작업, 토사상차 작업 등이다. 그러나 요즘에는 암석, 콘크리트, 아스팔트 등의 파쇄작업을 하는 브레이커를 장착하기도 한다.
  ㉡ 굴착기 주행 시 동력전달순서
    엔진-메인유압펌프-컨트롤밸브-고압파이프-주행모터-스프로킷-트랙

② 굴착기의 구조 및 명칭

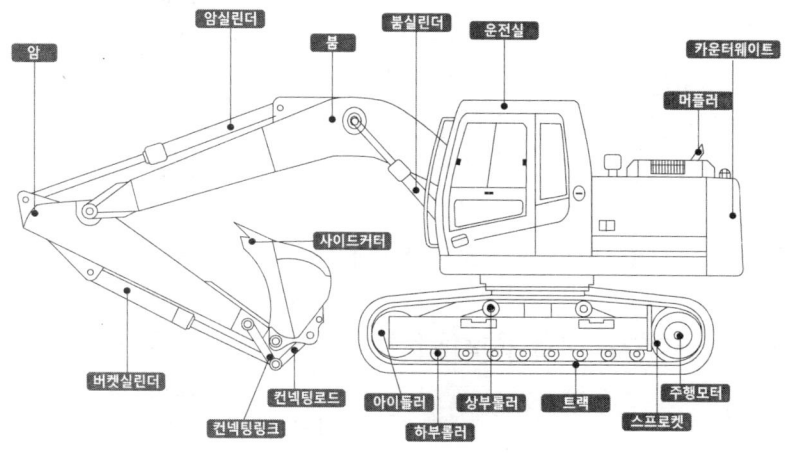

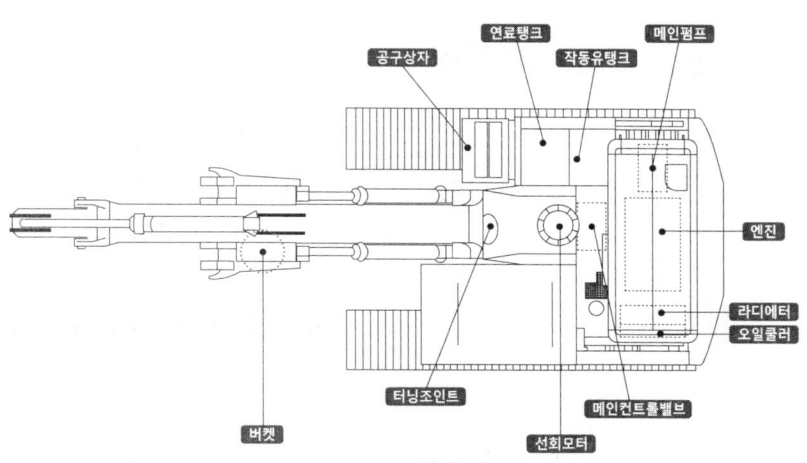

주요 명칭		기능
하부 주행체	트랙	굴착기 작업 장소 이동
	지지롤러	트랙을 지지
	스프로킷	트랙을 구동
작업 장치	붐	굴착 작업
	암	굴착 작업
	버킷	굴착 작업
	붐 실린더	유압을 이용해 붐 작동
	암 실린더	유압을 이용해 암 작동
	버킷 실린더	유압을 이용해 버킷 작동
상부 장치	엔진부	동력 발생 장치
	유압부	유압 발생, 전달, 회수
	운전석	작업 조종, 주행 운전
	카운터 웨이트	작업 시 균형유지
선회 장치	턴 테이블	유압에 의해 360° 회전

2) 종류 및 용도
① 굴착기의 종류 및 용도
  ㉠ 크롤러형: 무한궤도인 트랙식 굴착기를 말하는 것으로 접지 면적이 크고 접지 압력이 작아 험한 지역이나 모래밭 또는 습지 등의 작업이 가능하다.
  ㉡ 휠형: 주행장치가 타이어로 된 굴착기로 이동성이 뛰어나다. 안정성 도모를 위해 아웃트리거를 사용한다. 휠형은 연약지반에서의 작업이 불가능하다.
  ㉢ 트럭탑재형: 트럭탑재형은 화물 자동차의 적재함 부분에 전부 장치가 부착되어서 굴착작업을 하는 방식이다. 작업장치를 조종하는 조종석이 별도로 있으며 소형으로만 사용된다.
  ㉣ 반정치형: 타이어와 이동형 다리가 함께 있어 크롤러형과 휠형 굴착기가 작업할 수 없는 고르지 못한 경사지, 부정지, 측면지 작업에 효과적이다. 자체 이동이 불가능하기 때문에 트레일러나 대형트럭을 이용해야만 한다.

2. 작업장치
1) 암, 붐, 구조 및 작동
① 암
  ㉠ 붐과 버킷 사이에 설치되며, 버킷이 굴착 작용을 하게 하는 부분이다.
  ㉡ 1~2개의 유압 실린더에 의해 작동된다.
  ㉢ 붐과 암의 각도가 90°~110°일 때 굴삭력이 가장 크다.
  ㉣ 암의 각도는 전방 50°, 후방 15°까지 65° 사이일 때가 효율적인 굴착력을 발휘할 수 있다.
  ㉤ 암은 굴착기의 좌측 레버로 작동한다.

② 붐
  ㉠ 굴착기를 작동하는 데 사용되는 구성 요소로 구멍을 파거나 많은 양의 재료를 움직이는 데 사용된다.

Chapter 1 굴착기의 구조 및 기능

굴착기운전기능사

ⓛ 한쪽 끝은 붐 핀에 의하여 상부장치에 연결되고, 다른 끝은 암 핀에 의하여 암에, 또는 버킷 핀에 의하여 연결된 구조이다.
ⓒ 버킷의 상하 운동이 주요 목적이다.
ⓐ 붐의 길이는 붐핀의 중심에서 암 핀 중심까지의 거리이다.
ⓜ 붐은 굴착기의 우측 레버로 작동한다.

2) 버킷의 종류 및 기능
① 버킷
ⓐ 직접작업을 하는 부분이다.
ⓛ 굴착력을 높이기 위해 투스(tooh)를 부착한다.
ⓒ 버킷의 종류
　ⓐ 브레이커(착암기)
　　• 돌, 아스팔트, 콘크리트 등 단단한 물질을 파쇄할 때 사용되는 버킷이다.
　　• 유압식으로 작동되며 단단한 물질을 파쇄하기 때문에 소음이 발생한다.
　ⓑ 리퍼
　　• 연한 암반, 돌부리, 다져진 지반 등을 버킷으로 작업이 불가능할 때 사용한다.
　　• 수공구로 치면 곡괭이 같은 역할을 하며, 정교한 작업을 할 때 사용된다.
　ⓒ 쪽버킷
　　• 작은 폭으로 좁은 곳을 굴착하는 경우에 사용된다.
　　• 일반 굴착기의 버킷은 투스가 5개 이지만, 쪽버킷은 투스가 3개 이다.
　ⓓ 채버킷
　　• 돌을 거를 때 사용하기 위해 일정 크기로 격자모양의 환봉을 때워 만든 버킷이다.
　　• 돌을 골라내기 때문에 고운 입자의 땅으로 만들어 주는 버킷이다.
　ⓔ 대버킷
　　• 일반 버킷보타 폭이 넓으며 투스가 없다.
　　• 굴착기의 버킷용량보다 초과한 대버킷을 사용하면 굴착기에 무리가 가기 때문에 용량에 적합한 대버킷을 사용해야 한다.
　ⓕ 지게발
　　• 파레트에 담겨 있는 자재들을 트럭에서 내리거나 옮길 때 사용되는 버킷이다.
　　• 높은 곳에 있는 자재들을 다양한 각도로 옮길 수 있다.
　ⓖ 집게
　　• 돌 또는 자재를 들어 쌓기 위한 버킷이다.
　　• 폐기물 트럭이나 고물상 등에서 짐을 내리거나 운반할 때 사용된다.
　ⓗ 틸트로테이터
　　• 버킷이 360° 회전이 가능하다.
　　• 암과 버킷부분을 나누어 틸트로테이터에 부착하기 때문에 기존의 버킷이 감당할 수 있는 토사량이 현저하게 줄

어드는 단점이 있다.
ⓐ 버킷 투스의 종류
　ⓐ 샤프형: 샤프형식은 점토, 광층 및 석탄 등의 굴착작업에 사용되며 절임성이 좋다.
　ⓑ 로크형: 로크형식은 암석, 자갈 등의 굴착 및 적재 작업에 사용된다.

3. 상부 회전체와 하부 주행체

1) 상부 회전체
① 상부 회전체
프레임 위에 엔진, 조종석, 스윙장치, 유압장치, 붐 등이 설치되며, 아래쪽에는 스윙 볼 레이스에 연결되어 360° 선회가 가능하다.
ⓐ 선회(스윙) 장치
　ⓐ 스윙 피니언과 스윙 링기어가 물림되어 스윙 피니언이 회전하면 상부 회전체가 회전하게 된다.
　ⓑ 스윙 링기어: 하부 주행체의 프레임에 볼트로 고정된다.
　ⓒ 스윙 모터: 레이디얼 플런저형 유압모터가 적용된다.
　ⓓ 스윙 볼 레이스: 상부회전체 프레임에 볼트로 고정되어 있다.
　ⓔ 스윙 감속 장치
　　• 스윙 모터의 회전속도를 감속시켜서 트크를 증대시키는 역할을 한다.
　　• 주로 유성이거 형식으로 사용되는 것이 일반적이다.
ⓛ 스윙 고정장치: 굴착기가 주행하거나 트레일러로 운반하는 경우에 상부 회전체와 하부 주행체를 고정시키는 장치이다.
ⓒ 카운터 웨이트: 작업 시 뒷부분에 하중을 주어 굴착기의 롤링을 방지하고 임계하중을 크게 하기 위하여 부착한다.

2) 하부 주행체
① 하부 주행체
ⓐ 센터 조인트
　ⓐ 구성
　　• 상부 회전체의 중심부에 설치된다.
　　• 본체, 배럴, 스핀들, O-링, 백업링 등이 있다.
　　• 배럴은 상부 회전체에 고정되고, 스핀들은 하부 주행체에 고정된다.
　ⓑ 기능
　　• 상부 회전체의 오일을 하부 주행모터로 공급하는 역할을 한다.
　　• 상부 회전체가 회전하더라도 호스, 파이프 등이 꼬이지 않고 원활하게 송유가 가능하다.
　　• O-링이 파손되거나 변형되면 주행이 불가능한 단점이 있다.

Chapter 1 굴착기의 구조 및 기능

ⓛ 주행모터
  ⓐ 센터 조인트로부터 유압유를 받아 감속기어, 스프로킷 및 트랙을 회전시켜 주행하도록 하는 역할을 한다.
  ⓑ 좌우 트랙에 각각 1개씩 설치되어 있다.
  ⓒ 주행과 조향이 가능하다.
  ⓓ 주로 레이디얼 플런저형이 사용된다.
ⓒ 주행 감속 기어
  ⓐ 구성: 주행 모터 피니언, 공전 기어, 링 기어 등으로 구성되어 있다.
  ⓑ 기능: 주행모터의 회전속도를 감속하여 견인력을 증대시켜 모터의 동력을 스프로킷으로 전달하는 역할을 한다.
  ⓒ 감속비: 약 4~5:1이다.
  ⓓ 감속방법: 평기어식과 유성기어식으로 적용된다.

Chapter 2 굴착기 점검 및 주행

굴착기운전기능사

01 점검

1. 운전 전·후 점검

1) 작업 환경 점검

① 주기된 굴착기 안전 상태 확인
  ㉠ 운전실, 커버류 잠금장치 확인
  ㉡ 굴착기 주차 브레이크와 안전 레버가 주차 상태로 되어 있는지 확인한다.
  ㉢ 각종 레버의 위치가 중립으로 되어 있는지 확인하고 조치한다.
  ㉣ 마스터 스위치가 있는지 확인하고, 마스터 스위치가 굴착기에 있으면 키를 빼고 안전하게 보관한다.

② 굴착기 안전 상태 확인 수행 순서
  ㉠ 안전과 관련된 필요 보호구와 안전 장구를 확인한다.
    ⓐ 인화 물질의 관리 여부를 확인한다.
    ⓑ 개인용 소화기 등의 안전 장비를 확인해 유사시 화재에 대비한다.
  ㉡ 운전자 매뉴얼의 기재 사항을 확인한다.
    ⓐ 장비를 운전하기 전에 운전자 매뉴얼의 내용을 사전에 숙지한다.
    ⓑ 장비의 상태를 운전자 매뉴얼에 따라 작성하고 확인한다.
  ㉢ 작업 전 공사의 내용과 작업 절차를 사전에 파악한다.
    ⓐ 작업 시 위험 요소가 있는지 사전에 관계자와 충분히 협의하여 안전사고를 예방하는 것이 중요하다.
    ⓑ 작업 반경 내 전선의 위치, 공사 주변의 구조물, 지장물, 연약 지반 등을 파악하고 사전에 관계자와 협의하여 안전을 확보하는 것이 중요하다.
  ㉣ 작업자 개인의 건강이 좋지 않거나, 과로나 음주 운전은 사고의 위험으로부터 보호하는 능력이 떨어지므로 이러한 경우 작업에 투입하지 않는 것이 좋다.
  ㉤ 장비의 주기 상태를 확인하여 이상이 있는 경우 조치하여 문제를 해결하고 작업에 투입한다.
    ⓐ 간단한 예방 조치를 통해 문제를 해결한 다음 작업에 투입한다.
    ⓑ 주기 상태에서 장비의 이상을 발견하면 관계자와 협의하여 정비 후 다음 작업에 투입할 수 있도록 준비한다.

③ 작업 전 준수 사항
  ㉠ 관리감독자는 운전자의 자격면허(굴착기 조종사 면허증)와 보험가입 및 안전 교육 이수 여부 등을 확인하여야 한다.(무자격자 운전금지)
  ㉡ 운전자는 굴착기 운행 전 장비의 누수, 누유 및 외관상태 등의 이상 유·무를 확인하여야 한다.
  ㉢ 운전자는 굴착기의 안전운행에 필요한 안전장치(전조등, 후사경, 경광등, 후진 시 경고음 발생장치 등)의 부착 및 작동여부를 확인하여야 한다.
  ㉣ 운전자는 굴착기는 비탈길이나 평탄치 않은 지형 및 연약지반에서 작업을 수행하므로 작업 중에 발생할 수 있는 지반침하에 의한 전도사고 등을 방지하기 위하여 지지력의 이상 유무를 확인하여야 하고 지반의 상태와 장비의 이동경로 등을 사전에 확인하여야 한다.
  ㉤ 운전자는 작업 지역을 확인할 때 최종 작업 방법 및 지반의 상태를 충분히 숙지하여야 하며, 예상치 않은 위험 상황이 발견되는 경우에는 관리감독자에게 즉시 보고하여야 한다.
  ㉥ 운전자는 작업 반경 내 근로자 존재 및 장애물의 유·무 등을 확인하고 작업하여야 한다.
  ㉦ 운전자는 작업 전 퀵커플러 안전핀의 정상체결 여부를 확인하여 선택작업장치의 탈락에 의한 안전사고를 방지하여야 한다.
  ㉧ 운전자는 장비의 안전운행과 사고방지를 위하여, 굴착기와 관련된 작업을 수행 시 다음 사항을 준수하여야 한다.
    ⓐ 관리감독자의 지시와 작업 절차서에 따라 작업할 것
    ⓑ 현장에서 실시하는 안전교육에 참여할 것
    ⓒ 작업장의 내부규정과 작업 내 안전에 관한 수칙을 준수할 것

④ 작업 중 준수사항
  ㉠ 운전자는 제조사가 제공하는 장비 매뉴얼(특히, 유압제어장치 및 운행방법 등)을 숙지하고 이를 준수하여야 한다.
  ㉡ 운전자는 장비의 운행경로, 지형, 지반상태, 경사도(무한궤도 100분의 30) 등을 확인한 다음 안전운행을 하여야 한다.
  ㉢ 운전자는 굴착기 작업 중 굴착기 작업 반경 내에 근로자의 유·무를 확인하며 작업하여야 한다.
  ㉣ 운전자는 조종 및 제어장치의 기능을 확인하고, 급작스런 작동은 금지하여야 한다.
  ㉤ 운전자가 작업 중 시야 확보에 문제가 발생하는 경우에는 유도자의 신호에 따라 작업을 진행하여야 한다.
  ㉥ 운전자는 굴착기 작업 중에 고장 등 이상 발생 시 작업 위치에서 안전한 장소로 이동하여야 한다.
  ㉦ 운전자는 경사진 길에서의 굴착기 이동은 저속으로 운행

Chapter 2 굴착기 점검 및 주행

하여야 한다.
- ⓞ 운전자는 경사진 장소에서 작업하는 동안에는 굴착기의 미끄럼 방지를 위하여 블레이드를 비탈길 하부 방향에 위치시켜야 한다.
- ㊂ 운전자는 경사진 장소에서 굴착기의 전도와 전락을 예방하기 위하여 붐의 급격한 선회를 금지하여야 한다.
- ㊄ 운전자는 안전벨트를 착용하고 작업을 하여야 한다.
- ㉠ 운전자는 다음과 같은 불안전한 행동이나 작업은 금지하여야 한다.
  - ⓐ 엔진을 가동한 상태에서 운전석 이탈을 금지할 것
  - ⓑ 선택 작업장치를 올린 상태에서 정차를 금지할 것
  - ⓒ 버킷으로 지반을 밀면서 주행을 금지할 것
  - ⓓ 경사진 길이나 도랑의 비탈진 장소나 근처에 굴착기의 주차를 금지할 것
  - ⓔ 도랑과 장애물을 횡단 시 굴착기를 이동시키기 위하여 버킷을 지지대로의 사용을 금지할 것
  - ⓕ 시트파일을 지반에 박거나 뽑기 위해 굴착기의 버킷 사용을 금지할 것
  - ⓖ 경사지를 이동하는 동안 굴착기 붐의 회전을 금지할 것
  - ⓗ 파이프, 목재, 널빤지와 같이 버킷에 안전하게 실을 수 없는 화물이나 재료를 운반하거나 이동하기 위해 굴착기의 버킷 사용을 금지할 것
- ㉡ 운전자는 굴착·상차 및 파쇄 정지작업외 견인·인양·운반 작업 등 목적 외 사용을 금지하여야 한다.
- ㉢ 운전자는 작업 중 지하매설물(전선관, 가스관, 통신관, 상·하수관 등)과 지상 장애물이 발견되면 즉시 장비를 정지하고 관리감독자에게 보고한 다음 작업지시에 따라 작업하여야 한다.
- ㉣ 운전자는 굴착기에서 비정상 작동이나 문제점이 발견되면, 작동을 멈추고 즉시 관리감독자에게 보고하며, "사용 중지" 등의 표지를 굴착기에 부착하고 안전을 확인한 다음 작업하여야 한다.

⑤ 작업 종료 시 준수사항
- ㉠ 운전자는 굴착기의 주차 위치는 통행의 장애 및 다른 현장 활동에 지장이 없는 안전한 장소 여부를 확인하여야 한다.
- ㉡ 운전자는 굴착기를 정지시키기 전에 굴착기의 선택 작업장치를 안전한 지반에 내려놓아야 한다.
- ㉢ 운전자는 굴착기의 엔진을 정지하고, 주차브레이크를 밟은 다음 엔진 전환키를 제거하고, 창문과 문을 닫아 잠근 다음 운전석을 이탈하여야 한다.
- ㉣ 운전자는 굴착기 안전점검 체크리스트를 활용하여 일일점검과 예방정비를 철저히 하여야 한다.

⑥ 무한궤도식 굴착기 안전 상태 확인
- ㉠ 굴착기 주차 브레이크가 주차 상태로 되어 있는지 확인한다.
- ㉡ 안전 레버가 잠금 상태인지 확인하고 조치한다.
- ㉢ 각종 레버의 위치가 중립으로 되어 있는지 확인하고 조치한다.
- ㉣ 마스터 스위치가 있는지 확인하고 조치한다.
- ㉤ 운전실 커버류의 잠금 상태를 확인하고 조치한다.

⑦ 굴착기 작업 반경 내 위험 요소 파악
- ㉠ 지상 구조물의 파악: 전신주, 전선 구조물을 사전에 파악하여 작업 계획에 반영한다.
- ㉡ 지하 매설물의 파악: 문화재나 송유관, 상하수도 배관, 통신선로 등의 매설 정보를 파악하여 작업 계획에 반영한다.
- ㉢ 작업 환경의 파악
  - ⓐ 전체 작업을 기준으로 선행 공정과 후 공정을 파악하여 고정 장비와 이동 장비를 파악하여 작업 계획에 반영한다.
  - ⓑ 작업 관계자의 위치 등을 사전에 파악하여 작업 계획에 반영한다.

⑧ 굴착기 작업장치의 주기별 정비
- ㉠ 주간 정비(매 50시간마다)
  - ⓐ 연료탱크 침전물 배출
  - ⓑ 프레임 연결부 등에 그리스 주유
  - ⓒ 배터리 전해액 수준 점검 (증류수 보충)
  - ⓓ 오일 점검
  - ⓔ 팬벨트의 장력 점검 및 조정
- ㉡ 분기정비(매 500시간마다)
  - ⓐ 각 작동부 오일 점검 및 교환
  - ⓑ 오일필터류 교환
  - ⓒ 라디에이터 및 오일 쿨러 점검
  - ⓓ 브레이크 디스크 마모 점검
  - ⓔ 마스트 및 포크 점검
  - ⓕ 주계기판 램프 점검
  - ⓖ 라이트류 점검
- ㉢ 년간 정비(매 2000시간마다)
  - ⓐ 트랜스퍼케이스 오일교환
  - ⓑ 액슬케이스 오일교환
  - ⓒ 작동유 탱크 오일교환
  - ⓓ 탠덤 구동 케이스 오일 교환
  - ⓔ 차동 장치 오일 교환
  - ⓕ 유압 오일 교환
  - ⓖ 냉각수 교환

2) 오일·냉각수 점검

① 엔진오일 상태 점검
- ㉠ 엔진오일 상태 점검
  - ⓐ 굴착기를 평탄한 곳에 주차한 뒤 시동을 끄고 5분 정도 기다린다.
  - ⓑ 엔진 오일은 하한선과 상한선 사이에 있으면 되는데 Full 쪽에 가까이 있는 것이 좋다.
  - ⓒ 검정색: 이물질에 의해 심하게 오염된 상태이다.

Chapter 2 굴착기 점검 및 주행

ⓓ 붉은색: 엔진 오일에 가솔린이 섞인 경우이다.

ⓔ 우유색: 엔진 오일에 냉각수가 섞인 경우이다.

ⓛ 오일이 오염되는 원인

ⓐ 오일여과기 불량

ⓑ 피스톤 링의 장력 약화

ⓒ 오일 질 불량

ⓓ 크랭크 케이스 환기장치가 막혔을 경우

② 냉각수 점검

㉠ 냉각수의 기능

ⓐ 엔진을 너무 심하게 구동하면 열이 많이 발생하는데, 발생한 열을 식혀주어 정상적인 엔진의 기능을 유지할 수 있게 도와준다.

ⓑ 굴착기에 사용되는 냉각수의 적정 온도인 80~90℃를 유지하여 엔진의 기능과 효율을 최적화시켜 주는 것이 중요하다.

ⓒ 여름철과 겨울철에 간혹 자동차가 엔진 과열로 불이 나는 경우가 있는데, 이때에도 냉각수의 계통에 문제가 원인인 경우가 있다.

㉡ 냉각수 점검 시 안전사항

ⓐ 기관의 시동을 정지시킨 후 점검해야 한다.

ⓑ 냉각수 양을 점검할 때에는 라디에이터 캡을 손으로 만질 수 있을 만큼 충분히 식힌 후 점검한다.

ⓒ 냉각 계통을 점검하기 전에 「운전하지 마시오」 또는 「위험 점검 중」 이라는 경고 표시를 시동스위치 또는 조종 레버에 붙여서 점검하고 있다는 것을 알려준다.

㉢ 냉각수 교체

ⓐ 냉각수는 엔진의 열을 식히는 목적이 있다.

ⓑ 고온에 의해 생기는 연료의 착화 현상을 방지하여 연비를 개선하고 엔진의 성능을 개선해주는 효과가 있다.

ⓒ 냉각수가 정상이면 색은 파랗게 보인다.

ⓓ 너무 오래 사용하면 색이 변하고 탁하게 보이면 냉각수를 교체해 준다.

㉣ 냉각수의 보충

ⓐ 냉각 계통을 깨끗이 청소된 상태에서 새로운 냉각수로 교체한다.

ⓑ 물과 에틸렌 글리콜계 부동액을 50:50의 비율로 혼합한 냉각수를 사용한다.

ⓒ 냉각수를 물만 사용하면 엔진 내부의 부식을 초래하게 된다.

ⓓ 너무 급하게 넣지 않는다.

ⓔ 냉각수를 채우는 동안 엔진 내부의 공기가 빠져 나가도록 엔진 냉각수 배출구에 있는 콕을 열어 준다.

ⓕ 공기가 빠져 나갈 수 있도록 2~3분 정도 기다렸다가 냉각수를 가득 채운 후 콕을 잠그다.

2. 장비 시운전

1) 엔진 시운전

① 엔진 시동 전 계기판을 점검한다.

㉠ 계기판 게이지를 점검한다.

ⓐ 작동 화면 파악

ⓑ 엔진 냉각수 온도계 확인

• 흰색 범위: 40~107℃

• 적색 범위: 107℃ 초과

ⓒ 작동유 온도계 확인

• 흰색 범위: 40~105℃

• 적색 범위: 105℃ 초과

ⓓ 연료계 확인

• 연료 탱크 내 연료 잔량을 표시한다.

• 지침이 적색 범위 또는 경고등이 적색으로 깜빡이면 연료를 보충해 준다.

② 윤활 계통을 점검한다.

㉠ 엔진의 오일량 점검

ⓐ 엔진 오일압 경고등 확인

• 이 경고등은 엔진오일 압력이 낮을 때 깜빡인다.

• 엔진오일의 양이 적거나 오일의 상태에 문제가 있다는 신호이므로 엔진오일의 상태를 점검한다.

• 경고등이 깜빡이면 즉시 엔진을 정지하고 오일량을 점검한다.

ⓑ 엔진 점검 경고등 확인

• 이 경고등은 MCU와 ECU 사이의 통신 이상 및 ECM이 계기판에 고장 코드를 보냈을 때 깜빡인다.

• 이동 통신 라인을 점검한다. 통신 라인에 이상이 있으면 계기판의 고장 코드를 점검한다.

㉡ 작동유의 점검

ⓐ 작동유 온도 경고등 확인

• 100℃ 초과: 경고등 이 깜빡이고 부저가 울린다.

• 105℃ 초과: 경고등 이 LCD 중앙에 나타나고 부저가 울린다.

ⓑ 선택 스위치를 누르면 표시된 경고등 은 계속 원래 위치에서 깜빡인다. 또 부저는 울리지 않고 경고등 은 계속 깜빡인다.

ⓒ 작동유 레벨 및 작동유 냉각 계통을 점검한다.

㉢ 냉각 계통 점검

ⓐ 엔진 냉각수 온도 경고등 확인

• 103℃ 초과: 경고등 이 깜빡이고 부저가 울린다.

• 107℃ 초과: 경고등 이 LCD 중앙에 나타나고 부저가 울린다.

ⓑ 선택 스위치를 누르면 표시된 경고등 은 계속 원래 위치에서 깜빡인다. 또 부저는 울리지 않고 경고등 은 계속 깜빡인다.

ⓒ 경고등이 계속 점등되어 있으면 냉각 계통을 점검한다.

Chapter 2 굴착기 점검 및 주행

③ 엔진 예열
  ㉠ 예열의 필요성
    ⓐ 예열을 통해 엔진의 윤활유의 온도를 높여 엔진이 정상적인 효율을 낼 수 있다.
    ⓑ 굴착기의 경우 유압부가 장착되어 있어 일정 시간의 예열은 작업 장치의 원활한 작동을 위해서도 필요하다.
  ㉡ 굴착기 엔진의 적절한 예열시간: 보통 10~20분 정도의 공회전을 하면 좋다.
  ㉢ 엔진의 시동
    ⓐ 각종 레버가 중립의 위치에 있는지 확인한다.
    ⓑ 시동스위치의 키를 ON 위치로 돌린다.
    ⓒ 예열 표시등이 점등되었는지를 확인한다.
    ⓓ 시동스위치 키를 START 위치로 돌려 엔진을 시동한다.
    ⓔ 엔진이 시동된 후 시동스위치의 키에서 손을 신속히 놓는다. 그렇지 않을 경우 시동 모터의 고장 원인이 될 수 있다.
  ㉣ 엔진 시동 후 점검
    ⓐ 작동유 탱크의 레벨 게이지는 적정 유량인가?
    ⓑ 누유 및 누수는 없는가?
    ⓒ 각종 경고 램프는 소등되어 있는가?
    ⓓ 수온계 및 작동유 온도계는 2-10단계인가?
    ⓔ 엔진의 배기음 및 배기색은 정상인가?
    ⓕ 이상 음, 이상 진동은 없는가?
  ㉤ 난기 운전
    ⓐ 난기운전
      • 장비의 적정 작동유 온도는 50℃ 정도이다.
      • 오일 온도가 25℃ 이하일 때 급격한 조작을 하면 유압장치 기능에 중대한 고장이 발생할 수 있다.
      • 작업을 하기 전에 작동유를 25℃ 이상이 되게 난기 운전을 한다.
    ⓑ 난기 운전 방법
      • 엔진을 저속으로 5분 정도 공회전 한다.
      • 엔진 회전속도를 증가시켜 종속 회전으로 한다.
      • 버킷 레버를 5분 정도 작동한다.
      • 엔진 회전 속도를 최대로 하고 버킷 레버 및 암 레버를 5~10분 정도 작동한다.
      • 전체 실린더를 수차례 천천히 왕복시키고, 선회 및 주행 조작을 가볍게 하면 난기운전이 완료된다.

2) 구동부 시운전
① 굴착기 운전실 내의 유압장치 조종레버의 상태를 확인한다.

좌측 조종레버	우측 조종레버
④―⑨―② ① ③	⑧―⑨―⑥ ⑤ ⑦

  ㉠ 암 뻗침: 암을 바깥쪽으로 뻗으려면 조종레버를 ❶위치로 움직인다.
  ㉡ 스윙우회전: 상부회전체를 우회전하려면 조종레버를 ❷위치로 움직인다.
  ㉢ 암 당김: 암을 안쪽으로 움직이려면 조종레버를 ❸위치로 움직인다.
  ㉣ 스윙좌회전: 상부회전체를 좌회전하려면 조종레버를 ❹위치로 움직인다.
  ㉤ 붐 내림: 붐을 내리기 위해 조종레버를 ❺위치로 움직인다.
  ㉥ 버킷 펴짐: 버킷을 펼치기 위해 조종레버를 ❻위치로 움직인다.
  ㉦ 붐 올림: 붐을 올리기 위해 조종레버를 ❼위치로 움직인다.
  ㉧ 버킷 오므림: 버킷을 오므리려면 조종레버를 ❽위치로 움직인다.
  ㉨ 정지: 조종레버를 놓으면 ❾위치로 되돌아가고 상부회전체의 움직임도 정지 한다.
  ㉩ 조종레버를 대각선으로 움직이면 두 가지 기능을 동시에 수행할 수 있다.

② 무한궤도식 굴착기 구동부 시운전
  ㉠ 조향 및 주행 조종
    ⓐ 정상 조향은 파이널 드라이브 스프로킷이 장비 뒤쪽 아래에 있고, 아이들러가 운전실 앞부분 아래에 있을 때를 기준으로 한다.
    ⓑ 역 조향은 운전실이 파이널 드라이브 스프로킷 위에 있을 때를 기준으로 한다. 이때 방향 기능 및 조향 방향은 역으로 된다.
    ⓒ 주행 레버나 페달을 전진이나 후진 방향으로 더 멀리 움직이면 장비의 전·후진 주행 속도는 증가한다.
    ⓓ 직진 주행을 위해 동일한 방향으로 똑같이 양쪽 주행 레버나 양쪽 주행 페달을 움직인다.
    ⓔ 주행 레버나 주행 페달이 후진 방향으로 움직이면 장비는 항상 스프로킷 쪽으로 주행한다.
    ⓕ 주행 레버나 주행 페달이 전진 방향으로 움직이면 장비는 항상 아이들러 쪽으로 주행한다.
  ㉡ 좌측 주행 레버 및 주행 페달을 익힌다.

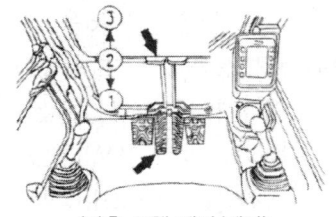
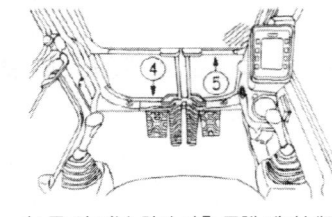

〈좌측 주행 레버/페달〉　〈스폿 및 피봇 회전 좌측 주행 레버/페달〉

    ⓐ 후진 ❶: 좌측 트랙을 후진 방향으로 작동시키기 위해 좌측 주행 레버나 좌측 주행 페달을 뒤쪽으로 움직인다.
    ⓑ 정지 ❷: 좌측 트랙의 작동을 정지시키기 위해 좌측 주행 레버나 좌측 주행 페달을 놓는다. 브레이크를 결속시키기 위해 좌측 주행 레버 및 주행 페달을 놓는다.
    ⓒ 전진 ❸: 좌측 트랙을 전진 방향으로 작동시키기 위해 좌측 주행 레버나 좌측 주행 페달을 앞쪽으로 움직인다.

ⓓ **스폿 좌회전**: 좌측 주행 레버나 좌측 주행 페달 ❹를 뒤쪽으로 움직이고, 우측 주행 레버나 우측 주행 페달 ❺를 동시에 앞쪽으로 움직인다. 이로 인하여 장비는 빠르게 좌측으로 회전한다.

ⓔ **피봇 좌회전**: 좌측 주행 레버나 좌측 주행 페달 ❹를 뒤쪽으로 움직인다. 이로 인하여 장비는 좌측으로 회전한다.

ⓒ 우측 주행 레버 및 주행 페달을 익힌다.

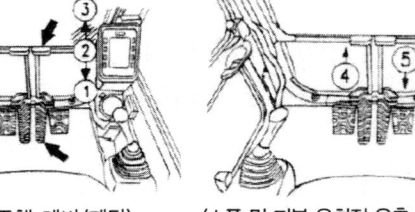

〈우측 주행 레버/페달〉 〈스폿 및 피봇 우회전 우측 주행 레버/페달〉

ⓐ **후진 ❶**: 우측 트랙을 후진 방향으로 작동시키기 위해 좌측 조향 레버나 우측 주행 페달을 뒤쪽으로 움직인다.

ⓑ **정지 ❷**: 우측 트랙을 정지시키기 위해 우측 주행 레버와 우측 주행 페달을 놓는다. 브레이크를 결속시키기 위해 우측 주행 레버와 주행 페달을 앞쪽으로 움직인다.

ⓒ **전진 ❸**: 우측 트랙을 전진 방향으로 작동시키기 위해 우측 조향 레버나 우측 주행 페달을 앞쪽으로 움직인다.

ⓓ **스폿 우회전**: 우측 레버 또는 우측 주행 페달 ❺를 뒤쪽으로 움직이고, 좌측 주행 레버 또는 좌측 주행 페달 ❹를 동시에 앞쪽으로 움직인다. 이로 인하여 장비는 빠르게 우측으로 회전한다.

ⓔ **피봇 우회전**: 우측 주행 레버 또는 우측 주행 페달 ❺를 뒤쪽으로 움직인다. 이로 인하여 장비는 우측으로 회전한다.

ⓔ **직진 주행용 페달을 익힌다.**

ⓐ 직진 주행용 페달은 일부 장비에만 선택적으로 장착될 수 있다.

ⓑ 직진 주행용 페달은 우측 주행 페달의 우측에 설치된다. 직진 주행용 페달은 장비의 움직임 측에 있는 램프에 의해 확인된다.

ⓒ **붐 우선 모드**: 이 작업 모드는 오일 흐름을 붐 회로에 우선적으로 제공한다. 이것은 트럭적재 작업이나 깊은 도랑 파기 작업 등에서 빠르게 붐을 들어 올린다.

ⓓ **스윙 우선 모드**: 이 작업 모드는 오일 흐름을 스윙 회로에 우선적으로 제공한다. 2개의 메인 펌프 중의 하나로부터 유압 흐름이 스윙 회로에 흐르도록 보장해 주기 때문에 스윙 동작이 사용되는 다른 유압 기능과 상관없이 쉽고 계속적으로 실시된다.

ⓔ **미세 조종 모드**: 이 작업 모드는 스틱(암)을 안으로 움직이는회로(stick in)의 오일 흐름을 제한한다. 일반적으로 스틱을 안으로 움직이는 회로에의 오일 흐름은 2개의 펌프로부터 이용할 수 있다. 이것은 스틱을 빠르게 움직이게 한다.

ⓕ **사용자 모드**: 이 모드는 보조 모드를 선택하기 위해 사용된다. 이 작업 모드에는 3가지의 보조 모드가 있다.

③ **타이어식 굴착기 구동부 시운전**

㉠ 타이어식 주행 조작

ⓐ 선택 스위치(주차/작업/주행)
- 주차(P): 주차 시 사용
- 작업(W): 작업 시 사용
- 주행(T): 주행 시 사용
- 주차 또는 작업을 선택하면 계기판에 주행 또는 작업표시등이 점등된다.

㉡ 전·후진 레버

ⓐ 장비의 전·후진 시에 레버를 작동한다. 레버를 앞으로 밀면 전진, 뒤로 당기면 후진, 가운데 중립(F: 전진, N: 중립, R: 후진)

ⓑ 후진 레버를 선택하면 후진 경고음이 울린다.

ⓒ 전·후진 레버가 중립에 있어야만 엔진 시동이 가능하다.

㉢ 주행속도 스위치

ⓐ 장비의 주행속도를 선택하는 스위치다.

ⓑ 스위치를 앞으로 돌리면 저속주행이 선택되고, 뒤로 돌리면 고속 주행이 선택된다.

㉣ 미세 주행 스위치

ⓐ 저속 주행보다 느린 미세한 주행이 필요한 때 사용한다.

ⓑ 미세 주행은 위험장소 탈출이나 중량물 이송 시 적합하다.

ⓒ 스위치를 작동하면 아래쪽의 표시등이 점등된다.

ⓓ 이 기능은 저속주행 상태에서만 작동된다.

3. 작업상황 파악

1) 작업 공정 파악

① 작업 지시 사항에 따라 작업 일정을 파악한다.

㉠ 시공업체 공사 담당자로부터 작업 일정을 확인한다.

㉡ 시공업체의 공사 담당자의 작업 지시 사항을 확인한다.

㉢ 시공업체로부터 작업 기간 동안 연료 공급 방법을 확인한다.

㉣ 작업 일정 중에 해당하는 기상예보를 확인하고 날씨를 고려하여 작업 계획을 세운다.

㉤ 작업 일정의 변동 가능 여부를 확인한다.

② 작업 지시 사항에 따라 작업 물량을 확인한다.

㉠ 작업해야 할 작업 대상물을 확인한다.

㉡ 작업해야 할 물량을 확인한다.

㉢ 시간당 작업량을 산출하여 작업 기간을 파악한다.

Chapter 2. 굴착기 점검 및 주행

> **굴착기의 작업량 산출**
>
> $$Q = \frac{3600 \times q \times k \times f \times E}{Cm}$$
>
> - Q : 시간당 작업량(m/hr)
> - q : 버킷 용량(m)
> - k : 버킷 계수
> - f : 체적 환산 계수
> - E : 작업 효율
> - Cm : 1회 사이클 시간(초)

　　ⓔ 작업 기간과 작업량에 따른 기계 경비를 계산한다.

③ 작업 지시 사항에 따라 작업의 종류를 확인한다.
　ⓐ 시공업체 공사 담당자로부터 작업의 종류를 확인한다.
　ⓑ 작업의 종류를 고려하여 작업 대상물에 적합한 작업 장치가 있는지 확인한다.
　ⓒ 작업 장치 부착 방법에 따라 적합한 작업 장치를 부착한다.

④ 작업 지시 사항에 따라 연계 작업을 파악한다.
　ⓐ 작업 공정표 및 작업지시서를 확인하여 연계 작업 유무를 확인한다.
　ⓑ 연계 작업을 하는 장비의 운행 경로를 확인한다.
　ⓒ 연계 작업 시에 발생 가능한 위험 요인을 파악하기 위해 작업환경을 확인한다.
　ⓓ 작업 시 안전 유의 사항을 확인한다.

2) 작업간섭사항 파악

① 장비 제원 확인을 통하여 운전 작업 반경을 파악한다.
　ⓐ 작업 반경을 파악하기 위해 굴착기의 주요 제원을 확인한다.

② 작업 지시 사항과 육안을 통하여 작업 지반, 작업 지형을 파악한다.
　ⓐ 작업 지시 사항 및 작업 장소를 확인하여 작업 지반 및 작업 지형을 파악한다.
　ⓑ 작업 지반 및 작업 지형에 따른 위험 요소 및 작업 방법을 파악한다.
　ⓒ 작업 장소를 방문하여 작업 현장과 작업 방법을 확인한다.
　ⓓ 작업장 내에 장비에 손상을 줄 수 있는 장애물이 있는지 확인한다.
　ⓔ 작업 현장의 다짐도를 확인한다.

③ 장비 제원과 육안을 통하여 지상·지하 장애물을 파악한다.
　ⓐ 지상 장애물을 파악한다.
　ⓑ 지하 매설물을 파악한다.

④ 타 장비와의 접촉 위험을 파악한다.
　ⓐ 시공업체 공사 담당자와의 회의를 통해 공정을 검토한다.
　ⓑ 연계 작업을 하는 장비를 파악하고 작업 방법을 확인한다.
　ⓒ 연계 작업을 하는 장비의 운행 경로를 확인한다.
　ⓓ 연계 작업 시 안전 유의 사항을 확인한다.

3) 작업 관계자간 의사소통

① 건설기계 현장 신호 방법
　ⓐ 신호 방법은 노동부 고시 "건설기계 표준 신호 지침"에 의한다.

구분	신호수
• 안전하게 이동 호각을 짧게 불면서 한 손을 들고 손바닥을 진행 방향으로 펴고 전후로 손을 흔든다.	
• 우로 호각을 길게 불면서 오른손을 위로 올려 옆으로 흔든다.	
• 좌로 호각을 길게 불면서 왼손을 위로 올려 옆으로 흔든다.	
• 정지 호각을 길게 불면서 한 손을 들고 운전자를 향해 높이 올린다.	
• 긴급 정지 호각을 짧게 연속 불면서 양손을 벌리고 높이 들어 흔든다.	
• 우측으로 천천히 이동 호각을 짧게 불면서 우측 손을 올리고 좌측 손으로 좌우로 흔든다.	
• 좌측으로 천천히 이동 좌측 손을 올리고 우측 손으로 좌우로 흔든다.	

　ⓑ 신호 방법은 노동부 고시 "건설기계 표준 신호 지침"에 의한다.
　ⓒ 신호수는 운전원과 긴밀한 연락을 취하여야 한다.
　ⓓ 신호수는 1인으로 하여 수신호, 경적 등을 정확하게 사용하여야 한다.
　ⓔ 신호수의 부근에서 혼동되기 쉬운 경적, 음성, 동작 등이

Chapter 2 굴착기 점검 및 주행

굴착기운전기능사

있어서는 아니 된다.
ⓗ 신호수는 운전자의 중간 시야가 차단되지 않는 위치에 있어야 한다.
ⓢ 신호수는 장비의 성능, 작동 등을 충분히 이해하고 비상시 응급처치가 가능하도록 항시 현장의 상황을 확인하여야 한다.
ⓞ 건설기계의 운전 신호는 작업장의 책임자가 지명한 자 이외에는 하여서는 아니 된다.

② 호각 불기 수신호
ⓐ 상승: 호각을 짧게 불며 손을 높이 들고 원을 그린다.
ⓑ 하강: 호각을 짧게 불며 손바닥은 땅을 향하고 원을 그린다.
ⓒ 좌우: 호각을 짧게 불며 손으로 방향을 가리킨다.
ⓓ 전후: 호각을 짧게 불며 엄지손가락으로 신호한다.
ⓔ 정지: 호각을 길게 불며 손을 높이 들어 주먹을 쥔다.
ⓕ 종료: 손으로 X신호한다.

③ 무전기 신호
ⓐ 상승: 올려
ⓑ 하강: 내려
ⓒ 좌우: 좌로, 우로(운전원이 보는 위치에서)
ⓓ 전후: 전진, 스톱
ⓔ 정지: 스톱

02 주행 및 작업

1. 주행

1) 주행성능 장치 확인
① 굴착기 점등 장치
ⓐ 메인 라이트 스위치: 차폭등, 전조등 작동 시 사용한다.
ⓑ 작업등 스위치: 작업등 작동 시 사용한다. 스위치 작동 시 표시등이 점등된다.
ⓒ 운전실 라이트 스위치: 운전실 상단에 운전실 라이트를 점등하는데 사용한다. 스위치 작동 시 표시등이 점등된다.
ⓓ 경광등 스위치: 스위치를 누르면 운전실 상부에 장착된 경광등이 작동된다. 스위치 작동 시 아래쪽의 표시등이 점등된다.
ⓔ 전조등 스위치: 전조등을 상·하향등으로 변경 시 사용한다. 「상」의 위치에서 손을 놓으면 「중」의 위치로 돌아간다.

② 시야 확보를 위해 후사경 설치 및 조정
ⓐ 후사경 설치: 최상의 시야를 확보하기 위하여 후사경이 설치되지 않은 굴착기는 안전한 작업을 위해 후사경을 설치한다.

ⓑ 후사경 조정 방법: 설치된 후사경은 작업하기 전에 작업자의 신체에 적합하게 조정하여 운전 및 작업에서 최상의 시야를 확보한다.

③ 각종 점등 장치 스위치 사용
ⓐ 메인 라이트 스위치 사용법: 차폭등, 전조등 작동 시 사용
ⓑ 작업등 스위치 사용법: 작업등 작동 시 사용한다.
ⓒ 운전실 라이트 스위치 사용법(선택): 운전실 상단에 운전실 라이트를 점등하는데 사용한다.
ⓓ 경광등 스위치 사용법(선택): 스위치를 누르면 운전실 상부에 장착된 경광등이 작동된다.
ⓔ 전조등 스위치 사용법: 전조등을 상·하향등으로 변경 시 사용한다.
ⓕ 비상 스위치 사용법: 장비의 고장이나 긴급 주차 시 다른 장비나 차량에 비상 상태를 알리는 표시등을 작동시키는 스위치이다.
ⓖ 방향 지시등 스위치 사용법: 장비의 회전 방향을 바꾸려 할 때 다른 차량이나 장비에 주의를 주기 위해 사용한다.

2) 작업현장 내·외 주행
① 작업현장 내 주행
ⓐ 작업장 위험 요인 파악
 ⓐ 인적 요인
  • 근로자가 안전모, 안전화 등 개인 보호구를 착용하지 않을 경우 충돌, 낙하 등 위험에 노출된다.
  • 굴착기 운전원, 운전 미숙일 경우 작업 중 근로자와 충돌할 수 있다.
 ⓑ 작업 방법으로 인한 위험 요인
  • 토사 반출 시 주변 법면의 붕괴 요인을 확인한다.
  • 토사 반출, 토사 인양 시 관리 감독자를 배치하여 근로자가 불안전한 행동을 하지 않도록 작업 지시에 따라 작업한다.
  • 굴착기 운전자는 버킷 운반 트럭에 토사 적재 시 낙하 위험이 없도록 적정하게 적재한다.
  • 근로자가 무리하게 운반 트럭 상부에 올라가다 추락 할 수 있다.
  • 버킷과 운반 트럭에 토사 과적재에 의한 부석 등 낙하 요인이 있는지 확인한다.
  • 굴착 단부 주변에서 작업 중 단부로 추락할 수 있기 때문에 동선을 확인하여 이동한다.
 ⓒ 기계 장비에서 발생하는 위험 요인
  • 세륜 시설에 접지, 누전 차단기를 설치하여 감전 재해를 예방하도록 한다.
  • 굴착기 후면부 등 충돌 위험 장소에 경광등, 접근 금지 표지를 설치하고 작업한다.
  • 굴착기 작업 시 유도자를 배치하고 작업 반경 내 근로자가 접근하지 못하도록 통제한다.
  • 굴착기 반입 시 사전 안전 점검 실시, 연결부의 체결 상

태를 확인하여 작업 장치 등이 낙하되는지를 확인하고 조치한다.
ⓓ 전락과 낙하로 인한 위험 요인
- 전락(아래로 굴러 떨어짐) 예방
  - 유도자의 신호를 준수하고, 정해진 운행 경로 및 작업 장소에서 이동 또는 작업한다.
  - 지반의 침하 방지 조치 및 평탄성을 확보하고 작업을 실시한다.
  - 굴착면 기울기 기준 준수 등 지반 붕괴를 방지한다.
  - 굴착 및 성토 기울기면 끝단에서의 작업을 금지하고 안전거리를 유지하면서 이동한다.
- 낙하·비래 예방
  - 자재, 버킷 하부에는 근로자 출입을 금지한다.
  - 버킷 연결용 유압 커플러에는 안전핀을 체결한다.
  - 사용 하중 준수 및 주용도 외에 사용을 금지한다.
  - 수리·점검 시에는 작업 장치(버킷 등)를 지면에 내려놓거나, 안전 지주, 안전 블럭 등을 설치하고 작업한다.

② 작업현장 외 주행
㉠ 굴착기 이동 시 안전 및 유의 사항
  ⓐ 교통법규를 지킨다.
  ⓑ 도로 주행 시 안전을 위해 급출발 및 급제동을 삼간다.
  ⓒ 운전 조작은 천천히 확실하게 한다.
  ⓓ 차 간의 안전거리를 확보한다.
㉡ 지정 차선 통행의 원칙
  ⓐ 도로의 중앙 우측 부분에 2개 이상의 차선을 설치한 경우 및 일방통행 도로에서 2개 이상 차선이 있을 때에는 통행 차량 기준에 따른 지정 차선에 따라 통행하여야 한다.
  ⓑ 차선에 따른 교통 차량의 흐름보다 현저하게 낮은 속도로 진행할 때에는 우측차선으로 통행할 수 있다.
㉢ 진로의 변경
  ⓐ 진로를 변경하고자 할 때에는 그 행위를 하고자 하는 지점에 이르기 전 30m(고속도로 100m) 이상의 지점에 이르렀을 때부터 신호를 하여야 한다.
㉣ 신호와 교차로 통행 방법
  ⓐ 신호·지시에 따를 의무: 차마는 신호기, 안전표지가 표시하는 신호 또는 지시와 교통정리를 하는 경찰공무원 등의 신호 또는 지시에 따라야 한다.
  ⓑ 교차로 통행 방법
  - 좌회전할 때에는 미리 도로의 중앙선을 따라 교차로 중심·안쪽으로 서행하여야 한다.
  - 우회전할 때에는 미리 도로의 우측 가장자리를 따라 서행해야 한다.
  - 좌회전하려는 차는 그 교차로를 직행하거나 우회전하려는 차가 있을 때에 그 차의 진행을 방해해서는 안 된다.
  - 직진하려 하거나 우회전하려는 차는 이미 교차로 내에서 좌회전하고 있는 차가 있을 때에 그 차의 진행을 방해해서는 안 된다.

㉤ 앞지르기 방법
  ⓐ 다른 사항을 판단하여 안전하다고 확신이 설 때 앞차의 좌측으로 앞지른다.
  ⓑ 앞지르기를 할 수 있는 곳인가? (금지 장소는 아닌가?)
  ⓒ 전방의 도로 상황은 양호한가?
  ⓓ 전방에 마주 오는 차량은 없는가?
  ⓔ 앞차의 속도 및 진로는 앞지를 수 있는 상황인가?
  ⓕ 뒷차가 앞지르기 신호를 하였을 때 속도를 높이거나 앞을 가로막는 등 방해를 하지 않는다.
㉥ 굴착기 주행 방법
  ⓐ 타이어식 굴착기는 차량의 속도보다 느리며 자체 중량이 크므로 전복 위험이 항상 있다.
  ⓑ 도로 주행 시는 안전한 주행이 요구되므로 교통법규에 대한 지식을 익혀 안전 운행에 만전을 기해야 한다.
  ⓒ 「도로교통법」은 도로에서 일어나는 교통 상의 모든 위험과 장애를 방지·제거하며 안전하고 원활한 교통질서의 확보를 목적으로 한다.
㉦ 굴착기 상차방법
  ⓐ 가능한 평탄한 노면에서 상·하차하여야 한다.
  ⓑ 충분한 길이, 폭, 강도 및 구배를 확보한 상차 판을 사용한다. 또 비 등으로 미끄러지기 쉬울 때는 주의를 하여 작업한다.
  ⓒ 장비의 위치가 상차 판에 대하여 나란하게 되도록 확인한다. 원칙으로 주행 모터위치는 상차 시는 뒤쪽, 하차 시는 앞쪽으로 한다.
  ⓓ 트레일러에 장비를 상차 후 아래의 작업을 순서대로 진행한다.
  - 트레일러 뒷바퀴 위에 수평이 되면 정지한다.
  - 상부를 180° 선회한다. 그 후 장비를 천천히 트레일러 앞쪽으로 이동한다.
  - 위치가 결정되면 작업 장치를 천천히 내린다.
㉧ 굴착기의 고정 방법
  ⓐ 작업 장치를 트레일러 적재대에 내려놓는다.
  ⓑ 안전 레버를 「잠김」위치에 둔다.
  ⓒ 모든 스위치를 OFF하고 키를 뺀 다음 운전실, 커버류의 잠금장치를 잠근다.
  ⓓ 트레일러의 진동으로 장비가 전·후로 이동하거나 횡방향 요동이 없게 트랙에 고임목을 대고 적당한 와이어 로프로 확실하게 고정한다.

2. 작업
1) 깎기
① 깎기
깎기는 굴착기를 이용하여 작업 지시 사항에 따라 부지 조성을 하기 위해 흙, 암반 구간 등을 깎는 것을 말한다.
㉠ 굴착기 깎기의 종류
  ⓐ 일반 깎기: 굴착기의 지면보다 높은 곳을 깎는 작업

ⓑ **부지 사면(경사면) 깎기**: 부지의 경사면을 깎는 작업
ⓒ **암반 구간 깎기**: 풍암, 자갈층 등을 깎는 작업
ⓓ **상차 작업**: 깎기를 완료한 토사나 암반 등을 차에 싣는 작업

ⓒ 굴착면의 기울기 및 높이의 기준
　　ⓐ 사질의 지반(점토질을 포함하지 않은 것)은 굴착면의 기울기를 1:1.5 이상으로 하고 높이는 5m 미만으로 깎아야 한다.
　　ⓑ 발파 등에 의하여 붕괴하기 쉬운 상태의 지반 및 매립하거나 반출시켜야 할 지반의 굴착면의 기울기를 1:1 이하로 하고 높이는 2m 미만으로 깎아야 한다.

ⓒ 지반 붕괴의 요인
　　ⓐ 외적 요인
　　　• 사면, 법면의 경사 및 기울기의 증가
　　　• 깎기 및 성토 높이의 증가
　　　• 공사에 의한 진동 및 반복 하중의 증가
　　　• 지표수 및 지하수의 침투에 의한 토사 중량의 증가
　　　• 지진, 차량, 구조물의 하중 작용
　　　• 토사 및 암석의 혼합층 두께
　　ⓑ 내적 요인
　　　• 절토 사면의 토질·암질
　　　• 성토 사면의 토질 구성 및 분포
　　　• 토석의 강도 저하

ⓔ 경사면의 안정성
　　ⓐ 지질조사: 층별 또는 경사면의 구성 토질 구조
　　ⓑ 토질 시험: 최적 함수비, 삼축 압축 강도, 던단 시험, 점착도 등의 시험
　　ⓒ 사면 붕괴의 이론적 분석: 원호 활절법, 유한 요소법 등 사면 분할 방식에 대한 해석
　　ⓓ 과거의 붕괴 사례 유무

ⓜ 비탈면 조사 대상 지반 조건
　　ⓐ 10m 이상 비탈면
　　ⓑ 구성 지반 중 붕적층, 퇴적층이 두껍게 나타날 경우
　　ⓒ 암질이 불량하거나 풍화, 변질이 심한 경우
　　ⓓ 붕괴 이력이 있거나 불안정한 상태에 있는 지반

② 깎기 작업
　ⓒ 작업 현장의 지형·지반의 특성을 파악한다.
　　ⓐ 지형, 지표, 지하수, 용수, 식생 등을 작업 전에 그 특성을 확인한다.
　　ⓑ 주변에서 미리 깎기 작업을 한 경사면을 확인한다.
　　ⓒ 토질 상태를 살펴봄으로써 배수 상태, 지하수 및 용수의 상태를 확인한다.
　　ⓓ 토사 운반, 굴삭면의 붕괴 재해 예측을 확인한다.
　　ⓔ 사면, 법면의 경사도, 기울기 등을 고려하여 붕괴 재해를 예측하고 확인한다.
　　ⓕ 토측의 방향과 경사면의 상호 작업 상황을 파악한다.
　ⓒ 원활한 깎기 작업을 위하여 벌개 제근을 수행한다.
　　ⓐ 흙 쌓기 높이가 1.5m 이상인 구간에 있는 수목이나 그

루터기는 지표면에 바짝 붙도록 잘라 잔존 높이가 지표면에서 15cm 이하가 되도록 해야 한다.
ⓑ 흙 쌓기 높이가 1.5m 미만인 구간에 있는 수목이나 그루터기, 뿌리, 덤불 등은 지표면에서 20cm 깊이까지 모두 제거해야 한다.
ⓒ 흙 쌓기 구간에서 유해 물질이나 오염원 또는 유기질을 다량 함유하고 있는 표토는 감독자의 지시에 따라 제거하고 확인을 받아야 한다.
ⓓ 계약 상대자는 벌개제근 및 표토 제거 작업이 완료되면 감독자의 확인을 받은 후에 땅 깎기 및 흙 쌓기 작업을 실시해야 한다. 다만, 땅 깎기 구간에 있는 그루터기는 토공 작업 중에 제거해도 된다.
ⓔ 벌개 제근 작업으로 제거된 모든 물질은 공공이나 개인 소유권자의 요구가 있는 경우를 제외하고는 공사장 밖으로 반출하여 적법한 방법으로 처분하여야 한다.
ⓕ 제거된 물질을 소각할 경우에는 관련 법규를 준수하고 주변의 초목이나 인접한 구조물 등에 해를 끼치지 않도록 주의해야 한다.
ⓖ 소각이 안 되고 썩기 쉬운 물질은 지정된 장소에 처분해야 한다.
ⓗ 보존이나 이식하도록 지시된 수목이나 식물에 대해서는 작업 중 손상을 입지 않도록 해야 한다.
ⓘ 표토 제거는 산림 지역을 제외한 답(畓) 구간, 답외(畓外) 구간에서 설계도서에 따라 적용하며, 흙 쌓기 높이(노상 완성면)가 H=1.5m 미만의 경우에 한하며 지표면으로 부터 두께 20cm를 제거하는 것으로 한다.
ⓙ 제거된 표토를 비탈면 등에 유용할 경우에는 나무뿌리, 돌 등의 유해 물질이 함유되지 않도록 하여 지정된 장소에 유실되지 않도록 보관해야 한다.
ⓚ 표피를 제거할 때 터파기 작업이 이루어지는 경우에는 예전에 깔아두었던 골재나 자갈을 재활용할 수 있도록 한쪽에 모아두거나 연약지반 구간에 활용하면 효과적이다.

③ 부지 사면(경사면) 깎기 작업
　ⓒ 부지 사면(경사면, 법면)
　　ⓐ 굴착 법면: 자연 상태의 산을 절단한 경사면이다.
　　ⓑ 성토 법면: 흙을 쌓아 만들어 놓은 경사면으로 균일한 토질로 이루어진다.
　ⓒ 부지 사면의 붕괴 원인
　　ⓐ 외적 요인
　　　• 사면 법면의 경사 및 구배의 증가
　　　• 절토, 성토의 높이 증가
　　　• 진동, 반복 하중
　　　• 지진, 차량, 중량물
　　ⓑ 내적 요인
　　　• 절토면의 토질, 암질 및 절치 상태
　　　• 성토면의 다짐 불량
　　　• 토석의 강도 저하

Chapter 2 굴착기 점검 및 주행

ⓒ 부지사면 붕괴를 예방하기 위한 대책
  ⓐ 적정 기울기 확보
  ⓑ 법면 구배 확보
  ⓒ 붕괴 방지 공법
  • 배토공: 상부의 토석 제거
  • 압성 토공: 비탈면 하단에 쌓기
  • 배수공: 지표수의 침투 방지 및 배수
  • 공작물 설치: 말뚝, Anchor(앵커) 공법
ⓓ 암반 구간 작업
  ⓐ 암반 파쇄기(브레이커): 치즐의 머리부에 유압식 왕복 해머로 연속적으로 타격을 가해 암석, 콘크리트 등을 파쇄 하도록 한 장치로 유압식 해머라 부르기도 한다.
  ⓑ 브레이커 적용 작업: 도로 공사, 빌딩 해체, 도로 파쇄, 터널 공사, 슬래그 파쇄, 쇄석 및 채석장의 돌 쪼개기 공사 등의 쇄석 및 해체 공사에 주로 적용한다.

④ 상차 작업
  ㉠ 상차 작업을 위한 운반 차량의 진·출입로를 확보한다.
    ⓐ 장비의 이동이 원활하도록 진·출입로를 확보한다.
    ⓑ 자갈포설 등 지반을 견고하게 평탄 작업을 하여 전도 재해와 붕괴나 침하를 방지한다.
    ⓒ 토사를 싣고 운반하는 덤프트럭이 빠지지 않도록 주기적으로 관리한다.
    ⓓ 제방, 뚝방에 진입로를 설정할 경우 전도 위험에 유의해야 한다.
  ㉡ 토사 상차
    ⓐ 굴착기와 덤프트럭이 높이가 같은 지면에서 적재한다.
    ⓑ 적재함 뒷부분에 의해 시야가 가리므로 흙을 적재할 때는 적재함 앞쪽에서부터 적재한다.
    ⓒ 덤프트럭이 아래쪽에 있고 굴착기가 위쪽에 있는 지형에서는 적재함 뒷부분부터 적재하는 것이 효율적이다.
    ⓓ 덤프트럭이 위쪽에 있고 굴착기가 아래쪽에 있는 지형에서는 적재함 뒤쪽부터 상차하면서 옆 문짝을 보면서 중앙으로 적재한다.
  ㉢ 나무뿌리, 표피, 나무 상차
    ⓐ 나무뿌리는 덤프트럭의 뒷문을 열고 적재한다.
    ⓑ 큰 나무뿌리는 적재함 뒤쪽에, 작은 나무뿌리는 앞부분에 적재해야 하차가 쉽다.
    ⓒ 표피 상차는 지면에서 10~20cm 깊이로 굴착하여 모은 후 한 번에 상차한다.
    ⓓ 논이나 밭 주위에서 표피 상차를 할 때는 농작물에 주의하여 작업한다.
    ⓔ 벌개제근 후 나무 상차는 집게 또는 버킷으로 작업한다.
    ⓕ 나무는 뿌리를 앞으로 하여 담아야 무게중심이 앞으로 쏠려 나무가 돌거나 밀려나오지 않는다.
    ⓖ 나무 뒤쪽이 적재함 바닥에 먼저 닿도록 버킷을 천천히 내려놓아야 덤프트럭에 충격을 주지 않는다.
  ㉣ 돌 및 잡석 상차
    ⓐ 적재함 손상 방지를 위해 적재함 바닥에 흙을 한 버킷 정도 포설 후 적재한다.
    ⓑ 적재함 뒤부터 작업한다.
  ㉤ 폐 아스콘 및 폐 콘크리트 상차
    ⓐ 적재함 뒤부터 적재하는 것이 적절하다.
    ⓑ 밀려나온 적재물을 중앙으로 밀어 적재함 덮개에 닿지 않도록 한다.
  ㉥ H빔 및 철근 상차
    ⓐ H빔과 철근은 와이어에 걸어서 상차한다.
    ⓑ 덤프트럭을 가로 방향으로 주차시키고 상차하여야 안전사고를 예방할 수 있다.
    ⓑ H빔을 들기가 힘들 때는 구덩이를 파고 H빔을 구덩이 위에 놓고 버킷에 담는다.
  ㉦ 물 상차
    ⓐ 1~2 버킷 정도의 흙이나 모래, 자갈 등을 적재함 뒷문에 상차하여 틈새를 막은 후 물을 적재함에서 50cm 정도 낮게 상차한다.
    ⓑ 너무 많은 양의 물을 적재하면 덤프트럭이 운행할 때 출렁거리면서 쏟아지기 때문에 적재함 높이의 2/3 정도가 적절하다.
  ㉧ 죽탕 흙 상차
    ⓐ 죽탕 흙 상차도 물 상차와 같은 방법으로 상차한다.
    ⓑ 매우 묽은 죽탕 흙일 경우에는 적재함 뒷문 틈새로 흘러나와 도로에 떨어질 수 있으므로 흙이나 모래, 자갈 등으로 뒷문에 1~2 버킷 정도 넣어주고 적재한다.
  ㉨ 철근 상차
    ⓐ 철근 상차 작업은 H빔 작업과 같은 방법으로 한다.
    ⓑ 굴착기 버킷을 이용할 때는 트럭을 일자로 세운 후 적재함의 옆문을 열고 버킷으로 철근 다발을 한 다발씩 밀면 된다. 단, 철근 다발 중앙부터 밀면 철근이 휘기 때문에 모서리 쪽부터 1개씩 밀어야 한다.
    ⓑ 조심스럽게 밀어서 철근 다발의 한 쪽은 지면에 닿도록 하고, 다른 한 쪽은 트럭에 있도록 하며, 각목이나 지주대를 지면에 깔아두면 작업이 쉬워진다.
  ㉩ 흄관 상차
    ⓐ 버킷에 흄관이 일자가 되도록 하여 버킷에 담아 상차한다.
    ⓑ 흄관을 적재할 때는 뒤쪽부터 적재함 바닥에 닿도록 한다.
  ㉪ 파이프 상차
    ⓐ 파이프는 H빔과 마찬가지로 와이어를 이용하여 상차한다.
    ⓑ 파이프를 여러 개 적재할 때는 철사로 양쪽을 묶어서 적재한다.

2) 쌓기
① 쌓기
터파기와 깎기 작업에서 발생한 돌, 토사를 후속 작업에 지장

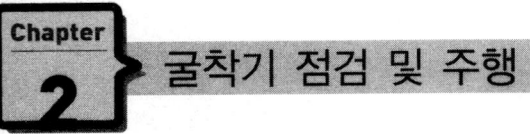

Chapter 2 굴착기 점검 및 주행

이 없도록 조치하여 쌓아 놓는 것으로 흙 쌓기, 돌 쌓기, 야적 쌓기 작업이 있다.

② 쌓기 작업 준비하기
  ㉠ 작업 지시 사항을 파악한다.
    ⓐ 공정표 및 작업지시서를 확인하여 작업 내용을 확인한다.
    ⓑ 도면 및 현장을 확인하여 작업 여건을 확인한다.
    ⓒ 작업 순서를 파악하고 차량계 건설 기계 작업 계획서를 작성한다.
    ⓓ 장비를 사전 점검하여 기계적 위험성을 제거하고 안전 표지를 부착한다.
    ⓔ 굴착기의 용량 및 용도를 확인하고 성능 및 작업 특성을 맞춘다.
    ⓕ 안전장치를 부착하고 작동 여부 및 이상 결함 여부를 확인한다.
    ⓖ 차량계 건설기계 작업 계획서의 내용을 확인한다.
    ⓗ 작업 시 안전 유의 사항을 확인하고 조치한다.
  ㉡ 돌, 토사를 놓을 위치를 파악한다.
    ⓐ 작업을 시작할 곳의 위치를 점검한다.
    • 산: 지반 높이 및 지질을 점검하고 선형을 확인한다.
    • 하천: 강줄기의 물 흐름 상태와 구조물의 시작과 끝 위치를 확인한다.
    ⓑ 쌓기 시공을 편리하게 하기 위해 아래 사항을 고려하여 재료 위치를 선정한다.
    • 터파기와 가까운 자리일 것
    • 쌓기 재료 때문에 다른 작업에 방해가 되지 않는 자리일 것
    • 주변의 민원이 발생하지 않는 자리일 것
    • 장시간 재료를 방치하여도 문제가 발생되지 않는 자리일 것
    • 재료를 활용할 수 있게 운반길 옆에 위치할 것
    ⓒ 밑에서 돌 쌓기를 할 경우 재료는 터파기한 곳의 반대쪽으로 한다.
  ㉢ 토사 쌓기 작업이 용이하도록 주변의 장애물을 정리한다.
    ⓐ 쌓기의 높이에 따라 벌개 제근의 정도를 달리 한다.
    • 표피 제거는 지면에서 10~15cm 정도 깎아내어 풀과 약간의 흙을 처리한다.
    • 고속도로 쌓기는 3m 이상 쌓기가 되면 지름 50cm 이하의 것은 정리하지 않는다.
    • 쌓기 경사면의 기슭에서 1m 떨어진 선 이내의 폭과 전체 공사 구간의 연장에서 작업을 진행한다.
    ⓑ 표피를 덤프트럭으로 실어가기 위해서는 덤프트럭이 굴착기 쪽으로 가까이 접근할 수 있도록 작업로를 만들어야 한다.
    ⓒ 작업로 위쪽에서 작업로 아래쪽에 있는 표피는 위로 집토하여 덤프트럭에 상차한다.
    ⓓ 작업로 위쪽에 있는 표피는 작업로 아래쪽으로 끌어내려 작업로 쪽에 집토한 후 상차한다.

  ㉣ 보행자의 통행에 방해가 되지 않도록 통행로를 확보한다.
    ⓐ 사용 중인 교량, 암거 및 기타 배수 시설은 현장에 적합한 대체 시설을 설치하여 통행 및 이용에 불편이 없도록 조치한 후에 철거해야 한다.
    ⓑ 운반 장비나 포설 장비의 통행은 흙 쌓기의 전 면적에 걸쳐 고르게 통행하도록 하여 이로 인한 다짐 효과를 얻을 수 있도록 해야 한다.
  ㉤ 돌, 토사의 쌓기 작업을 위하여 현장 내 작업로를 확보한다.
    ⓐ 작업로를 개설할 부분과 주위 안전에 우선하여 굴착기와 덤프트럭의 작업로를 확보한다.
    • 현재 지반 높이에서 계획고까지 굴착기가 작업할 수 있도록 작업로를 만든다.
    • 덤프트럭이 자재를 하차하고 회전할 수 있는 부분까지 만들어주면 작업이 수월하다.
    ⓑ 앞쪽의 토사를 오른쪽으로 옮기면서 작업로를 확보하여 올라간다.
    ⓒ 오른쪽을 더 높게 구배를 잡아 쌓기된 부분의 토사가 미끄러지는 것을 방지한다.
    ⓓ 굴착기와 덤프트럭 등이 서로 교행할 수 있는 임시 정차대를 만든다.
    • 임업 도로와 벌개제근 도로를 작업할 때는 완만한 경사를 만들면서 진행한다.
    • 작업로를 만들 때는 임업 도로에 준하여 평구배를 주면서 작업한다.
    • 도로가 외길이고 길 경우 산등성이 쪽으로 이동하면서 앞쪽의 흙을 넘기면서 안전하게 이동한다.
    • 산의 아래쪽에서부터 산등성이의 정상까지 올라갈 경우에는 완만하게 작업로를만들고 회전할 수 있는 공간까지 넓게 확보해야 한다.

③ 쌓기 작업
  ㉠ 흙 쌓기 재료
    ⓐ 30cm 이상의 암괴는 압축 침하가 생기기 쉽기 때문에 시공 중 두께에 상응 하는 대형 다짐기계를 사용한다.
    ⓑ 토사에 대해서는 30cm 이상의 큰 덩어리가 혼입되어 있는 비율이 아주 적기 때문에 최대 크기의 규정은 특별히 두지 않는다.
    ⓒ 30cm 이상의 전석이 다량으로 유입된 토사에 있어서 시공성이나 경제성을 고려한 후 전석의 처리 방법을 결정한다.
  ㉡ 흙 쌓기 작업
    ⓐ 흙 쌓기 작업은 규준틀, 토공 포스트, 배수 준비, 표토 제거, 구조물 및 지장물 철거 등이 완전히 이루어진 후에 시행한다.
    ⓑ 비탈면의 기울기가 1:4 보다 급한 기울기를 가진 지반 위에 흙 쌓기를 하는 경우에는 원 지반 표면에 충따기를 실시한다.
    ⓒ 기존 도로의 확장을 위하여 기존 도로에 접속시키는 흙

Chapter 2 굴착기 점검 및 주행

　　쌓기를 하는 경우에도 층따기를 해야 한다.
　　ⓓ 비탈면 위에 흙 쌓기를 하는 경우에는 배수구와 배수층을 설치한다.
　ⓒ 돌, 토사가 흘러내리지 않도록 쌓기 작업을 수행한다.
　　ⓐ 흙 쌓기 비탈면은 차도부와 같은 적합한 다짐을 해야 한다.
　　ⓑ 비탈면은 소단과 기울기를 유지해야 한다.
　　ⓒ 흙 쌓기 부위는 파손되지 않고 양호한 상태를 유지해야 한다.
　　ⓓ 재료가 동결되었을 때 그 부분을 제거하고 흙 쌓기 작업을 한다.
　ⓔ 돌, 토사를 더 쌓기 위한 고르기와 다짐 작업을 수행한다.
　　ⓐ 운반 장비나 포설 장비가 흙 쌓기 전 면적에 통행하도록 하여 다짐할 수 있다.
　　ⓑ 혼합 재료(점토, 백토, 모래 등)는 도로 전폭에 교대로 층을 이루도록 포설한다.
　　ⓒ 강우나 강설 등으로 인해 함수비 조절이 불가능하거나 결빙이 되는 동절기에는 다짐 작업을 수행하지 않는다.

⑨ 야적 작업
　1개월 이상 시간을 두고 쌓기 작업을 수행하는 대단위 쌓기 작업을 말한다.
　㉠ 신호수의 유도에 따른 야적 작업을 수행한다.
　　ⓐ 신호수는 운전자 시야에 벗어나지 않도록 해야 하며 사전 신호에 대해서 약속하고 작업한다.
　　ⓑ 신호수를 배치하여 차량의 통행을 원활히 한다.
　　ⓒ 현장에 투입된 교통정리원은 반드시 X-밴드가 부착된 규정 복장을 착용한다.
　　ⓓ 굴착기, 덤프트럭 등의 장비 신호수는 주위 차량이나 작업자의 통행에 유의하여 작업 반경 내 출입 통제를 철저히 한다.
　　ⓔ 신호는 동일 신호법을 사용하고 운전자의 위치를 고려하여 상호 최단 거리에 신호수를 고정 배치한다.
　㉡ 돌, 토사의 흘러내림을 방지하기 위한 사면의 정리 다짐 작업을 수행한다.
　　ⓐ 흙 쌓기 비탈면은 지반침하로 인한 붕괴 예방 및 토사가 흘러내리지 않게 다짐작업을 수행한다.
　　・안전하고 효율적인 작업을 위해 굴착기의 진행 방향을 고려하여 작업한다.
　　・운전석 쪽이 지형이 잘 보이므로 운전석 쪽부터 작업을 진행한다.
　　・작업면의 물이 가장자리 쪽으로 자연스럽게 흘러내리도록 하기 위해 2%의 구배를 주고 사면을 정리한다.
　　・도로면을 정리할 때는 아스콘 높이보다 약간 높게 정리한다.
　　・길 가장자리 흙이 도로 등의 시공면 위로 올라오지 않게 작업한다.
　　・작업 중 흙이 아스콘 위로 넘어 왔을 때는 아스콘이 상할 수 있으므로 굴착기 버킷으로 흙을 처리하지 않는다.

　　・가장자리를 정리하면서 흙을 분배하여 남은 흙을 처리한다.
　　・가장자리의 선형을 잡을 때는 흙이 흘러내려가지 않도록 날을 세워 작업을 진행한다.
　　・골재가 많을 경우 골재로 바로 정리하고, 골재가 없고 흙이 많을 경우에는 골재를 먼저 걷어내고 앞으로 당겨 흙을 높이 맞추고 그 위에 골재를 깔아준다.
　　ⓑ 버킷으로 쌓은 부분을 눌러주면서 다진다.
　　ⓒ 흙이 자연적으로 단단해지려면 시간이 많이 걸리므로 롤러를 투입시켜 다진다.
　㉢ 돌, 토사의 흘러내림을 방지를 위하여 고르기 작업을 수행한다.
　　ⓐ 운반 장비나 포설 장비가 흙 쌓기 전 면적에 통행하도록 하여 고르기 작업을 한다.
　　ⓑ 혼합 재료(점토, 백토, 모래 등)는 도로 전폭에 교대로 층을 이루도록 포설해야 한다.
　　ⓒ 비탈면은 소단과 기울기를 유지해야 한다.
　　ⓓ 흙 쌓기 부위는 파손되지 않고 양호한 상태를 유지해야 한다.
　　ⓔ 재료가 동결되었을 때 그 부분을 제거하고 흙 쌓기 작업을 한다.
　㉣ 돌, 토사의 흘러내림 방지를 위한 평탄 작업을 수행한다.
　　ⓐ 지반의 종류에 따른 굴삭면 기울기를 확인한다.
　　ⓑ 지반에 따른 작업 장치를 선택한다.
　　・표준 버킷(standard bucket): 흙, 모래, 자갈 적재용 (비중 1.6t/m³ 이하)
　　・암석 버킷(stone bucket): 원석 굴삭, 적재(tooth 부착) (비중 1.6t/m³ 이상)
　　・사이드 스윙 버킷(side swing bucket): 터널 및 도로 제설 작업 등 협소한 장소에서의 적재 작업에서 사용
　　・다목적 버킷(multipurpose bucket): 굴착, 적재, 정지 등 다목적에 사용
　　・칩 버킷(chip bucket): 톱밥 상차용 (일반 버킷 용량의 2~3배 용량)
　　・스켈레톤 버킷(skeleton bucket): 굴착된 골재 및 암석 중 큰 것만 골라내는 작업 시 사용
　　ⓒ 양호한 운전 시계를 확보하고 차량의 안전성을 유지하여 작업한다.
　　ⓓ 버킷에 과도한 하향의 힘이 걸리지 않도록 유지한다.
　　ⓔ 딱딱한 재료를 취급할 때는 투스 타입이나 커팅에지 타입 버킷을 사용한다.
　　ⓕ 사용하는 버킷의 용량이 장비의 능력 이상이면 장비의 수명이 단축되므로 작업에 적절한지 확인한 후 작업한다.
　㉤ 돌, 토사의의 유출을 방지하기 위한 배수로를 확보한다.
　　ⓐ 강우량 예측 데이터에 따라 지형, 유수 방향, 유수량에 기반하여 배수 방법을 결정한다.
　　ⓑ 배수 방법은 자연배수, 분산 배수, 집중 배수가 있으나 지형에 맞추어 적절한 배수 방법을 선정한다.

ⓒ 결정된 배수 방법에 따라 배수로 확보 작업을 한다.
ⓓ 배수로 작업을 할 때는 땅 속에 물이 흐르는 반대 방면에서부터 위쪽으로 하는 것이 좋다.
ⓔ 배수로의 깊이는 일정하게 파내야 한다.
ⓕ 물의 흐름을 잘 되게 하려면 편구배를 주는 것이 효과적이다.

3) 메우기

① 메우기
부지, 관로, 조경 시설물, 도로를 완성시키기 위해 장비를 이용하여 돌, 흙, 골재, 모래 등으로 빈 공간을 채우는 작업이다.

② 지반의 종류
㉠ 흙 또는 토양은 암석이나 사질토, 점토로 구분된다.
㉡ 입자의 크기에 따라 자갈은 지름이 2mm 이상인 알갱이를 말한다.
㉢ 모래는 2~1/16mm까지를 말하고, 진흙은 1/16mm 이하로 본다.
㉣ 사질토와 점토
　ⓐ 사질토: 모래질 흙의 통칭이다.
　　• 점착성이 거의 없다.
　　• 소성이 없다.
　　• 마찰에 의해 흙의 강도가 유지된다.
　　• 물의 영향을 별로 받지 않는다.
　　• 투수성이 크다.
　　• 입도 분포의 영향이 크다.
　　• 압축성이 작다.
　　• 전단 강도 지지력이 크다.
　ⓑ 점토: 미세한 흙 입자로 암석이 풍화, 분해되면서 생성되는데 사질토와 반대 성향을 가지고 있다.

③ 메우기 작업 준비하기
㉠ 작업 순서를 파악: 작업 계획서에 따라 작업 순서, 작업 방법, 작업 안전, 장애물(간섭) 요인을 확인한다.
㉡ 작업 시 신호체계와 작업 안전을 파악한다.
　ⓐ 작업을 시작하기 전에 작업 책임자에게 신호 방법을 확인해 둔다.
　ⓑ 동료와의 신호는 수기(手旗)나 몸을 크게 사용한다. 정해진 동작으로 알기 쉽도록 전달한다.
　ⓒ 작업하는 동료가 잘 보이지 않는 곳에 있을 때는 신호 방법을 확인해 둔다.
　ⓓ 작업을 시작하기 전에 확인해 둔다.
㉢ 굴착기의 구조 및 성능, 작업 특성을 맞춘다: 작업 반경, 붐, 버킷 선회 작업 범위를 파악한다.
㉣ 작업 지시 사항에 따라 지형, 지반의 특성을 파악한다: 흙 또는 토양은 암석이나 동식물의 유해가 오랜 기간 침식과 풍화를 거쳐 생성된 땅을 구성하는 물질로 사질토와 점토

로 구분하며, 입자의 크기에 따라 자갈은 지름이 2mm 이상인 알갱이를 말하며, 모래는 2~1/16mm까지를 말하고, 진흙은 1/16mm 이하로 본다.
㉤ 메우기 작업에 필요한 돌, 흙, 골재, 모래의 양을 파악한다.

④ 메우기 작업
㉠ 층따기
　ⓐ 비탈면의 기울기가 1:4보다 급한 기울기를 가진 지반 위에 흙 쌓기를 할 때
　　• 원 지반 표면에 층따기를 한다.
　　• 흙 쌓기부와 원 지반을 밀착한다.
　　• 지반의 변형과 활동을 방지한다.
　　• 높은 절취면의 깎기 작업에서 여러 단을 나누어서 계단을 작업하는 것을 말한다.
　　• 흙의 유실을 방지하기 위하여 앞면과 측면에 흙을 붙이고 쌓아 올리는 작업이다.
㉡ 평탄 작업
　ⓐ 흩어진 흙 평탄 작업: 굴착기를 후진하면서 버킷을 긁고 눌러서 수평을 유지시킨다.
　ⓑ 딱딱하고 울퉁불퉁한 토질 평탄 작업: 바닥면이 고르지 못할 때 울퉁불퉁한 지면을 고르기 작업을 통해 수평을 유지시킨다.
㉢ 지반의 성질을 고려한 돌, 골재, 흙으로 메우기 작업을 수행한다.
　ⓐ 버킷을 세워 흙을 모은다.
　ⓑ 버킷에 흙을 담아 퍼 올린다.
　ⓒ 메울 위치로 이동하여 흙을 메울 장소에 버킷을 위치한다.
　ⓓ 메울 장소에 흙을 붓는다.
　ⓔ 같은 동작으로 반복해서 흙을 메워 넣는다.

⑤ 되메우기 작업
㉠ 지반의 빈 공간을 채우기 위하여 흙으로 되메우기 작업을 한다.
　ⓐ 구조물의 시공 완료 후 구조물의 기초 저면부터 노상 저면까지의 뒤채움 작업을 해야 한다.
　ⓑ 뒤채움 재료는 시공 전에 사용 재료의 품질 시험 성과를 감독자에게 제출하여 승인을 받은 후 사용해야 한다.
　ⓒ 재료를 포설하기 전 구조물의 벽면에 20cm마다 층 두께를 표시하여 층 다짐 상태를 확인할 수 있도록 하고, 다짐 완성 후 1층의 두께가 20cm 이내가 되도록 층 다짐을 실시한다.
　ⓓ 콘크리트 암거는 구조물의 양면이 동시에 같은 높이가 되도록 뒤채움을 실시하고, 현장 여건 상 동시 시공이 어려운 경우 감독자의 승인을 받아 양측 최고 단차가 1.0m 이하가 되도록 시공한다.
　ⓔ 콘크리트가 충분히 양생되지 않은 상태에서 부득이

게 뒤채움을 실시하는 경우에는 진동이나 충격에 의한 구조물 균열 또는 손상이 발생하지 않도록 콘크리트 설계기준 강도의 80% 이상이 확보된 후 또는 14일 이상 양생 후 감독자의 승인을 받고 뒤채움 작업을 실시해야 한다.
- ⓕ 콘크리트가 충분히 양생되지 않은 상태이거나, 한쪽 부위가 반대쪽보다 높게 뒤채움하는 콘크리트 구조물의 경우나, 석축 구조물을 뒤채움하는 경우에도 동일하게 적용한다.
- ⓖ 뒤채움의 1층 다짐 완료 후 두께는 20cm 이하이어야 한다.
- ⓗ 아래와 같이 되메우기 작업을 수행한다.
  - 되메움 대상으로 버킷을 가져간다.
  - 버킷을 내려 되메울 흙으로 가져간다.
  - 버킷으로 흙을 퍼서 들어 올린다.
  - 되메울 장소로 버킷을 이동하여 흙을 부어 넣는다.
  - 같은 동작을 반복하여 되메우기 작업을 수행한다.
- ⓛ 차량과 보행자의 원활한 통행을 위해 지면의 고르기 작업을 수행한다.
  - ⓐ 차량과 보행자가 통행할 수 있도록 메우기 면적에 고르기 작업을 한다.
  - ⓑ 고르지 않게 쌓여 있는 흙을 버킷으로 고르게 편다.

4) 선택장치 연결

① 선택장치(attachments)의 정의
굴착기의 주 작업 장치는 장비의 본체와 붐, 암, 버킷을 말하며, 굴착기의 선택장치는 굴착기의 암과 버킷에 작업 용도에 따라 옵션으로 부착하여 사용하는 장치를 말한다.

② 선택장치의 종류
- ㉠ 브레이커(breaker): 치즐의 머리부에 유압식 왕복 해머로 연속적으로 타격을 가해 암석, 콘크리트 등을 파쇄하는 장치로 유압식 해머라 부르기도 한다.
  - ⓐ 브레이커 적용 작업: 도로 공사, 빌딩 해체, 도로 파쇄, 터널 공사, 슬래그 파쇄, 쇄석 및 채석장의 돌 쪼개기 공사 등의 쇄석 및 해체 공사에 주로 적용한다.
  - ⓑ 브레이커의 작동 원리
    - 브레이커는 밸브의 상하 운동으로 작동한다.
    - 밸브로 유압이 가해지면 실린더 하부에 고압이 형성되어 피스톤이 상승한다.
    - 밸브가 상승하여 실린더 상부의 질소 가스를 고압으로 전환시키면서 다시 밸브가 하강함과 동시에 피스톤이 하강하면 치즐을 타격한다.
    - 그 충격력을 치즐이 작업 물체에 전달한다.
- ㉡ 크러셔(crusher): 2개의 집게로 작업 대상물을 집고, 집게를 조여서 물체를 부수는 장치이다.
  - ⓐ 크러셔 적용 작업: 암반이나 콘크리트 파쇄 작업과 철근 절단 작업에 사용한다.
- ㉢ 집게[그래플(grapple 또는 그랩(grap)]: 유압 실린더를 이용해서 2~5개의 집게를 움직여 작업물질을 집는 장치이다.
  - ⓐ 작업 용도에 따른 분류: 스톤 그랩(stone grap), 우드 그랩(wood grap), 멀티 그랩(multi grap)으로 나뉜다.
- ㉣ 퀵 클램프(quick clamp): 굴착기의 선택장치를 신속하게 분리, 결합할 수 있는 장치이다
- ㉤ 기타 선택장치
  - ⓐ 리퍼(ripper): 연암 구간 절삭 작업, 아스콘, 콘크리트 제거 등에 사용한다.
  - ⓑ 컴팩터(compactor): 지반 다짐이 필요할 때 사용한다.

3. 전·후진 주행장치

1) 조향장치의 구조와 기능

① 조향장치
건설기계의 주행 또는 작업 중 방향을 바꾸기 위한 장치이다.

② 조향 장치의 구조
- ㉠ 일체차축 방식과 독립차축 방식이 있다.
- ㉡ 일체차축 방식: 조향핸들, 조향축, 조향기어박스, 피트먼 암, 드래그 링크, 너클암 등으로 구성된다.
- ㉢ 독립차축 방식: 조향핸들, 조향축, 조향기어박스, 피트먼 암, 링크, 너클암 등으로 구성된다.

③ 동력식 조향 장치
- ㉠ 장비의 대형화로 앞 타이어의 접지압력과 면적이 증가함에 따라 신속하고 원활한 조향조작을 위해 기관의 동력으로 오일펌프를 구동하여 발생한 유압을 동력조향 장치를 설치하여 조향핸들의 조작력을 경감 시키는 장치이다.
- ㉡ 작동부분, 제어부분, 유량조절밸브 및 유압제어밸브와 안전체크밸브로 구성된다.
- ㉢ 동력식 조향 장치의 장점
  - ⓐ 조작력이 작아도 된다.
  - ⓑ 조향 기어비를 조작력에 관계없이 설정할 수 있다.
  - ⓒ 조향 핸들의 흔들림 현상을 방지할 수 있다.
  - ⓓ 노면으로부터의 충격 및 진동을 흡수한다.
  - ⓔ 조향조작이 신속하다.
- ㉣ 제어밸브 속에는 안전 체크밸브가 들어 있어 엔진의 작동 정지, 오일펌프 고장 시 등에도 수동조작을 가능하게 해준다.

④ 앞바퀴 얼라인먼트(앞바퀴 정렬)
조향 핸들의 조작력 경감, 조향핸들 조작을 확실하게 하며 직진성 부여 및 조향핸들의 복원성을 두고자 앞바퀴 정렬을 한다. 앞바퀴 얼라인먼트의 요소에는 캠버, 캐스터, 토인, 킹핀 경사각 등이 있다.
- ㉠ 캠버: 자동차 앞바퀴를 앞에서 보았을 때 바퀴가 수직선과

이루는 각을 말한다.
ⓐ 필요성
• 조향핸들의 조작력 경감
• 수직하중에 의한 액슬축의 휨 방지
• 하중을 받았을 때 앞바퀴의 아래 부분이 벌어지는 것을 방지
ⓛ 캐스터: 앞바퀴를 옆에서 보았을 때 조향 너클과 앞 액슬 축을 고정하는 킹핀의 중심선이 수직선과 이루는 각을 말한다.
ⓐ 필요성
• 주행 중 조향바퀴의 직진성 부여
• 조향 시 바퀴에 복원성 부여
ⓒ 토인: 앞바퀴를 위에서 내려다보았을 때 앞쪽이 뒤쪽보다 좁게 된 상태를 말한다.
ⓐ 필요성
• 앞바퀴를 평행하게 회전 시킨다.
• 타이어의 사이드슬립과 마멸을 방지한다.
• 주행 중 토우 아웃을 방지한다.
ⓔ 킹핀 경사각: 차량을 앞에서 보면 킹핀의 중심선이 수직에 대하여 7~9° 정도의 각도를 두고 설치하는 것을 말한다.
ⓐ 필요성
• 캠버와 함께 조향핸들의 조작력을 가볍게 한다.
• 캐스터와 함께 앞 타이어에 복원성을 준다.
• 앞바퀴가 시미 현상을 일으키지 않도록 한다.

⑤ 조향장치의 점검 정비
㉠ 조향핸들이 한쪽으로 쏠리는 원인
ⓐ 타이어 공기압력의 불균형
ⓑ 브레이크 드럼의 간극 불량
ⓒ 앞바퀴 정렬 불량
ⓓ 허브 베어링의 마모
㉡ 조향핸들의 조작이 무거운 원인
ⓐ 타이어 공기압이 낮다.
ⓑ 앞바퀴 정렬의 불량
ⓒ 조향 링키지 급유 부족
ⓓ 타이어의 심한 마모
㉢ 조향핸들의 유격이 크게 되는 원인
ⓐ 조향 링키지 볼 이음 접속부분의 헐거움 및 볼 이음이 마모되었다.
ⓑ 조향기어의 백래시가 크다.
ⓒ 조향 링키지 접속부가 헐겁다.
ⓓ 조향 너클 암이 헐겁다.
ⓔ 앞바퀴 베어링이 마멸되었다.

2) 현가장치의 구조와 기능
① 현가장치
건설기계의 차축과 차축을 연결하고, 주행 중 노면에서 받는 충격을 완화하는 장치이다.

② 현가장치의 주요기능
㉠ 적정한 자동차의 높이를 유지한다.
㉡ 상·하 방향이 유연하여 차체가 노면에서 받는 충격을 완화시킨다.
㉢ 올바른 휠 얼라인먼트를 유지한다.
㉣ 차체의 무게를 지지한다.
㉤ 타이어의 접지상태를 유지한다.
㉥ 주행방향을 조정한다.

③ 현가장치의 구성
㉠ 스프링: 차체와 차축사이에 설치되어 주행 중 노면에서의 충격이나 진동을 흡수하여 차체에 전달되지 않게 하는 것
ⓐ 판 스프링
• 판 스프링은 적당히 구부린 띠 모양의 스프링 강을 몇 장 겹쳐 그 중심에서 볼트로 조인 것을 말한다. 버스나 화물차에 사용된다.
• 스프링 자체의 강성으로 차축을 정해진 위치에 지지할 수 있어 구조가 간단하다.
• 판간 마찰에 의한 진동의 억제작용이 크다.
• 내구성이 크다.
• 판간 마찰이 있기 때문에 작은 진동은 흡수가 곤란하다.
ⓑ 코일 스프링
• 코일 스프링은 스프링 강을 코일 모양으로 감아서 제작한 것으로 외부의 힘을 받으면 비틀어진다.
• 코일 스프링은 판 스프링과 같은 판간 마찰작용이 없기 때문에 진동에 대한 감쇠작용을 못하며, 옆 방향 작용에 대한 저항력도 없다.
• 차축을 지지할 때는 링크기구나 쇽 업소바를 필요로 하고 구조가 복잡하다. 그러나 단위중량당 에너지 흡수율이 판 스프링보다 크고 유연하기 때문에 승용차에 많이 사용된다.
ⓒ 토션 바 스프링
• 토션 바 스프링은 비틀었을 때 탄성에 의해 원위치하려는 성질을 이용한 스프링 강의 막대이다.
• 스프링의 힘은 바의 길이와 단면적에 따라 결정되며 코일 스프링과 같이 진동의 감쇠작용이 없어 쇽 업소바를 병행해야 한다. 그러나 토션 바 스프링은 단위중량당 에너지 흡수율이 다른 스프링에 비해 가장 크기 때문에 가볍게 할 수 있고, 구조도 간단하다.
• 설치방식에는 차체에 평탄하게 설치하는 세로방식과 차체에 직각으로 설치하는 가로방식이 있다. 세로방식이 바의 길이에 제한이 없고 설치장소를 크게 차지하지 않는 장점이 있어 많이 사용된다. 토션 바 스프링은 좌·우가 구분되어 있어 바꾸어 설치하지 않도록 한다.
ⓓ 공기 스프링
• 공기의 탄성을 이용한 스프링으로 다른 스프링에 비해 유연한 탄성을 얻을 수 있고, 노면으로부터 작은 진동도 흡수할 수 있다.
• 승차감이 우수하기 때문에 장거리 주행 자동차 및 대형

Chapter 2 굴착기 점검 및 주행

버스에 사용된다.
- 차량무게의 증감에 관계없이 언제나 차체의 높이를 일정하게 유지할 수 있다.
- 스프링의 세기가 하중에 거의 비례해서 변화하기 때문에 짐을 실었을 때나 비었을 때의 승차감에는 차이가 없다.
- 구조가 복잡하고 제작비가 비싸다.

ⓒ 쇽 업소바
  ⓐ 노면에서 발생한 스프링의 진동을 재빨리 흡수하여 승차감을 향상시키고 동시에 스프링의 피로를 줄이기 위해 설치하는 장치이다.
  ⓑ 쇽 업소바는 움직임을 멈추려고 하지 않는 스프링에 대하여 역 방향으로 힘을 발생시켜 진동의 흡수를 앞당긴다.
  ⓒ 스프링이 수축하려고 하면 쇽 업소바는 수축하지 않도록 하는 힘을 발생시키고, 반대로 스프링이 늘어나려고 하면 늘어나지 않도록 하는 힘을 발생시키는 작용을 하므로 스프링의 상·하 운동에너지를 열에너지로 변환시켜 준다.
  ⓓ 쇽 업소바는 노면에서 발생하는 진동에 대해 일정 상태까지 그 진동을 정지시키는 힘인 감쇠력이 좋아야 한다.

ⓒ 스태빌라이저
  ⓐ 좌·우 바퀴가 동시에 상·하 운동을 할 때에는 작용을 하지 않으나 좌·우 바퀴가 서로 다르게 상·하 운동을 할 때 작용하여 차체의 기울기를 감소시켜 주는 장치이다.
  ⓑ 커브 길에서 자동차가 선회할 때 원심력 때문에 차체가 기울어지는 것을 감소시켜 차체가 롤링(좌·우 운동)하는 것을 방지하여 준다.
  ⓒ 스태빌라이저 토션 바의 일종으로 양끝이 좌·우의 로어 컨트롤 암에 연결되며 가운데는 차체에 설치된다.

3) 동력전달장치의 구조와 기능
① 클러치
▶ 클러치는 기관과 변속기 사이에 부착되며 기관의 동력을 차단 및 연결(단속)한다.
▶ 클러치의 종류에는 원판클러치(단판. 복판. 다판클러치), 원뿔클러치, 유체클러치 및 전자클러치가 있다.

  ㉠ 단판클러치
    ⓐ 클러치 디스크, 압력판, 스프링, 릴리스 레버 등으로 구성된다.
    ⓑ 클러치 디스크는 플라이휠과 압력판 사이에 끼어져 있으며 기관의 동력을 변속기 압력축을 통하여 변속기로 전달하는 마찰판이다.
    ⓒ 중심부에는 허브가 있고 내부에 변속기 입력축을 끼우기 위한 스플라인이 파져있다.
    ⓓ 허브와 클러치 강판 사이에는 댐퍼스프링이 설치되어 있고 클러치를 급속히 접속시켰을 때 동력전달을 원활히 하는 쿠션스프링이 있다.
    ⓔ 댐퍼스프링(토션스프링)은 접속 시 회전충격을 흡수한다.
    ⓕ 쿠션스프링은 직각 충격을 흡수하여 디스크의 편마멸, 변형, 파손 등을 방지한다.

  ㉡ 클러치의 필요성
    ⓐ 엔진 시동 시 기관을 무부하 상태 유지
    ⓑ 기어 변속 시 일시 동력 차단
    ⓒ 관성 운전을 하기 위해

  ㉢ 클러치의 조작 방법: 클러치의 차단 속도는 빠르게, 연결은 서서히 조작한다.

  ㉣ 클러치의 구비조건
    ⓐ 회전 관성이 적어야 한다.
    ⓑ 방열이 잘되고 과열되지 않아야 한다.
    ⓒ 구조가 간단하고 고장이 적어야 한다.
    ⓓ 조작이 쉬워야 한다.

  ㉤ 클러치 페달의 유격(자유 간극)
    클러치 페달의 유격은 20~30mm정도로 클러치의 미끄러짐을 방지한다.
    ⓐ 클러치 페달의 유격이 크면
      - 클러치의 차단 불량으로 변속할 때 소음이 나고 변속 조작이 불량하다.
      - 클러치의 끌림 발생
    ⓑ 클러치 페달의 유격이 적으면
      - 클러치가 미끄러져 동력전달이 불량하다.
      - 페이싱, 릴리스 베어링이 조기 마멸된다.
      - 클러치가 과열된다.

  ㉥ 클러치의 고장 진단
    ⓐ 클러치가 미끄러지는 원인
      - 클러치 페달의 유격이 작다.
      - 페이싱이 과다하게 마멸 및 경화되었다.
      - 오일이 부착 되었다.
      - 클러치 스프링(자유고 및 장력의 감소)이 불량하다.
      - 플라이 휠 및 압력판이 손상 또는 마멸되었다.
    ⓑ 클러치가 미끄러질 때의 영향
      - 견인력이 증가하지 않는다.
      - 연료소비율이 증가한다.
      - 엔진이 과열한다.
      - 등판능력이 저하한다.
      - 페이싱이 타는 냄새가 난다.
    ⓒ 클러치 페달의 유격은 링키지에서 조정하며, 클러치가 미끄러지면 가장 먼저 페달의 유격을 점검, 조정해야 한다.
    ⓓ 클러치의 차단 불량 원인
      - 클러치 페달의 유격이 크다.(릴리스 베어링과 레버의 거리가 멀다)
      - 릴리스 베어링이 마멸 되었거나 파손되었다.
      - 클러치판의 런 아웃(흔들림)이 과다하다.

Chapter 2 굴착기 점검 및 주행

굴착기운전기능사

- 유압식에서 유압 라인에 공기의 혼입 또는 오일이 누출된다.

② 변속기(트랜스미션)

기관의 회전력은 회전속도의 변화에 관계없이 일정하지만 출력은 회전속도에 따라 변화하는 특징이 있다. 변속기는 클러치와 추진축 사이에 설치되어 엔진의 동력을 주행상태에 맞도록 회전력과 속도를 바꾸어 구동바퀴에 전달하는 장치로 수동변속기 및 자동변속기가 있다.

  ㉠ 변속기의 필요성
    ⓐ 엔진의 회전력을 증대시키기 위해
    ⓑ 후진을 하기 위해
    ⓒ 엔진 기동 시 무부하 상태 유지
  ㉡ 변속기의 구비조건
    ⓐ 단계없이 연속적으로 변속될 것
    ⓑ 소형 경량일 것
    ⓒ 변속조작이 쉽고 정숙, 정확하게 이루어 질 것
    ⓓ 전달효율이 좋을 것
    ⓔ 정비성이 좋을 것
  ㉢ 변속기어가 잘 물리지 않는 원인
    ⓐ 클러치 유격 과다로 클러치 차단 불량
    ⓑ 시프트 레일의 휨
    ⓒ 싱크로 메시 기구의 접촉 불량 및 키 스프링의 마모
  ㉣ 기어가 빠지는 원인
    ⓐ 로킹 볼의 마모 또는 스프링 쇠약 또는 절손 시
    ⓑ 기어의 백래쉬 과대
    ⓒ 시프트 포크의 마모
  ㉤ 기어에서 소리가 나는 원인
    ⓐ 기어오일(G.O)량 부족, 오일의 질 불량, 오일의 점도 저하
    ⓑ 기어 및 베어링의 심한 마모
    ⓒ 스플라인의 마모
  ㉥ 로킹 볼: 물려있는 기어가 빠지는 것 방지
  ㉦ 인터록 볼: 기어가 2중으로 물리는 것 방지
  ㉧ 계절별 사용하는 기어오일의 종류
    ⓐ 겨울철용: SAE · 80, 90
    ⓑ 여름철용: SAE · 120

③ 자동 변속기

클러치와 변속기의 작동이 차량의 주행 속도나 부하에 따라 자동적으로 이루어지는 변속기로서, 유체클러치, 토크컨버터 및 유성기어식이 있다.

  ㉠ 장점
    ⓐ 기어 바꿈이 필요 없어 운전이 쉽고, 피로를 줄일 수 있다.(변속 조작이 간단하다.)
    ⓑ 각부 진동 및 충격을 오일이 흡수한다.
    ⓒ 운전 중 엔진 정지가 없다.
  ㉡ 단점
    ⓐ 구조가 복잡하고, 값이 비싸다.

    ⓑ 연료 소비율이 크다.
    ⓒ 밀거나 끌어서 시동해서는 안 된다.
  ㉢ 유체클러치
    ⓐ 크랭크축에 펌프 임펠러를, 변속기 입력축에 터빈 러너를 설치하며, 오일의 맴돌이 흐름을 방지하기 위하여 가이드링을 두고 있다.
    ⓑ 오일이 보유하는 순환운동의 에너지만큼 미끄럼이 되어 유체클러치의 펌프 임펠러와 터빈 러너의 토크비는 미끄럼 때문에 1:1 이상 되지 못한다.
  ㉣ 토크컨버터
    ⓐ 크랭크축에 펌프를, 변속기 입력축에 터빈을, 오일의 흐름 방향을 바꿔주는 스테이터를 변속기 케이스에 고정된 축에 일방향 클러치를 설치하는 변속기이다.
    ⓑ 토크컨버터의 날개는 곡선 방사선 상으로 되어있다.
    ⓒ 회전력 변환율은 2~3:1이며 오일의 충돌에 의한 효율 저하를 방지하기 위하여 가이드 링을 둔다.
  ㉤ 유성기어식
    유성기어 장치의 구성은 바깥쪽에 링 기어가 있고, 중앙에는 선 기어를, 링 기어와 선기어 사이에는 유성기어를 두며 유성기어를 구동시키기 위한 유성기어 캐리어 등으로 구성된다.

④ 드라이브라인

변속기의 출력을 종감속 기어로 전달하는 부분으로 슬립이음, 자재이음, 추진축 등으로 구성된다.

  ㉠ 슬립 이음: 변속기 주축 뒤에 스플라인을 통하여 설치되며, 액슬축의 상하운동에 따라 변속기와 종감속 기어 사이에서 길이 변화를 가능하도록 하기위해 사용된다.
  ㉡ 자재이음(유니버셜 조인트): 일정한 각을 이루고 회전력을 전달하기 위해 즉, 동력전달 각도 변화를 준다.
  ㉢ 추진축(프로펠라 샤프트): 변속기와 종감속 기어 사이의 구동각 변화를 주는 장치이다.

⑤ 종감속 기어와 차동기어 장치

  ㉠ 종감속 기어: 추진측의 회전력을 직각 방향(90도)로 바꾸어 주며 엔진의 회전수를 감속하여 구동력을 증대시켜준다.
  ㉡ 차동기어 장치(디프렌셜): 선회 시 좌우 구동바퀴의 회전 속도를 다르게 해 준다. 즉, 선회할 때 바깥쪽 바퀴의 회전 속도를 안쪽 바퀴보다 빠르게 해 준다.

⑥ 액슬 축(차축)

종감속 기어 및 차동기어 장치를 통해 들어온 엔진의 동력을 구동 바퀴로 전달하는 축이다.

⑦ 타이어(바퀴)
  ㉠ 타이어의 분류
    ⓐ 사용 공기 압력에 따른 분류: 고압 타이어, 저압 타이어, 초저압 타이어 등이 있다.

ⓑ 형상에 따른 분류: 보통 타이어(바이어스 타이어), 편평 타이어, 레이디얼 타이어, 스노우 타이어 등이 있다.
ⓒ 타이어 호칭 치수
  ⓐ 저압 타이어의=타이어 폭(인치)-타이어 내경(인치)-플라이 수
  ⓑ 고압 타이어의=타이어 외경(인치)×타이어 폭(인치)-플라이 수
ⓒ 굴착기에는 고압 타이어를 사용한다.
ⓓ $1kg/cm^2$는 14.2PSI 이다.

Chapter 3 안전관리

01 안전관리

1. 산업안전관리

1) 산업안전일반
① 일반산업 사업장에 있어서 산업재해가 일어날 가능성이 있는 건설물, 장치, 기계, 재료 등의 손상, 파괴에 기인하는 잠재 위험성을 배제해서 안전성을 확보하는 것을 목적으로 한 것이다.
② 기업 내 또는 기업 간의 안전관리에 있어서 재해방지를 위한 제 활동을 총칭해서 말하는 일도 있다.

2) 안전관리의 목적
① 사고의 발생을 사전에 방지함
② 생산성 향상과 손실의 최소화
③ 재해로부터 인간의 생명과 재산을 보호함

02 보호구

1. 보호구 개요

1) 개인 보호구
① 재해나 건강장애를 방지하기 위해 작업자가 착용하는 안전용품이다.
② 파편이나 비산물을 방지하기 위한 방호덮개나 유해물질을 제거하기 위한 국소 배기장치는 개인 보호구에 포함되지 않는다.

2) 안전보호구의 종류
① 안전모: 사용자의 낙하나 추락, 감전 등을 방지하기 위해 머리에 착용하는 보호구이다.
  ㉠ 안전모의 종류
    ⓐ A형(낙하방지용): 물체의 낙하 및 비래에 의한 위험을 방지하거나 경감시키기 위한 안전모다.
    ⓑ B형(낙하, 추락 방지용): 물체의 낙하 또는 비래 및 추락에 의한 위험을 방지하거나 경감시키기 위한 안전모이다.
    ⓒ AE형(낙하, 감전방지용): 물체의 낙하 및 비래에 의한 위험을 방지하거나 경감하고, 머리부위 감전에 의한 위험을 방지하기 위한 안전모이다.
    ⓓ ABE형(다목적용): 물체의 낙하 또는 비래 및 추락에 의한 위험을 방지하거나 경감하고 머리부위 감전에 의한 위험을 방지하기 위한 안전모이다.
  ㉡ 안전모 올바른 착용방법
    ⓐ 모체, 장착체, 충격 흡수제 및 턱끈의 이상 유무를 확인한다.
    ⓑ 자신의 머리 크기에 맞도록 착장체의 머리 고정대를 조절한다.
    ⓒ 귀의 양쪽에 턱끈이 위치하도록 착용한다.
    ⓓ 안전모가 벗겨지지 않도록 턱끈을 견고히 조여서 고정한다.
② 안전대(안전그네): 높은 곳에서 작업 시 추락을 방지하기 위해 사용하는 보호구이다.
  ㉠ 안전대의 기능
    ⓐ 추락 시 신체를 잡아준다.
    ⓑ 신체를 지지하여 두 손으로 작업이 가능하도록 해준다.
  ㉡ 안전대의 종류
    ⓐ 벨트식 안전대: 신체의 지지 목적으로 허리에 착용하는 안전대로 허리 벨트로 구성되어 있다.
    ⓑ 벨트식(상체형) 안전대: 상체 부분에 착용하는 띠 모양의 안전대로 어깨걸이와 허리벨트, 가슴 조임줄로 구성되어 있다.
    ⓒ 그네식 안전대: 전신에 착용하는 띠 모양의 안전대로 어깨걸이, 다리걸이, 가슴 조임줄로 구성되어 있으며 전신을 감싸 안전하다.
③ 안전화: 물체의 낙하나 충격, 끼임, 감전 등을 예방하기 위해 발에 착용하는 보호구이다.
  ㉠ 안전화의 기능
    ⓐ 공사 현장에서 중량물의 떨어짐이나 끼임 등에 따른 발과 발등을 보호한다.
    ⓑ 날카로운 물체에 찔리는 위험으로부터 발바닥을 보호한다.
    ⓒ 감전 예방과 정전기로부터 인체의 대전을 방지해 준다.
    ⓓ 각종 화학물질로부터 발을 보호해 준다.
  ㉡ 안전화의 종류
    ⓐ 가죽제 안전화: 물체의 낙하, 충격에 의한 위험 방지 및 날카로운 물체에 찔리는 것을 방지해 준다.
    ⓑ 고무제 안전화: 방수와 내화학성이 있다.
    ⓒ 정전화: 정전기의 인체의 대전을 방지해 준다.
    ⓓ 절연화: 감전을 방지해 준다.

Chapter 3 안전관리

④ **각반**: 바지 밑단이 자재나 구조물에 걸리지 않게 바지 끝자락에 착용하는 보호구이다.
⑤ **안전장갑**: 물리적, 화학적 충격으로부터 손을 보호하기 위해 착용하는 보호구이다.
  ㉠ 안전장갑의 종류
    ⓐ **전기용 안전장갑**: 전기에 의한 감전을 방지해 준다.
    ⓑ **유기화합물용 안전장갑**: 유기물로부터 손을 보호해 준다.
    ⓒ **알루미나이즈 안전장갑**: 화재진압 및 화염, 작업현장에서 고온, 고열로부터 손을 보호해 준다.
    ⓓ **충격방지용 안전장갑**: 망치나 해머 등 타격노출이 있는 작업에서 손을 보호해 준다.
    ⓔ **방진 장갑**: 진동공구를 사용할 때 발생하는 진동장해를 예방하기 위해 사용한다.
  ㉡ 안전장갑의 착용조건
    ⓐ 착용하고 작업이 쉬워야 한다.
    ⓑ 사용되는 재료는 작업자에게 해로운 영향을 주지 않아야 한다.
    ⓒ 홈, 기포, 안구멍 및 기타 사용상 유해한 결함이 없고, 이음 자국이 없어야 한다.
    ⓓ 사용 시 안전장갑의 사용범위를 확인해야 한다.
    ⓔ 고무는 열, 빛 등에 의해 쉽게 노화함으로 열이나 직사광선을 피해 보관해야 한다.
⑥ **보안경**: 이물을 차단하고 유해광선에 의한 시력장애를 방지하기 위해 눈에 착용하는 보호구이다.
  ㉠ 보안경의 기능
    ⓐ 비산물에 의한 위험물에서 눈을 보호해 준다.
    ⓑ 유해 광선으로부터 시력 장애를 방지해 준다.
  ㉡ 보안경의 사용방법 및 관리
    ⓐ 작업에 맞는 보안경인지 확인한다.
    ⓑ 안전인증을 받은 것인지 확인한다.
    ⓒ 사용 중 렌즈에 홈, 더러움, 깨짐이 발견되면 교체해 준다.
    ⓓ 착용 시 거리감이 불량하거나 이물감 등이 느껴지면 교체해 준다.
    ⓔ 청결히 보관한다.
⑦ **보안면**: 안면이나 눈을 유해광선, 열, 화학약품 등으로부터 보호하기 위해 착용하는 보호구이다.
  ㉠ 보안면의 기능
    ⓐ 용접 불꽃같은 유해 광선으로부터 눈을 보호해 준다.
    ⓑ 날카로운 물체로부터 얼굴을 보호해 준다.
  ㉡ 보안면의 종류
    ⓐ **일반 보안면**: 각종 비산물과 유해한 액체로부터 얼굴을 보호하기 위해 착용한다.
    ⓑ **용접용 보안면**: 용접작업 시 유해광선이나 분진 등으로부터 눈과 안면을 보호하기 위해 착용한다.
⑧ **보호복**: 고열, 방사선, 중금속, 유해물질로부터 보호하기 위해 몸에 착용하는 보호구이다.
  ㉠ 보호복의 종류
    ⓐ **화학물질용 보호복**: 액체상태 화학물질의 신체접촉으로 인한 화상, 피부손상 등의 재해를 예방하기 위해 입는 보호복이다.
    ⓑ **방열복**: 고온에 의한 화상의 방지, 장시간 고열작업에 따른 열 피로의 방지. 제철, 금속정련, 금속용융, 가공, 유리용융 등 작업장과 작업용도에 맞춰 착용한다.
⑨ **호흡보호구**: 먼지나 화학물질로부터 호흡기를 보호하기 위해 코와 입 부분에 착용하는 보호구이다.
  ㉠ 호흡보호구의 종류
    ⓐ **방진 마스크**: 공기 중에 부유하는 분진을 들이마시지 않도록 하기 위해 착용하는 보호구이다.
    ⓑ **방독 마스크**: 공기 중에 있는 유해 물질의 흡입을 막고 안면을 보호하기 위해 착용하는 보호구이다.
    ⓒ **호스 마스크**: 작업장의 공기가 유독 물질의 오염이나 산소 결핍 등으로 방진 마스크나 방독 마스크를 착용할 수 없는 불량한 작업 환경에서 착용하는 보호구이다.

3) 보호구의 선택요령
① 착용하여 작업하기 쉬워야 한다.
② 유해·위험물로부터 보호 성능이 충분해야 한다.
③ 사용되는 재료는 작업자에게 해롭지 않아야 한다.
④ 마무리가 좋아야 한다.
⑤ 디자인이나 외관이 양호해야 한다.

03 작업안전

1) 안전점검
① 안전 확보를 위해 불안전한 행동, 작업방법 및 기계, 기구, 설비의 상태를 조사, 발전하여 위험요인을 제거한다.
② 안전점검의 종류: 일상점검, 정기점검, 특별점검이 있다.

2) 작업상의 안전
① 전선로 근처에서 작업 시 주의사항
  ㉠ 붐이 전선에 근접되지 않도록 한다.
  ㉡ 바람이 강할수록 전선은 많이 흔들린다.
  ㉢ 전력선 인근에서는 작업 유도원을 배치하여 유도원의 지시에 따른다.
  ㉣ 전선은 철탑에서 멀어 질수록 많이 흔들린다.
② 154,000V 철탑 근처에서 작업시 주의사항
  ㉠ 철탑 주변 흙이 무너지지 않도록 작업한다.
  ㉡ 전선에 최소 3m 이내는 접근하지 않아야한다.
  ㉢ 철탑 기초에서 충분히 이격하여 작업한다.

Chapter 3 안전관리

굴착기운전기능사

③ 전선로와의 안전 이격거리
  ㉠ 전선이 굵을수록 이격거리가 커져야 한다.
  ㉡ 애자수가 많을수록 이격거리가 커져야 한다.
  ㉢ 전압이 높을수록 이격거리가 커져야 한다.

3) 기타 안전관련 사항
① 도시가스 근처 작업 시 안전
  ㉠ 도시가스 압력에 따른 분류
    ⓐ 저압: 1kg/㎠미만 ,보호표 색상 황색
    ⓑ 중압: 1kg/㎠이상~10kg/㎠미만 ,보호표 색상 적색
    ⓒ 고압: 10kg/㎠이상 ,보호표 색상 적색
  ㉡ 도로 굴착 시 공사 전에 계획 수립사항
    ⓐ 도면에 표시된 가스배관과 저장물 유무 조사
    ⓑ 도시가스 사업자와 일정을 협의하여 시험 굴착 계획 수립
    ⓒ 위치 표시용 페인트와 황색 깃발 등 준비
  ㉢ 도시가스 배관
    ⓐ 가스 배관 외면에 사용 가스명, 최고압력 및 가스흐름 방향 등 표시
    ⓑ 가스 배관과 수평거리 30cm 이내에서는 파일박기를 할 수 없다.
    ⓒ 가스 배관과 수평거리 2m 이내에서 파일박기를 하고자 할 때 시험 굴착을 하여 가스배관의 위치를 확인한다.

04 수공구 취급 시 안전

1. 해머

1) 해머 작업 시 안전사항
① 장갑을 끼고 해머작업을 하지 않는다.
② 해머로 공동 작업 시에는 호흡을 맞추어야 한다.
③ 열처리된 재료는 해머 작업을 하지 않는다.
④ 기름 묻은 손으로 작업하지 않는다.
⑤ 타격 하려는 곳에 시선을 고정한다.
⑥ 해머 자루 고정부분 끝에 쐐기를 박는다.

2. 정

1) 정 작업 시 안전사항
① 쪼아내기 작업 시 보안경을 착용한다.
② 열처리한 재료는 정 작업을 하지 않는다.
③ 버섯 머리된 재료는 그라인더에 갈아서 사용한다.
④ 마주보고 작업하지 않는다.

3. 렌치

1) 렌치 작업 시 안전사항
① 볼트 및 너트에 맞는 것을 사용하여야 하며, 풀거나 조일 때는 볼트 및 너트 머리에 끼운 후 사용한다.
② 스패너에 연장대를 끼워서 사용하지 않는다.
③ 스패너는 올바르게 끼우고 앞으로 잡아당겨 사용한다.
④ 사용 목적 외에 다른 용도로 사용하지 않는다.

4. 드라이버

1) 드라이버 사용 시 안전사항
① 드라이버 홈의 폭과 길이가 같은 날 끝의 것을 사용한다.
② 드라이버 날 끝이 수평이 되어야 하며, 둥글거나 빠진 것은 사용하지 않도록 한다.
③ 드라이버 손잡이에 대하여 축이 수직으로 된 것을 사용하고 날 끝이 홈에 맞지 않을 때에는 임의로 고정하지 않는다.
④ 드라이버로 전기 작업을 할 때에는 절연손잡이로 된 드라이버를 사용한다.
⑤ 손에 잘 닿지 않거나 불편한 곳에서 나사를 돌리기 시작할 때에는 나사가 자석에 붙는 드라이버를 사용한다.
⑥ 한 손으로 드라이버를 사용하고 있는 동안 다른 손으로 나사를 잡지 않도록 한다.

5. 드릴

1) 드릴작업의 안전대책
① 드릴이 회전 중에 칩을 손으로 제거하지 말아야 한다.
② 작업을 할 때는 보안경을 착용하고 한다.
③ 쇠밥을 제거할 때에는 전용 브러쉬를 사용한다.
④ 장갑(면장갑)과 같은 것은 사용이 금지되어 있다.
⑤ 큰 구멍을 뚫을 때에는 작은 구멍을 먼저 뚫은 후 뚫어야 한다.

6. 벨트

1) 벨트
① 기어 및 벨트 회전부 등에 방호덮개를 부착한다.
② 회전부에 고정 볼트 등의 돌출부가 없는지 확인한다.
③ 벨트에 손상이 없는가, 또 이음부에 위험이 없는 가 점검한다.
④ 벨트의 장력, 벨트 시프터의 기능을 점검한다.
⑤ 벨트를 걸 때나 벗길 때에는 기계를 정지한 상태에서 행한다.
⑥ 운행 중인 벨트에는 접근하지 않는다.

7. 용접 시 안전사항

1) 가스용접 안전사항

① 봄베 주둥이 쇠나 몸통에 오일이나 그리스를 발라 녹이 슬지 않게 해 준다.
② 토치는 반드시 작업대 위에 놓아 오일이 묻지 않도록 한다.
③ 산소 용기는 40℃ 이하에서 보관한다.
④ 점화할 때 성냥불로 하지 않는다.
⑤ 산소 용접을 할 때 역류 · 역화가 일어나면 산소 벨브를 빨리 잠가 주어야 한다.

2) 산소 · 아세틸렌 용접 사용 시 안전사항

① 산소는 산소병에 35℃에서 150기압으로 압축 충전한다.
② 아세틸렌 도관의 색상(적색), 산소 도관의 색상(흑색)
③ 아세틸렌은 1.5기압 이상이면 폭발할 위험이 있다.
④ 산소용기의 온도는 40℃ 이하에서 보관한다.

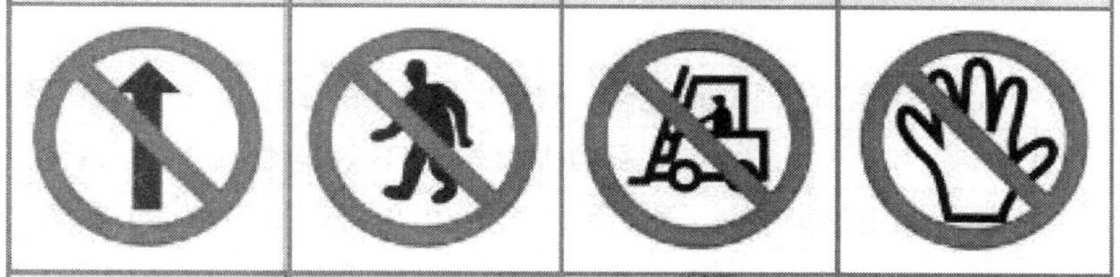

05 산업안전보건 표지

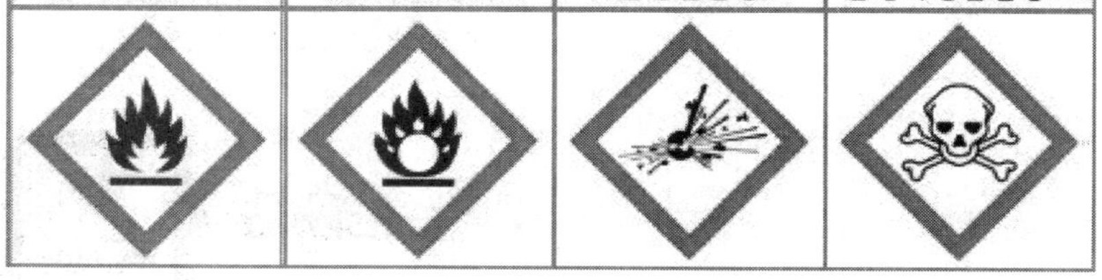

1) 산업안전보건 표지

① 금지표지
㉠ 금지표지: 위험한 행동을 금지하는 것, 화재발생의 우려가 있는 장소 및 방화, 소화의 설치를 표시
㉡ 금지표지의 종류

101 출입금지	102 보행금지	103 차량통행금지	104 사용금지

105 탑승금지	106 금연	107 화기금지	108 물체이동금지

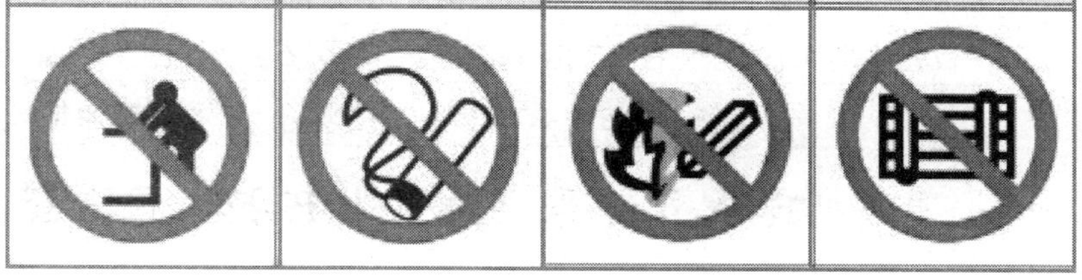

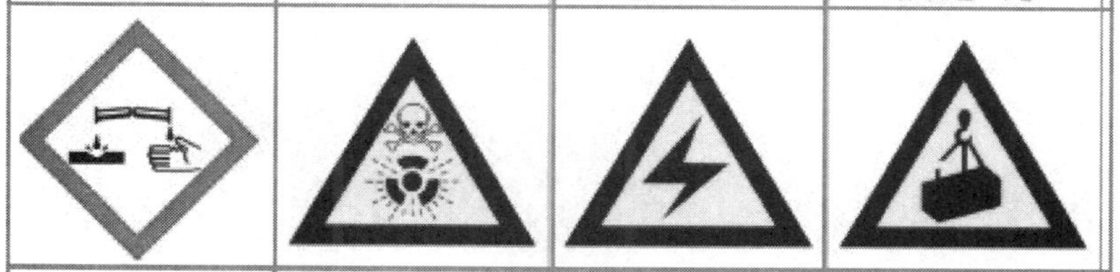

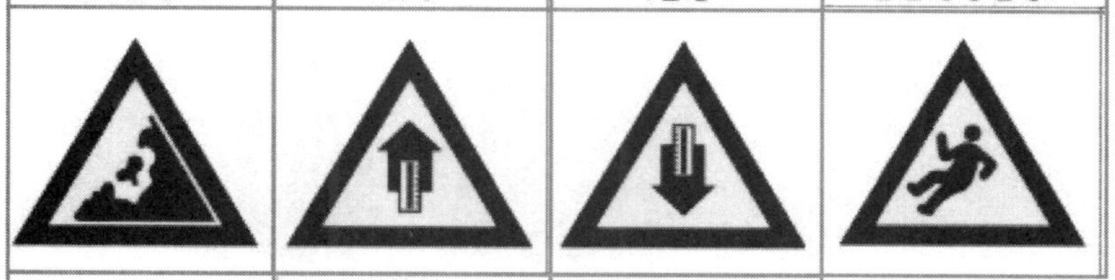

② 경고표지
㉠ 경고표지: 직접적으로 위험한 것 및 장소, 또는 상태에 대한 경고
㉡ 경고표지의 종류

201 인화성물질경고	202 산화성물질경고	203 폭발성물질경고	204 급성독성물질경고

205 부식성물질경고	206 방사성물질경고	207 고압전기경고	208 매달린물체경고

209 낙하물경고	210 고온경고	210-1 저온경고	211 몸균형상실경고

212 레이저광선경고	213 발암성·변이원성·생식독성·전신독성·호흡기과민성 물질경고	214 위험장소경고

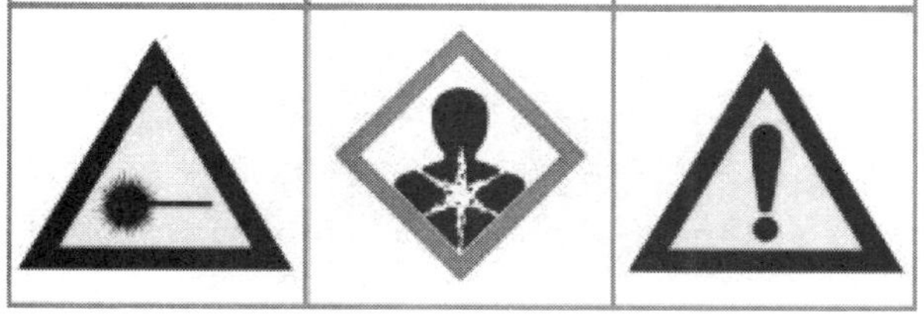

③ 지시표지
㉠ 지시표지: 불안전행위, 부주의에 의한 위험이 있는 장소
㉡ 지시표지의 종류

301 보안경착용	302 방독마스크착용	303 방진마스크착용	304 보안면착용

305 안전모착용	306 귀마개착용	307 안전화착용	308 안전장갑착용

309 안전복착용

④ 안내표지
㉠ 안내표지: 응급구호표지, 방향표지, 지도표지 등
㉡ 안내표지의 종류

401 녹십자표지	402 응급구호표지	402-1 들것	402-2 세안장치

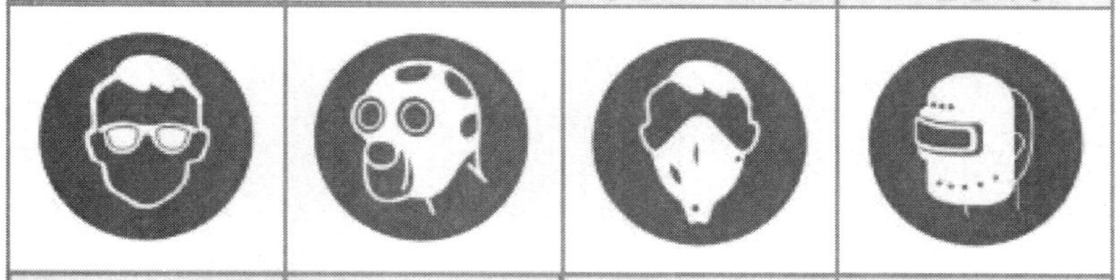

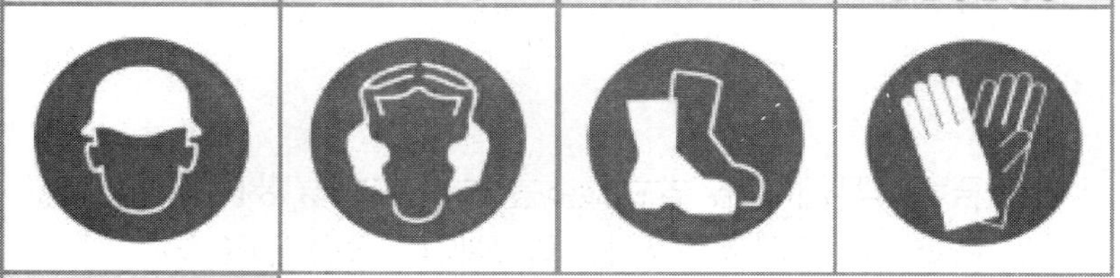

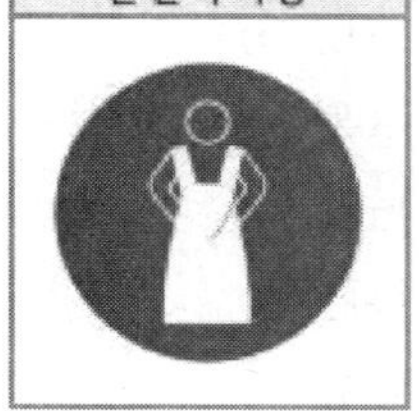

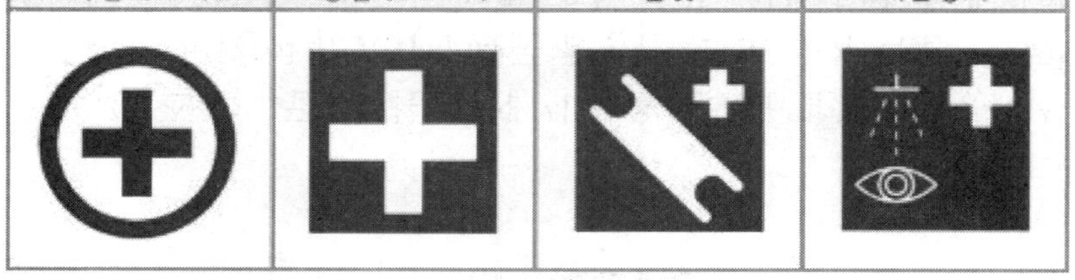

Chapter 3 안전관리

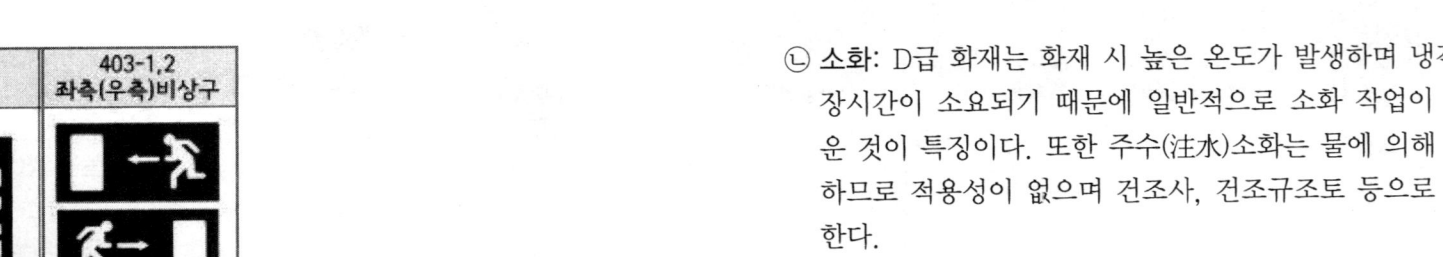

| | 403
비상구 | 403-1,2
좌측(우측)비상구 |

2) 안전 · 보건표지의 색체, 용도 및 사용례

색채	용도	사용례
빨강	금지	정지신호, 소화설비 및 그 장소, 유해행위의 금지
노랑	경고	위험경고, 주의표지 또는 기계 방호물
파랑	지시	특정행위의 지시 및 사실의 고지
녹색	안내	비상구 및 피난소, 사람 또는 차의 통행표지
흰색	–	파란색 또는 녹색에 대한 보조색
검정색	–	문자 및 빨간색 또는 노란색에 대한 보조색

ⓛ 소화: D급 화재는 화재 시 높은 온도가 발생하며 냉각 시 장시간이 소요되기 때문에 일반적으로 소화 작업이 어려운 것이 특징이다. 또한 주수(注水)소화는 물에 의해 발열하므로 적용성이 없으며 건조사, 건조규조토 등으로 소화한다.

ⓒ 기타
ⓐ **프레스의 안전장치**: 클러치페달
ⓑ **프레스 작업 시 다치기 쉬운곳**: 손
ⓒ 연삭숫돌 교환 시 3분 이상 시운전후 작업을 하여야 한다.
ⓓ 동력 전달 장치중 가장 재해가 많은 것은 벨트이다.
ⓔ 카바이트 저장소에는 옥내에 전등 스위치가 있으면 폭발할 위험이 있으므로 옥외에 전등 스위치를 설치한다.
ⓕ 옷에 묻은 먼지를 털 때 압축공기를 사용하면 먼지가 섬유 속으로 파고 들어가므로 사용해서는 안 된다.

06 화재

1) 화재의 분류

① A급 화재
ⓐ A급 화재: 연소 후 재를 남기는 화재로서 가장 일반적인 화재이며 나무, 종이, 섬유 등의 가연물 화재가 이에 속한다.
ⓛ 소화: A급 화재는 보통 물을 함유한 용액으로 냉각, 질식 소화의 효과를 이용한다.

② B급 소화
ⓐ B급 소화: 연소 후 재를 남기는 화재로서 유류, 가스 등의 가연성 액체나 기체 등의 화재가 이에 속한다.
ⓛ 소화: B급 소화는 포말, 분말약재를 사용하여 주로 질식소화의 효과를 이용한다.

③ C급 화재
ⓐ C급 화재: 전기설비 등에서 발생하는 화재로서 수변전 설비, 전선로의 화재가 이에 속한다.
ⓛ 소화: C급 화재는 금수성(禁水性)화재이며 전기적 절연성을 갖는 CO_2, 할론, 분말 등의 소화약제를 이용하여 질식, 냉각, 억제소화의 효과를 이용한다.

④ D급 화재
ⓐ D급 화재: 금속 또는 금속분에서 발생하는 화재로서 이는 다른 화재에 비해 발생빈도는 높지 않으며 단체금속의 자연발화, 금속분에 의한 분진폭발 등의 화재가 이에 속한다.

Chapter 4. 건설기계관리법규 및 도로통행방법

01 건설기계 관리법규

1. 건설기계관리법의 목적 및 정의

1) 목적
건설기계의 등록·검사·형식승인 및 건설기계사업과 건설기계 조종사면허 등에 관한 사항을 정하여 건설기계를 효율적으로 관리하고 건설기계의 안전도를 확보하여 건설공사의 기계화를 촉진함을 목적으로 한다.

2) 정의
① 건설기계
   건설공사에 사용할 수 있는 기계로서 대통령령으로 정하는 것을 말한다.
② 건설기계사업
   건설기계대여업, 건설기계정비업, 건설기계매매업 및 건설기계해체재활용업을 말한다.
   ㉠ 건설기계대여업: 건설기계의 대여를 업(業)으로 하는 것을 말한다.
   ㉡ 건설기계정비업: 건설기계를 분해·조립 또는 수리하고 그 부분품을 가공제작·교체하는 등 건설기계를 원활하게 사용하기 위한 모든 행위(경미한 정비행위 등 국토교통부령으로 정하는 것은 제외한다)를 업으로 하는 것을 말한다.
   ㉢ 건설기계매매업: 중고(中古) 건설기계의 매매 또는 그 매매의 알선과 그에 따른 등록사항에 관한 변경신고의 대행을 업으로 하는 것을 말한다.
   ㉣ 건설기계해체재활용업: 폐기 요청된 건설기계의 인수(引受), 재사용 가능한 부품의 회수, 폐기 및 그 등록말소 신청의 대행을 업으로 하는 것을 말한다.
③ 중고 건설기계
   건설기계를 제작·조립 또는 수입한 자로부터 법률행위 또는 법률의 규정에 따라 건설기계를 취득한 때부터 사실상 그 성능을 유지할 수 없을 때까지의 건설기계를 말한다.
④ 건설기계형식
   건설기계의 구조·규격 및 성능 등에 관하여 일정하게 정한 것을 말한다.

2. 건설기계등록 및 검사

1) 건설기계 등록
① 신규등록
   ㉠ 등록 신청: 건설기계의 소유자가 건설기계를 등록할 때에는 특별시장·광역시장·도지사 또는 특별자치도지사(이하 "시·도지사"라 한다)에게 건설기계 등록신청을 하여야 한다.
   ㉡ 유의사항: 건설기계등록신청은 취득한(판매를 목적으로 수입된 건설기계의 경우에는 판매한 날) 날부터 2월 이내에 하여야함.
      ⓐ 위반 시 처분기준: 등록되지 아니한 건설기계를 사용, 운행한자는 2년 이하의 징역 또는 1천만원 이하의 벌금(법제40조)이 부과 된다.
      ⓑ 처리기한: 10일
   ㉢ 구비서류
      ⓐ 국내제작 건설기계
         • 건설기계제작증
         • 건설기계제원표
         • 건설기계의 소유자임을 증명하는 서류
         • 보험가입증명서
         • 사용본거지 근거서류(사업자등록증 사본 또는 법인등기부등본)
         • 차대각자 3매
         • 영업용의 경우 소속 대여회사 사업자등록증 사본
      ⓑ 수입건설기계
         • 수입면장 기타 수입을 증명하는 서류
         • 건설기계제원표
         • 배출가스 및 소음인증서
         • 건설기계의 소유자임을 증명하는 서류
         • 보험가입증명서
         • 차대각자 3매
         • 영업용의 경우 소속 대여회사 사업자등록증 사본
      ⓒ 부활 신규 등록
         • 말소된 건설기계등록원부
         • 건설기계제원표
         • 건설기계의 소유자임을 증명하는 서류. 위의 서류가 소유자임을 증명할 수 있는 경우에는 당해서류로 갈음할 수 있다.
         • 보험가입증명서(의무보험 및 종합보험)
         • 사용본거지 근거서류(사업자등록증 사본 또는 법인등기부등본)
         • 차대각자 3매
         • 영업용의 경우 소속 대여회사 사업자등록증 사본
   ㉣ 등록말소 사유
      ⓐ 거짓이나 그 밖의 부정한 방법으로 등록을 한 경우
      ⓑ 건설기계가 천재지변 또는 이에 준하는 사고 등으로 사용할 수 없게 되거나 멸실된 경우(등록말소 신청기한: 30일 이내)
      ⓒ 건설기계의 차대(車臺)가 등록 시의 차대와 다른 경우

 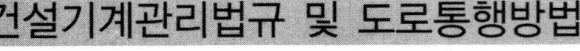

 굴착기운전기능사

Chapter 4 건설기계관리법규 및 도로통행방법

ⓓ 건설기계안전기준에 적합하지 아니하게 된 경우
ⓔ 최고(催告)를 받고 지정된 기한까지 정기검사를 받지 아니한 경우
ⓕ 건설기계를 수출하는 경우(등록말소 신청기한: 수출 전)
ⓖ 건설기계를 도난당한 경우(등록말소 신청기한: 2개월 이내)
ⓗ 건설기계를 폐기한 경우
ⓘ 건설기계해체재활용업을 등록한 자에게 폐기를 요청한 경우
ⓙ 구조적 제작 결함 등으로 건설기계를 제작자 또는 판매자에게 반품한 경우(등록말소 신청기한: 30일 이내)
ⓚ 건설기계를 교육·연구 목적으로 사용하는 경우(등록말소 신청기한: 30일 이내)

② 등록 건설기계의 기종별 표시

01	불도저	10	노상안정기	19	골재살포기
02	굴착기	11	콘크리트뱃칭플랜트	20	쇄석기
03	로더	12	콘크리트피니셔	21	공기압축기
04	지게차	13	콘크리트살포기	22	천공기
05	스크레이퍼	14	콘크리트믹서트럭	23	항타 및 항발기
06	덤프트럭	15	콘크리트펌프	24	사리채취기
07	기중기	16	아스팔트믹싱플랜트	25	준설선
08	모터그레이더	17	아스팔트피니셔	26	특수 건설기계
09	롤러	18	아스팔트살포기	27	타워크레인

㉠ 등록번호표 색깔과 번호
ⓐ **자가용**: 녹색 판에 흰색문자(1001~4999)
ⓑ **영업용**: 주황색 판에 흰색 문자(5001~8999)
ⓒ **관용**: 흰색 판에 검은색 문자(9001~9999)

③ 등록사항의 변경신고 및 이전
㉠ 건설기계의 등록사항 중 변경사항이 있는 경우에는 그 소유자 또는 점유자는 이를 시·도지사에게 신고하여야 한다.
㉡ 유의사항: 변경이 있는 날부터 30일(상속의 경우에는 상속개시일부터 3개월) 이내에 신고하여야 한다.
ⓐ **위반 시 처분기준**
• 허위로 신고한 때 20만원 과태료가 부과 된다.
• 신고를 하지 아니한 때 30일 이내 2만원, 30일 초과한 경우 3일 초과 시 마다 1만원(최고 20만원) 과태료가 부과 된다.
㉢ 구비서류
ⓐ **소유자 변경신고**
• 양도증명서 및 양도인 인감증명서
• 건설기계등록증
• 사용본거지 근거서류(사업자등록증 사본 또는 법인등기부등본)
• 양수인 주민등록등·초본(법인인 경우에는 법인등기부등본)
• 보험가입증명서
• 영업용인 경우 소속 대여회사 인감증명서 및 사업자등록증 사본 각1부
ⓑ **일반 변경 신고**
• 등록사항 변경사실 증명서류(주민등록등·초본, 법인등기부등본, 사업자등록증 사본 등)

• 건설기계등록증
• 영업용인 경우 소속 대여회사 인감증명서 및 사업자등록증 사본 각1부

2) 건설기계 검사

① 검사의 종류
㉠ 신규 등록검사: 건설기계를 신규로 등록할 때 실시하는 검사
㉡ 정기검사: 건설공사용 건설기계로서 3년의 범위에서 국토교통부령으로 정하는 검사유효기간이 끝난 후에 계속하여 운행하려는 경우에 실시하는 검사와 「대기환경보전법」 제62조 및 「소음·진동관리법」 제37조에 따른 운행차의 정기검사
㉢ 구조변경검사: 건설기계의 주요 구조를 변경하거나 개조한 경우 실시하는 검사
㉣ 수시검사: 성능이 불량하거나 사고가 자주 발생하는 건설기계의 안전성 등을 점검하기 위하여 수시로 실시하는 검사와 건설기계 소유자의 신청을 받아 실시하는 검사

② 검사의 연기·대행
㉠ 검사의 연기: 건설기계소유자는 천재지변, 건설기계의 도난, 사고발생, 압류, 1월 이상에 걸친 정비 그 밖의 부득이한 사유로 검사신청기간 내에 검사를 신청할 수 없는 경우에는 검사신청기간 만료일까지 검사연기신청서에 연기사유를 증명할 수 있는 서류를 첨부하여 시·도지사에게 제출한다.
㉡ 검사대행: 국토교통부장관은 필요하다고 인정하면 건설기계의 검사에 관한 시설 및 기술능력을 갖춘 자를 지정하여 검사의 전부 또는 일부를 대행하게 할 수 있다.

③ 각종 기계 검사

기종	구분	검사 유효기간
굴착기	타이어식	1년
로더	타이어식	2년
지게차	1톤 이상	2년
덤프트럭		1년
기중기	타이어식, 트럭 적재식	1년
모터그레이더		3년
콘크리트 믹서트럭		1년
콘크리트 펌프	트럭 적재식	1년
아스팔트 살포기		1년
천공기	트럭 적재식	2년

④ 산업안전보건법

구분	대상기종
설계검사	크레인, 리프트, 압력용기, 프레스, 절단기, 롤러기
완성검사	크레인, 리프트, 호이스트
성능검사	호이스트, 압력용기, 프레스, 절단기, 롤러기
정기검사	크레인, 압력용기(최초정기검사일은 현장 설치일로부터 3년/매 2년)

Chapter 4. 건설기계관리법규 및 도로통행방법

⑤ 자체검사

주기	대상기종
1개월	승강기
3개월	리프트, 타워크레인
6개월	크레인, 곤도라, 보일러, 압력용기, 공기압축기
1년	프레스, 절단기, 원심기, 아세틸렌 및 가스 용접장치, 국소배기장치

⑥ 건설기계관리법규 상 특별표지 부착대상 건설기계
 ㉠ 길이가 16.7m 이상인 건설기계
 ㉡ 너비가 2.5m 이상인 건설기계
 ㉢ 높이가 3.8m 이상인 건설기계
 ㉣ 최소회전 반경 12m 이상인 건설기계
 ㉤ 총중량이 40ton 이상인 건설기계
 ㉥ 축하중이 10ton 이상인 건설기계

⑦ 소형건설기계 조종교육의 내용

소형건설기계	교육 내용	시간
3톤 미만의 굴착기, 3톤 미만의 로더 및 3톤 미만의 지게차	1. 건설기계기관, 전기 및 작업장치	2(이론)
	2. 유압 일반	2(이론)
	3. 건설기계관리법규 및 도로교통법	2(이론)
	4. 조종실습	6(실습)
3톤 이상 5톤 미만의 로더, 5톤 미만의 불도저 및 콘크리트펌프(이동식으로 한정한다)	1. 건설기계기관, 전기 및 작업장치	2(이론)
	2. 유압 일반	2(이론)
	3. 건설기계관리법규 및 도로교통법	2(이론)
	4. 조종실습	12(실습)
공기압축기, 쇄석기 및 준설선	1. 건설기계기관, 전기 및 작업장치	2(이론)
	2. 유압 일반	4(이론)
	3. 건설기계관리법규 및 도로교통법	2(이론)
	4. 조종실습	12(실습)

⑧ 건설기계의 구조를 변경할 수 있는 범위

구조변경범위	구조변경불가사항
1. 원동기의 형식변경 2. 동력전달장치의 형식변경 3. 제동장치의 형식변경 4. 주행장치의 형식변경 5. 유압장치의 형식변경 6. 조종장치의 형식변경 7. 조향장치의 형식변경 8. 작업장치의 형식변경 (다만, 가공작업을 수반하지 아니하고 작업장치를 선택부착하는 경우는 제외) 9. 건설기계의 길이·너비·높이 등의 변경 10. 수상작업용 건설기계의 선체의 형식변경	• 건설기계의 기종변경 • 육상작업용 건설기계의 규격 증가 • 적재함의 용량증가 • 등록된 차대의 변경 • 변경전보다 성능 또는 보안상의 안전도가 저하될 우려가 있는 경우의 변경

2. 면허·사업·벌칙

1) 건설기계 조종사의 면허 및 건설기계사업

① 건설기계조종사면허
 ㉠ 건설기계조종사면허
  ⓐ 건설기계를 조종하려는 사람은 시·도지사에게 건설기계조종사면허를 받아야 한다. 다만, 국토교통부령으로 정하는 건설기계를 조종하려는 사람은 '도로교통법제' 80조에 따른 운전면허를 받아야 한다.
  ⓑ 제1항 본문에도 불구하고 국토교통부령으로 정하는 소형 건설기계의 경우로서 시·도지사가 지정한 교육기관에서 그 건설기계의 조종에 관한 교육과정을 마친 경우에는 국토교통부령으로 정하는 바에 따라 건설기계조종사면허를 받은 것으로 본다.
  ⓒ 제1항 본문에 따른 건설기계조종사면허를 받으려는 사람은 '국가기술자격법'에 따른 해당 분야의 기술자격을 취득하고 적성검사에 합격하여야 한다.
  ⓓ 제1항 본문에 따른 건설기계조종사면허는 국토교통부령으로 정하는 바에 따라 건설기계의 종류별로 받아야 한다.
  ⓔ 건설기계조종사면허증의 발급, 적성검사의 기준, 그 밖에 건설기계조종사면허에 필요한 사항은 국토교통부령으로 정한다.
 ㉡ 건설기계조종사면허 신청 시의 첨부서류
  ⓐ 신체검사서(국·공립병원, 시·도지사가 지정하는 의료기관, 보건소 또는 보건지소에서 발급한 것) 또는 도로교통법에 의한 제1종 자동차운전면허증으로 갈음
  ⓑ 국가기술자격수첩 또는 소형건설기계조종교육이수증
  ⓒ 건설기계 조정사면허증(건설기계 조정사면허를 받은자가 면허의 종류를 추가하고자 하는 때에 한한다)
  ⓓ 6월 이내 촬영한 탈모 상반신 증명사진 2매
  ⓔ **발급 수수료**: 1면허증 당 2,500원
  ⓕ **위반사항에 대한 벌칙**: 1년 이하의 징역 또는 300만원 이하의 벌금
 ㉢ 건설기계조종사면허의 결격사유: 다음 각 호의 어느 하나에 해당하는 사람은 건설기계조종사면허를 받을 자격이 없다.
  ⓐ 18세 미만인 사람
  ⓑ 정신병자·지적장애인·간질병자
  ⓒ 앞을 보지 못하는 사람, 듣지 못하는 사람, 그 밖에 국토교통부령으로 정하는 장애인
  ⓓ 마약·대마·향정신성의약품 또는 알코올 중독자
  ⓔ 건설기계조종사면허가 취소된 날부터 1년(제28조제1호 및 제2호의 사유로 취소된 경우에는 2년)이 지나지 아니하였거나 건설기계조종사면허의 효력정지처분 기간 중에 있는 사람
 ㉣ 건설기계조종사의 준수사항
  ⓐ 건설기계조종사면허를 받은 사람(이하 "건설기계조종사"라 한다)은 술에 취하거나 마약 등 약물을 투여한 상태에서 건설기계를 조종하여서는 아니 된다.

ⓑ 술에 취한 상태의 기준, 금지 약물의 종류 및 측정방법 등에 대하여는 '도로교통법' 에서 정하는 바에 따른다.

ⓗ 건설기계조종사 면허의 종류

면허의 종류	조종할 수 있는 건설기계
불도저	불도저
5톤 미만의 불도저	5톤 미만의 불도저
굴착기	굴착기
3톤 미만의 굴착기	3톤 미만의 굴착기
로더	로더
3톤 미만의 로더	3톤 미만의 로더
5톤 미만의 로더	5톤 미만의 로더
지게차	지게차
3톤 미만의 지게차	3톤 미만의 지게차
기중기	기중기
롤러	롤러, 모터그레이더, 스크레이퍼, 아스팔트피니셔, 콘크리트피니셔, 콘크리트살포기 및 골재살포기
이동식 콘크리트펌프	이동식 콘크리트펌프
쇄석기	쇄석기, 아스팔트믹싱플랜트 및 콘크리트뱃칭플랜트
공기압축기	공기압축기
천공기	천공기(타이어식, 무한궤도식 및 굴진식을 포함, 다만, 트럭적재식은 제외), 항타 및 항발기
5톤 미만의 천공기	5톤 미만의 천공기 (단, 트럭적재식은 제외)
준설선	준설선 및 자갈채취기
타워크레인	타워크레인
3톤 미만의 타워크레인	3톤 미만의 타워크레인

ⓗ 건설기계조종사면허의 취소 · 정지: 시 · 도지사는 건설기계조종사가 다음 각 호의 어느 하나에 해당하는 경우에는 국토교통부령으로 정하는 바에 따라 건설기계조종사면허를 취소하거나 1년 이내의 기간을 정하여 건설기계조종사면허의 효력을 정지시킬 수 있다. 다만, 제1호 또는 제2호에 해당하는 경우에는 건설기계조종사면허를 취소하여야 한다.
ⓐ 거짓이나 그 밖의 부정한 방법으로 건설기계조종사면허를 받은 경우
ⓑ 건설기계조종사면허의 효력정지기간 중 건설기계를 조종한 경우
ⓒ 건설기계조종사면허의 결격사유 규정 중 ⓑ에서 ⓓ중 어느 하나에 해당하게 된 경우
ⓓ 건설기계의 조종 중 고의 또는 과실로 중대한 사고를 일으킨 경우
ⓔ '국가기술자격법' 에 따른 해당 분야의 기술자격이 취소되거나 정지된 경우
ⓕ 건설기계조종사면허증을 다른 사람에게 빌려 준 경우
ⓖ 건설기계조종사의 준수사항을 위반하여 술에 취하거나 마약 등 약물을 투여한 상태에서 조종한 경우

ⓙ 건설기계조종사면허의 취소 · 정지 처분

위반사항		처분기준
인명피해	고의로 인명피해(사망, 중상, 경상 등을 말함)를 입힌 때	취소
	과실로 3명 이상 사망	
	과실로 7명 이상 중상	
	과실로 19명 이상 경상	
	사망 1명마다	면허효력정지 45일
	중상 1명마다	면허효력정지 15일
	경상 1명마다	면허효력정지 5일
재산피해	피해금액 50만원마다	면허효력정지 1일 (90일을 넘지 못함)
건설기계의 조종 중 고의 또는 과실로 가스공급시설을 손괴하거나 기능에 장애를 입혀 가스의 공급을 방해한 때		면허효력정지 180일

ⓞ 건설기계조종사의 신고의무: 건설기계조종사는 건설기계조종사면허에 따른 국토교통부령으로 정하는 사항이 변경된 경우에는 시도지사에게 이를 신고하여야 한다.
ⓟ 건설기계조종사의 경력관리: 국토교통부장관은 '여객자동차 운수사업법' 제4조에 따라 개인택시운송사업의 면허를 받으려는 건설기계조종사에 대한 근무기간 등 경력관리에 필요한 사항을 정하여야 한다.
ⓠ 건설기계 임시운행 사유
ⓐ 등록신청을 하기 위하여 건설기계를 등록지로 운행하는 경우
ⓑ 신규등록검사 및 확인검사를 받기 위하여 건설기계를 검사장소로 운행하는 경우
ⓒ 수출을 하기 위하여 건설기계를 선적지로 운행하는 경우
ⓓ 신개발 건설기계를 시험 · 연구의 목적으로 운행하는 경우
ⓔ 판매 또는 전시를 위하여 건설기계를 일시적으로 운행하는 경우

② 건설기계사업
㉠ 건설기계사업의 등록 등
ⓐ 건설기계사업을 하려는 자(지방자치단체는 제외한다)는 대통령령으로 정하는 바에 따라 사업의 종류별로 시 · 도지사에게 등록하여야 한다.
ⓑ 제 ⓐ항에 따른 사업의 등록을 하려는 자는 국토교통부령으로 정하는 기준을 갖추어야 한다.
ⓒ 제 ⓐ항에 따른 등록의 절차, 등록증의 발급 등에 관하여 필요한 사항은 국토교통부령으로 정한다.
㉡ 건설기계임대차의 계약
ⓐ 건설기계임대차 계약의 당사자('건설산업기본법' 제22조에 따른 도급계약은 제외한다)는 대등한 입장에서 합의에 따라 공정하게 계약을 체결하고, 신의에 따라 성실하게 계약을 이행하여야 한다.
ⓑ 제 ⓐ항에 따른 계약의 당사자는 그 계약을 체결할 때 임대료, 임대차 기간, 그 밖에 대통령령으로 정하는 사항을 계약서에 명시하여야 하며, 서명날인한 계약서를 서로 주고받은 후 이를 보관하여야 한다.

ⓒ '약관의 규제에 관한 법률' 제19조의2에 따라 공정거래위원회의 심사를 거친 표준약관을 사용하는 경우에는 제1항 및 제2항에 따른 계약으로 본다.

ⓒ 건설기계사업자의 변경신고 등의 의무
건설기계사업의 등록 등의 ⓐ항에 따라 건설기계사업의 등록을 한 자(이하 "건설기계사업자"라 한다)는 등록한 사항이 변경되거나 사업을 개업·휴업 또는 폐업하거나 휴업한 사업을 재개한 경우에는 국토교통부령으로 정하는 바에 따라 시·도지사에게 신고를 하여야 한다.

ⓒ 건설기계의 보관·관리비용의 징수
건설기계사업자는 건설기계의 정비를 요청한 자가 정비가 완료된 후 장기간 건설기계를 찾아가지 아니하는 경우에는 국토교통부령으로 정하는 바에 따라 건설기계의 정비를 요청한 자로부터 건설기계의 보관·관리에 드는 비용을 받을 수 있다.

ⓑ 건설기계매매업자의 매매용 건설기계의 운행금지 등의 의무
ⓐ 건설기계매매업자는 팔 목적으로 산 건설기계(이하 "매매용 건설기계"라 한다)를 그 사업장에 제시하여야 하며, 제시한 때부터 팔 때까지 시험운행, 정비 등 국토교통부령으로 정하는 경우를 제외하고는 이를 운행하거나 사용하지 못한다.
ⓑ 건설기계매매업자는 다음 각 호의 어느 하나에 해당하는 경우에는 국토교통부령으로 정하는 바에 따라 시·도지사에게 신고하여야 한다.
• 매매용 건설기계를 사업장에 제시한 경우
• 매매용 건설기계를 판 경우
ⓒ 제 ⓐ항에 따라 건설기계매매업자의 사업장에 제시되는 매매용 건설기계의 관리 등에 필요한 사항은 국토교통부령으로 정한다.

ⓗ 건설 기계 매매업의 등록을 하고자 하는 자의 구비서류
ⓐ 주민등록표등본(법인의 경우에는 등기부등본). 다만, 본인이 직접 신고 하는 경우에는 주민등록증, 여권, 국가기술자격수첩, 자동차운전면허증 또는 건설기계조종사면허증의 제시로 이에 갈음할 수 있다.
ⓑ 사무실의 소유권 또는 사용권이 있음을 증명하는 서류
ⓒ 주기장소재지를 관할하는 시장, 군수, 구청장이 발급한 별지 제29호 서식의 주기장시설보유확인서
ⓓ 5천만 원 이상의 하자보증금예치증서 또는 보증보험증서

ⓢ 건설기계의 폐기
ⓐ 제21조에 따라 건설기계폐기업의 등록을 한 자(이하 "건설기계폐기업자"라 한다)는 건설기계 소유자 또는 시·도지사로부터 폐기의 요청을 받은 경우에는 해당 건설기계와 등록번호표를 인수하고 그 사실을 증명하는 서류를 발급하여야 한다.
ⓑ 건설기계폐기업자는 제 ⓐ항에 따라 건설기계와 등록번호표를 인수하면 해당 건설기계를 폐기한 후 등록번호표를 절단하여 폐기하여야 한다.
ⓒ 건설기계폐기업자는 국토교통부령으로 정하는 바에 따라 폐기하려는 건설기계의 평가액에서 폐기에 드는 비용을 뺀 나머지 금액을 그 건설기계의 소유자에게 지급하여야 한다. 다만, 폐기에 드는 비용이 폐기하려는 건설기계의 평가액을 초과하는 경우에는 국토교통부령으로 정하는 바에 따라 그 초과비용을 건설기계의 소유자로부터 받을 수 있다.

ⓞ 건설기계사업자의 의무
ⓐ 건설기계대여업자는 다음 각 호의 사항을 준수하여야 한다.
• 건설기계 조종사를 포함하여 대여하는 경우 조종사는 해당 건설기계조종사 면허를 취득한 사람이어야 한다.
• 건설기계를 대여하는 경우 자가용 또는 미등록건설기계를 대여하여서는 아니 된다.
ⓑ 건설기계정비업자는 다음 각 호의 사항을 준수하여야 한다.
• 정비의뢰자의 요구 또는 동의 없이 임의로 건설기계를 정비하여서는 아니 된다.
• 정비에 필요한 신부품, 중고품 또는 재생품 등을 정비의뢰자가 선택할 수 있도록 하여야 한다.
• 정비를 의뢰한 자에게 국토교통부령으로 정하는 바에 따라 정비견적서와 정비내역서를 발급하고 정비에 따른 사후관리를 하여야 한다.
ⓒ 건설기계매매업자가 건설기계를 매도 또는 매매의 알선을 하는 때에는 국토교통부령으로 정하는 바에 따라 매매계약을 체결하기 전에 해당 건설기계의 매수인에게 압류 및 저당권의 등록 여부와 구조·규격 및 성능 등에 관한 사항을 서면으로 고지하여야 한다.
ⓓ 건설기계폐기업자는 폐기요청을 받은 경우 폐기대상인 건설기계가 다음 각 호의 어느 하나에 해당되는 때에는 폐기를 하여서는 아니 된다.
• 저당권이 설정되었거나 압류된 때. 다만, 이해관계인이 저당권 또는 압류의 해지증서에 인감증명서를 첨부하여 제출한 경우에는 폐기할 수 있다.
• 등록사항이 건설기계등록원부의 기재내용과 다른 때

③ 부분 건설기계정비업의 사업범위
등록되어 있는 모든 건설기계를 정비하지만, 다음과 같이 일부 정비사항을 제한 받는다.
• 원동기 분해정비 불가
• 밋숀 분해정비 불가
• 후레임 교정 작업 불가
• 로울러, 링크, 트랙슈 재생 정비 불가
• 궤도식건설기계의 재동장치 및 전후 차축 정비 불가

2) 건설기계 관리 법규의 벌칙
① 벌칙: 다음 각 호의 어느 하나에 해당하는 자는 2년 이하의 징역 또는 2천만원 이하의 벌금에 처한다.
ⓐ 등록되지 아니한 건설기계를 사용하거나 운행한 자
ⓑ 등록이 말소된 건설기계를 사용하거나 운행한 자
ⓒ 시·도지사의 지정을 받지 않고 등록번호표를 제작하거나 등록번호를 새긴 자
ⓓ 건설기계의 주요 구조나 원동기, 동력전달장치, 제동장치 등 주요장치를 변경 또는 개조한 자

Chapter 4 건설기계관리법규 및 도로통행방법

굴착기운전기능사

ⓔ 무단 해체한 건설기계를 사용·운행하거나 타인에게 유상·무상으로 양도한 자

ⓕ 제작결함에 따른 시정명령을 이행하지 아니한 자

ⓖ 등록을 하지 아니하고 건설기계사업을 하거나 거짓으로 등록을 한 자

ⓗ 등록이 취소되거나 사업의 전부 또는 일부가 정지된 건설기계사업자로서 계속하여 건설기계사업을 한 자

② 벌칙: 다음 각 호의 어느 하나에 해당하는 자는 1년 이하의 징역 또는 1천만원 이하의 벌금에 처한다.

ⓐ 거짓이나 그 밖의 부정한 방법으로 건설기계 등록을 한 자

ⓑ 건설기계의 등록번호를 지워 없애거나 그 식별을 곤란하게 한 자

ⓒ 건설기계의 구조변경검사 또는 수시검사를 받지 아니한 자

ⓓ 건설기계의 정비명령을 이행하지 아니한 자

ⓔ 형식승인, 형식변경승인 또는 확인검사를 받지 아니하고 건설기계의 제작 등을 한 자

ⓕ 제작 등을 한 건설기계의 사후관리에 관한 명령을 이행하지 아니한 자

ⓖ 내구연한을 초과한 건설기계 또는 건설기계 장치 및 부품을 운행하거나 사용한 자

ⓗ 내구연한을 초과한 건설기계 또는 건설기계 장치 및 부품의 운행 또는 사용을 알고도 말리지 아니하거나 운행 또는 사용을 지시한 고용주

ⓘ 부품인증을 받지 아니한 건설기계 장치 및 부품을 사용한 자

ⓙ 부품인증을 받지 아니한 건설기계 장치 및 부품을 건설기계에 사용하는 것을 알고도 말리지 아니하거나 사용을 지시한 고용주

ⓚ 매매용 건설기계의 운행금지 등의 의무를 위반하여 매매용 건설기계를 운행하거나 사용한 자

ⓛ 폐기인수 사실을 증명하는 서류의 발급을 거부하거나 거짓으로 발급한 자

ⓜ 폐기요청을 받은 건설기계를 폐기하지 아니하거나 등록번호표를 폐기하지 아니한 자

ⓝ 건설기계조종사면허를 받지 아니하고 건설기계를 조종한 자

ⓞ 건설기계조종사면허를 거짓이나 그 밖의 부정한 방법으로 받은 자

ⓟ 소형 건설기계의 조종에 관한 교육과정의 이수에 관한 증빙서류를 거짓으로 발급한 자

ⓠ 술에 취하거나 마약 등 약물을 투여한 상태에서 건설기계를 조종한 자와 그러한 자가 건설기계를 조종하는 것을 알고도 말리지 아니하거나 건설기계를 조종하도록 지시한 고용주

ⓡ 건설기계조종사면허가 취소되거나 건설기계조종사면허의 효력 정지처분을 받은 후에도 건설기계를 계속하여 조종한 자

ⓢ 건설기계를 도로나 타인의 토지에 버려둔 자

③ 과태료

㉠ 300만 원 이하의 과태료

ⓐ 건설기계임대차 등에 관한 계약서를 작성하지 아니한 자

ⓑ 건설기계조종사의 정기적성검사 또는 수시적성검사를 받지 아니한 자

ⓒ 시설 또는 업부에 관한 보고를 하지 아니하거나 거짓으로 보고한 자

ⓓ 소속 공무원의 검사·질문을 거부·방해·기피한 자

㉡ 100만 원 이하의 과태료

ⓐ 건설기계에 등록번호표를 부착·봉인하지 아니하거나 등록번호를 새기지 아니한 자

ⓑ 등록번호표를 부착 및 봉인하지 아니한 건설기계를 운행한 자

ⓒ 건설기계의 등록번호표를 가리거나 훼손하여 알아보기 곤란하게 한 자 또는 그러한 건설기계를 운행한 자

ⓓ 건설기계 등록번호의 새김명령을 위반한 자

ⓔ 건설기계안전기준에 적합하지 아니한 건설기계를 도로에서 운행하거나 운행하게 한 자

ⓕ 특별한 사정없이 건설기계임대차 등에 관한 계약과 관련된 자료를 제출하지 아니한 자

ⓖ 법에서 정한 건설기계사업자의 의무를 위반한 자

ⓗ 안전교육등을 받지 아니하고 건설기계를 조종한 자

㉢ 50만 원 이하의 과태료

ⓐ 등록 전 일시적으로 운행하는 건설기계에 임시번호표를 부착하지 아니하고 운행한 자

ⓑ 등록변경의 변경신고를 하지 아니하거나 거짓으로 신고한 자

ⓒ 건설기계 등록의 말소를 신청하지 아니한 자

ⓓ 등록번호표 제작자가 지정받은 사항에 대한 변경 사유가 있음에도 변경신고를 하지 아니하거나 거짓으로 변경신고한 자

ⓔ 등록번호표의 반납 사유가 있음에도 등록번호표를 반납하지 아니한 자

ⓕ 건설기계의 정기검사를 받지 아니한 자

ⓖ 건설기계의 정비 범위를 위반하여 건설기계를 정비한 자

ⓗ 건설기계사업자의 변경신고 의무에 따른 신고를 하지 아니하거나 거짓으로 신고한 자

ⓘ 건설기계를 주택가 주변의 도로·공터 등에 세워 두어 교통소통을 방해하거나 소음 등으로 주민의 조용하고 평온한 생활환경을 침해한 자

02 도로교통법

1. 건설기계의 도로교통법

1) 신호기 및 안전표지

① 신호의 종류

㉠ 녹색의 등화

ⓐ 차마는 직진 또는 우회전할 수 있다.

ⓑ 비보호좌회전표지 또는 비보호좌회전표지가 있는 곳에서는 좌회전할 수 있다.

Chapter 4 건설기계관리법규 및 도로통행방법

ⓒ 황색의 등화
  ⓐ 차마는 정지선이 있거나 횡단보도가 있을 때에는 그 직전이나 교차로의 직전에 정지하여야 하며, 이미 교차로에 차마의 일부라도 진입한 경우에는 신속히 교차로 밖으로 진행하여야 한다.
  ⓑ 차마는 우회전할 수 있고 우회전하는 경우에는 보행자의 횡단을 방해하지 못한다.
ⓒ 적색의 등화: 차마는 정지선, 횡단보도 및 교차로의 직전에서 정지한다. 다만, 신호에 따라 진행하는 다른 차마의 교통을 방해하지 아니하고 우회전할 수 있다.

② 교통안전표지의 종류
  ㉠ 주의표지: 도로상태가 위험하거나 도로 또는 그 부근에 위험물이 있는 경우에 필요한 안전조치를 할 수 있도록 이를 도로사용자에게 알리는 표지
  ㉡ 규제표지: 도로교통의 안전을 위하여 각종 제한·금지 등의 규제를 하는 경우에 이를 도로사용자에게 알리는 표지
  ㉢ 지시표지: 도로의 통행방법·통행구분 등 도로교통의 안전을 위하여 필요한 지시를 하는 경우에 도로사용자가 이를 따르도록 알리는 표지
  ㉣ 보조표지: 주의표지·규제표지 또는 지시표지의 주기능을 보충하여 도로사용자에게 알리는 표지
  ㉤ 노면표시
    ⓐ 도로교통의 안전을 위하여 각종 주의·규제·지시 등의 내용을 노면에 기호·문자 또는 선으로 도로사용자에게 알리는 표시
    ⓑ 노면표시에 사용되는 각종 선에서 점선은 허용, 실선은 제한, 복선은 의미의 강조를 나타낸다.
    ⓒ 노면표시의 기본색상 중
      • 백색은 동일방향의 교통류 분리 및 경계 표시
      • 황색은 반대방향의 교통류 분리 또는 도로이용의 제한 및 지시(중앙선표시, 노상장애물 중 도로중앙장애물표시, 주차금지표시, 정차·주차금지 표시 및 안전지대표시)
      • 청색은 지정방향의 교통류 분리 표시(버스전용차로표시 및 다인승차량 전용차선표시)
      • 적색은 어린이보호구역 또는 주거지역 안에 설치하는 속도제한표시의 테두리선에 사용

③ 차선의 종류
  ㉠ 점선: 차로변경, 진입, 통과 등의 허용을 뜻한다.
  ㉡ 실선: 차로변경 제한, 주차 금지 등 제한을 뜻한다.
  ㉢ 복선: 차로준수가 중요한 구간에서 제한의 의미를 강조하기 위해 사용한다.

2) 운전할 수 있는 차의 종류
① 운전할 수 있는 차의 종류
  ㉠ 1종 대형면허로 운전할 수 있는 차량
    ⓐ 승용자동차, 승합자동차, 화물자동차, 긴급자동차
    ⓑ 건설기계 : 덤프트럭, 아스팔트살포기, 노상안정기, 콘크리트믹서트럭, 콘크리트펌프, 천공기(트럭적재식), 도로를 운행하는 3톤 미만의 지게차
    ⓒ 특수자동차(트레일러 및 레커는 제외한다)
    ⓓ 원동기장치자전거
  ㉡ 1종 보통면허로 운전할 수 있는 차량
    ⓐ 승용자동차
    ⓑ 승차정원 15인 이하의 승합자동차
    ⓒ 승차정원 12인 이하의 긴급자동차(승용 및 승합자동차에 한한다)
    ⓓ 적재중량 12톤 미만의 화물자동차
    ⓔ 건설기계(도로를 운행하는 3톤 미만의 지게차에 한정한다)
    ⓕ 총중량 10톤 미만의 특수자동차(트레일러 및 레커 제외)
    ⓖ 원동기장치자전거
  ㉢ 1종 소형면허로 운전할 수 있는 차량
    ⓐ 3륜화물자동차
    ⓑ 3륜승용자동차
    ⓒ 원동기장치자전거
  ㉣ 1종 특수면허로 운전할 수 있는 차량
    ⓐ 트레일러
    ⓑ 레커
    ⓒ 제2종 보통면허로 운전할 수 있는 차량

② 도로교통법상 차로에 따른 통행차의 기준
  ㉠ 1, 2차로: 승용자동차, 중·소형 승합자동차 및 적재중량 1.5톤 이하인 화물자동차만 다니도록 되어 있다.
  ㉡ 3차로: 대형승합자동차, 적재중량 1.5톤 초과하는 화물자동차 및 건설기계가 통행하여야 한다.
  ㉢ 4차로: 특수·이륜자동차, 원동기장치자전거, 자전거, 우마차 및 건설기계가 통행하도록 규정하고 있다.

3) 도로통행방법에 관한 사항
① 교차로 통행방법
  ㉠ 좌회전: 미리 도로의 중앙선을 따라 서행하면서 교차로의 중심 안쪽을 이용하여 좌회전하여야 한다.
  ㉡ 우회전: 미리 도로의 우측 가장자리를 서행하면서 우회전하여야 한다.
  ㉢ 우회전 또는 좌회전을 하기 위하여 손이나 방향지시기 또는 등화로써 신호를 하는 차가 있는 경우에 그 뒤차의 운전자는 신호를 한 앞차의 진행을 방해하여서는 아니된다.
  ㉣ 모든 차의 운전자는 신호기에 의하여 교통정리가 행하여지고 있는 교차로에 들어가려는 때에는 진행하고자 하는 진로의 앞쪽에 있는 차의 상황에 따라 교차로(정지선이 설치되어 있는 경우에는 그 정지선을 넘은 부분)에 정지하게 되어 다른 차의 통행에 방해가 될 우려가 있는 경우에는 그 교차로에 들어가서는 아니된다.

② 이상 기후 시의 운행 속도

이상기후 상태	운행속도
• 비가 내려 노면이 젖어있는 경우 • 눈이 20mm 미만 쌓인 경우	최고속도의 20/100을 줄인 속도
• 폭우, 폭설, 안개 등으로 가시거리가 100m 이내인 경우 • 노면이 얼어 붙은 경우 • 눈이 20mm 이상 쌓인 경우	최고속도의 50/100을 줄인 속도

Chapter 4 건설기계관리법규 및 도로통행방법

굴착기운전기능사

③ 노폭이 대등한 신호등 없는 교차로의 통행우선순위
  ㉠ 교통정리가 행하여지고 있지 아니하는 교차로에 들어가고
    자 하는 차의 운전자는 이미 교차로에 들어가 있는 다른
    차가 있는 때에는 그 차에 진로를 양보하여야 한다. (법 제
    26조제1항)
  ㉡ 동시진입차간의 통행우선순위는 다음 순서에 따른다.(법
    제26조제2~4항)
    ⓐ 우측도로에서 진입하는 차
    ⓑ 직진차가 좌회전차보다 우선(직진 : 좌회전)
    ⓒ 우회전차가 좌회전차보다 우선(우회전 : 좌회전)
  ㉢ 선진입 적용은 속도에 비례하여 먼저 교차로에 진입한 경
    우이므로 단순히 교차로 진입거리가 길다하여 선진입을 확
    정해서는 아니되고, 우선 일시정지 · 서행여부 · 좌우주시의
    무 준수여부를 확인한 후 통행우선권을 결정하여야 한다.
  ㉣ 따라서 노폭이 대등한 신호등 없는 교차로에서는 관계규
    정(법 제26조, 제27조, 제29조 및 제31조)을 종합하여 다
    음의 단계로 통행하여야 한다.
    ⓐ 교차로 진입전(교차로 정지선상)에 일시정지(시야장애가
      있거나 교통이 빈번한 경우) 또는 서행(여타 교차로)하고
    ⓑ 앞쪽, 왼쪽 · 오른쪽을 주시하며
    ⓒ **통행우선권에 따라 안전하게 통행[선진입 우선, 동시진
      입 시** : 통행 우선순위 차(긴급자동차) 우선, 넓은 도로
      에서 진입하는 차가 좁은 도로에서 진입하는 차보다 우
      선, 우측도로에서 진입하는 차가 좌측도로에서 진입하
      는 차보다 우선, 직진 차가 좌회전 차보다 우선, 우회전
      차가 좌회전 차보다 우선]
  ㉤ 신호등에 녹색 등화 시 차마의 통행방법
    ⓐ 차마는 다른 교통에 방해되지 않을 때에 천천히 우회전
      할 수 있다.
    ⓑ 차마는 좌회전을 하여서는 아니 된다.
    ⓒ 차마는 직진할 수 있고 다른 교통에 방해되지 않도록
      천천히 우회전할 수 있다.
    ⓓ 비보호 좌회전은 녹색신호 시 다른 교통에 주의하면서
      진행한다.
④ 통행의 우선순위
  ㉠ 긴급자동차의 특례(법 제29~30조)
    ⓐ 긴급하고 부득이한 경우에는 도로의 중앙이나 좌측부
      분을 통행할 수 있다.
    ⓑ 긴급하고 부득이한 경우에는 정지하여야 할 곳에서 정
      지하지 않을 수 있다.
    ⓒ 법 제17조(자동차등의 속도), 법 제22조(앞지르기 금지
      의 시기 및 장소), 법 제23조(끼어들기의 금지)에 관한
      규정을 적용하지 아니한다.
    ※긴급자동차 본래의 사용용도로 사용되고 있는 경우에 한
      하여 특례가 인정되며, 법 제30조에서 동법 제21조(앞지
      르기 방법 등)에 관한 규정은 인용하지 않음에 주의
  ㉡ 긴급자동차 접근 시의 피양(법 29조)
    ⓐ **교차로 또는 그 부근**: 모든 차의 운전자는 긴급자동차
      가 접근한 때에는 교차로를 피하여 도로의 우측 가장자
      리에 일시정지하여야 한다. 다만, 일방통행으로 된 도

로에서 우측 가장자리로 피하여 정지하는 것이 긴급자
동차 통행에 지장을 주는 때에는 좌측 가장자리로 피하
여 정지할 수 있다.
    ⓑ **교차로 또는 그 부근 이외의 곳**: 모든 차의 운전자는 긴급
      자동차가 접근한 때에는 도로의 우측 가장자리로 피하여
      진로를 양보하여야 한다. 다만, 일방통행으로 된 도로에
      서 우측 가장자리로 피하는 것이 긴급자동차 통행에 지장
      을 주는 때에는 좌측 가장자리로 피하여 양보할 수 있다.
  ㉢ 교통정리가 행하여 지지 않는 교차로에서 통행의 우선권
    이 있는 차량
    ⓐ 긴급 자동차 등 통행에 우선권이 있는 차
    ⓑ 먼저 교차로에 진입한 차가 우선
    ⓒ 폭이 넓은 도로에서 진입한 차가 우선
    ⓓ 진입 정도와 도로 폭이 비슷하여 판단하기 어려운 경우
      에는 우측도로에서 진입한 차가 우선
    ⓔ 좌회전하려는 경우 직진 및 우회전 차가 우선
    ⓕ 직진 또는 우회전하려는 경우 이미 좌회전하고 있는 차
      우선
⑤ 정차 및 주차금지장소
  ㉠ 교차로, 횡단보도, 차도와 보도가 구분된 도로의 보도
    (하지만 도로나 보도의 일부에 걸쳐있는 곳에 설치된 노상
    주차장은 제외)
  ㉡ 건널목, 교차로의 가장자리 또는 도로의 모퉁이로부터 5
    미터 이내의 곳
  ㉢ 안전지대가 설치된 도로인 경우 안전지대 사방으로부터
    각각 10미터 이내의 곳
  ㉣ 버스, 여객자동차의 정류를 표시하는 기둥이나 선이 설치
    된 곳으로부터 10미터 이내의 곳 등
  ㉤ 지방경찰청장이 도로의 위험방지 또는 교통의 안전과 원
    활한 소통을 위하여 필요하다고 판단된 곳
⑥ 주차금지장소
  ㉠ 터널안 및 다리위
  ㉡ 소방용기계기구가 설치된 곳으로부터 5미터 이내의 곳
  ㉢ 소방용 방화물통으로부터 5미터 이내의 곳
  ㉣ 소화전 또는 소화용 방화물통의 흡수구나 흡수관을 넣는 곳
  ㉤ 도로 공사를 하고 있는 경우 양쪽 가장자리로부터 5미터
    이내의 곳
⑦ 앞지르기 금지 장소
  ㉠ 교차로
  ㉡ 터널 안
  ㉢ 다리 위
  ㉣ 도로의 구부러진 곳, 비탈길의 고갯마루 부근 또는 가파른
    비탈길의 내리막 등 지방경찰청장이 안전표지에 의하여
    지정한 곳
⑧ 자동차가 서행하여야 하는 장소
  ㉠ 교통정리를 하고 있지 아니하는 교차로
  ㉡ 도로가 구부러진 부근
  ㉢ 비탈길의 고갯마루 부근
  ㉣ 가파른 비탈길의 내리막
  ㉤ 지방경찰청장이 안전표지로 지정한 곳

Chapter 4. 건설기계관리법규 및 도로통행방법

2. 도로명주소

1) 도로명주소의 효력 및 표기

① 도로명주소의 효력
  ㉠ 주소의 적용에 관한 사항에 있어 다른 법률에 우선하여 적용한다.

② 도로명주소의 표기방법
  ㉠ 도로명주소의 구성

  「행정구역명」+「도로명」+「건물번호」+「,」+「상세주소」+(참고항목)

  ⓐ 행정구역명
  • '시·도 + 시·군·구(자치구) + 구(행정구)·읍·면 (구·읍·면이 있는 경우에 한한다.)'
    예1) '인천광역시 부평구'
    예2) '경기도 수원시 권선구'
    예3) '충청남도 태안군 태안읍'
    예4) '전라북도 장수군 계남면'
  ⓑ 도로명
  • 부여된 도로명 전체(이름+도로별 구분기준)를 표기한다.
    예) '경원대로', '국채보상로', '양잠리길', '우영로 487번길', '세종대로17길' 등
  ⓒ 건물번호
  • 가지번호가 있는 경우 주된 번호와 가지번호를 포함하고, 지하에 위치한 건물에는 건물번호 앞에 '지하'를 써서 구분하여 표기한다.
  • 건물번호의 '-'는 '의'로 읽고, 건물번호의 뒤에는 '번'을 붙여 읽는다.
    예) '401' → "사백일번", '120-34' → "백이십의 삼십사번", '지하 201' → "지하 이백일번"
  ⓓ 쉼표: 상세주소가 있는 경우 건물번호와 상세주소 사이에 ","를 표기
  ⓔ 상세주소: 건물의 동, 층, 호가 별도로 구분되는 경우 '동', '층', '호'로 표시하고, 호수에 층수의 의미가 포함된 경우에는 '층'을 생략하며, '동', '호' 대신 '-'로 연결하여 표기하되 읽을 때는 "동", "호"라고 읽음
    예1) 8층 803호를 구성요소로 하는 경우 → 803호("팔백삼호")
    예2) 103동 5층 501호를 구성요소로 하는 경우 → 103동 501호 또는 103-501 ("백삼동 오백일호")
    예3) 가동 2층 3호를 구성요소로 하는 경우→ 가동 2층 3호
    예4) 에이동 8층을 구성요소로 하는 경우 → 에이동 8층
  ⓕ 참고항목: 도로명주소의 끝부분에 동(洞)지역은 법정동의 명칭과 공동주택 명칭(건축물대장상 명칭)을, 읍·면지역은 공동주택의 명칭을 각각 괄호 안에 표기한다.(없는 경우는 생략)
    예1) 법정동만 있는 경우: '(삼산동)', '(계산동)', '(종로3가)'
    예2) 공동주택만 있는 경우: '(○○아파트)', '(승리빌라)'
    예3) 법정동과 공동주택명이 있는 경우: '(삼산동, ○○아파트)', '(계산동, ○○빌라)'

2) 도로명주소 부여절차 및 도로구간의 이동

① 도로명주소 부여절차
  ㉠ 도로구간 설정: 도로구간의 시작지점과 끝지점은 『서쪽에서 동쪽, 남쪽에서 북쪽 방향』으로 설정·변경한다.
  ㉡ 도로명 부여
    ⓐ 도로구간이 설정된 모든 도로에는 도로구간별로 고유한 도로명을 부여한다.
    ⓑ 도로명은 주된 명사와 도로별 위계명(대로·로·길)으로 구성한다.
      ※ 대로(8차로 이상), 로(2~7차로), 길(2차로 미만)
    ⓒ 위치 예측이 가능하도록 기초번호, 일련번호, 방위명칭 등을 활용하여 도로명을 부여한다.
  ㉢ 기초번호 부여
    ⓐ 기초번호는 도로의 시작지점에서 끝지점 방향으로 『왼쪽에는 홀수, 오른쪽에는 짝수』의 일련번호를 순서대로 부여하되, 도로의 시작지점에서 끝지점까지 "좌우대칭"이 유지되도록 한다.
    ⓑ 기초간격은 도로변에 위치한 건물 등의 수와 관계없이 "20미터"로 설정하는 것을 원칙으로 한다.
  ㉣ 건물번호 부여
    ⓐ 건물번호는 건물 등의 주된 출입구가 위치한 도로구간의 기초번호를 기준으로 부여하며, 개별 건물 또는 건물군 단위로 부여한다.
    ⓑ 하나의 기초구간에 두개 이상의 건물이 있는 경우 두 번째 건물부터는 기초번호에 가지번호("-")를 붙여 부여한다.
    ⓒ 둘 이상의 건물 등이 하나의 집단을 이루는 경우에는 그 건물 등 전체를 하나의 건물군으로 하여 하나의 건물번호를 부여할 수 있다.

3) 도로명 및 기초번호

① 도로명 부여에 따른 용어 정의
  ㉠ 도로명부여 대상 도로의 위계
    ⓐ 대로(大路): 도로의 폭이 40미터 이상 또는 왕복 8차로 이상인 도로
    ⓑ 로(路): 도로의 폭이 12미터 이상 40미터 미만 또는 왕복 2차로 이상 8차로 미만인 도로
    ⓒ 길: '대로'와 '로' 외의 도로
  ㉡ 기초번호: 도로구간의 시작지점부터 끝지점까지 일정한 간격으로 부여된 번호

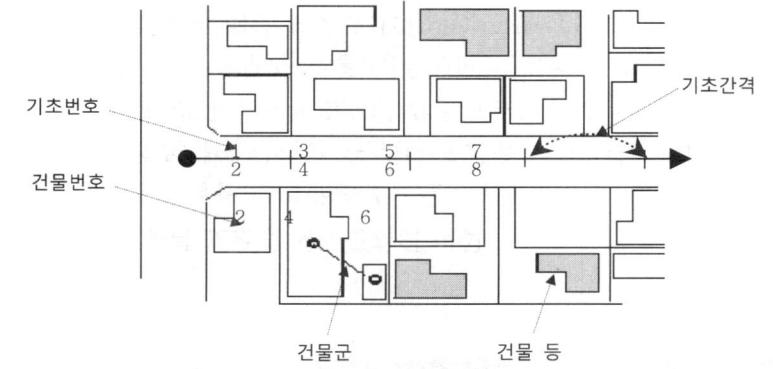

ⓒ 도로명: 도로명주소를 부여하기 위하여 도로구간마다 부여한 이름
예) 세종대로, 평화7로, 율곡북길, 길주로630번길 등

ⓔ 기초번호방식 도로명: 길의 시작지점이 분기(分岐)되는 도로구간의 도로명, 길이 분기되는 지점의 기초번호 및 "번길"이라는 단어를 차례로 붙여 부여한 도로명
예) 경원대로20번길, 길주로230번길, 부천로98번길 등

ⓜ 일련번호방식 도로명: 길의 시작지점이 분기되는 도로구간의 도로명, 길이 분기되는 지점의 일련번호(도로구간에 일정한 간격 없이 체계적인 순서에 따라 부여된 번호를 말한다) 및 "길"이라는 단어를 차례로 붙여 부여한 도로명
예) 세종대로2길, 평화로23길, 율곡로9길 등

〈기초번호 · 일련번호 방식의 도로명부여 예시〉

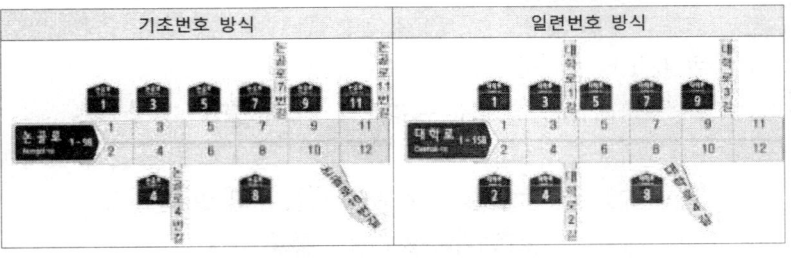

ⓑ 복합명사방식 도로명: 길의 시작지점과 연결된 도로명에 고유명사와 "길"을 합한 도로명
예) 세종대로서창길, 평화로통일길, 율곡로창곡길 등

ⓢ 유사도로명: 어떤 도로명을 공동으로 사용하는 도로명 전체
예1) 세종대로와 세종대로20길, 세종대로70길 등의 전체
예2) 평화로와 평화로7번길, 평화로12번길 등의 전체
예3) 율곡로와 율곡로서창길, 율곡로5길 등의 전체

ⓞ 동일도로명: 도로구간이 서로 연결되어 있으면서 그 이름이 같은 도로명
예) 경기대로: 경기 평택과 오산을 연결하는 도로

② 도로명 부여의 기준
㉠ 도로명 부여 일반원칙
ⓐ 1 도로구간 1 도로명 부여 원칙: 도로구간이 설정된 모든 도로에는 구간별로 고유한 도로명을 부여하여야 한다.
ⓑ 도로별 구분기준(접미사) 사용원칙
• 도로명은 주된 명사(주된 명사 뒤에 숫자나 방위를 붙일 경우 해당 숫자나 방위도 주된 명사의 일부분으로 본다)와 도로별 구분기준('대로', '로', '길')으로 구성한다.

【고유명사 + (숫자 · 방위)】	+ 【도로별 구분기준】
주된 명사	위계명

• '대로'인 도로구간의 수가 5개 이하인 경우 '로'인 도로구간에도 도로명의 뒷부분을 '대로'로 할 수 있다.
• 지형여건상 불가피하다고 인정하는 경우에는 '로'와 '길'에 대하여 도로별 구분기준을 서로 바꾸어 사용할 수 있다.

ⓒ 중복 도로명 사용금지의 원칙
• 도로명을 부여하는 시 · 군 · 구내에서는 같은 도로명을 중복하여 부여할 수 없다(도로별 구분기준만 다르고 주된 명사 부분이 같으면 같은 도로명으로 본다).
• 시 · 군 · 구가 다른 경우에도 인접하여 연결된 도로가 아니면 해당 도로구간의 반경 5킬로미터 이내에서는 같은 도로명을 부여할 수 없다.

ⓓ 폐지된 도로명의 재사용 금지 원칙: 같은 시 · 군 · 구내에서 도로명의 변경으로 폐지된 도로명은 최소한 5년간 다시 사용할 수 없다.

ⓔ 간결성 부여의 원칙: 도로명은 사용 편리성과 인지도를 높이기 위하여 6자(숫자와 방위 제외) 이내로 한다. 다만, 부득이한 경우 10자 이내로 할 수 있다.

ⓕ 안정성 유지의 원칙: 고시된 날부터 3년이 지나지 않은 도로명은 변경할 수 없다.

㉡ 도로명 부여 세부기준
ⓐ 지명, 행정구역명, 자연마을 이름, 기존도로명 등 활용
예) 송파대로, 양잠리길, 안골길, 남부순환로 등
※ 지명을 연결하여 도로명을 부여할 경우에는 기점의 지명과 종점의 지명순으로 한다.
(예, '가능금오길'은 가능동에서 금오동으로 방향으로 연결됨)

ⓑ 역사적 인물 · 사건 및 유적 · 문화재 명칭, 지방연혁 등 활용
예) 선릉로, 계백로, 국채보상로, 우수영로, 불국사로, 율곡로 등

ⓒ 「국가보훈기본법」에 따른 희생 · 공헌자 등 활용
예) 윤봉길로, 안창호길, 백범로, 김구로, 심일로 등

ⓓ 도로의 위치와 기능 활용
예) 중앙로, 북부간선도로 등

ⓔ 지역적 특성 활용 : 지형적 특성, 특산물, 대규모 국제행사, 기업명 등
예) 깔닥고개길, 성황당길, 한우로, 에이펙로, 삼성로, 엘지로 등
※ 기업명을 사용하는 경우 이전 가능성, 회사명칭 변경(예, 포항제철→포스코) 등을 충분히 고려하여 지을 것

ⓕ 시 · 군 · 구 이상의 권역을 대표하는 상징성 있는 공공시설물의 이름

㉢ 위치예측성 확보를 위한 도로명 부여 방법
ⓐ 다른 도로명의 기초번호, 일련번호, 방위명칭 등을 활용하여 위치예측성을 높이고 생소한 도로명 부여를 방지하기 위한 방법이다.
※ 다만, 동일 시 · 군 · 구에서 기초번호와 일련번호를 혼합하여 사용하면 혼란의 소지가 있음

ⓑ 기초번호방식 도로명: '대로', '로', '길' 명칭 뒤에 기초번호와 '번길'을 조합
예) 강남대로55번길, 금남로27번길, 백송길12번길 등

ⓒ 일련번호방식 도로명: 기초번호 활용방법과 달리 '번'

Chapter 4. 건설기계관리법규 및 도로통행방법

자를 사용하지 않으며 도로의 신설가능성이 있을 때에는 예비번호를 띄우고 부여한다.
- 분기되는 도로명을 사용 시에는 '대로', '로', '길' 명칭 뒤에 일련번호와 '길'을 조합
  예1) 세종로1길, 세종로3길, (세종로5길/예비), 세종로7길 등
ⓓ 복합명사방식 도로명
  예) 연동로함박길, 종로숭인길, 금샘로안뜰길 등
ⓔ **방위를 활용한 도로명**: 지명 또는 도로명 등에 동, 서, 남, 북의 방위를 조합
  예) 백송동길, 백송서길, 사직로남길, 사직로북길 등

③ 기초번호의 부여 등
  ㉠ 주 도로의 기초번호의 부여 기준
    ⓐ 왼쪽 홀수, 오른쪽 짝수의 원칙
    ※ 모든 기초번호는 도로의 시작지점에서 끝지점 방향으로 『왼쪽에는 홀수, 오른쪽에는 짝수』의 일련번호를 순서대로 부여하되, 도로의 시작지점에서 끝지점까지 "좌우대칭"이 유지되도록 한다.
    ⓑ 기초간격 20미터의 원칙
    - 기초간격은 도로변에 위치한 건물 등의 수와 관계없이 20미터로 설정한다.
    - 다만, 가지번호의 발생을 최소화 또는 예방하기 위하여 '길'의 경우에는 10미터로 감(減)할 수 있으며, '종속구간'에서는 10미터 또는 5미터로 감(減)할 수 있다. 단, 이 경우에도 동일구간에서는 동일간격을 유지해야 한다.
  ㉡ 종속구간의 기초번호 부여 기준
    ⓐ 주된 도로구간과 연결되는 지점의 기초번호에 가지번호를 붙이되, 가지번호는 기점에서 종점방향으로 차례대로 종속구간의 왼쪽에는 홀수번호, 오른쪽에는 짝수번호를 부여한다.
    ⓑ 20m 원칙, 필요시 10m 이하의 일정한 간격으로 부여할 수 있다.

〈도로별 구분기준에 따른 기초간격의 설정기준〉

구분	기초간격
대로, 로	20m (예외 없음)
길	20m 원칙이나, 필요시 10m로 설정 가능 • 건물번호의 가지번호가 큰 숫자로 부여될 수 있는 길 • 해당 도로구간에서 분기되는 도로구간이 없고, 가지번호를 이용한 건물번호를 부여하기 곤란한 길
종속구간	20m 원칙, 필요시 10m 이하의 일정한 간격으로 부여 (2차 가지번호 발생을 예방하고자 하는 취지임)

4) 건물번호
  ① 건물번호 부여 대상 건물 등
    ㉠ 「건축법」에서 정의한 건물로 현장에 실제로 존재하면서 건축물대장에 등재된 건물(사람이 살지 않는 창고 등도 해당됨)
    ㉡ 토지에 정착하는 공작물 중 지붕과 기둥 또는 벽이 있고 이에 부수되는 공작물을 포함한 것으로 현장에 실제로 존재하고 「건축법」 시행령에 따른 용도로 실제 사용되면서 건축물대장에 등재되지 아니한 건물(미등록 건물)
    ㉢ 현장에 실제로 존재하고 「건축법」에 따라 가설건축물대장에 등재되어 있는 건물
    ㉣ 생활의 근거가 되고 사람이 거주(「주민등록법」에 따른 주민등록 대상자)하는 기타 시설물 및 공작물

  ② 건물번호 부여 처리절차
    ㉠ 시·군·구청장은 직권조사 또는 건물 등의 소유자·점유자의 신청을 접수한다.
    ㉡ 부여하고자 하는 건물 등의 주출입구가 접한 도로구간의 기초번호를 건물번호로 부여한다.
      ⓐ 건물 등의 출입구가 둘 이상의 도로에 접해 있으면 다음의 구분에 따른 도로의 기초번호를 건물번호로 부여·변경한다. 다만, 해당 소유자나 점유자가 다르게 원하는 경우에는 그에 따라 부여·변경할 수 있다.

    ◆ "대로와 로(路)"에 접한 경우에는 "대로"
    ◆ "로(路)와 길"이 접한 경우에는 "로(路)"
    ◆ "대로와 대로", "로(路)와 로", "길과 길"에 각각 접한 경우에는 교통량이 많은 도로

    ㉢ 시·군·구청장은 건물번호 부여를 신청 받은 날(도로명 부여가 별도로 필요한 경우 도로명이 고시된 날)로부터 10일 이내에 건물번호 신청인에게 고지 내용을 통보하고 공보 등에 고시하여야 한다.

5) 도로명주소 안내시설
  ① 도로명판
    ㉠ 구분기준별 도로명판의 종류

구분기준	도로명판 종류
가리키는 방향에 따른 구분	• 왼쪽 또는 오른쪽 한 방향용 도로명판 • 왼쪽과 오른쪽 양 방향용 도로명판 • 앞쪽 방향용 도로명판
사용 대상에 따른 구분	• 보행자용 도로명판 • 차량용 도로명판
제작형식에 따른 구분	• 판자형 도로명판 • 조명형(야광형을 포함한다. 이하 같다) 도로명판

    ㉡ 도로명판의 종류 및 이미지
      ⓐ 왼쪽 또는 오른쪽 한 방향용 도로명판

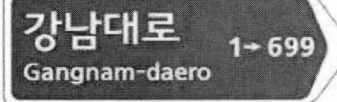

〈시작지점〉   〈끝지점〉

Chapter 4 건설기계관리법규 및 도로통행방법

ⓑ 양방향용 도로명판

ⓒ 앞쪽 방향용 도로명판

ⓓ 예고용 도로명판 및 기초번호판

<예고용>　　　　<기초번호판>

③ 건물번호판
　㉠ 구분기준별 건물번호판의 종류

구분기준	건물번호판 종류
건물 등의 용도	• 일반용 건물번호판 • 문화재 · 관광용 건물번호판 • 관공서용 건물번호판
도로 구분	• 대로 · 로(路)용 건물번호판 • 길용 건물번호판
제작형식	• 판자형 건물번호판 • 조명형 건물번호판

　㉡ 건물번호판의 부착 장소: 건물번호판은 설치하려는 장소
　　의 도로구간 또는 이와 인접한 도로구간의 도로 구분에 따
　　라 설치한다.

6) 도로표지
　① 도로명 안내표지
　　㉠ 도로명 안내체계: 도로명 안내표지를 이용하여 목적지까
　　　지 도착할 수 있도록 하는 도로 안내체계를 말한다.

　　㉡ 안내원칙
　　　ⓐ 도로명 표지 및 예고표지는 진행 중인 도로와 교차하거
　　　　나 접속되는 도로의 도로명을 안내한다.
　　　ⓑ 도로명 안내표지는 도로명과 노선번호를 중심으로 안
　　　　내하여야 하며, 방향정보는 보조적으로 안내하는 것을
　　　　원칙으로 한다.
　　　ⓒ 도로명 안내표지는 도시지역의 간선도로 또는 간선도
　　　　로와 간선도로가 접속하는 교차로에 설치한다. 다만,
　　　　도로관리청이 필요하다고 인정하는 경우 그 외의 도로
　　　　에도 설치할 수 있다.
　　㉢ 안내명
　　　ⓐ 도로명 안내표지에 표기되는 도로명은 「도로명주소법」
　　　　에 따라 정한 도로명을 사용한다.
　　　ⓑ 도로관리청은 도시 전체의 도로망에 대한 방향정보를
　　　　선정하여야 한다.
　　　ⓒ 도로명표지와 도로명예고표지의 안내명은 반드시 일치
　　　　시켜야 하며, 방향정보는 각 방향별로 지명 또는 시설
　　　　명 중 1개만 표기한다.
　　㉣ 노선번호: 노선번호를 안내할 경우 노선번호와 함께 노선
　　　번호 상단에 진행방향의 방위를 표시할 수 있다.

　② 도로명 안내표지의 종류
　　㉠ 도로명 안내표지의 종류
　　　ⓐ 방향표지
　　　　• 도로명표지: 도로명 등을 나타내는 표지
　　　　• 도로명예고표지: 도로명 등을 예고해 주는 표지
　　　　• 차로지정표지: 교통흐름을 명확히 분류하기 위하여 진
　　　　　행방향의 차로를 안내하는 표지
　　　ⓑ 이정표지: 목적지까지의 거리를 나타내는 표지
　　　ⓒ 경계표지: 도 · 시(특별시 및 광역시를 포함한다) ·
　　　　군 · 읍 또는 면 · 동 사이 행정구역의 경계를 나타내는
　　　　표지
　　　ⓓ 노선표지
　　　　• 노선유도표지: 곧 만나게 되는 도로의 노선정보를 안내
　　　　　하기 위해 도로명표지 및 도로명예고표지 상단에 설치
　　　　　하는 표지
　　　　• 노선방향표지: 현재 주행 중인 도로의 노선정보를 안내
　　　　　하기 위해 도로명표지 및 도로명예고표지 상단에 설치
　　　　　하는 표지
　　　　• 노선확인표지: 현재 주행 중인 도로의 노선정보를 안내
　　　　　하기 위해 단독으로 설치하는 표지
　　　ⓔ 기타표지
　　　　• 공공시설표지: 공공시설을 안내하는 표지
　　　　• 관광지표지: 관광지를 안내하는 표지
　　　　• 주차장표지: 주차장을 안내하는 표지
　　　　• 시설물표지: 하천표지, 교량표지, 터널표지, 도로관리기
　　　　　관표지
　　　　• 자동차전용도로표지: 자동차전용도로의 시점 및 종점을
　　　　　안내하는 표지\

Chapter 4 건설기계관리법규 및 도로통행방법

ⓒ 도로명예고표지

ⓐ 3방향 도로명예고표지(편지식)

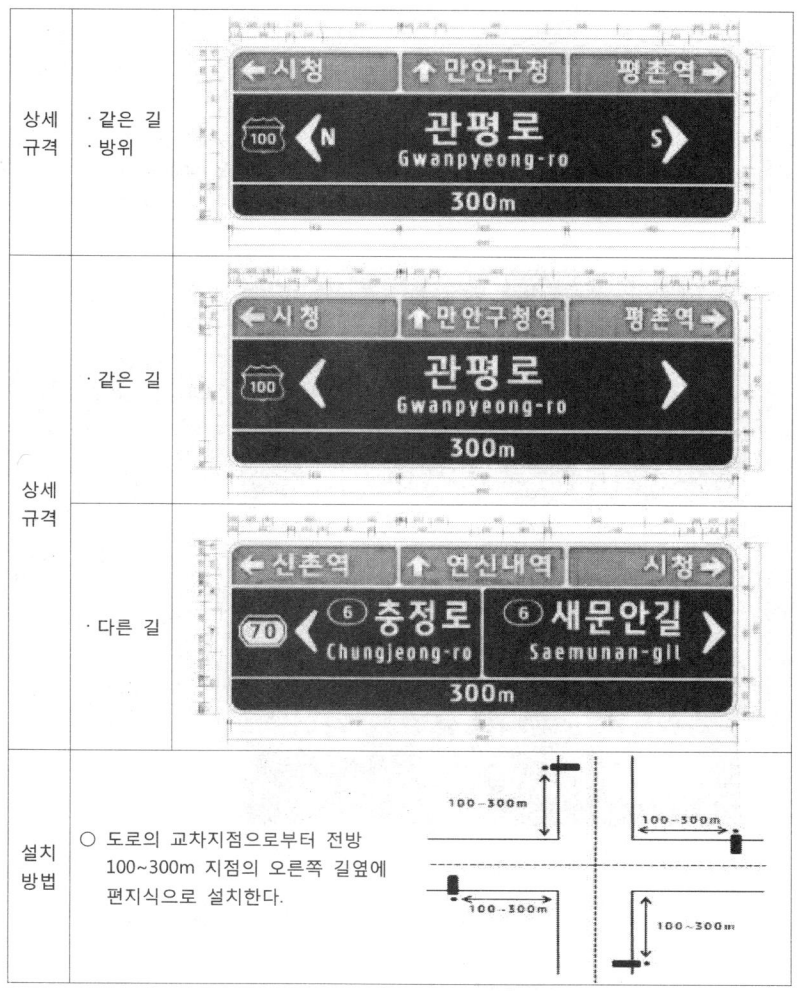

ⓑ 3방향 도로명예고표지(일면식)

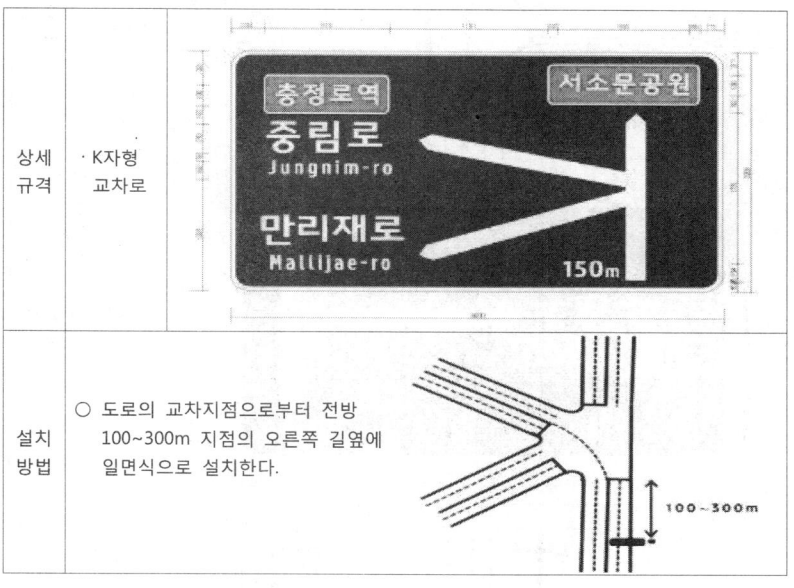

ⓒ 2방향 도로명예고표지(일면식)

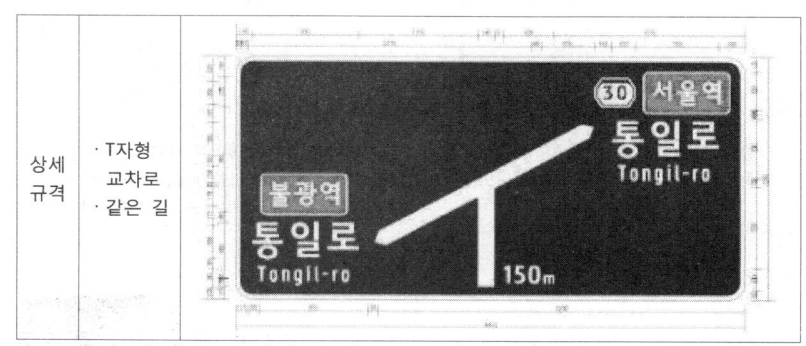

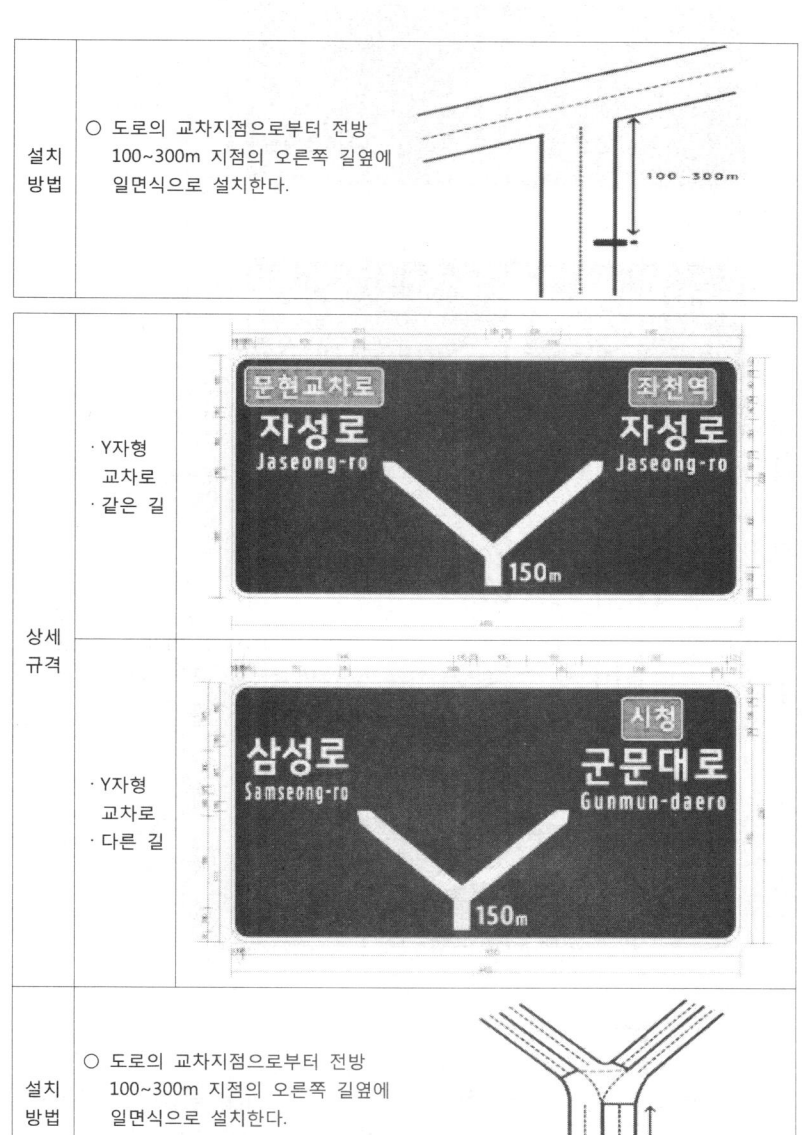

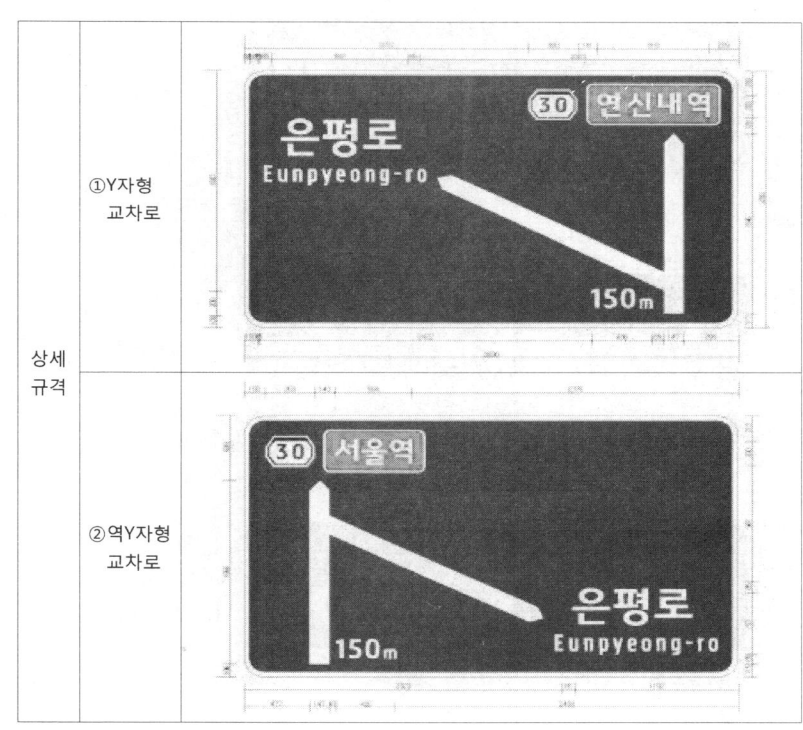

Chepter 4 건설기계관리법규 및 도로통행방법

굴착기운전기능사

설치 방법	① 도로의 교차지점으로부터 전방 100~300m 지점의 오른쪽 길옆에 일면식으로 설치한다.	② 도로의 교차지점으로부터 전방 100~300m 지점의 오른쪽 길옆에 일면식으로 설치한다.

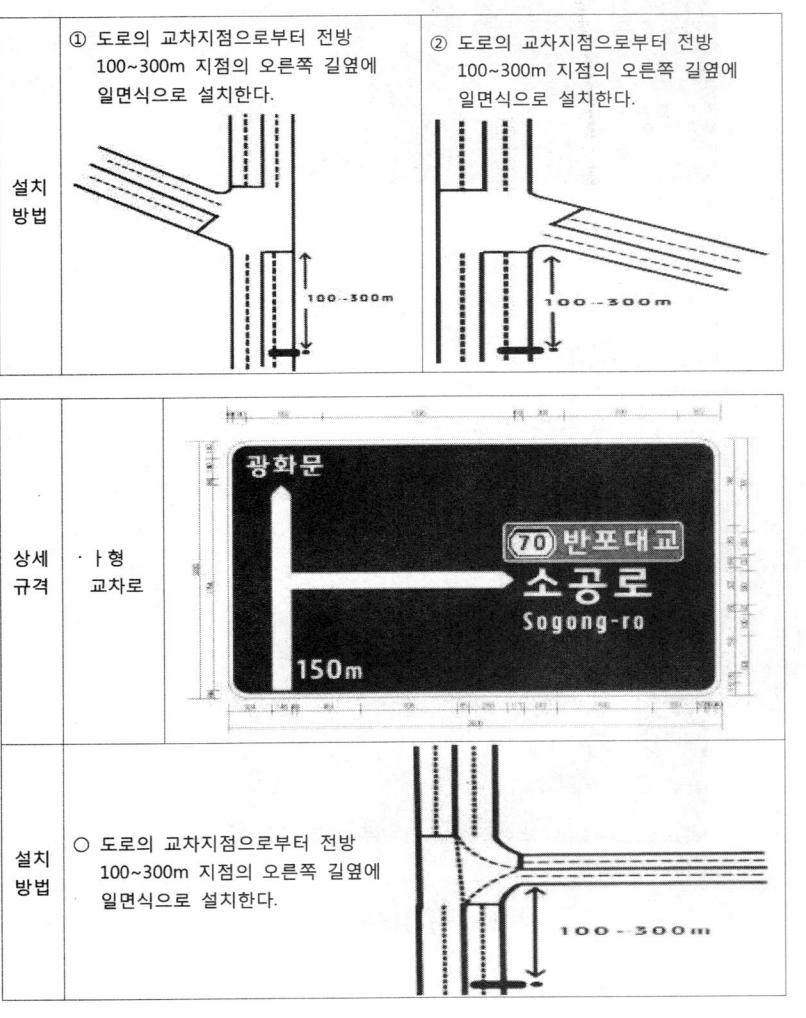

상세 규격	· ㅏ형 교차로	
설치 방법	○ 도로의 교차지점으로부터 전방 100~300m 지점의 오른쪽 길옆에 일면식으로 설치한다.	

ⓓ 다방향 도로명표지

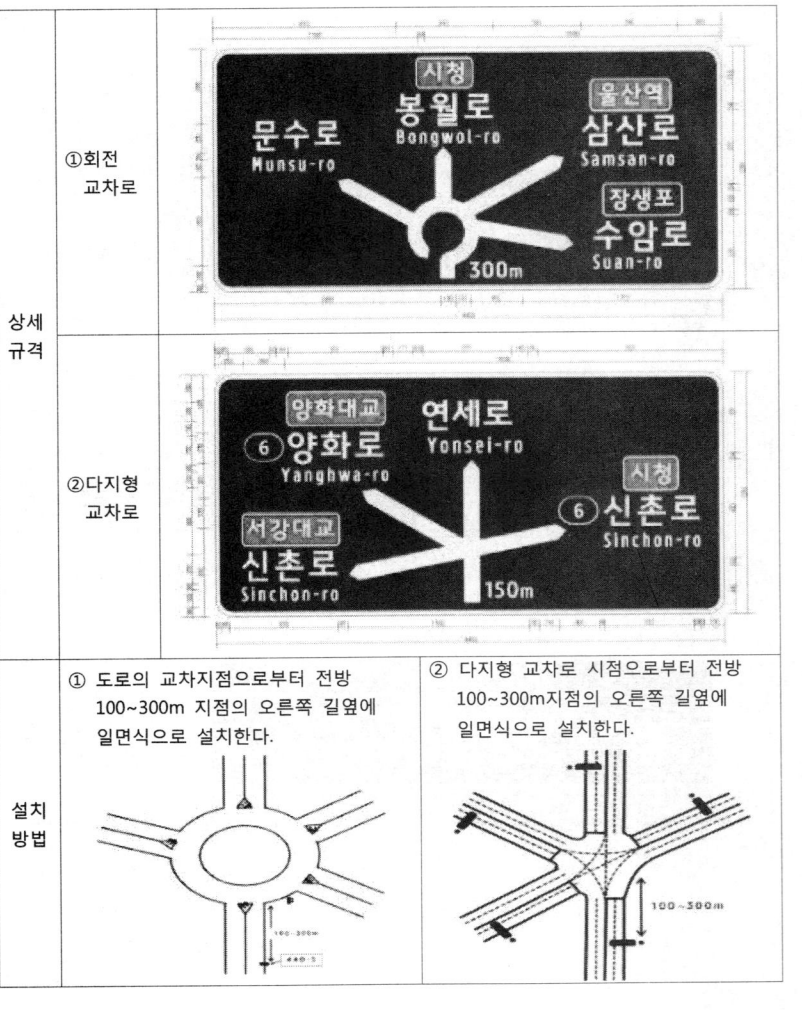

상세 규격	①회전 교차로	
	②다지형 교차로	
설치 방법	① 도로의 교차지점으로부터 전방 100~300m 지점의 오른쪽 길옆에 일면식으로 설치한다.	② 다지형 교차로 시점으로부터 전방 100~300m지점의 오른쪽 길옆에 일면식으로 설치한다.

ⓔ 3방향 도로명표지

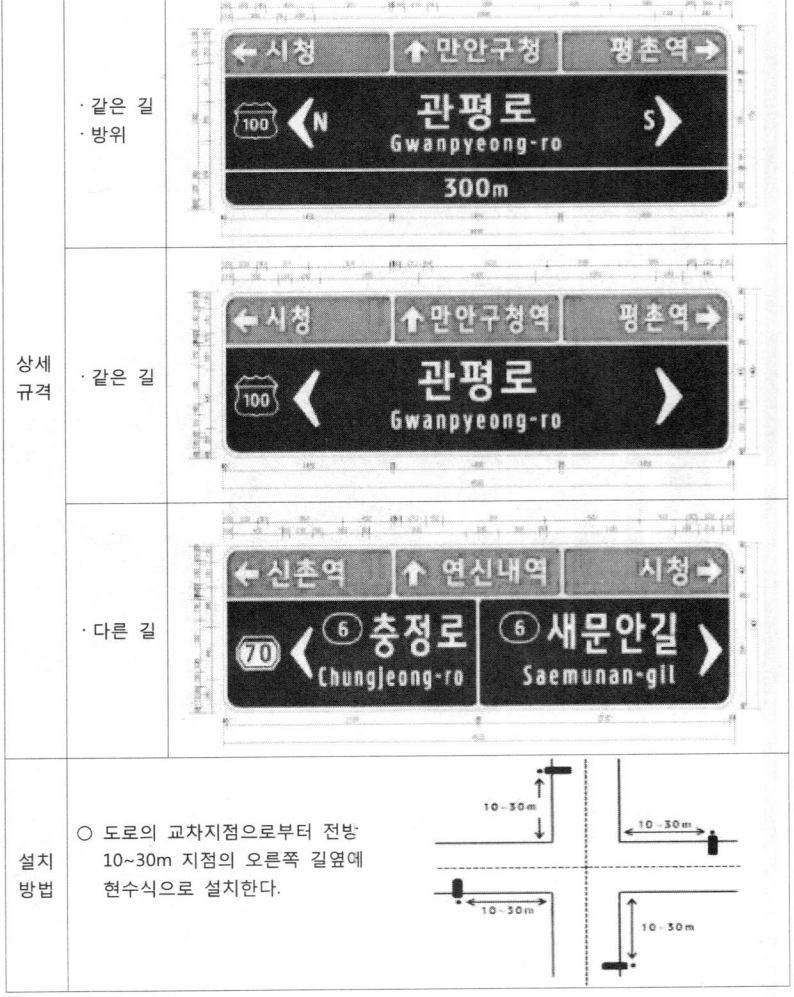

상세 규격	·같은 길 ·방위	
	·같은 길	
	·다른 길	
설치 방법	○ 도로의 교차지점으로부터 전방 10~30m 지점의 오른쪽 길옆에 현수식으로 설치한다.	

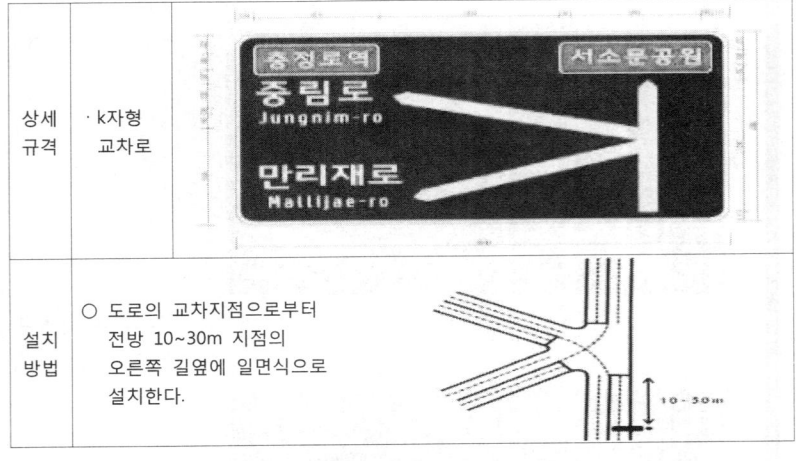

상세 규격	·k자형 교차로	
설치 방법	○ 도로의 교차지점으로부터 전방 10~30m 지점의 오른쪽 길옆에 일면식으로 설치한다.	

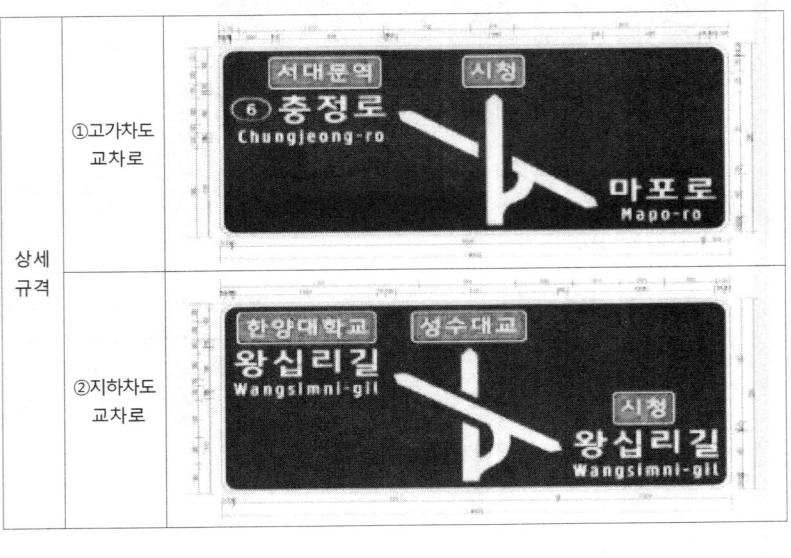

상세 규격	①고가차도 교차로	
	②지하차도 교차로	

Chapter 4 건설기계관리법규 및 도로통행방법

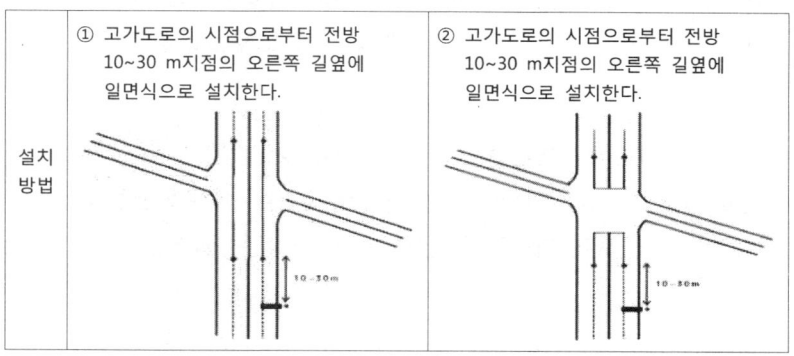

ⓕ 2방향 도로명표지

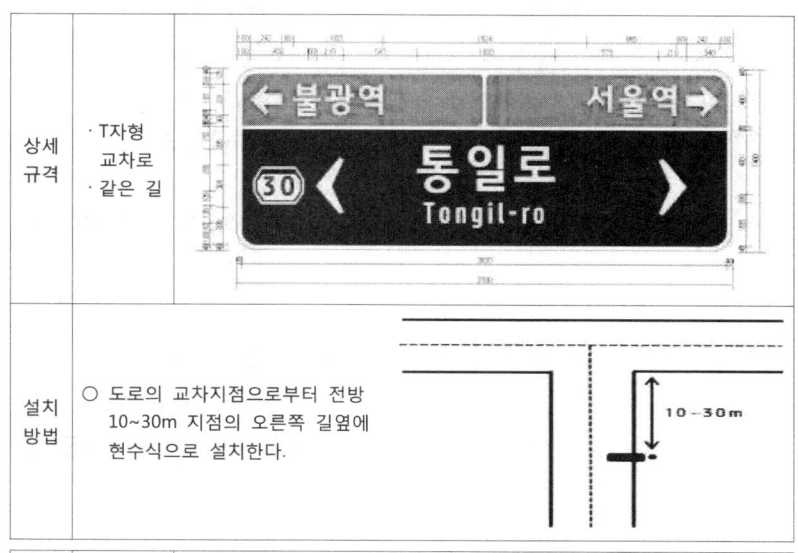

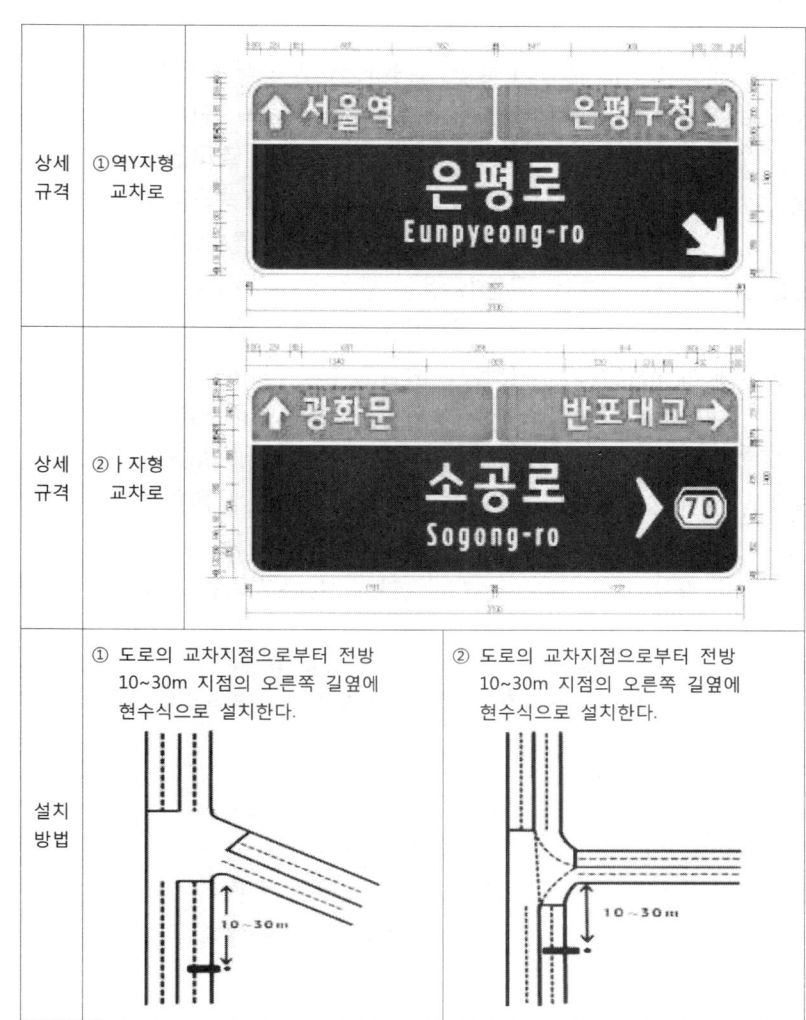

ⓖ 다방향 도로명표지

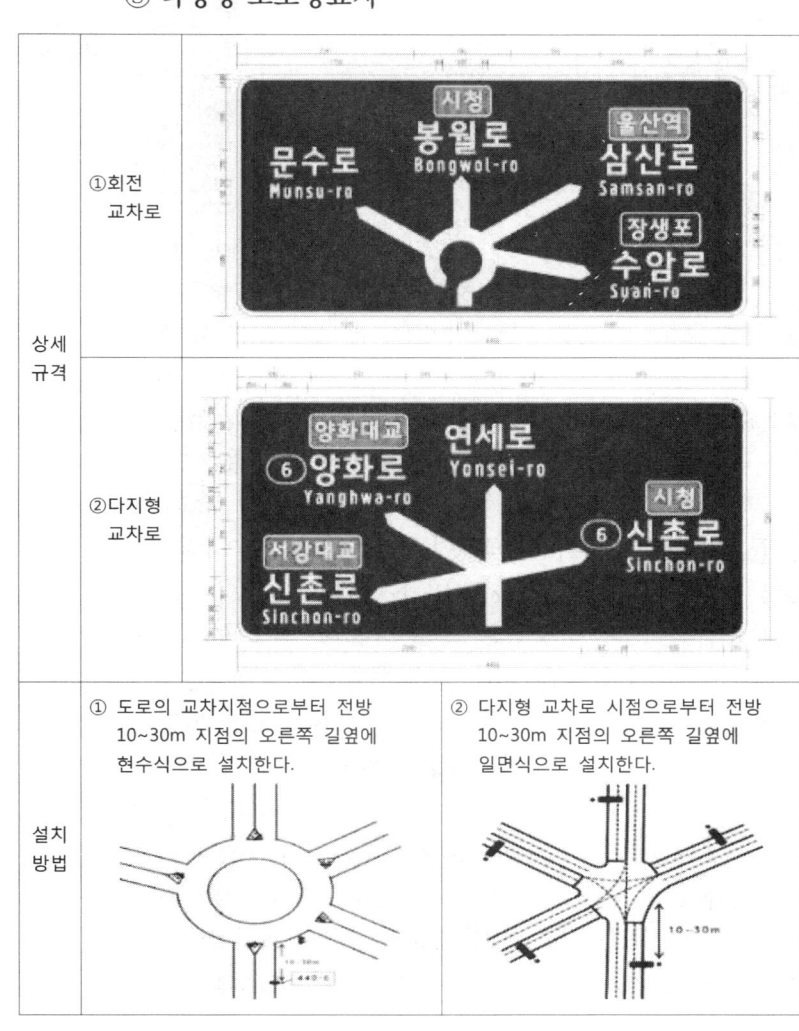

Chepter 4 건설기계관리법규 및 도로통행방법

 굴착기운전기능사

ⓗ 차로지정표지

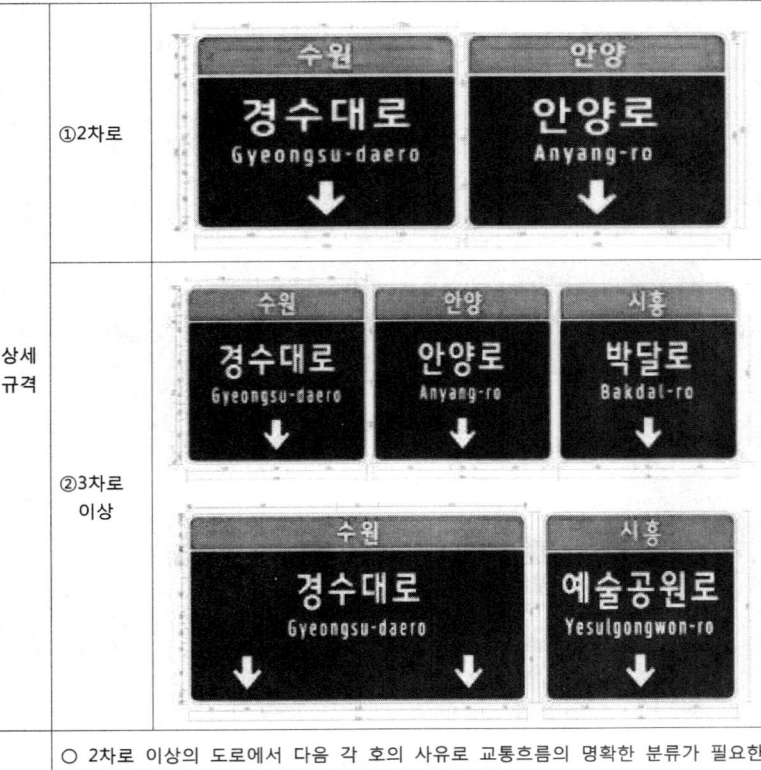

상세규격	①2차로	(경수대로 Gyeongsu-daero / 안양로 Anyang-ro)
	②3차로 이상	(경수대로 Gyeongsu-daero / 안양로 Anyang-ro / 박달로 Bakdal-ro / 경수대로 Gyeongsu-daero / 예술공원로 Yesulgongwon-ro)
설치방법		○ 2차로 이상의 도로에서 다음 각 호의 사유로 교통흐름의 명확한 분류가 필요한 경우에 설치할 수 있다. - 본선 진행시 안전운행상 필요한 때 - 본선 출구로 나가서 다시 방향이 재분기되는 다차로인 교차로가 나타날 때 - 고가도로 또는 지하도로의 진입부 전방에서 차로별 진행방향의 안내가 필요한 때 - 그 밖에 복잡한 교차로가 존재하여 차로지정이 필요한 때 ○ 도로의 형상 및 차로별 안내지명을 감안하여 설치한다. ○ 차로지정 화살표는 각 차로의 중앙에 위치하도록 한다.

7) 도로명주소의 활용

① 도로명주소의 표기 및 읽기

㉠ 지번과 도로명주소의 표기방법 비교

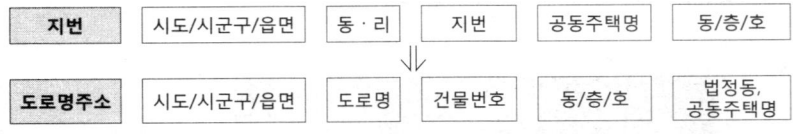

| 지번 | 시도/시군구/읍면 | 동·리 | 지번 | 공동주택명 | 동/층/호 |

| 도로명주소 | 시도/시군구/읍면 | 도로명 | 건물번호 | 동/층/호 | 법정동, 공동주택명 |

㉡ 도로명주소의 표기방법

ⓐ 도로명은 모두 붙여 쓴다.(국회대로62길, 용호로21번길)

ⓑ 도로명과 건물번호는 띄어 쓴다.(국회대로62길 25, 용호로21번길 15)

ⓒ 건물번호와 상세주소(동·층·호) 사이에는 쉼표(",")를 찍는다.

단독주택	경기도 파주시 문산읍 문향로85번길 6
업무용빌딩	서울특별시 종로구 세종대로 209, 000호(세종로)
공동주택	인천광역시 부평구 체육관로 27, 000동 000호 (삼산동, 00아파트)

㉢ 도로명주소의 읽는 방법

ⓐ 건물번호는 "번"으로 읽고, 가지번호("–")는 "의"로 읽는다.

예) 경기도 파주시 문산읍 문향로85번길 6 → 경기도 파주시 문산읍 문향로팔십오번길 육번

예) 충청남도 태안군 남면 적돌길 2-4 → 충청남도 태안군 남면 적돌길 이의 사번

② 도로명주소의 부여

㉠ 도로구간 및 기초번호 간격의 설정

ⓐ 도로구간은 직진성과 연속성을 고려하여 "서쪽에서 동쪽"으로, "남쪽에서 북쪽"으로 설정한다.

ⓑ 기초번호는 "왼쪽은 홀수, 오른쪽은 짝수"로 부여하고, 그 간격은 도로의 시작점에서 20미터 간격으로 설정한다. 다만, "길"의 경우에는 10미터 이하로 설정할 수 있다.

ⓒ 도로명 부여를 위한 도로의 위계는 다음과 같다.

• 대로(大路): 도로의 폭이 40미터 이상 또는 왕복 8차로 이상인 도로

• 로(路): 도로의 폭이 12미터 이상 40미터 미만 또는 왕복 2차로 이상 8차로 미만인 도로

• 길: '대로'와 '로' 외의 도로

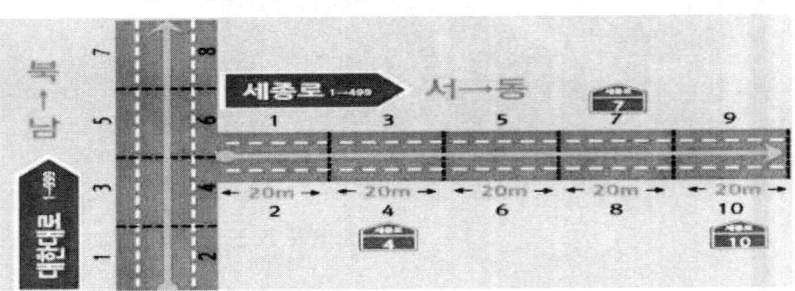

㉡ 도로명의 구성 및 종류

ⓐ 도로명은 주된 명사(주된 명사 뒤에 숫자나 방위를 붙일 경우 해당 숫자나 방위도 주된 명사의 일부분으로 본다)와 도로별 구분기준('대로', '로', '길')으로 구성한다.

【고유명사 + (숫자·방위)】	+	【도로별 구분기준】
주된 명사		위계명

ⓑ 기초번호방식: '대로', '로', '길' 명칭 뒤에 기초번호와 '번길'을 조합한다.

• 강남대로55번길, 금남로27번길, 백송길12번길, 부천로80번길 등

ⓒ 일련번호방식: 기초번호 활용방법과 달리 '번' 자를 사용하지 않으며 도로의 신설가능성이 있을 때에는 예비번호를 띄우고 부여한다.

• 분기되는 도로명을 사용 시에는 '대로', '로', '길' 명칭 뒤에 일련번호와 '길'을 조합한다.

• 세종로1길, 세종로3길, (세종로5길/예비), 세종로7길 등

㉢ 건물번호

ⓐ 건물 등의 주된 출입구가 위치한 도로구간의 기초번호를 기준으로 부여하고, 주된 번호와 가지번호로 구성된다.

예) 율곡로 시작지점부터 "기초번호 7번 왼쪽구간"에 있는 건물에는 "율곡로 7"을 부여한다.

③ 도로명주소를 활용한 건물 찾기
　㉠ "대로, 로"
　　ⓐ 서울특별시 종로구 세종대로 209
　　• 종로구 세종대로*의 위치를 확인한다.
　　　* 폭이 40미터 이상 또는 8차로 이상의 도로
　　• 세종대로의 시작지점부터 왼쪽(홀수)으로 2,090미터* 지점의 건물을 확인한다.
　　　* 209(건물번호)×10m=2,090m
　　ⓑ 세종특별자치시 갈매로 388
　　• 갈매로*의 위치를 확인한다.
　　　* 폭이 12미터 이상부터 40미터 미만 또는 2차로부터 7차로 이하의 도로
　　• 갈매로의 시작지점부터 오른쪽(짝수)으로 3,880미터* 지점의 건물을 확인한다.
　　　* 388(건물번호)×10m=3,880m
　㉡ "기초번호방식" 및 "일련번호방식" 도로명에서 건물 찾기
　　ⓐ 경기도 의정부시 의정로46번길 25
　　• 의정로의 위치를 확인("로": 2~7차로 도로)한다.
　　• 의정로에서 오른쪽(짝수)으로 분기되는 도로로 위치는 시작지점에서 460미터* 지점에 위치한다.
　　　* 46번길은 시작지점에서 오른쪽(짝수)으로 460미터 (46(기초번호)×10m)지점에서 분기
　　• 의정로46번길 시작지점부터 왼쪽(홀수)으로 250미터* 지점의 건물을 확인한다.
　　　* 25(건물번호)×10m = 250m
　　ⓑ 서울시 영등포구 당산로31길 10
　　• 당산로의 위치를 확인("로": 2~7차로 도로)한다.
　　• 당산로31길은 당산로에서 왼쪽(홀수)으로 16번째 분기되는 도로
　　• 당산로31길 10 건물은 당산로31길 시작지점부터 오른쪽(짝수)으로 100미터* 지점의 건물을 확인한다.
　　　* 10(건물번호)×10m=100m

Chapter 5 장비구조

굴착기운전기능사

01 엔진구조

1. 기관의 구조, 기능 및 점검

1) 기관본체

① 기관일반

㉠ 열기관: 연료를 연소하여 발생되는 열에너지를 운동에너지로 변환시키는 장치이다. 열기관에는 내연기관과 외연기관이 있다.

㉡ 행정: 왕복구간에 있어서 실린더 내의 피스톤이 한쪽 끝에서 다른 쪽 끝까지 움직이는 거리. 또한 상사점과 하사점 사이의 길이를 행정이라고 한다.

㉢ 사이클: 사이클은 주기를 말하며, 엔진은 크랭크축의 회전으로 흡입-압축-폭발-배기 작용을 반복하여 1 사이클을 완성한다.

ⓐ 4행정 사이클 기관: 피스톤이 2회 왕복하는 동안에 흡기로부터 배기까지의 1사이클이 이루어져 동력을 발생하는 기관

ⓑ 2행정 사이클 기관: 흡입·압축·연소·배기의 1사이클을 크랭크샤프트의 1회전 즉 피스톤의 2행정으로 완료하는 기관

② 기관 주요부

기관은 주요부와 부속장치로 나누어지는데 주요부는 실린더 블록, 실린더헤드, 실린더, 피스톤 및 커넥팅로드, 크랭크축, 밸브 및 밸브기구 등 동력을 발생하는 부분으로 구성된다.

㉠ 실린더 블록: 엔진의 중심부로 재질은 주철, 경합금 등으로 제작하며 실린더 주위에 물 통로와 상부에는 실린더 헤드 아래쪽은 베어링을 통해 크랭크축이 설치되고 하부에는 오일팬이 설치된다.

㉡ 실린더 헤드: 엔진의 머리 부분으로 실린더 윗면에 피스톤 실린더와 함께 연소실을 형성하는 부분으로 기밀과 수밀을 유지하여 열에너지를 얻을 수 있는 곳이다.

ⓐ 재질 : 주철, 알루미늄 합금을 사용한다.

ⓑ 실린더 헤드의 구비조건

• 고온에서 열팽창이 적어야 한다.

• 큰 폭발 압력에서 견딜 수 있는 강성과 강도를 가질 것

• 정확한 점화를 하기위해 가열되기 쉬운 돌출부가 없는 것으로 한다.

• 열전도율이 커야 한다.

㉢ 실린더 헤드 가스켓: 실린더와 실린더 헤드 사이에 설치하여 냉각수와 오일의 누출을 방지한다.

ⓐ 실린더 헤드 가스켓의 구비조건

• 복원성과 적당한 강도가 있을 것

• 내압성이 클 것

• 내열성이 좋을 것

• 기밀유지가 좋을 것

㉣ 실린더: 피스톤이 왕복운동을 하는 부분으로 피스톤 행정의 약 2배의 길이이고 진원통으로 가공되어 있으며, 기계적 운동 에너지로 변환시켜 동력을 발생 시킨다.

ⓐ 실린더 행정과 내경비

• 장 행정기관: 행정/내경의 값이 1.0 이상인 기관으로 측압이 적고 회전력이 크다.

• 정방 행정기관: 행정/내경의 값이 1.0 인 기관으로 회전속도가 빠르다.

• 단 행정기관: 행정/내경의 값이 1.0 이하인 기관으로 회전속도가 빠르나 측압이 많다.

ⓑ 측압: 피스톤의 행정이 바뀔 때 실린더 벽에 압력을 가하는 것을 말한다.

ⓒ 기관에서 실린더 마모 원인

• 실린더 벽과 피스톤 및 피스톤 링의 접촉에 의해서

• 연소 생성물에 의해서

• 농후한 혼합기 유입으로 인하여 실린더 벽의 오일 막이 끊어지므로

• 흡립 공기 중의 먼지와 이물질 등에 의해서

• 연료나 수분이 실린더 벽에 응결되어 부식 작용을 일으키므로

• 실린더와 피스톤 간극의 불량으로 안하여

• 피스톤 링 이음 간극 불량으로 인하여

• 피스톤 링의 장력 과대로 인하여

• 커넥팅로드의 휨으로 인하여

㉤ 피스톤: 실린더 안을 왕복하여, 연소 행정에서 고온·고압의 가스 압력을 받아 커넥팅로드를 통해 크랭크샤프트에 회전력을 발생시키는 구성 부품으로 강도가 높고 열에 의한 팽창이 적어야 한다.

ⓐ 피스톤의 구비조건

• 고온·고압에 견딜 것

• 열팽창률이 적을 것

• 무게가 가벼울 것

• 열전도성이 클 것

• 블로바이가 없을 것

ⓑ 피스톤간극: 피스톤과 실린더 사이의 틈새이다. 피스톤과 실린더 벽 사이에는 피스톤의 열팽창을 고려하여 알맞은 간극을 두어야한다.

• 피스톤 간극이 클 경우 기관에 미치는 영향

– 압축압력이 저하된다.

– 오일이 연소실에 유입되므로 오일의 소비가 많아진다.

– 엔진 출력이 저하된다.

- 피스톤 간극이 적을 경우 기관에 미치는 영향
  - 오일 간극의 저하로 마찰열로 소결된다.
  - 실린더 벽에 형성된 오일의 유막이 파괴되어 마찰 및 마멸이 증대된다.
- ⓒ 피스톤 링: 압축 링과 오일 링이 있으며, 실린더내의 기밀유지 작용, 오일제어 작용, 열전도작용 등 3가지 작용을 한다. 압축행정 시 냉매의 누설을 방지하고 흡입행정 시 실린더 벽의 오일을 긁어내리는 기능을 한다.
  - 압축링: 실린더와 피스톤 사이에서 압축 행정 시 혼합기의 누출 및 폭발행정에서 연소가스의 누출을 방지한다.
  - 오일링: 실린더 벽을 윤활하고 남은 과잉의 오일을 긁어내려 실린더 벽의 유막을 조절한다.
  - 피스톤 링의 구비조건
    - 고온에서도 탄성을 유지할 수 있을 것
    - 열팽창률이 적을 것
    - 오랫동안 사용하여도 링 또는 실린더 마멸이 적을 것
    - 실린더 벽에 동일한 압력을 가할 것
- ⓓ 피스톤 핀: 피스톤과 커넥팅 로드의 상단부를 연결하는 핀으로 고정 방식에 따라 고정식, 반부동식, 전부동식 등이 있다.
  - 피스톤핀의 구비조건
    - 무게가 가벼울 것
    - 강도가 클 것
    - 내마멸성이 클 것
- ⓗ 커넥팅 로드: 피스톤 핀과 크랭크축을 연결하기 위한 로드로서 피스톤의 왕복운동을 크랭크축으로 전달한다.
- ⓢ 크랭크축: 피스톤의 왕복운동을 회전운동으로 바꾸어 외부로 전달하는 축으로, 메인저널, 크랭크 핀, 크랭크 암, 평형추 등으로 구성되어 있다.
  - ⓐ 크랭크축의 형식: 크랭크축의 형식은 실린더 수, 실린더 배열, 메인 저널 수, 폭발순서 등에 따라 달라진다.
    - 4기통 기관 폭발순서: 1-3-4-2 또는 1-2-4-3이며 4기통 기관의 위상차는 180°이다.
    - 4기통 기관의 위상차: 크랭크 축 2회전에 1사이클이 완성 (360°×2회전÷실린더 수= 720°÷실린더 수=180°)
  - ⓑ 크랭크축 베어링: 크랭크축이 원활하게 회전할 수 있도록 2점 이상을 차지하고 있는 베어링이다.
- ⓞ 플라이휠: 기관의 맥동적인 출력을 관성력을 이용하여 원활한 회전으로 바꾸어 주며, 무게는 회전수와 실린더에 관계한다. 주로 마찰계수가 큰 주철로 만들어 진다.
- ⓩ 밸브기구: 캠축, 밸브리프터(태핏), 푸시로드, 로커암축 조립품, 밸브 등으로 구성되며 개폐 방식에 따라 I헤드형, L헤드형, OHC형 밸브 기구 등으로 구분된다.
  - ⓐ 캠축
    - 캠축의 기능: 흡기·배기밸브 개폐 및 가솔린 기관에서는 배전기를 구동 시킨다.
    - 캠축은 기관의 밸브 수와 같은 수의 캠이 배열된 축으로, I헤드형 기관에서는 크랭크축과 평행하게 설치되고, OHC 기관에서는 실린더헤드에 설치한다.
  - ⓑ 밸브 리프터(밸브 태핏): 캠의 회전 운동을 상하 운동으로 바꾸어 밸브 또는 푸시로드로 전달하는 부품으로 기계식 및 유압식이 있다.
  - ⓒ 유압식 밸브 리프터의 특징
    - 기관 오일의 순환압력과 오일의 비압축성을 이용한 것이다.
    - 기관의 작동온도에 관계없이 밸브간극이 항상 0 이다.
    - 밸브 장치의 수명이 길고, 진동 소음이 없다.
    - 밸브 간극 조정이나 점검을 하지 않아도 된다.
    - 밸브 개폐 시기가 정확하게 되어 기관의 성능이 향상된다.
  - ⓓ 푸시로드와 로커 암: 푸시로드는 밸브리프터와 로커 암의 한 끝을 잇는 강철제의 막대이며, 로커 암은 밸브를 여는 역할을 한다.
  - ⓔ 밸브, 밸브 시트 및 밸브 스프링
    - 밸브: 연소실에 설치된 흡기 및 배기구멍을 개폐하고 공기를 흡입하고, 연소가스를 내보내는 일을 한다. 작동 중 열팽창을 고려하여 1/4~1° 정도의 차이를 두어 작동온도가 되면 밸브면과 시트의 접촉이 완전하게 되도록 한다.
    - 밸브 시트: 밸브 면과 밀착하여 압력이 새는 것을 방지하는 부분으로 밸브헤드의 열을 냉각한다.
    - 밸브 스프링: 로커 암에 의해 열린 밸브를 닫는 일을 한다.
    - 밸브 스템: 밸브와 일체로 된 축으로 로커 암이나 캠축에 의해 떠밀려 개방되고 복귀 스프링에 의해 닫힌다.
  - ⓕ 밸브 구비조건
    - 고온 및 큰 하중에서 견디고, 변형이 없을 것
    - 열전도율이 좋을 것
    - 고온가스에 부식되지 않을 것
    - 무게가 가볍고 내구성이 클 것
  - ⓖ 밸브간극: 밸브 스템과 로커 암 사이의 틈새이다.
    - 밸브 간극이 너무 클 경우: 밸브가 늦게 열리고 일찍 닫혀 출력이 저하되고 소음이 커지게 된다.
    - 밸브 간극이 너무 작을 경우: 밸브가 빨리 열리고 늦게 닫혀 밸브가 가열되어 소손되게 된다.

2) 연료장치

디젤기관의 연료공급은 공급 펌프에서 연료 탱크 내의 연료를 흡입하여 연료 여과기에서 여과 시킨 후 분사펌프로 공급하여 분사파이프를 거쳐 분사노즐에 소정의 압력으로 분사하는 장치이다.

① 연료탱크
  ㉠ 연료를 저장하는 용기이다. 겨울철에는 공기 중의 수증기가 응축되기 때문에 연료탱크 내에 연료를 가득 채워 두어야 한다.
  ㉡ 탱크 밑면에는 드레인 플러그를 설치하여 탱크 내에 쌓이는 이물질 및 수분을 제거한다.
② 공급펌프
  ㉠ 연료탱크 내의 연료를 흡입하여 기화하나 분사펌프로 공급해 주는 장치이다.

ⓛ 연료계통에 공기가 침입하였을 때 공기빼기 작업을 하는 프라이밍 펌프가 있다.
ⓒ 공기빼기 순서: 공급펌프→분사펌프→연료여과기
ⓔ 공급펌프 압력: 2~3kg/㎠

③ 연료 여과기
　ⓐ 연료 내의 이물질을 제거하는 장치로 특히 경유는 분사펌프 배럴 및 분사 노즐의 윤활도 겸하기 때문에 여과 성능이 좋아야 한다.
　ⓛ 여과 성능은 0.01mm이상 되어야 하며 여과기 윗면에 벤트플러그를 설치하여 공기빼기 작업을 할 때 공기를 뺀다.

④ 분사펌프(인젝션 펌프)
　ⓐ 디젤기관에만 있는 부품으로 공급펌프에서 공급한 연료를 분사펌프 캠축으로 구동되는 플런저가 분사 순서에 맞게 고압으로 연료를 노즐로 압송시키는 펌프이다.
　ⓛ 분사펌프는 펌프 하우징, 캠축, 태핏, 플런저와 배럴, 딜리버리 밸브, 분사시기 조정용 타이머, 분사량 조정용 조속기 등으로 구성된다.
　ⓒ 분사시기가 빠르면 배기색이 흑색이 되며, 분사시기가 늦게 되면 배기색이 청색 또는 백색이 된다.
　　ⓐ **분사펌프 캠축**: 4행정 사이클 기관의 경우 분사펌프 캠축은 크랭크축의 1/2로 회전을 한다.
　　ⓑ **플런저 배럴 및 플런저**
　　　• 제어 플런저: 공기계량기의 센서플램과 연결된 레버에 의해 플런저 배럴 내에서 수직으로 상·하 왕복 운동한다.
　　　• 플런저 배럴: 실린더 수만큼의 미터링 슬릿이 가공되어 있으며, 직사각형이다. 플런저 배럴에 가공된 미터링 슬릿의 개구부의 단면적은 제어 플런저의 행정에 비례한다.
　　　• 플런저: 플런저펌프의 왕복부분에서 피스톤과 거의 같은 구조를 하고 있다. 튼튼하므로 액체의 압력이 높을 때에 좋다.
　　　• 딜리버리 밸브: 플런저의 상승행정으로 배럴내의 압력이 규정 값에 도달하면 연료를 분사 파이프로 압송 한다. 연료의 역류 방지 및 분사노즐의 후적을 방지한다.
　　　• 조속기(거버너): 디젤기관은 사용조건의 변화가 커 부하 및 회전속도가 광범위하게 변동하기 때문에 이것을 방지할 목적으로 조속기를 설치하여 자동적으로 분사량을 조정하여 운전을 안정시킨다.
　　　• 분사노즐: 분사펌프에서 공급한 고압의 연료를 미세한 안개 모양으로 연소실 내에 분사하는 장치.
　　　• 분사노즐 구비조건
　　　　- 연료를 미세한 안개 모양으로 하여 쉽게 착화하게 할 것
　　　　- 분무를 연소실 구석구석 까지 뿌려지게 할 것
　　　　- 분사 후 후적이 일어나지 않아야 함
　　　　- 고온·고압의 악조건에서 장시간 사용 할 수 있을 것
　　　• 발화(착화): 어느 온도에서 점화를 하지 않아도 연소하기 시작하는 현상을 말한다.

⑤ 디젤 노크
착화지연 기간 중에 분사된 연료압력이 착화 지연 기간이 길어 증대되게 되면 폭발적 연소기간에 다량의 연료가 급격히 연소하여 압력상승이 비정상적으로 높게 나타날 때 발생한다.
　ⓐ 디젤 노크 발생의 원인
　　ⓐ 기관에 과부하가 걸렸을 때
　　ⓑ 기관이 과냉되었을 때
　　ⓒ 분사시기가 너무 빠를 때
　　ⓓ 세탄가가 낮은 연료를 사용하였을 때
　ⓛ 디젤 노크가 기관에 주는 영향
　　ⓐ 기관 회전속도가 낮아진다.
　　ⓑ 기관의 출력이 낮아진다.
　　ⓒ 연소실 온도가 상승하므로 기관이 과열한다.
　　ⓓ 흡입효율이 저하된다.
　　ⓔ 기관에 손상이 발생할 수 있다.
　ⓒ 방지방법
　　ⓐ 연료의 착화온도를 낮게 한다.
　　ⓑ 착화성이 좋은 연료(세탄가가 높은 연료)를 사용하여 착화지연 기간을 짧게 한다.
　　ⓒ 압축비·압축 온도 및 압축 압력을 높인다.
　　ⓓ 연소실 벽의 온도를 높이고, 흡입 공기에 와류를 준다.
　　ⓔ 분사시기를 알맞게 조정한다.

⑤ 디젤엔진의 시동 보조 장치
　ⓐ 데콤프장치(감압장치): 엔진의 캠축 운동에 관계없이 흡기 또는 배기 밸브를 강제로 열어서 실린더 내의 압축 압력을 낮추어 크랭크축의 회전을 쉽게 해 주는 장치이다.
　ⓛ 예열장치: 연소실이나 흡기다기관 내의 공기를 예열시켜 엔진의 시동을 보조해 주는 장치이다. 겨울철이나 한냉 시 사용한다.
　　ⓐ 예열 플러그식: 예연소실식, 와류실식 등에 사용하며 연소실에 설치된다. 직렬로 결선되는 코일형과 병렬로 결선되는 실드형이 있는데 현재는 실드형을 주로 사용하고 있다.
　　ⓑ 흡기 가열식: 흡기 가열식은 직접 분사실식에서 사용하며, 흡기다기관에 부착된다.

3) 냉각장치
작동중인 기관의 온도를 75~85℃(실린더 헤드 물 재킷 내의 온도)를 유지하기 위한 것으로 냉각 시키는 방법에 따라 공냉식 및 수냉식이 있다.
■ 공냉식: 기관을 대기와 접촉시켜 냉각 시키는 방식으로 냉각수의 누출은 없지만 냉각이 균일하지 못한 단점이 있다.
■ 수냉식: 냉각수를 이용해 기관을 냉각시키는 방식으로 냉각수를 순환시키는 방식에 따라 자연 순환식, 강제 순환식, 압력 순환식, 밀봉 압력방식이 있다.

① 구조
　ⓐ 물 재킷: 실린더나 실린더 헤드의 고온부 바깥쪽에 냉각수를 저장하거나 순환하는 부분으로 연소실에서 발생하는 열을 냉각수로 전달한다.
　ⓛ 물 펌프: 크랭크축 풀리에서 팬벨트(V형벨트)로 구동되며 냉각수를 순환시킨다.

ⓒ 냉각 팬: 물 펌프 축과 함께 회전하면서 라디에이터를 통하여 공기를 흡입하여 라디에이터 냉각을 도와준다.
ⓓ 팬벨트
  ⓐ 이음이 없는 V벨트이며 풀리와의 접촉은 양쪽의 경사진 부분에 접촉되어야 한다.
  ⓑ 풀리의 밑 부분에 접촉하면서 미끄러진다.
  ⓒ 펜벨트 장력 및 점검 및 조정
  • 물펌프 풀리와 발전기 풀리 사이에서 10kg 정도의 힘으로 눌렀을 경우 13~20mm 정도면 정상으로 본다.
  ⓓ 팬벨트 장력이 너무 크면(팽팽할 경우): 각 풀리 베어링의 마모가 촉진되거나 기관이 과냉된다.
  ⓔ 팬벨트 장력이 너무 작으면(헐거울 경우): 냉각수 순환이 불량하게 되므로 기관이 과열한다.
  ⓕ 팬벨트 장력의 조정: 발전기 조정암의 고정 볼트를 풀고 조정을 하는데, 장력이 크면 유격이 적고, 장력이 적으면 유격이 많다.
ⓜ 라디에이터(방열기): 엔진 내에서 뜨거워진 냉각수를 냉각시켜 주는 장치이다.
ⓗ 라디에이터 캡
  ⓐ 냉각장치 내의 비점(끓는점)을 높이기 위해 압력식 캡을 사용한다.
  ⓑ 캡을 열 때는 엔진의 시동을 끈 뒤 냉각된 상태에서 열어야 한다.
  • 라디에이터 캡을 열었을 때 기포나 기름이 떠 있는 원인
    - 실린더 헤드 개스킷이 파손 되었다.
    - 실린더헤드 볼트가 이완 되었다.
    - 오일냉각기 에서 오일이 누출되고 있다.
ⓢ 수온 조절기(정온기)
  ⓐ 냉각수 온도에 따라 개폐되어 엔진의 온도를 방열기 구조에 알맞게 유지하는 역할을 한다.
  ⓑ 일반적으로 65℃ 에서 열리기 시작하여 85℃ 에서 완전히 열린다.
  ※ 엔진의 과열 원인
    - 수온조절기의 완전 열림 온도가 높다.
    - 라디에이터 코어가 20%이상 막혔다.
    - 라디에이터 코어가 오손 및 파손되었다.
    - 팬 벨트 장력이 헐겁다.
    - 물재킷 내에 물때(스케일)가 과다하다.
    - 물 펌프의 작동 불량 및 냉각수 양이 부족하다.
② 냉각수와 부동액
  ㉠ 냉각수: 수돗물, 빗물, 증류수 등을 사용하며 열을 잘 흡수하나 섭씨100℃에서 비등하고, 섭씨 0℃ 에서 얼며 물때가 생긴다.
  ㉡ 부동액: 냉각수가 동결되는 것을 방지할 목적으로 냉각수와 혼합하여 사용하는 액체이다. 에틸렌글리콜, 메탄올(알코올), 글리세린 등이 있으며, 현재는 주로 에틸렌글리콜을 사용한다.
  ㉢ 부동액의 구비조건
    ⓐ 비등점이 물 보다 높아야 하며 응고점은 물보다 낮을 것
    ⓑ 물과 혼합이 잘될 것
    ⓒ 내 부식성이 크고 팽창계수가 적을 것
    ⓓ 침전물이 없을 것

4) 윤활장치
기관 내부에 오일을 공급해 주어 마찰열로 인한 베어링의 고착 등을 방지하기 위해 오일을 지속적으로 공급해주는 장치이다.
① 윤활유의 작용
  ㉠ 실린더 내 기밀 유지 작용
  ㉡ 냉각 작용(열전도 작용)
  ㉢ 응력 분산 작용(충격완화작용)
  ㉣ 부식 방지 작용
  ㉤ 마찰 감소 및 마멸 방지 작용
  ㉥ 청정작용
② 윤활유의 구비 조건
  ㉠ 점도가 적당하고 점도지수가 클 것
  ㉡ 인화점 및 발화점이 높을 것
  ㉢ 강인한 유막을 형성 할 수 있어야 함
  ㉣ 비중과 점도가 적당할 것
  ㉤ 응고점이 낮아야 함
③ 윤활유의 주요 기능
  ㉠ 마찰의 감소, 냉각작용, 응력(하중)분산 작용, 밀봉작용, 방청작용, 청정분산(세정)작용 등이 있다.
  ㉡ 오일의 압력이 낮아지는 원인
    ⓐ 오일의 점도 저하
    ⓑ 오일량 부족
    ⓒ 오일펌프 과대 마모
    ⓓ 유압조절밸브의 밀착 혹은 스프링 밸브 쇠손
  ㉢ 현장에서 오일의 열화를 알아내는 방법
    ⓐ 악취유무
    ⓑ 색깔변화
    ⓒ 수분, 침전물의 유무
    ⓓ 흔들었을 때 거품 확인
④ 구조
  ㉠ 오일 팬
    ⓐ 기관 윤활유를 저장하는 공간이다.
    ⓑ 어떠한 상황에서도 오일이 충분히 고여 있도록 섬프를 두고 있다.
  ㉡ 오일 스트레이너
    ⓐ 이물질을 여과하는 여과망이 있다.
    ⓑ 오일을 펌프로 유도한다.
  ㉢ 오일 펌프
    ⓐ 오일 팬에 있는 오일을 흡입 가압 하여 각 윤활부로 압송한다.
    ⓑ 기어식, 베인식, 로터리식, 플런저식 등이 있다.
  ㉣ 유압 조절 밸브
    ⓐ 윤활 회로내의 유압이 과도하게 상승하는 것을 방지하여 유압을 일정하게 해 주는 장치이다.
    ⓑ 디젤기관 윤활회로 내의 압력은 2~3kg/cm²이다.

Chapter 5 장비구조

ⓗ 오일 여과기
　ⓐ 오일속의 불순물을 여과하는 작용을 한다.
　ⓑ 여과지식 엘리먼트를 주로 사용한다.
　ⓒ 분류식, 전류식, 샨트식 등이 있다.

5) 흡·배기장치

엔진을 구동하기 위해서는 대기 중의 공기와 연료가 혼합되어 연소실로 유입되어야 하며, 폭발 후의 연소 가스는 대기 중으로 배출하여야 한다. 이와 같이 신선한 공기를 흡입하고 연소가스를 배출시키는 역할을 하는 것이 흡·배기장치이다.

① 흡기 및 배기장치의 구성
　㉠ 흡기장치: 에어클리너, 서지탱크, 흡기매니폴드 등으로 구성되어 있다.
　　▶ 에어클리너
　　• 흡입공기중의 먼지, 이물질을 제거하여 엔진내부를 보호해준다.
　　• 엔진이 토출해내는 가스를 또 한 번 혼합기와 동시에 실린더로 보내주어 배기가스 중의 오염을 처리해준다.
　㉡ 배기장치: 배기매니볼트, 3원촉매(캐터릭컨버터), 배기파이프, 소음기 등으로 구성되어 있다.

6) 과급기

내연기관의 출력을 증가시키기 위해 외기를 실린더에 밀어 넣는 압축기를 말한다.

① 과급기의 종류
　㉠ 터보차저: 배기관으로부터 폐기되고 있던 배기가스의 에너지(온도·압력)를 이용해 터빈을 고속 회전시켜, 그 회전력으로 원심식 압축기를 구동하여 압축한 공기를 엔진 내부로 보내는 구조로 되어 있다.
　　ⓐ 장점
　　• 터보차저가 장착된 엔진은 같은 배기량의 자연흡기방식 엔진보다 더 높은 출력을 낼 수 있다.
　　• 자연흡기식방식 엔진과 슈퍼차저 엔진보다 더 높은 열효율을 가지고 있다. 터보차저 엔진은 과잉 배출되는 열과 압력을 버리지 않고 공기압축에 이용하기 때문이다.
　　• 터보차저는 다른 과급시스템에 비해 더 작고 가볍기 때문에 엔진 격납실에 쉽게 장착될 수 있다.
　　ⓑ 단점
　　• 맞지 않는 크기의 터보차저를 사용하면, 반응성이 떨어진다. 너무 큰 터보차저를 사용하면 가속 반응이 감소한다. 그러나 최대 출력은 더 높아진다.
　　• 터보차저는 자연흡기방식 엔진보다 부품 비용이 더 든다.
　㉡ 슈퍼차저: 엔진의 출력축으로부터 벨트 등을 통해 동력을 공급받아 압축기를 구동하여 공기를 압축, 엔진에 공급한다.
　　ⓐ 장점
　　• 액셀에 대한 반응이 뛰어나다.

• 저회전 상태에서 과급 효과가 높다.
　ⓑ 단점
• 항상 압축기를 구동하고 있기 때문에 엔진의 효율이 떨어지며, 고회전에서의 출력이 터보차저에 비해 뒤떨어진다.
• 부품 수나 기계 가공이 많이 필요하여 비용이 높아지며, 중량·부피도 크다.

02 전기장치

1. 전기장치의 구조, 기능 및 점검

1) 전기 일반

① 전류, 전압
　㉠ 전류
　　ⓐ 전하를 띤 입자의 흐름으로 전류는 전원의 (+)극에서 (−)극으로 흐른다.
　　ⓑ 측정단위: 암페어(A)
　㉡ 전압
　　ⓐ 전기 회로에 전류를 흐르게 하는 능력이다.
　　ⓑ 측정단위: 볼트(V)

② 전기 저항과 옴의 법칙
　㉠ 전기 저항: 전류의 흐름을 방해하는 정도를 나타내는 물리량이다.

　도선의 전기 저항 $\propto \dfrac{\text{도선의 길이}}{\text{도선의 단면적}}$, $R \propto \dfrac{l}{S}$ (단위: Ω)

　㉡ 옴의 법칙: 도선에 흐르는 전류의 세기 I는 전압 V에 비례하고, 도선의 저항 R에 반비례한다.

　$I = \dfrac{V}{R}$, $V = I \times R$, $R = \dfrac{V}{I}$

③ 직렬접속과 병렬접속
　㉠ 직렬 접속의 특징
　　ⓐ 전체 전류(I): 전하량 보존 법칙에 의해 각 저항에 흐르는 전류는 같다.
　　ⓑ 전체 전압(V): 각 저항에 걸리는 전압의 합과 같다.
　　ⓒ 합성 저항(R): 각 저항의 합과 같다.
　　$R = R_1 + R_2 + R_3 + \cdots + R_n$
　　ⓓ 동일 전압의 축전지를 직렬 연결하면 전압은 개수의 배가 되고 용량은 1개와 같다.
　㉡ 병렬 접속의 특징
　　ⓐ 전체 전류(I): 전하량 보존 법칙에 의해 각 저항에 흐르는 전류의 합과 같다.
　　ⓑ 전체 전압(V): 각 저항에 걸리는 전압과 같다.
　　ⓒ 합성 저항(R): 각 저항의 역수의 합의 역수와 같다.

　　$R = \dfrac{1}{\dfrac{1}{R_1} + \dfrac{1}{R_2} + \dfrac{1}{R_3} + \cdots + \dfrac{1}{R_n}}$

ⓓ 동일 전압의 축전지를 병렬 연결하면 전압은 1개 때와 같고 용량은 개수의 배가 된다.
④ 전력과 전력량
㉠ 전기에너지
ⓐ 전기 회로에 흐르는 전류가 공급하는 에너지이다.
ⓑ 단위: 줄(J)
㉡ 전력
ⓐ 전기 기구가 1초 동안 소비하는 전기에너지이다.
ⓑ 단위: 와트(W)
㉢ 전력량
ⓐ 전기 기구에서 어느 시간 동안 소비하는 전기 에너지의 총량이다.
ⓑ 단위: 와트시(Wh), 킬로와트시(kWh)
⑤ 직류(DC)와 교류(AC)
㉠ 직류(DC)
ⓐ 높은 전위에서 낮은 전위로 전선과 같은 도선을 통한 전류의 연속적인 흐름이다.
ⓑ 항상 같은 방향으로 흐른다.
ⓒ 전하의 방향, 극성, 크기가 항상 똑같다.
㉡ 교류(AC)
ⓐ 시간에 따라 주기적으로 크기와 방향이 변하는 전류이다.
ⓑ 시간이 지남에 따라 주기적으로 방향이 변화하는 전압이다.
⑥ 전류에 의한 자기장
㉠ 자기장과 지기력선
ⓐ 자기장: 자기력이 작용하는 공간으로, 나침반을 놓았을 때 자침의 N극이 가리키는 방향이 자기장의 방향이다.
ⓑ 자기력선: 자기장의 모양을 알기 쉽게 나타낸 선으로, N극에서 나와 S극으로 들어간다.
㉡ 전류가 만드는 자기장
ⓐ 솔레노이드: 도선을 속이 빈 긴 원통형의 코일모양으로 감은 것으로 도선에 전류를 흘리면 자기장을 생성시키기 때문에 전자석이 될 수 있다.
• 솔레노이드 내부의 자기장은 솔레노이드 축에 나란하다.
• 솔레노이드 내부의 자기장의 세기는 균일하며, 전류의 세기와 단위 길이 당 코일의 감은 수에 비례한다.
ⓑ 오른 나사의 법칙
• 직선 도선에 흐르는 전류의 방향과 도선 주위의 자기장의 방향의 관계를 오른나사의 진행방향과 회전방향의 관계에 대응시키는 법칙이다.
• 오른나사를 돌렸을 때 나사의 진행 방향이 전류의 방향이고 나사의 회전 방향이 자기장의 방향이다.
ⓒ 플레밍의 왼손법칙
• 자기장 속에 있는 도선에 전류가 흐를 때 자기장의 방향과 도선에 흐르는 전류의 방향으로 도선이 받는 힘의 방향을 결정하는 규칙으로 전동기의 원리와 관계가 있다.
• 왼손의 중지를 전류의 방향으로, 검지를 자기장의 방향으로 가리키면, 엄지손가락의 방향이 전자기력의 방향이 된다.
ⓓ 플레밍의 오른손법칙
• 자기장 속에서 도선이 움직일 때 자기장의 방향과 도선이 움직이는 방향으로 유도기전력의 방향을 결정하는 규칙으로 발전기의 원리와 관계가 있다.
• 오른손 엄지를 도선의 운동 방향, 검지를 자기장의 방향으로 했을 때, 중지가 가리키는 방향이 유도 기전력 또는 유도 전류의 방향이 된다.

2) 기초 전자
① 반도체
㉠ 상온에서 전기 전도율이 도체와 절연체의 중간 정도인 물질이다.
㉡ 낮은 온도에서는 거의 전기가 통하지 않으나 높은 온도에서는 전기가 잘 통한다.
㉢ 실리콘, 게르마늄, 산화이구리 따위가 있으며 정류기, 다이오드, 집적 회로, 트랜지스터 따위의 전자 소자에 널리 쓴다.
② 다이오드
㉠ p형 반도체와 n형 반도체를 접합하여 내부의 전자 또는 양공이 자유롭게 이동할 수 있는 반도체 소자이다.
㉡ 발광 다이오드: 접합부에 전류가 흐르면 빛을 내는 금속간 화합물 접합 다이오드다.
㉢ 포토 다이오드: 반도체의 접합부에 빛이 닿으면 전류가 발생하는 성질을 이용한 다이오드로 빛의 검출 따위에 쓴다.
㉣ 제너 다이오드: 어떤 전압값에서 전류가 급격히 증가하고 그 후에는 일정한 전압을 유지하는 다이오드다.
③ 트랜지스터
㉠ 규소나 저마늄(게르마늄)으로 만들어진 반도체를 세 겹으로 접합하여 만든 전자회로 구성요소이며 전류나 전압흐름을 조절하여 증폭, 스위치 역할을 한다.
㉡ PNP형 트랜지스터: n형 영역의 양측에 p형 영역을 접합한 트랜지스터이다.
㉢ NPN형 트랜지스터: p형 영역의 양측에 n형 영역을 접합한 트랜지스터이다.
㉣ 트랜지스터의 일반적인 특성
ⓐ 내부 전압 강하가 적다.
ⓑ 수명이 길다.
ⓒ 소형 경량이다.

3) 축전지
① 축전지
㉠ 축전지: 양과 음의 전극판과 전해액으로 구성되어 있어, 화학작용에 의해 직류전력을 생기게 하여 전원으로 사용할 수 있는 장치이다.

ⓒ 축전지의 기능
 ⓐ 기동 장치의 전기적 부하를 부담한다.
 ⓑ 발전기가 고장일 때 주행을 확보하기 위한 전원으로 작동한다.
 ⓒ 주행 상태에 따른 발전기의 출력과 부하와의 불균형을 조정한다.
ⓒ 축전지의 완전 충전된 상태의 화학식

$$\underset{\substack{(\text{과산화납})}}{\overset{\text{양극}}{PbO_2}}+\underset{\substack{(\text{묽은황산})}}{\overset{\text{전해액}}{2H_2SO_4}}+\underset{\substack{(\text{납})}}{\overset{\text{음극}}{Pb}} \underset{\overset{\text{충전}}{\rightleftarrows}}{\overset{\text{방전}}{}} \underset{\substack{(\text{황산납})}}{\overset{\text{양극}}{PbSO_4}}+\underset{\substack{(\text{물})}}{\overset{\text{전해액}}{2H_2O}}+\underset{\substack{(\text{황산납})}}{\overset{\text{음극}}{PbSO_4}}$$

ⓔ 축전지 터미널의 식별법

터미널의 직경	크다	작다
터미널의 색	적갈색	회색
표시문자	+ 또는 P	− 또는 N
터미널에 발생되는 부식물	많다	적다

② 전해액
 ㉠ 전해액
  ⓐ 축전지의 화학 작용을 일으키는 용액이다.
  ⓑ 황산을 증류수로 희석시킨 무색, 무취의 묽은 황산으로, 극판과 접촉하여 셀 내부의 전류를 전도하고 전류를 발생시키거나 저장하는 역할을 한다.

4) 조명장치
건설기계가 주행 시 조명 이외 신호 또는 표시하는 장치로 조명장치에는 야간에 전방을 확인하는 전조등, 보안등, 방향지시등 등이 있다.
① 전조등
 ㉠ 실드 빔형: 반사경, 렌즈 및 필라멘트가 일체로 된 형식으로 필라멘트 단선 시 전구만 교체가 불가능하다.
 ㉡ 세미 실드 빔형: 반사경과 렌즈는 일체로 되어 있고, 필라멘트는 별개로 되어 있는 형식으로 필라멘트 단선 시 전구만 교환이 가능하다.

5) 계기류
엔진 가동 및 장비 주행 시 장비의 가동 상태를 운전석에서 운전자가 알아볼 수 있도록 각종 게이지로 구성되어 있다.
① 속도계: 건설기계의 주행속도를 km/h로 나타내는 게이지이다.
② 엔진오일 유압계: 엔진오일의 순환 압력을 나타내는 게이지이다.
③ 온도계: 엔진의 물 재킷내의 온도를 나타내는 게이지이다.
④ 연료계: 연료 탱크내의 잔류 연료량을 나타내는 게이지이다.
⑤ 전압계: 축전지 전압을 나타내는 게이지이다.

6) 예열장치
흡입 다기관이나 연소실 내의 공기를 미리 가열하여 기동을 쉽게 해주는 장치를 말한다.

▶ 디젤기관은 압축착화 방식이기 때문에 한랭 상태에서는 경유가 잘 착화하지 못해 시동이 어렵다.
① 종류
예열 플러그 방식, 흡기 가열 방식(휴기히터, 히트 레인지)

03 유압일반

1. 유압장치
1) 유압장치의 개요
① 유압장치
 ㉠ 유체를 사용하여 힘을 어느 한 지점에서 다른 지점으로 전달하는 장치이다.
 ㉡ 힘의 전달, 방향 변경, 운동을 제어 하는데 이용되는 장치이다.
② 파스칼의 원리
 ㉠ 파스칼의 원리: 밀폐된 용기 속에 담겨있는 액체의 한쪽 부분에 주어진 압력은 그 세기에는 변함없이 같은 크기로 액체의 각 부분에 골고루 전달되는 법칙이다.
③ 유압장치의 장점과 단점
 ㉠ 유압장치의 장점
  ⓐ 원격조작이 가능하다.
  ⓑ 출력응답이 빠르다.
  ⓒ 무단변속이 가능하고 정확한 위치제어를 할 수 있다.
  ⓓ 작은 동력원으로 큰 힘을 낼 수 있다.
  ⓔ 과부하 방지가 용이하다.
  ⓕ 운동방향을 쉽게 변경할 수 있다.
 ㉡ 유압장치의 단점
  ⓐ 동력전달 과정 중 에너지의 손실이 크다.
  ⓑ 유압작동유의 관리가 필요하다.
  ⓒ 제작비용이 고가이다.
  ⓓ 고장원인의 발견이 어렵고 구조가 복잡하다.

2) 유압유
① 구비조건
 ㉠ 강인한 유막을 형성하여야한다.
 ㉡ 적당한 점도와 유동성이 있어야 한다.
 ㉢ 비중이 적당해야 한다.
 ㉣ 인화점 및 발화점이 높아야 한다.
 ㉤ 압축성이 없고 윤활성이 좋아야 한다.
 ㉥ 점도지수가 커야 한다.(온도와 점도와의 관계가 좋아야함)
 ㉦ 물리적 · 화학적 변화가 없고 안정성이 커야한다.
 ㉧ 체적 탄성 계수가 커야 한다.
 ㉨ 유압 장치에 사용되는 재료에 대하여 불활성 이어야 한다.
 ㉩ 밀도가 작아야 한다.

Chapter 5 장비구조

② 유압유의 관리
  ㉠ 유압유의 오염과 열화 원인
    ⓐ 유압유의 온도가 너무 높을 때
    ⓑ 다른 유압유와 혼합하여 사용하였을 때
    ⓒ 먼지·수분 및 공기 등의 이물질이 혼입 되었을 때
  ㉡ 열화 검사 방법: 냄새, 점도, 색체
  ㉢ 열화 찾는 방법
    ⓐ 색깔의 변화 및 수분·침전물의 유무 확인
    ⓑ 흔들었을 때 거품이 없어지는 양상의 확인
    ⓒ 자극적인 악취 유무 확인
  ㉣ 유압유의 온도: 정상적인 유압유의 온도는 55℃±5℃ 이다.
    ⓐ 유압유의 온도 상승의 원인
      • 과부하로 연속 작업을 할 때
      • 유압 회로에서 유압손실이 클 때
      • 캐비테이션(공동현상)이 발생될 때
      • 유압유 냉각기의 냉각 핀 등에 오손이 있을 때
      • 높은 태양열이 작용할 때
      • 유압유 냉각기의 작동이 불량할 때
      • 유압유 탱크 내의 작동유가 부족 할 때
      • 유압유가 점도가 부적당할 때
      • 유압조절 밸브의 작동 압력이 너무 낮을 때
      • 유압펌프의 효율이 불량할 때
  ㉤ 유압유의 점도가 지나치게 클 때
    ⓐ 동력손실이 증가하므로 기계효율이 떨어진다.
    ⓑ 유동저항이 증대하고, 압력손실이 증가한다.
    ⓒ 유압작용이 활발하지 못하게 된다.
    ⓓ 내부마찰이 증가하고 유압이 상승한다.
  ㉥ 유압유의 점도가 너무 작을 때
    ⓐ 펌프의 체적 효율이 떨어진다.
    ⓑ 각 운동부분의 마모가 심해진다.
    ⓒ 내부누설 및 외부누설이 증대한다.
    ⓓ 회로에 필요한 압력발생이 곤란하기 때문에 정확한 작동을 얻을 수 없게 된다.
    ⓔ 유압 실린더의 속도가 늦어진다.

3) 유압 장치 이상 현상
 ① 캐비테이션(공동현상)
  ㉠ 유압장치 내에 국부적인 높은 압력과 소음·진동이 발생하는 현상
  ㉡ 유압 회로 내의 기포 발생이 원인
  ㉢ 오일 탱크의 오버플로우가 생김
  ㉣ 펌프에서 소음과 진동이 발생하고, 양정과 효율이 급격히 저하됨
  ㉤ 날개차 등에 부식을 발생하게 하여 수명을 단축시킴
 ② 실린더 숨 돌리기 현상
  ㉠ 유압유의 공급 부족과 서징 현상이 발생
  ㉡ 유압 실린더에 공기가 유입되면 피스톤의 작동 지연이 일어남

③ 채터링 현상
 ㉠ 릴리프 밸브 등에서 밸브시트를 때려 소음을 내는 진동 현상(압력스프링의 장력이 낮을 때 발생)
 ㉡ 압력은 스프링 장력으로 조절

4) 유압유 관내에 공기와 수분이 혼입 시
 ① 공기혼입: 공동현상 발생, 숨돌리기현상 및 작동불량, 열화촉진, 압축성이 증대되어 유압기기 작동 불규칙, 윤활작용 저하
 ② 수분혼입: 열화촉진, 산화촉진, 방청성·윤활성 저하, 공동현상 발생, 마모촉진

04 유압기기

1. 유압장치

1) 유압펌프

유압펌프는 기관이나 전동기의 기계적 에너지를 받아 유압 에너지로 변환 시키는 장치이며 유압탱크 내의 오일을 흡입 가압하여 작동자에 유압유를 공급한다. 기어식, 플런저식, 베인식 등이 있다.

① 기어펌프
 ㉠ 구동기어가 회전을 하면 피동기어도 회전을 하여 펌프실 내의 부압 발생으로 유압유가 흡입되는 방식으로 내구성은 좋으나 소음이 크다. 외접 기어펌프와 내접기어펌프가 있다.
 ㉡ 경사판의 각을 조정하여 토출유량을 변화시킨다.

장점	단점
• 구조가 간단하다.	• 토출량의 맥동이 커 소음과 진동이 크다.
• 흡입저항이 작아 캐비테이션의 발생이 적다.	• 수명이 짧다.
• 고속회전이 가능하다.	• 대용량의 펌프로 사용하기 곤란하다.
• 가혹한 조건에 잘 견딘다.	

② 플런저펌프

펌프실내의 플런저가 실린더 내를 왕복운동 하면서 펌프 작용을 하는 펌프로 토출압력이 높고 펌프 효율이 좋다.

장점	단점
• 가변용량이 가능하다.	• 흡입율이 나쁘다
• 고압에서 누설이 작아 효율이 좋다.	• 소음이 크다
• 수명이 길다.	• 구조가 복잡하다.

③ 베인펌프

베인펌프는 둥근 하우징 속에 로터가 회전을 하면서 펌프작용을 하는 것으로 맥동 방지에 가장 좋은 펌프이다.

Chapter 5 장비구조

2) 제어밸브

제어밸브에는 압력제어밸브, 유량제어밸브, 방향제어밸브 등이 있다.

① 제어밸브의 역할
  ㉠ 압력제어밸브: 일의 크기 결정
  ㉡ 유량제어밸브: 일의 속도 결정
  ㉢ 방향제어밸브: 일의 방향 결정

② 압력제어밸브의 종류
  ㉠ 릴리프밸브: 유압 회로의 압력이 설정값에 도달하면 유체의 일부 또는 전부를 되돌아가는 측에 보내 회로내의 압력을 일정하게 유지하는 밸브이다.
  ㉡ 감압밸브: 유압 회로에서 분기회로의 압력을 주 회로의 압력보다 저압으로 사용할 때 사용하는 밸브이다.
  ㉢ 시퀀스밸브: 2개 이상의 분기회로가 있는 회로에서 작동순서를 회로의 압력 등으로 제어하는 밸브이다.
  ㉣ 언로더밸브: 유압 회로내의 압력이 설정압력에 도달하면 펌프로부터의 전 유량을 탱크로 리턴 시키는 밸브이다.
  ㉤ 카운터 밸런스 밸브: 유압 실린더 등의 중력에 의한 자유 낙하 방지를 위해 배압을 유지하는 밸브이다.

③ 유량제어밸브
  ㉠ 회로에 공급되는 유량을 조절하여 액추에이터의 운동 속도를 제어한다.
  ㉡ 교축밸브, 분류밸브, 니들밸브, 오리피스 밸브 등이 있다.
  ㉢ 교축밸브: 점도가 달라져도 유량이 많이 변화하지 않도록 하기 위하여 설치된다.

④ 방향제어밸브
  ㉠ 스풀밸브: 1개의 회로에 여러 개의 밸브면을 두고 있으며 직선 또는 회전운동으로 유압유의 흐름 방향을 변환시킨다.
  ㉡ 체크밸브: 한쪽 방향으로의 흐름은 자유로우나 역 방향의 흐름을 허용하지 않는 밸브이다.
  ㉢ 디셀러레이션 밸브: 액추에이터를 감속시키기 위해서 캠 조작 등에 의하여 유량을 서서히 감소시키는 밸브다.

3) 유압실린더와 유압모터

① 유압실린더
  유압에 의해 피스톤 또는 플런저를 왕복 직선 운동시켜 기계적인 일을 행하게 하는 장치를 말한다.

② 유압모터
  유압 회로에 사용되고 유압 에너지에 의해 연속 회전 운동을 시켜 기계 작업을 하는 기기를 말한다.

4) 기타 부속장치 등

① 유압파이프
  강관이나 철심 고압호스를 사용하며 내압성, 내열성 및 내 부식성이 좋아야한다. 파이프 교환 후 플러싱을 하여야 한다.
  ※플러싱: 관로를 신규로 설치하거나, 유압장치 내에 슬러지 등이 생겼을 때 이물질을 제거하는 작업이다.

② 실
  유압 회로내의 유압유 누출을 방지하기 위하여 사용하며, 종류에는 O-링, U패킹, 금속패킹, 더스트 실 등이 있으며 특히, 유압 고압 작동부에는 U패킹을 사용한다.

③ 오일필터(여과기)
  ㉠ 오일이 순환하는 과정에서 함유하게 되는 수분, 금속 분말, 슬러지 등 제거
  ㉡ 종류: 흡입 스트레이너(밀폐형 오일탱크 내에 설치하여 주로 큰 불순물 등 제거), 고압필터, 저압필터, 자석 스트레이너(펌프에 자성 금속 흡입 방지)

④ 축압기(어큐뮬레이터)
  ㉠ 유압펌프에서 발생한 유압을 저장하고 맥동을 소멸시키는 장치
  ㉡ 축압기는 고압 질소가스를 충전하므로 취급 시에 주의하고 운반 및 유압장치의 수리 시에는 완전히 가스를 뽑아 둠
  ㉢ 기능: 압력 보상, 에너지 축적, 유압회로 보호, 체적 변화 보상, 맥동 감쇠, 충격 압력 흡수 및 일정 압력 유지
  ㉣ 축압기 사용 시의 이점: 유압펌프 동력 절약, 작동유 누출 시 이를 보충, 갑작스런 충격 압력 보호, 충격된 압력에너지의 방출 사이클 시간 연장, 유압펌프의 정지 시 회로 압력 유지, 유압펌프의 대용 사용 가능 및 안전장치로서의 역할 수행

2. 유압기호

1) 유압기호

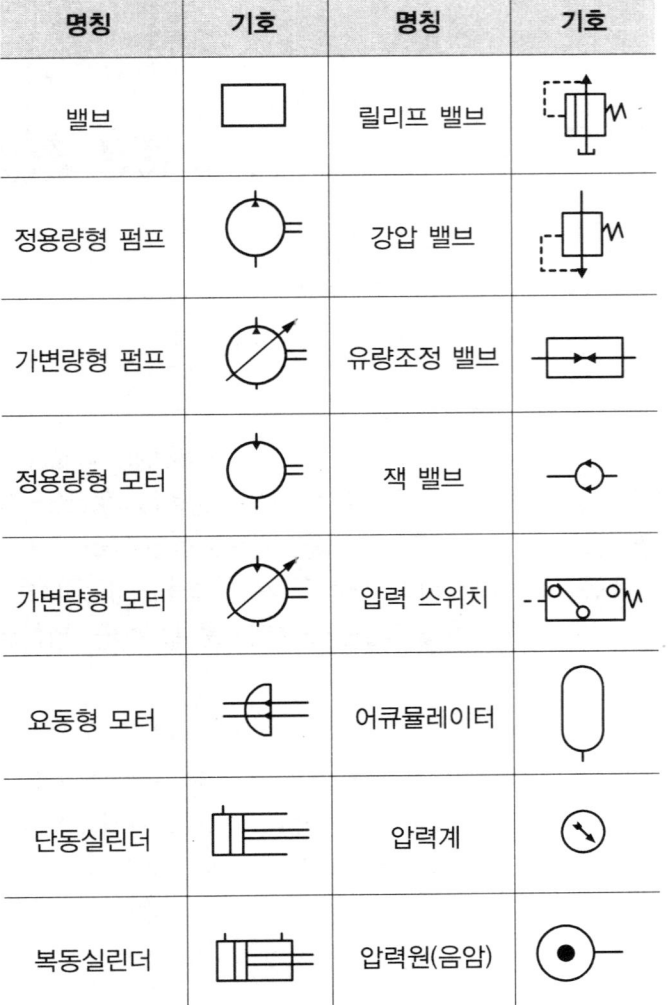

명칭	기호	명칭	기호
밸브		릴리프 밸브	
정용량형 펌프		강압 밸브	
가변량형 펌프		유량조정 밸브	
정용량형 모터		잭 밸브	
가변량형 모터		압력 스위치	
요동형 모터		어큐뮬레이터	
단동실린더		압력계	
복동실린더		압력원(음암)	

굴착기운전기능사

2011 기출문제

2011.2.13
2011.4.17
2011.7.31
2011.10.9

2011.2.13 굴착기운전기능사 기출문제

01 건설기계기관에서 크랭크 축(crank shaft)의 구성부품이 아닌 것은?

① 크랭크 암(crank arm)　② 크랭크 핀(crank pin)
③ 저널(journal)　④ 플라이 휠(fly wheel)

해설 플라이 휠: 관성 바퀴라고도 하는 것이며, 증기기관, 내연기관 등에서 크랭크 축의 회전력(토크)은 얼룩이 있고, 또 크랭크, 피스톤 등의 기구에서 양단에 있는 사점이 있다.

02 연료분사노즐 테스터기로 노즐을 시험할 때 검사하지 않는 것은?

① 연료분포 상태　② 연료분사 시간
③ 연료후적 유무　④ 연료분사 개시 압력

해설 연료분사노즐 테스터기로 노즐을 시험할 때의 측정 항목으로는 분사개시 압력, 분사각도, 후적 유무가 있으며 측정방법 으로는 연료탱크의 연료를 확인하고 노즐홀더를 노즐테스터기의 고압 파이프에 연결한다.

03 피스톤의 운동방향이 바뀔 때 실린더 벽에 충격을 주는 현상을 무엇이라고 하는가?

① 피스톤 스틱현상　② 피스톤 슬랩현상
③ 블로바이 현상　④ 슬라이드 현상

해설 피스톤의 운동방향이 바뀔 때 실린더 벽에 충격을 주는 현상을 피스톤 슬랩 현상이라 하는데 이렇게되면 압축가스가 새는 블로바이현상이 생기고 연료소비율도 증가하며 차가 힘을 내지 못하게 된다.

04 디젤기관의 연소실 방식에서 흡기 가열식 예열장치를 사용하는 것은?

① 직접분사식　② 예연소실식
③ 와류실식　④ 공기실식

해설 ② 예연소실식: 주연소실 외에 실린더 헤드에 예연소실을 가지고 있는 연소실로서, 한랭시의 시동을 용이하게 하기 위하여 예열 플러그를 설치한다. 분사 밸브로부터 예연소실로 분사된 연료는 그 일부가 착화 연소 하여 예연소실 내의 압력을 높인다. 그러므로 예연소실 내로부터 고온 가스가 작은 구멍을 통하여 주연소실로 분출하여 완전 연소한다.
③ 와류실식: 주연소실 외에 압축 행정 중의 공기 와류를 일으키도록 실린더 헤드에 와류실을 설치한 방식이다. 와류실은 구형으로 되어 있고, 피스톤 면적의 2~3% 정도의 통로로 주연소실과 연결된다.
④ 공기실식: 주연소실 외에 공기실 있으며 연료는 주연소실 안에 분사되며 그 일부가 공기실로 들어가 연소되어 이 연소로 인하여 분출 에너지를 크게 한다.

05 디젤기관의 노킹 발생 방지 대책에 해당 되지 않는 것은?

① 착화성이 좋은 연료를 사용한다.
② 분사 시 공기온도를 높게 유지한다.
③ 연소실 벽 온도를 높게 유지한다.
④ 압축비를 낮게 유지한다.

해설 노킹방지방법
• 고 옥탄가 연료(내폭성이 큰 가솔린)를 사용한다.
• 점화시기를 알맞게 지정하여 준다.
• 혼합비를 농후하게 한다.
• 압축비, 혼합기 및 냉각수 온도를 낮춘다.
• 화염 전파속도를 빠르게 하거나 화염 진행거리를 단축시킨다.
• 혼합기에 와류를 증대시킨다.
• 발화온도가 높은 연료를 사용한다.
• 연소실에 퇴적된 카본을 제거한다.
• 분사 시 공기온도를 높게 유지한다.

06 점도지수가 큰 오일의 온도변화에 따른 점도 변화는?

① 크다.　② 작다.
③ 불변이다.　④ 온도와는 무관하다.

해설 오일의 온도가 상승하면 오일의 점도는 낮아지고 반대로 온도가 낮아지면 오일의 점도가 커진다.

07 디젤기관을 시동시킨 후 충분한 시간이 지났는데도 냉각수 온도가 정상적으로 상승하지 않을 경우 그 고장의 원인이 될 수 있는 것은?

① 냉각팬 벨트 헐거움　② 수온조절기가 열린 채 고장
③ 물 펌프의 고장　④ 라디에이터코어의 막힘

해설 수온조절기가 열린 채 고장 나면 워밍업 되는 시간이 길어지게 된다.

08 기관에서 실린더 마모가 가장 큰 부분은?

① 실린더 아래 부분　② 실린더 윗 부분
③ 실린더 중간 부분　④ 실린더 연소실 부분

09 기관을 시동하기 전에 점검해야 할 사항이 아닌 것은?

① 연료의 량　② 냉각수의 량
③ 엔진의 회전수　④ 엔진오일의 량

해설 기관을 시동하기 전에 반드시 연료의 양, 엔진 오일의 양 그리고 라디에이터 캡을 열고 냉각수량은 충분한지를 점검해야 한다.

2011 기출문제

10 냉각팬의 벨트 유격이 너무 클 때 일어나는 현상으로 옳은 것은?

① 발전기의 과충전이 발생된다.
② 강한 텐션으로 벨트가 절단된다.
③ 기관과열의 원인이 된다.
④ 점화시기가 빨라진다.

해설 냉각팬의 벨트 유격이 너무 크면 충전 부족, 기관의 과열, 벨트의 소손이 증대된다.

11 엔진오일 압력 경고등이 켜지는 경우가 아닌 것은?

① 오일이 부족할 때
② 오일 필터가 막혔을 때
③ 엔진을 급가속 시켰을 때
④ 오일 회로가 막혔을 때

해설 엔진오일 압력 경고등이 켜질 경우
• 실제 펌프의 마모로 엔진오일이 순환이 안되는 경우
• 엔진오일 압력 센서의 이상
• 엔진 오일의 누유 또는 오일 부족
• 전기배선의 이상(누전 또는 이상 접촉으로 동작)
• 엔진오일 필터의 막힘 현상(일반적으로 엔진오일 교체 시 필터를 함께 교체함)

12 디젤기관에 과급기를 부착하는 주된 목적은?

① 출력의 증대   ② 냉각효율의 증대
③ 배기 효율의 증대 ④ 윤활성의 증대

해설 과급기: 내연기관의 출력을 증가시키기 위해 외기를 실린더에 밀어 넣는 압축기이다. 이를 사용하면 출력이 높아지므로 비행기나 선박 등의 출력이 증가한다.

13 방향지시등 스위치를 작동할 때 한쪽은 정상이고 다른 한쪽은 점멸 작용이 정상과 다르게(빠르게 또는 느리게)작용한다. 고장 원인이 아닌 것은?

① 전구 1개가 단선 되었을 때
② 플래셔 유닛 고장
③ 좌측 전구를 교체할 때 규정 용량의 전구를 사용하지 않았을 때
④ 한쪽 전구 소켓에 녹이 발생하여 전압강하가 있을 때

해설 방향지시등 스위치를 작동할 때 한쪽은 정상이고 다른 한쪽은 점멸 작용이 정상과 다르게(빠르게 또는 느리게)작용하는 이유는 플래셔 스위치에서 지시등 사이에 단선이 생겼을 때이다.

14 교류 발전기에서 작동 중 소음 발생 원인으로 가장 거리가 먼 것은?

① 고정 볼트가 풀렸다. ② 벨트 장력이 약하다.
③ 베어링이 손상되었다. ④ 축전지가 방전되었다.

해설 교류 발전기에서 작동 중 소음 발생 원인
• 고정 볼트가 풀렸다.
• 풀리 얼라이먼트가 불량하다.
• 벨트 장력이 약하다.
• 다이오드의 파손에 의해 일어난다.
• 베어링이 손상되었다.

15 축전지 충전 중에 화기를 가까이 하거나 충전상태를 점검하기 위하여 드라이버 등으로 스파크를 시키면 위험한 이유는?

① 축전지 케이스가 타기 때문이다.
② 전해액이 폭발하기 때문이다.
③ 축전지 터미널이 손상되기 때문이다.
④ 발생하는 가스가 폭발하기 때문이다.

해설 축전지를 충전할 때 발생하는 가스가 인화성이 있어 폭발하기 때문이다.

16 축전지의 전해액이 빨리 줄어든다. 그 원인과 가장 거리가 먼 것은?

① 축전지 케이스가 손상된 경우
② 과충전이 되는 경우
③ 비중이 낮은 경우
④ 전압조정기가 불량인 경우

해설 일반적으로 전해액 비중이 높으면 용량은 증가하지만 수명은 감소한다. 또한 전해액 비중이 높으면 자기 방전량이 증가한다.

17 기동 전동기의 마그넷 스위치는?

① 기동 전동기의 전자석 스위치이다.
② 기동 전동기의 전류 조절기이다.
③ 기동 전동기의 전압 조절기이다.
④ 기동 전동기의 저항 조절기이다.

해설 기동 전동기의 마그넷 스위치는 전자력으로 작동하는 기동 전동기용 스위치를 말한다.

18 예열 플러그의 작용 시기는 어느 때가 가장 좋은가?

① 냉각수의 양이 많을 때
② 기온이 영하로 떨어졌을 때
③ 축전지가 방전 되었을 때
④ 축전지가 과 충전 되었을 때

해설 디젤엔진은 흡입공기가 섭씨 550~700℃가 되어야만 연소가 되는데 추울 때는 온도를 올리기가 어렵다. 그래서 시동 보조 장치인 예열장치를 이용해 먼저 연소실을 데워줘야 하는데, 이 때 예열플러그가 작동한다.

2011 기출문제

19 무한궤도식 건설기계에서 트랙전면에 오는 충격을 완화시키기 위해 설치한 것은?

① 상부 롤러　　　　② 리코일 스프링
③ 하부 롤러　　　　④ 프론트 롤러

해설 ① 상부 롤러: 프런트 아이들러와 스프로킷사이에 1~2개가 설치되어 트랙이 밑으로 처지지 않도록 받쳐주며, 트랙의 회전을 바르게 유지하는 일을 한다.
③ 하부 롤러: 단궤도운반기의 레일 밑에 위치한 상부 차륜에 대해 하부로부터 레일을 보호하는데 안전주행과 확실한 구동을 확보하는 롤러이다.

20 기중기의 주행 중 점검사항으로 가장 거리가 먼 것은?

① 혹의 걸림 상태　　② 주행 시 붐의 최고 높이
③ 종감속기어 오일량　　④ 붐과 캐리어의 간격

해설 종감속기어 오일량은 시동 전에 검사해야 한다.

21 로더의 동력조향장치 구성을 열거한 것이다. 적당치 않은 것은?

① 유압펌프　　　　② 복동 유압 실린더
③ 제어밸브　　　　④ 하이포이드 피니언

22 굴착기로 작업할 때 주의사항으로 틀린 것은?

① 땅을 깊이 팔 때는 붐의 호스나 버킷실린더의 호스가 지면에 닿지 않도록 한다.
② 암석, 토사 등을 평탄하게 고를 때는 선회관성을 이용하면 능률적이다.
③ 암 레버의 조작 시 잠깐 멈췄다 움직이는 것은 펌프의 토출량이 부족하기 때문이다.
④ 작업 시는 실린더의 행정 끝에서 약간 여유를 남기도록 운전한다.

해설 굴착작업 시 안전 수칙
• 굴착(흙을 파면서)하면서 스윙하지 말 것
• 유압 실린더는 행정의 끝까지 사용하지 말고 5~8cm정도 여유를 둔다.
• 붐의 하강하는 중력으로 굴착하지 말 것
• 버킷이 땅에 박힌 상태에서 주행이나 스윙을 하지 말 것
• 암석, 자갈 등을 옮길 때 스윙력을 이용하지 말 것
• 작업 후에는 붐, 암 및 버킷을 최대한 편 후 지면에 버킷을 내려놓는다.

23 지게차에서 틸트 장치의 역할은?

① 피니언기어 조정　　② 차체수평 조정
③ 포크 상하 조정　　④ 마스트 경사 조정

해설 틸드 장치는 미스트의 경사를 조정하여 화물을 적재할 시 신속하게 작업할 수 있도록 해주는 장치이다.

24 기관의 플라이휠과 항상 같이 회전하는 부품은

① 압력판　　　　② 릴리스 베어링
③ 클러치축　　　　④ 디스크

해설 ② 릴리스 베어링: 릴리스 포크에 의해 클러치 축 방향(길이방향)으로 움직여서 회전중인 릴리스 러버를 눌러 클러치를 차단시키는 작용을 한다.
③ 클러치축: 클러치 페달을 밟았을 때 우측의 available axis중에서 클러치 페달 작동 시에 움직임이 있는 축을 말한다.

25 동력전달 장치에서 토크 컨버터에 대한 설명 중 틀린 것은?

① 조작이 용이하고 엔진에 무리가 없다.
② 기계적인 충격을 흡수하여 엔진의 수명을 연장한다.
③ 부하에 따라 자동적으로 변속한다.
④ 일정 이상의 과부하가 걸리면 엔진이 정지한다.

해설 토크 컨버터: 토크는 엔진의 회전력, 컨버터는 변환기를 가리킴, 유체 클러치의 일종이지만, 내부의 터빈 작용에 의해 엔진 쪽으로부터 입력된 회전력을 강하게 하여 출력하는 기능이 있다. 출발 시는 유체 클러치와 마찬가지로 엔진의 회전속도가 낮을 때는 전달하지 않고, 회전 속도가 높아지면 동력이 전달되어 자동적으로 출발함. 출발한 후에는 엔진 속도가 높아지면 토크 변환이 이루어져 무단계로 자동 변속됨. 이 토크는 2~3배까지 가능함. 터빈의 회전이 일치하면 입력쪽과 출력쪽의 회전 속도가 거의 같아져, 그대로 동력을 전달함. 토크 컨버터는 출발과 가속 시에 그 역할을 하고 있다.

26 동력조향장치의 장점과 거리가 먼 것은?

① 작은 조작력으로 조향 조작이 가능하다.
② 조향 핸들의 시미 현상을 줄일 수 있다.
③ 설계, 제작 시 조향 기어비를 조작력에 관계없이 선정 할 수 있다.
④ 조향 핸들 유격조정이 자동으로 되어 볼 죠인트 수명이 반영구적이다.

해설 동력조향장치의 장점
• 작은 조작력으로 큰 조향 조작을 할 수 있다.
• 조향 기어비를 조작력에 관계 없이 선정할 수 있다.
• 굴곡이 있는 노면에서의 충격을 도중에서 흡수하므로 조향휠에 전달되는 것을 방지할 수 있다.
• 전륜이 펑크 시 조향 휠이 갑자기 꺾이지 않아 위험도가 낮다.

27 노면표시 중 중앙선이 황색 실선과 점선의 복선으로 설치된 때의 설명 중 맞는 것은?

① 어느 쪽에서나 중앙선을 넘어서 앞지르기를 할 수 있다.
② 실선 쪽에서만 중앙선을 넘어서 앞지르기를 할 수 있다.
③ 어느 쪽에서나 중앙선을 넘어 앞지르기를 할 수 없다.
④ 점선 쪽에서만 중앙선을 넘어 앞지르기를 할 수 있다.

해설 차선에는 점선과 실선, 복선이 있다. 복선 중에는 점선과 실선이 같이 쓰이는 경우도 있지만 점선과 실선의 의미를 그대로 유지하는 것이기에 분류에서 제외한다.
• 점선: 차로변경, 진입, 통과 등의 허용을 뜻한다.
• 실선: 차로변경 제한, 주차 금지 등 제한을 뜻한다.
• 복선 : 차로준수가 중요한 구간에서 제한의 의미를 강조하기 위해 사용한다.

28 건널목 안에서 차가 고장이 나서 운행할 수 없게 되었다. 운전자의 조치 사항으로 가장 적절하지 못한 것은?

① 철도 공무 중인 직원이나 경찰 공무원에게 즉시 알려 차를 이동하기 위한 필요한 조치를 한다.
② 차를 즉시 건널목 밖으로 이동시킨다.
③ 승객을 하차시켜 즉시 대피 시킨다.
④ 현장을 그대로 보존하고 경찰관서로 가서 고장 신고를 한다.

29 편도 4차로의 경우 교차로 30미터 전방에서 우회전을 하려면 몇 차로의 진입통행 해야 하는가?

① 2차로와 3차로 통행한다.
② 1차로와 2차로 통행한다.
③ 1차로로 통행한다.
④ 4차로로 통행한다.

해설 도로교통법 제25조(교차로 통행방법)모든 차의 운전자는 교차로에서 우회전을 하고자 하는 때에는 미리 도로의 우측 가장자리를 서행하면서 우회전하여야 한다. 이 경우 우회전하는 차의 운전자는 신호에 따라 정지 또는 진행하는 보행자 또는 자전거에 주의 하여야 한다.

30 타이어식 건설기계의 좌석안전띠에 대한 내용 중 틀린 것은?

① 30km/h이상의 속도를 낼 수 있는 타이어식 건설기계에는 좌석안전띠를 설치해야 한다.
② 안전띠는 사용자가 쉽게 잠그고 풀 수 있는 구조이어야 한다.
③ 안전띠는 「산업표준화법」 제 15조에 따라 인증을 받은 제품이어야 한다.
④ 지게차에는 좌석 안전띠를 설치할 필요가 없다.

해설 건설교통부는 2008년 2월 12일부터 시간당 30킬로미터 이상의 속도를 낼 수 있는 타이어식 건설기계와 모든 지게차에 대하여 안전띠 설치 의무화 하였다.

31 건설기계 등록지를 변경한 때는 등록번호를 시도지사에게 며칠 이내에 반납하여야 하는가?

① 10 ② 5
③ 20 ④ 30

해설 건설기계 등록지를 변경한 때는 등록번호를 시도지사에게 10일 이내에 반납하여야 한다.

32 도로교통법상 철길 건널목을 통과할 때 방법으로 가장 적합한 것은?

① 신호등이 없는 철길 건널목을 통과할 때에는 서행으로 통과하여야 한다.
② 신호등이 있는 철길 건널목을 통과할 때에는 건널목 앞에서 일시 정지하여 안전한지의 여부를 확인한 후에 통과하여야 한다.
③ 신호기가 없는 철길 건널목을 통과할 때에는 건널목 앞에서 일시 정지하여 안전한지의 여부를 확인한 후에 통과하여야 한다.
④ 신호기와 관련 없이 철길 건널목을 통과할 때에는 건널목 앞에서 일시 정지하여 안전한지의 여부를 확인한 후에 통과하여야 한다.

33 자동차 제1종 대형면허로 조종할 수 있는 건설기계는?

① 굴착기 ② 불도저
③ 지게차 ④ 덤프트럭

해설 1종 대형 운전면허로 건설기계를 운전할 수 있는 것은 덤프트럭, 트럭적재식 천공기, 노상안정기, 콘크리트믹서, 콘크리트펌프, 도로보수트럭, 3톤 미만의 지게차 등이다.

34 시·도지사의 정비명령을 이행하지 아니한 자에 대한 벌칙은?

① 30만 원 이하의 벌금
② 100만 원 이하의 벌금 또는 1년 이하의 징역
③ 50만 원 이하의 벌금
④ 100만 원 이하의 벌금

해설 다음 각 호의 어느 하나에 해당하는 자는 100만원 이하의 벌금에 처한다.
• 등록번호를 지워 없애거나 그 식별을 곤란하게 한 자
• 구조변경검사 또는 수시검사를 받지 아니한 자
• 정비명령을 이행하지 아니한 자
• 형식승인, 형식변경승인 또는 확인검사를 받지 아니하고 건설기계의 제작 등을 한 자
• 사후관리에 관한 명령을 이행하지 아니한 자

35 자동차의 승차정원에 대한 내용으로 맞는 것은?

① 등록증에 기재된 인원
② 화물자동차 4명
③ 승용자동차 4명
④ 운전자를 제외한 나머지 인원

해설 자동차의 승차 정원은 자동차 등록에 기재된 인원만큼이다.

36 덤프트럭을 신규 등록한 후 최초 정기검사를 받아야 하는 시기는?

① 1년 ② 1년 6월
③ 2년 ④ 2년 6월

해설 덤프트럭을 신규 등록한 후 최초 정기검사를 받아야 하는 시기는 1년이다.

37 작동유의 열화 및 수명을 판정하는 방법으로 적합하지 않는 것은?

① 점도 상태로 확인
② 오일을 가열 후 냉각되는 시간 확인
③ 냄새로 확인
④ 색깔이나 침전물의 유무 확인

38 유압유의 첨가제가 아닌 것은?

① 마모방지제　　　② 유동점 강하제
③ 산화 방지제　　　④ 점도지수 방지제

해설 유압유의 첨가제: 산화방지제, 방청제, 점도 지수 향상제, 소포제, 유성향상제, 유동점 강화제 등이 있다.

39 압력제어 밸브는 어느 위치에서 작동하는가?

① 탱크와 펌프
② 펌프와 방향전환 밸브
③ 방향전환 밸브와 실린더
④ 실린더 내부

해설 압력제어 밸브: 유압, 공기압 회로에서 압력을 제어하는 밸브를 말하며, 1차압 설정용 릴리프 밸브, 2차압 설정용 강압 밸브, 안전 밸브 등이 있다. 압력제어 밸브는 펌프와 방향전환 밸브에서 작동한다.

40 유압회로의 설명으로 맞는 것은?

① 유압 회로에서 릴리프 밸브는 압력제어 밸브이다.
② 유압회로의 동력 발생부에는 공기와 믹스하는 장치가 설치되어 있다.
③ 유압회로에서 릴리프 밸브는 닫혀 있으며, 규정압력 이하의 오일 압력이 오일 탱크로 회송된다.
④ 회로 내 압력이 규정 이상일 때는 공기를 혼입하여 압력을 조절한다.

해설 릴리프 밸브: 회로의 압력이 밸브의 설정 압력에 도달하면 유체의 일부 또는 전량을 배출시켜 회로 내의 압력을 설정치 이하로 유지하는 압력 제어 밸브로서, 1차 압력 설정용 밸브를 말한다.

41 다음 유압기호가 나타내는 것은?

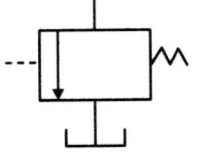

① 릴리프 밸브(relief valve)
② 감압 밸브(reducing valve)
③ 순차 밸브(sequence valve)
④ 무부하 밸브(unload valve)

42 유압펌프가 오일을 토출하지 않을 경우, 점검 항목으로 틀린 것은?

① 오일 탱크에 오일이 규정량으로 들어 있는지 점검한다.
② 흡입 스트레이너가 막혀있지 않은지 점검한다.
③ 흡입 관로에서 공기가 혼입되는지 점검한다.
④ 토출 측 회로에 압력이 너무 낮은지 점검한다.

해설 유압펌프가 오일을 토출하지 않을 경우에 흡입 측 회로에 압력이 너무 낮은지 점검한다.

43 유압실린더의 숨돌리기 현상이 생겼을 때 일어나는 현상이 아닌 것은?

① 작동 지연 현상이 생긴다.
② 서지압이 발생한다.
③ 오일의 공급이 과대해 진다.
④ 피스톤 작동이 불안정하게 된다.

해설 숨돌리기 현상: 공기가 실린더에 혼입되면 피스톤의 작용이 불량해져서 작동 시간의 지연을 초래하는 현상이며, 오일공급 부족과 서지압이 발생한다.

44 지게차의 리프트 실린더(lift cylinder) 작동회로에 사용되는 플로우 레귤레이터(슬로우 리턴)밸브의 주된 사용 이유는?

① 포크를 천천히 하강하도록 작용한다.
② 포크를 상승 시 압력을 높이는 작용을 한다.
③ 짐을 하강할 때 신속하게 내려오도록 작용한다.
④ 리프트 실린더에서 포크 상승 중 중간 정지 시 내부 누유를 방지한다.

해설 플로우 레귤레이터(슬로우 리턴)밸브는 포크, 붐, 암 등의 하강 시 하강 속도를 제어하여 자중에 의한 롤링을 방지하는 역할을 한다.

45 유압유에 포함된 불순물을 제거하기 위해 유압펌프 흡입 관에 설치하는 것은?

① 부스터　　　　② 스트레이너
③ 공기 청정기　　④ 어큐뮬레이터

해설 ① 부스터: 전원 전압의 일부분을 전원의 상황에 따라 상승(드물게는 감소)시키는 것이다.
③ 공기 청정기: 오염된 공기를 정화하여 신선한 공기로 바꾸는 장치이다. 공기를 필터에 통과시켜 먼지와 세균을 없애고 나쁜 냄새를 제거한다.
④ 어큐뮬레이터: 수압, 유압, 증기압, 공기압 등의 계통에서 일정량을 축적해 두었다가 필요에 따라 방출하는 장치로서, 펌프 등의 동력원 보조 작용을 한다.

46 제한된 회전각도 이내에서 유체가 회전요동 운동력으로 변환시키는 요동 모터의 피스톤형에 속하지 않는 것은?
① 링크형
② 기어형
③ 래크와 피니언형
④ 체인형

47 무거운 물건을 들어 올릴 때 주의사항 설명으로 가장 적합하지 않은 것은?
① 힘센 사람과 약한 사람과의 균형을 잡는다.
② 장갑에 기름을 묻히고 든다.
③ 가능한 이동식 크레인을 이용한다.
④ 약간씩 이동하는 것은 지렛대를 이용할 수도 있다.

48 수공구 보관 및 사용방법으로 틀린 것은?
① 해머작업 시 몸의 자세를 안정되게 한다.
② 담금질 한 것은 함부로 두들겨서는 안 된다.
③ 공구는 적당한 습기가 있는 곳에 보관한다.
④ 파손, 마모된 것은 사용하지 않는다.
해설 공구를 습기가 있는 곳에 보관하게 되면 녹이슬기 때문에 습기가 없는 곳에 보관해야 한다.

49 소켓렌치 사용에 대한 설명으로 가장 거리가 먼 것은?
① 임팩트용으로만 사용되므로 수작업 시는 사용하지 않도록 한다.
② 큰 힘으로 조일 때 사용한다.
③ 오픈렌치와 규격이 동일하다.
④ 사용 중 잘 미끄러지지 않는다.
해설 소켓렌치: 육각 볼트나 육각 너트를 풀거나 조일 때 사용하는 공구. 소켓 렌치는 주로 육각 볼트나 육각 너트를 풀거나 조일 때 사용하는 공구로, 핸들에 소켓을 꽂아 놓고 사용한다.

50 운반 및 하역작업 시 착용복장 및 보호구로 적합하지 않는 것은?
① 상의 작업복의 소매는 손목에 밀착되는 작업복을 착용한다.
② 하의 작업복은 바지 끝 부분을 안전화 속에 넣거나 밀착되게 한다.
③ 방독면, 방화 장갑을 항상 착용하여야 한다.
④ 유해, 위험물을 취급 시 방호 할 수 있는 보호구를 착용한다.

51 사고의 결과로 인하여 인간이 입는 인명 피해와 재산상의 손실을 무엇이라고 하는가?
① 재해
② 안전
③ 사고
④ 부상
해설 ② 안전: 위험이 생기거나 사고가 날 염려가 없는 상태를 말한다.
③ 사고: 뜻밖에 일어난 불행한 일을 말한다.
④ 부상: 몸에 상처를 입는 것을 말한다.

52 산소 또는 아세틸렌 용기 취급시의 주의사항으로 맞지 않는 것은?
① 아세틸렌 병은 세워서 사용한다.
② 산소병(봄베)은 40도 이하 온도에서 보관한다.
③ 산소병(봄베)을 운반할 때에는 충격을 주어서는 안 된다.
④ 산소병(봄베)의 밸브, 조정기, 도관 등은 반드시 기름 묻은 천으로 닦는다.
해설 산소 또는 아세틸렌 용기 취급 시 기름 묻은 손으로 용기를 만져서는 안되며 화기로부터 5m 이상 떨어지게 한다.

53 안전, 보건표지의 종류와 형태에서 그림의 안전 표지판이 나타내는 것은?

① 병원 표지
② 비상구 표지
③ 녹십자 표지
④ 안전지대 표지

54 안전관리상 감전의 위험이 있는 곳의 전기를 차단하여 수리점검을 할 때의 조치와 관계가 없는 것은?
① 스위치에 통전 장치를 한다.
② 기타 위험에 대한 방지장치를 한다.
③ 스위치에 안전장치를 한다.
④ 통전 금지기간에 관한 사항이 있을시 필요한 곳에 게시한다.
해설 전기를 차단하여 수리점검을 할 때에는 스위치에 통전 장치를 하면 안된다.

2011 기출문제

55
다음은 화재 분류에 대한 설명이다. 기호와 설명이 잘 연결 된 것은?

① B급 화재-전기화재
② C급 화재-유류화재
③ D급 화재-금속화재
④ E급 화재-일반화재

해설 화재의 분류
- A급 화재: 연소 후 재를 남기는 종류의 화재로서 가장 일반적인 화재이며 나무, 종이, 섬유 등의 가연물 화재가 이에 속함.
- B급 화재: 연소 후 재를 남기는 종류의 화재로서 유류, 가스 등의 가연성 액체나 기체 등의 화재가 이에 속함.
- C급 화재: 전기설비 등에서 발생하는 화재로서 수변전 설비, 전선로의 화재가 이에 속함.
- D급 화재: 금속 또는 금속분에서 발생하는 화재로서 이는 다른 화재에 비해 발생빈도는 높지 않으며 단체금속의 자연발화, 금속분에 의한 분진폭발 등의 화재가 이에 속함.

56
장비점검 및 정비작업에 대한 안전수칙과 가장 거리가 먼 것은?

① 알맞은 공구를 사용해야 한다.
② 기관을 시동할 때 소화기를 비치하여야 한다.
③ 차체 용접 시 배터리가 접지된 상태에서 한다.
④ 평탄한 위치에서 한다.

해설 차체 용접 시 배터리가 접지된 상태에서 하면 위험하다.

57
굴착기 등 건설기계 운전자가 전선로 주변에서 작업을 할 때 주의할 사항으로 틀린 것은?

① 작업을 할 때 붐이 전선에 근접되지 않도록 주의한다.
② 지퍼(버켓)를 고압선으로부터 안전 이격거리 이상 떨어져서 작업한다.
③ 작업감시자를 배치한 후 전력선 인근에서는 작업감시자의 지시에 따른다.
④ 바람의 흔들리는 정도를 고려하여 전선 이격거리를 감소시켜 작업해야 한다.

해설 바람의 흔들리는 정도를 고려해 전선 이격거리는 늘려 작업해야 한다.

58
도시가스가 공급되는 지역에서 굴착공사를 하기 전에 도로부분의 지하에 가스배관의 매설 여부는 누구에게 조회하여야 하는가?

① 시장
② 도지사
③ 경찰서장
④ 해당 도시가스 사업자

59
다음은 가스배관의 손상방지 굴착공사 작업방법 내용이다. ( )안에 알맞은 것은?

> 가스배관과 수평거리( )m이내에서 파일박기를 하고자 할 때 도시가스 사업자의 입회하에 시험굴착을 통하여 가스배관과의 위치를 정확히 확인할 것

① 1
② 2
③ 3
④ 4

해설 가스배관과의 수평거리 2m 이내에서 파일박기를 하고자 할 때에는 도시가스 사업자의 입회하에 시험굴착을 통하여 가스배관의 위치를 정확히 확인하여야 한다.

60
도로상의 한전 맨홀에 근접하여 굴착작업 시 가장 올바른 것은?

① 맨홀 뚜껑을 경계로 하여 뚜껑이 손상되지 않도록 하고 나머지는 임의로 작업한다.
② 교통에 지장이 되므로 주인 및 관련기관이 모르게 야간에 신속히 작업하고 되메운다.
③ 한전직원의 입회하에 안전하게 작업한다.
④ 접지선이 노출되면 제거한 후 계속 작업한다.

정답

1	2	3	4	5	6	7	8	9	10
④	②	②	①	④	②	②	②	③	③
11	12	13	14	15	16	17	18	19	20
③	①	④	④	④	③	①	②	②	③
21	22	23	24	25	26	27	28	29	30
④	②	④	①	④	④	④	④	④	④
31	32	33	34	35	36	37	38	39	40
①	③	④	④	①	①	②	④	②	①
41	42	43	44	45	46	47	48	49	50
④	④	④	④	②	②	②	③	①	③
51	52	53	54	55	56	57	58	59	60
①	④	④	②	③	③	④	④	②	③

2011.4.17 기출문제

01 엔진의 냉각장치에서 수온조절기의 열림 온도가 낮을 때 발생 하는 현상은?
① 방열기 내의 압력이 높아진다.
② 엔진이 과열되기 쉽다.
③ 엔진의 워밍업 시간이 길어진다.
④ 물 펌프에 과부하가 발생한다.

해설 엔진의 냉각장치에서 수온조절기의 열림 온도가 낮게 되면 워밍업 되는 시간이 길어지게 된다.

02 냉각장치에 사용되는 전동 팬에 대한 설명으로 틀린 것은?
① 냉각수 온도에 따라 작동한다.
② 정상온도 이하에는 작동하지 않고 과열일 때 작동한다.
③ 엔진이 시동 되면 동시에 회전한다.
④ 팬벨트는 필요 없다.

해설 전동 팬은 수온 센서로 냉각수 온도를 감지하여 어떤 온도에 도달하면 냉각 팬이 회전되고, 어떤 온도 이하가 되면 냉각 팬의 회전이 정지된다.

03 건설기계기관에 설치되는 오일 냉각기의 주 기능으로 맞는 것은?
① 오일 온도를 30℃ 이하로 유지하기 위한 기능을 한다.
② 오일 온도를 정상 온도로 일정하게 유지한다.
③ 수분, 슬러지(sludge) 등을 제거한다.
④ 오일의 압을 일정하게 유지한다.

해설 오일 냉각기는 오일의 온도를 항상 일정하게 유지하는 일을 하며, 오일의 온도가 125~130℃ 이상이 되면 오일의 성능이 급격히 저하된다.

04 4행정 디젤기관에서 동력행정을 뜻하는 것은?
① 흡기행정   ② 압축행정
③ 폭발행정   ④ 배기행정

해설 4행정 디젤기관: 흡입행정-압축행정-폭발행정-배기행정
• 흡입행정(공기를 흡입한다): 흡기밸브가 열리면서 배기밸브는 닫힌 상태에서 피스톤이 아래로 내려가고 공기가 실린더 내부로 들어온다.
• 압축행정(공기를 압축한다): 흡기밸브와 배기밸브가 닫히고 피스톤이 올라가면서 공기를 고온고압으로 압축한다.
• 폭발행정(고온고압의 공기에 연료를 분사하여 태운다): 피스톤이 다 올라온 시점에서 연료를 분사해 주면 고온고압의 공기가 연료를 폭발시키고 피스톤은 다시 내려간다.
• 배기행정(연료를 버는다): 배기밸브가 열리고 내려갔던 피스톤이 올라오면서 배기가스가 나간다.

05 디젤기관의 엔진오일 압력이 규정 이상으로 높아질 수 있는 원인은?
① 기관의 회전속도가 낮다.
② 엔진오일의 점도가 지나치게 낮다.
③ 엔진오일의 점도가 지나치게 높다.
④ 엔진오일이 희석되었다.

해설 디젤기관의 엔진오일 압력이 규정 이상으로 높아지는 원인은 엔진오일의 점도가 지나치게 높기 때문이다.

06 디젤 연료장치에서 공기를 뺄 수 있는 부분이 아닌 것은?
① 노즐 상단의 피팅 부분
② 분사펌프의 에어브리드 스크루
③ 연료 여과기의 벤트플러그
④ 연료 탱크의 드레인 플러그

해설 드레인 플러그는 엔진오일을 교환할 때 오일을 배출시키기 위한 것이다.

07 디젤기관을 정지시키는 방법으로 가장 적합한 것은?
① 연료공급을 차단한다.
② 초크밸브를 닫는다.
③ 기어를 넣어 기관을 정지한다.
④ 축전지에 연결된 전선을 끊는다.

해설 디젤기관을 정지시키는 방법
• 연료공급을 차단한다.
• 흡입 공기를 차단한다.
• 압축행정에서 감압한다.

08 기관의 예방 정비 시에 운전자가 해야 할 정비와 관계가 먼 것은?
① 딜리버리 밸브 교환
② 냉각수 보충
③ 연료 여과기의 엘리먼트 점검
④ 연료 파이프의 풀림 상태 조임

해설 기관의 예방 정비 시 딜리버리 밸브 교환은 정비사가 해야 하는 것이다.

2011 기출문제

09 디젤기관에서 실린더가 마모되었을 때 발생할 수 있는 현상이 아닌 것은?

① 윤활유 소비량 증가
② 연료 소비량 증가
③ 압축압력의 증가
④ 블로바이(blow-by) 가스의 배출 증가

해설 디젤기관에서 실린더가 마모되었을 때 발생할 수 있는 현상
• 윤활유의 소비량이 증가한다.
• 연료의 소비량이 증가한다.
• 압축압력이 감소한다.
• 블로바이 가스의 배출이 증가한다.

10 우수식 크랭크축이 설치된 4행정 6실린더 기관의 폭발 순서는?

① 1-3-2-5-6-4
② 1-4-3-5-2-6
③ 1-5-3-6-2-4
④ 1-6-2-5-3-4

해설 6실린더의 경우 우수식 크랭크축의 점화순서는 1-5-3-6-2-4이며 좌수식 크랭크축의 점화순서는 1-4-2-6-3-5이다.

11 디젤엔진에서 연료를 고압으로 연소실에 분사하는 것은?

① 프라이밍 펌프
② 인젝션 펌프
③ 분사노즐(인젝터)
④ 조속기

해설 ① 프라이밍 펌프: 탱크속의 연료를 고압펌프까지 견인하는 역할을 한다.
② 인젝션 펌프: 연료를 연소실내로 분사하는데 필요한 압력을 만들고 동시에 엔진의 부하나 회전수의 변화에 따라 각 실린더에 적량의 연료를 균일하게, 또 최적인 분사시기에 분사하기 위한 장치이다.
④ 조속기: 기관의 회전속도를 일정한 값으로 유지하기 위해 사용되는 제어장치로 발전기의 운전 등 원동기를 일정한 범위의 속도로 운전할 필요가 있는 기계에는 반드시 설치되어 있다.

12 기관에서 터보차저에 대한 설명으로 틀린 것은?

① 흡기관과 배기관 사이에 설치된다.
② 과급기라고도 한다.
③ 배기가스 배출을 위한 일종의 블로워(blower)이다.
④ 기관 출력을 증가시킨다.

해설 터보차저: 내연기관에서 필연적으로 발생하는 엔진의 배출가스 압력을 이용해 터빈을 돌린 후, 이 회전력을 이용해 흡입하는 공기를 대기압보다 강한 압력으로 밀어넣어 출력을 높이기 위한 기관이다.

13 건설기계장비에서 다음과 같은 상황의 경우 고장 원인으로 가장 적합한 것은?

> – 기관을 크랭킹 했으나 기동전동기는 작동되지 않는다.
> – 헤드라이트 스위치를 켜고 다시 시동전동기 스위치를 켰더니 라이트 빛이 꺼져 버렸다.

① 축전지 방전
② 솔레노이드스위치 고장
③ 회로의 단선
④ 시동모터 배선의 단선

해설 헤드라이트 스위치를 켜고 다시 시동전동기 스위치를 켰더니 라이트 빛이 꺼져버린 것은 회로가 단선된 것이 아니라 축전지가 방전되었기 때문이다.

14 교류발전기의 특징이 아닌 것은?

① 브러시의 수명이 길다.
② 전류 조정기만 있다.
③ 저속 회전 시 충전이 양호하다.
④ 경량이고 출력이 크다.

해설 교류발전기의 특징
• 소형, 경량이며 저속에서도 충전이 가능한 출력 전압이 발생된다.
• 회전 부분에 정류자를 두지 많으므로 허용 회전속도 한계가 높다.
• 실리콘 다이오드로 정류하므로 전기적 용량이 크다.
• 브러시 수명이 길다.
• 전압 조정기만이 필요하다.

15 직류직권 전동기에 대한 설명 중 틀린 것은?

① 기동 회전력이 분권전동기에 비해 크다.
② 회전 속도의 변화가 크다.
③ 부하가 걸렸을 때, 회전속도가 낮아진다.
④ 회전속도가 거의 일정하다.

해설 직류직권 전동기: 주 계자 권선이 전기자와 직렬로 접속되고 있는 직류 전동기로 가벼운 부하에서 전기자 전류가 작을 때는 자속도 작고, 그 때문에 회전속도는 매우 높아진다. 과부하에서 전기자 전류가 큰 범위에서는 자기 포화 때문에 자속은 그다지 변화시키지 않고, 분권전동기와 닮은 특성으로 된다. 직류직권 전동기는 다른 전동기와 비교하여 기동 토크가 크고, 또 가벼운 부하에서는 고속으로 회전한다.

16 납산축전지의 전해액을 만들 때 올바른 방법은?

① 황산에 물을 조금씩 부으면서 유리 막대로 젓는다.
② 황산과 물을 1:1의 비율로 동시에 붓고 잘 젓는다.
③ 증류수에 황산을 조금씩 부으면서 잘 젓는다.
④ 축전지에 필요한 양의 황산을 직접 붓는다.

해설 납산축전지의 전해액을 만들 때에는 황산을 증류수에 조금씩 부으면서 저어 주어야 한다.

17 방향지시등이나 제동등의 작동 확인은 언제 하는가?

① 운행 전
② 운행 중
③ 운행 후
④ 일몰 직전

해설 방향지시등이나 제동등이 제대로 작동하는지 확인 후에 운행을 하여야 한다.

18 전류의 자기작용을 응용한 것은?

① 전구
② 축전지
③ 예열플러그
④ 발전기

해설 전류의 자기작용을 응용한 것으로는 발전기가 있다.

19 기중기의 사용 용도로 가장 거리가 먼 것은?
① 철도, 교량의 설치작업
② 일반적인 기중작업
③ 차량의 화물 적재 및 적하작업
④ 제방 경사작업
해설 제방 경사작업은 틸트도우저로 해야한다.
• 틸트도우저 : 삽을 좌우로 15cm정도 경사지어 작업. 주로 굳은땅, 언땅 등을 파는 작업, 배수로 및 제방 경사작업.

20 로더의 작업 중 그레이딩 작업이란?
① 굴착 작업
② 깎아내기 작업
③ 지면 고르기 작업
④ 적재 작업
해설 로더에서 그레이딩 작업은 지면 고르기 작업을 말한다.

21 수동변속기가 장착된 건설기계에서 기어의 이중 물림을 방지하는 장치는?
① 인젝션 장치
② 인터쿨러 장치
③ 인터록 장치
④ 인터널 기어 장치
해설 ① 인젝션 장치: 엔진의 특성상 윤활유(오일)를 연료에 혼합해 주어야 하는데 엔진의 RPM변화에 맞게 오일을 연료와 자동으로 혼합해 주는 장치를 말한다.
② 인터쿨러 장치: 터빈에서 압축되어 고압, 고온이 된 흡입공기가 엔진 안으로 들어가기 전에 식혀주는 장치이다.
④ 인터널 기어 장치: 피치원통의 안쪽에 톱니가 나 있는 기어 또는 큰 기어에 내접하여 작은 기어가 맞물려 있는 장치이다.

22 굴착기의 한 쪽 주행레버만 조작하여 회전하는 것을 무슨 회전이라고 하는가?
① 급회전
② 원웨이 회전
③ 스핀 회전
④ 피벗 회전

23 무한궤도식 건설기계에서 트랙장력을 조정은?
① 스프로킷의 조정볼트로 한다.
② 장력 조정 실린더로 한다.
③ 상부 롤러의 베어링으로 한다.
④ 하부 롤러의 시임을 조정한다.

24 건설기계에 사용되는 저압 타이어의 호칭 치수 표시는?
① 타이어의 외경-타이어의 폭-플라이수
② 타이어의 폭-타이어의 내경-플라이수
③ 타이어의 폭-림의 지름
④ 타이어의 내경-타이어의 폭-플라이수
해설 건설기계에 사용되는 저압 타이어의 호칭 치수 표시는 타이어 폭-타이어 내경-플라이수이다.
• 레이디얼 타이어의 호칭 치수 표시는 타이어 폭-편평비-타이어 내경이다.

25 지게차의 조향장치 원리는 무슨 형식인가?
① 애커먼 장토식
② 포토래스 형
③ 전부동식
④ 빌드업형
해설 지게차의 조향장치 원리는 애커먼 장토식으로 이는 자동차가 선회할 때 양쪽 바퀴가 각각 옆방향으로 미끄러지거나 조향핸들을 돌릴 때 큰 저항이 있으면 안되며, 이를 방지하려면 각각의 바퀴가 동심원을 그리며 선회하여야 한다.

26 토크 컨버터의 3대 구성요소가 아닌 것은?
① 오버런닝 클러치
② 스테이터
③ 펌프
④ 터빈
해설 토크컨버터의 3대 구성요소는 펌프임페라, 터빈런너, 스테이터이다.

27 도로교통법상 과태료를 부과할 수 있는 대상자는?
① 운전자가 현장에 없는 주, 정차 위반차의 고용주 등
② 무면허 운전을 한 운전자와 그 차의 사용자
③ 교통사고를 야기하고 손해배상을 하지 않는 운전자
④ 술에 취한 운전자로 하여금 운전하게 한 버스회사 사장
해설 도로교통법 위반에 대한 과태료는 운전자에게 부과되는 경우와 고용주에게 부과되는 경우의 두 가지로 나눌 수 있는데, 후자의 경우가 대부분이다.

28 트럭적재식 천공기를 조종할 수 있는 면허는?
① 공기압축기 면허
② 기중기 면허
③ 모터그레이더 면허
④ 자동차 제1종 대형운전면허
해설 트럭적재식 천공기는 자동차 제1종 대형운전면허가 있으면 조종할 수 있다.

29 건설기계를 운전하여 교차로 전방 20m 지점에 이르렀을 때 황색 등화로 바뀌었을 경우 운전자의 조치방법은?
① 일시 정지하여 안전을 확인하고 진행한다.
② 정지할 조치를 취하여 정지선에 정지한다.
③ 그대로 계속 진행한다.
④ 주위의 교통에 주의하면서 진행한다.

2011 기출문제

굴착기운전기능사

30 건설기계를 도난당한 때 등록말소사유 확인서류로 적당한 것은?

① 수출신용장
② 경찰서장이 발행한 도난신고 접수 확인원
③ 주민등록 등본
④ 봉인 및 번호판

해설 등록말소사유 확인서류
- 멸실의 경우: 멸실인정 사유서
- 수출의 경우: 수출을 증명하는 서류
- 도난의 경우: 관할경찰서장의 도난신고 접수증
- 폐기의 경우: 폐기증명서(허가된 건설기계폐기장 발행)

31 건설기계 관리법의 목적으로 가장 적합한 것은?

① 건설기계의 동산 신용증진
② 건설기계 사업의 질서 확립
③ 공로 운행상의 원활기여
④ 건설기계의 효율적인 관리

해설 건설기계 관리법의 목적: 이 법은 건설기계의 등록·검사·형식승인 및 건설기계사업과 건설기계조종사면허 등에 관한 사항을 정하여 건설기계를 효율적으로 관리하고 건설기계의 안전도를 확보하여 건설공사의 기계화를 촉진함을 목적으로 한다.

32 도로교통법상 서행 또는 일시 정지할 장소로 지정된 곳은?

① 안전지대 우측
② 가파른 비탈길의 내리막
③ 좌우를 확인할 수 있는 교차로
④ 교량 위를 통행할 때

해설 도로교통법 제31조(서행 또는 일시정지할 장소)
■모든 차의 운전자는 다음 각 호의 어느 하나에 해당하는 곳에서는 서행하여야 한다.
- 교통정리를 하고 있지 아니하는 교차로
- 도로가 구부러진 부근
- 비탈길의 고갯마루 부근
- 가파른 비탈길의 내리막
- 지방경찰청장이 도로에서의 위험을 방지하고 교통의 안전과 원활한 소통을 확보하기 위하여 필요하다고 인정하여 안전표지로 지정한 곳
■모든 차의 운전자는 다음 각 호의 어느 하나에 해당하는 곳에서는 일시정지하여야 한다.
- 교통정리를 하고 있지 아니하고 좌우를 확인할 수 없거나 교통이 빈번한 교차로
- 지방경찰청장이 도로에서의 위험을 방지하고 교통의 안전과 원활한 소통을 확보하기 위하여 필요하다고 인정하여 안전표지로 지정한 곳

33 건설기계정비업의 사업범위에서 유압장치를 정비할 수 없는 정비업은?

① 종합 건설기계 정비업
② 부분 건설기계 정비업
③ 원동기 정비업
④ 유압 정비업

34 건설기계검사를 연장 받을 수 있는 기간을 잘못 설명한 것은?

① 해외 임대를 위하여 일시 반출된 경우: 반출기간 이내
② 압류된 건설기계의 경우: 압류기간 이내
③ 건설기계대여업을 휴지하는 경우: 휴지기간 이내
④ 장기간 수리가 필요한 경우: 소유자가 원하는 기간

해설 건설기계 관리법 시행규칙 제24조 (정기검사의 연기)
㉠ 건설기계소유자는 건설기계의 도난, 사고발생, 압류, 1월 이상에 걸친 정비, 사업의 휴지 기타 부득이 한 사유로 정기검사 신청기간내에 검사를 신청할 수 없는 경우에는 정기검사신청기간 만료일까지 별지 제21호서식의 정기검사연기신청서를 시·도지사에게 제출하여야 한다. 다만, 법 제14조의 규정에 의하여 검사대행을 하게 한 경우에는 검사대행자에게 제출하여야 한다.
㉡ 제1항의 규정에 의하여 정기검사연기신청을 받은 시시·도지사 또는 검사대행자는 그 신청일부터 5일이내에 검사연기여부를 결정하여 신청인에게 통지하여야 한다. 이 경우 검사연기 불허통지를 받은 자는 정기검사신청기간 만료일부터 10일이내에 검사신청을 하여야 한다.

35 제1종 보통 면허로 운전할 수 없는 것은?

① 승차정원 15인승의 승합자동차
② 적재중량 11톤급의 화물자동차
③ 특수 자동차(트레일러 및 래커를 제외)
④ 원동기 장치 자전거

해설 제1종 보통 면허로 운전할 수 있는 것
- 승용자동차
- 승차정원 15인 이하의 승합자동차
- 승차정원 12인 이하의 긴급자동차(승용 및 승합자동차에 한한다)
- 적재중량 12톤 미만의 화물자동차
- 건설기계(도로를 운행하는 3톤 미만의 지게차에 한한다)
- 총중량 10톤 미만의 특수자동차(트레일러 및 레커 제외)
- 원동기장치자전거

36 도로교통 관련법상 차마의 통행을 구분하기 위한 중앙선에 대한 설명으로 옳은 것은?

① 백색 및 회색의 실선 및 점선으로 되어있다.
② 백색의 실선 및 점선으로 되어있다.
③ 황색의 실선 또는 황색 점선으로 되어있다.
④ 황색 및 백색의 실선 및 점선으로 되어있다.

해설 중앙선
- 차마의 통행을 방향별로 명확하게 구분하기 위하여 도로에 황색실선 또는 황색점선 등의 안전표지로 표시한 선이나 중앙분리대·울타리 등으로 설치한 시설물을 말한다.
- 가변차로가 설치된 경우에는 신호기가 지시하는 진행방향의 가장 왼쪽의 황색 점선을 말한다.

37 유압장치에서 피스톤 펌프의 장점이 아닌 것은?

① 효율이 가장 높다.
② 발생 압력이 고압이다.
③ 토출량의 범위가 넓다.
④ 구조가 간단하고 수리가 쉽다.

해설 피스톤 펌프는 다른 펌프에 비하여 수명이 긴 절점을 가지고 있으나, 구조가 복잡하여 수리가 어려운 단점을 가지고 있다.

38 다음 보기에서 분기 회로에 사용되는 밸브만 골라 나열한 것은?

[보기]
ㄱ. 릴리프 밸브 (relief valve)
ㄴ. 리듀싱 밸브 (reducing valve)
ㄷ. 시퀀스 밸브 (sequence valve)
ㄹ. 언로더 밸브 (unloader valve)
ㅁ. 카운터 밸런스 밸브 (counter balance valve)

① ㄱ, ㄴ   ② ㄴ, ㄷ
③ ㄷ, ㄹ   ④ ㄹ, ㅁ

해설
- 리듀싱 밸브: 유압 회로에서 분기회로의 압력을 주 회로의 압력보다 저압으로 사용할 때 사용하는 밸브이다.
- 시퀀스 밸브: 2개 이상의 분기회로가 있는 회로에서 작동순서를 회로의 압력 등으로 제어하는 밸브이다.

39 유압유 교환을 판단하는 조건이 아닌 것은?

① 점도의 변화   ② 색깔의 변화
③ 수분의 함량   ④ 유량의 감소

해설 유압유 교환을 판단하는 것에는 여러 가지가 있는데 제일 판단하기 쉬운 것으로는 점도, 수분함유 정도(수분이 많이 들어가면 색이 뿌옇게 됨), 산화정도, 거품 유무 등이 있다.

40 유압장치의 주된 고장원인이 되는 것과 가장 거리가 먼 것은?

① 과부하 및 과열로 인하여
② 공기, 물, 이물질의 혼입에 의하여
③ 기기의 기계적 고장으로 인하여
④ 덥거나 추운 날씨에 사용함으로 인하여

해설 유압장치의 고장원인
- 온도의 상승에 의한 것
- 이물질이나 공기 또는 물 등의 혼입으로 인한 것
- 기기의 기계적 고장으로 인한 것
- 조립과 접속의 불완전으로 인한 것

41 건설기계장비 유압계통에 사용되는 라인(line) 필터의 종류가 아닌 것은?

① 복귀관 필터   ② 누유관 필터
③ 흡입관 필터   ④ 압력관 필터

해설 라인 필터는 유압계통의 미세한 불순물을 걸러내는 작용을 하는데 라인 필터의 종류로는 복귀관 필터, 흡입관 필터, 압력관 필터 등이 있다.

42 2개 이상의 분기회로를 갖는 회로 내에서 작동순서를 회로의 압력 등에 의하여 제어하는 밸브는?

① 첵밸브(check valve)
② 시퀀스밸브(sequence valve)
③ 한계밸브(limit valve)
④ 서보밸브(servo valve)

해설 ① 첵밸브: 배관의 유체가 한 방향으로만 흐르도록 제어하는 밸브로 저장탱크 내부의 액체가스와 펌프 후단의 액체가스가 역류되는 것을 방지하는 목적으로 사용된다.
④ 서보밸브: 전기, 기타 입력 신호의 함수로서 유량 또는 압력을 제어하는 밸브를 말한다.

43 작동유 온도가 과열 되었을 때 유압계통에 미치는 영향으로 틀린 것은?

① 열화를 촉진한다.
② 점도의 저하에 의해 누유되기 쉽다.
③ 유압펌프 등의 효율은 좋아진다.
④ 온도변화에 의해 유압기기가 열변형 되기 쉽다.

해설 작동유 온도가 과열 되면 열화를 촉진하고 점도가 저하되기 때문에 유압펌프의 효율은 떨어진다.

44 크롤러 굴착기가 경사면에서 주행 모터에 공급되는 유량과 관계없이 자중에 의해 빠르게 내려가는 것을 방지해 주는 밸브는?

① 카운터 밸런스 밸브   ② 포트 릴리프밸브
③ 브레이크 밸브   ④ 피스톤 모터의 피스톤

해설 카운터 밸런스 밸브: 유압회로의 한 방향의 흐름에 대해서는 설정된 배압을 생기게 하고, 다른 방향의 흐름은 자유로 흐르도록 한 밸브로서 이것에는 반드시 체크 밸브가 내장되어 있다. 이를테면 수직방향으로 작동하는 유압실린더에 있어서 상승행정일 때에는 유압유를 자유로 흐르게 하고, 유압실린더가 하강할 때에는 중력에 의하여 자유낙하하는 것을 방지하기 위하여 유압실린더의 귀환측의 유압유에 배압을 주어 낙하속도를 제어하고 있다.

45 유압 액추에이터의 기능에 대한 설명으로 맞는 것은?

① 유압의 방향을 바꾸는 장치이다.
② 유압을 일로 바꾸는 장치이다.
③ 유압의 빠르기를 조정하는 장치이다.
④ 유압의 오염을 방지하는 장치이다.

해설 액추에이터: 전기, 유압, 압축 공기 등을 사용하는 원동기의 총칭으로서, 보통은 유체 에너지를 이용하여 기계적 일을 하는 기기를 말한다.

46 유압장치의 기호회로도에 사용되는 유압기호의 표시방법으로 적합하지 않은 것은?

① 기호에는 흐름의 방향을 표시한다.
② 각 기기의 기호는 정상상태 또는 중립상태를 표시한다.
③ 기호는 어떠한 경우에도 회전하여서는 안 된다.
④ 기호에는 각 기기의 구조나 작용압력을 표시하지 않는다.

해설 유압기호는 회로 중에 표시되며, 각 기호는 회전하여 사용할 수도 있다.

2011 기출문제

47 공구 사용 시 주의해야 할 사항으로 틀린 것은?

① 주위 환경에 주의해서 작업할 것
② 강한 충격을 가하지 않을 것
③ 해머 작업 시 보호안경을 쓸 것
④ 손이나 공구에 기름을 바른 다음에 작업할 것

해설 공구 사용 시 기름 묻은 손으로 작업하지 않는다.

48 소화 작업에 대한 설명으로 틀린 것은?

① 산소의 공급을 차단한다.
② 유류화재 시 표면에 물을 붓는다.
③ 가열물질의 공급을 차단시킨다.
④ 점화원을 발화점 이하의 온도로 낮춘다.

해설 유류화재 시 분말 소화기 또는 이산화탄소나 하론 소화기로 소화를 하여야
한다.

49 보호구는 반드시 한국산업안전보건공단으로부터 보호구 검정을 받아야 한다. 검정을 받지 않아도 되는 것은?

① 안전모　　　　② 방한복
③ 안전장갑　　　④ 보안경

해설 검정대상보호구
• 안전모: 물체의 낙하, 비래, 추락 및 감전의 위험 방지
• 안전대: 추락의 위험 방지
• 안전화: 낙하, 충격, 날카로운 물체, 감전의 위험 방지
• 보안경, 보안면: 날아오는 물체, 용접 시 유해광선으로부터의 보호
• 귀마개, 귀덮개: 소음으로부터의 보호
• 방진마스크: 분진유입방지
• 방독마스크: 유해가스 유입방지
• 송기마스크: 산소결핍 위험방지
• 안전장갑: 감전의 위험방지

50 안전표지의 종류 중 안내표지에 속하지 않는 것은?

① 녹십자 표지　　② 응급구호표지
③ 비상구　　　　④ 출입금지

해설 안전표지의 종류: 녹십자 표지, 응급구호 표지, 들것, 세안장치, 비상구, 좌측
(우측) 비상구 등이 있다.

51 스패너 사용에 관한 설명 중 가장 옳은 것은?

① 스패너와 너트 사이에 쐐기를 넣어 사용한다.
② 스패너는 너트보다 큰 것을 사용한다.
③ 스패너 작업 시 몸의 균형을 잡는다.
④ 스패너 자루에 파이프 등을 끼워서 사용한다.

해설 스패너 작업 시 안전사항
• 스패너에 연장대를 끼워서 사용하지 않는다.
• 스패너는 올바르게 끼우고 앞으로 잡아당겨 사용한다.

52 공장에서 엔진 등 중량물을 이동하려고 한다. 가장 좋은 방법은?

① 여러 사람이 들고 조용히 움직인다.
② 체인 블록이나 호이스트를 사용한다.
③ 로프로 묶어 인력으로 당긴다.
④ 지렛대를 이용하여 움직인다.

53 재해의 원인 중 생리적인 원인에 해당 되는 것은?

① 작업자의 피로
② 작업복의 부적당
③ 안전장치의 불량
④ 안전수칙의 미 준수

해설 재해의 원인
• 심리적 원인: 망각, 고민, 집착, 억측판단, 착오, 생략행위
• 생리적 원인: 피로, 숙면부족, 신체기능 저하, 음주, 고령
• 직장적 원인: 직장의 인간관계, 리더쉽 부족, 팀워결여, 대화부족

54 전기용접 작업 시 보안경을 사용하는 이유로 가장 적절한 것은?

① 유해 광선으로부터 눈을 보호하기 위하여
② 유해 약물로부터 눈을 보호하기 위하여
③ 중량물의 추락 시 머리를 보호하기 위하여
④ 분진으로부터 눈을 보호하기 위하여

해설 전기용접 작업 시 보안경을 사용하는 이유는 유해광선으로부터 눈을 보호하
기 위해서이다.

55 안전점검의 종류에 해당되지 않는 것은?

① 수시점검　　　② 정기점검
③ 특별점검　　　④ 구조점검

해설 안전점검이란 안전 확보를 위해 불안전한 행동, 작업방법 및 기계, 기구, 설
비의 상태를 조사, 발견하여 위험요인을 제거하는 것을 말하며 안전점검의
종류에는 일상점검, 정기점검, 특별점검이 있다.

56 가스가 새어 나오는 것을 검사할 때 가장 적합한 것은?

① 비눗물을 발라 본다.
② 순수한 물을 발라 본다.
③ 기름을 발라 본다.
④ 촛불을 대어 본다.

해설 가스가 새어 나오는 것을 정확하게 확인하는 방법에는 비눗물을 사용하는 것
이 좋다.

2011 기출문제

57 가스공급 압력이 중압이상의 배관 상부에는 보호판을 사용하고 있다. 이 보호판에 대한 설명으로 틀린 것은?
① 배관 직상부 30cm 상단에 매설되어 있다.
② 두께가 4mm이상의 철판으로 방식 코팅되어 있다.
③ 보호판은 가스가 누출되지 않도록 하기 위한 것이다.
④ 보호판은 철판으로 장비에 의한 배관 손상을 방지하기 위하여 설치한 것이다.

58 고압선로 주변에서 크레인 작업 중 지지물 또는 고압선에 접촉이 우려되므로 안전에 가장 유의하여야 하는 부분은?
① 조향 핸들
② 붐 또는 케이블
③ 하부 회전체
④ 타이어

해설 붐 또는 케이블은 고압선에 접촉되기가 쉽다.

59 전기설비에서 차단기의 종류 중 ELB(Earth Leakage Circuit Breaker)은 어떤 차단기인가?
① 유입 차단기
② 진공 차단기
③ 누전 차단기
④ 가스차단기

해설 ELB는 과전류, 즉 과부하 차단도 되지만 주 기능은 누전 차단기능이다.

60 도시가스 배관이 매설된 도로에서 굴착작업을 할 때 준수사항으로 틀린 것은?
① 가스배관이 매설된 지점에서 도시가스 회사의 입회하에 작업한다.
② 가스배관은 도로에 라인마크를 하기 때문에 라인마크가 없으면 직접 굴착해도 된다.
③ 어떤 지점을 굴착 하고자 할 때는 라인 마크, 표지판, 밸브 박스 등으로 가스배관의 유무를 확인하는 방법도 있다.
④ 가스배관의 매설 유무는 반드시 도시가스 회사에 유무 조회를 하여야 한다.

정답

1	2	3	4	5	6	7	8	9	10
③	③	②	③	③	④	①	①	③	③
11	12	13	14	15	16	17	18	19	20
③	③	①	②	②	④	①	④	④	④
21	22	23	24	25	26	27	28	29	30
③	④	②	②	①	①	①	④	②	②
31	32	33	34	35	36	37	38	39	40
④	②	③	④	③	④	②	②	④	④
41	42	43	44	45	46	47	48	49	50
②	②	③	②	③	②	②	③	③	③
51	52	53	54	55	56	57	58	59	60
③	②	①	①	④	①	③	②	③	②

2011.7.31

굴착기운전기능사

기출문제

01 압력식 라디에이터 캡에 대한 설명으로 옳은 것은?

① 냉각장치 내부압력이 규정보다 낮을 때 공기밸브는 열린다.
② 냉각장치 내부압력이 규정보다 높을 때 진공밸브는 열린다.
③ 냉각장치 내부압력이 부압이 되면 진공밸브는 열린다.
④ 냉각장치 내부압력이 부압이 되면 공기밸브는 열린다.

해설 압력식 라디에이터 캡은 엔진 시동 오프후 냉각장치의 냉각에 의한 부압이 형성 되면 진공밸브가 열려 대기의압력의 작용으로 냉각수가 보충된다.

02 기관에서 피스톤의 행정이란?

① 피스톤의 길이
② 실린더 벽의 상하 길이
③ 상사점과 하사점과의 총 면적
④ 상사점과 하사점과의 거리

해설 기관에서 피스톤의 행정이란 상사점과 하사점 사이의 거리를 말하며 상사점은 피스톤이 실린더의 가장 위쪽으로 올라간 위치를, 하사점은 피스톤이 실린더의 가장 아래쪽으로 내려간 위치를 말한다.

03 건설기계운전 작업 후 탱크에 연료를 가득 채워주는 이유와 가장 관련이 적은 것은?

① 다음의 작업을 준비하기 위해서
② 연료의 기포방지를 위해서
③ 연료탱크에 수분이 생기는 것을 방지하기 위해서
④ 연료의 압력을 높이기 위해서

해설 건설기계 운전 작업 후 연료탱크에 빈 공간이 있으면 연료탱크에 수분이 생기게 된다. 따라서 연료를 가득 채우는 것은 압력과는 아무런 상관이 없다.

04 기관 과열의 원인이 아닌 것은?

① 라디에이터 막힘
② 냉각장치 내부에 물때가 끼었을 때
③ 냉각수의 부족
④ 오일의 압력 과다

해설 기관 과열의 원인
 • 냉각수의 부족
 • 냉각장치내의 과도한 물때
 • 라디에이터 코어의 막힘
 • 워터펌프의 날개 부식으로 순환이 어려울 때
 • 서모스텟의 고장으로, 막혀서 고착 되었을 때
 • 엔진 오일이 모자랄 때

05 기관에서 출력저하의 원인이 아닌 것은?

① 분사시기 늦음
② 배기계통 막힘
③ 흡기계통 막힘
④ 압력계 작동 이상

해설 압력계는 압력을 계측한 뒤에 그 값을 보여주는 것이기 때문에 기관의 출력과는 상관이 없다.

06 엔진오일이 많이 소비되는 원인이 아닌 것은?

① 피스톤링의 마모가 심할 때
② 실린더의 마모가 심할 때
③ 기관의 압축 압력이 높을 때
④ 밸브가이드의 마모가 심할 때

해설 엔진오일이 많이 소비되는 원인
 • 오일이 누설될 때
 • 실린더의 마모가 심할 때
 • 피스톤의 마모가 심할 때
 • 밸브 가이드의 마모가 심할 때

07 기관의 오일 압력이 낮은 경우와 관계없는 것은?

① 아래 크랭크 케이스에 오일이 적다.
② 크랭크축 오일 틈새가 크다.
③ 오일펌프가 불량하다.
④ 오일 릴리프밸브가 막혔다.

해설 오일 릴리프밸브가 막혔거나, 압력조절 스프링의 장력이 크면 기관의 오일 압력이 높아진다.

08 디젤기관 연료장치의 분사펌프에서 프라이밍 펌프는 어느 때 사용하는가?

① 출력을 증가시키고자 할 때
② 연료계통에 공기를 배출 할 때
③ 연료의 양을 가감할 때
④ 연료의 분사압력을 측정할 때

해설 디젤기관 연료장치의 분사펌프에서 프라이밍 펌프는 연료계통에 공기를 배출할 때 사용된다.

09 기관의 맥동적인 회전 관성력을 원활한 회전으로 바꾸어 주는 역할을 하는 것은
① 크랭크축 ② 피스톤
③ 플라이휠 ④ 커넥팅로드

해설 ① 크랭크축: 증기기관이나 내연기관 등에서 피스톤의 왕복운동을 회전운동으로 바꾸는 기능을 가진 축이다.
② 피스톤: 실린더 속을 왕복운동함으로써 유체의 압력을 받아 기계적 에너지로 변환하거나, 가해진 기계적 에너지에 의해 유체에 압력을 가하거나 팽창시키는 원판상 또는 원통상의 기계부품이다.
④ 커넥팅로드: 레버 크랭크 기구에 있어서, 크랭크와 레버(또는 슬라이더)를 연결하는 링크이다.

10 피스톤과 실린더 사이의 간극이 너무 클 때 일어나는 현상은?
① 엔진의 출력 증대
② 압축압력 증가
③ 실린더 소결
④ 엔진 오일의 소비증가

해설 피스톤과 실린더 사이의 간극이 너무 크게 되면 압축압력의 저하, 블로바이의 발생, 연소실의 엔진오일의 유입, 피스톤 슬랩발생, 연료가 엔진오일에 유입되어 희석되고 엔진출력이 감소하는 원인이 된다.

11 건설기계 기관에서 사용되는 여과장치가 아닌 것은?
① 공기청정기 ② 오일필터
③ 오일 스트레이너 ④ 인젝션 타이머

해설 인젝션 타이머: 압축점화기관의 연료분사시기를 변환하는 장치이다.

12 디젤엔진이 잘 시동 되지 않거나 시동이 되더라도 출력이 약한 원인으로 맞는 것은?
① 연료탱크 상부에 공기가 들어 있을 때
② 플라이휠이 마모되었을 때
③ 연료분사펌프의 기능이 불량할 때
④ 냉각수 온도가 100℃ 정도 되었을 때

해설 연료분사펌프의 기능이 불량하면 디젤엔진이 잘 시동 되지 않거나 심하면 출력부족 으로 이어진다.

13 교류(AC)발전기에서 전류가 발생되는 곳은 어느 부분인가?
① 정류자 ② 로터
③ 전기자 ④ 스테이터

해설 ① 정류자: 직류기·교류정류자 전동기 등에서 일정한 방향으로 회전하도록 전류의 방향을 주기적으로 바꿔 전기자에 공급하는 장치이다.
② 로터: 모터 등의 회전부분으로 회전자라고도 한다.
③ 전기자: 회전 전기기기에서 주요한 동작을 하는 권선을 수용하고 있는 부분이다.

14 실드빔식 전조등에 대한 설명으로 맞지 않는 것은?
① 대기조건에 따라 반사경이 흐려지지 않는다.
② 내부에 불활성 가스가 들어있다.
③ 사용에 따른 광도의 변화가 적다.
④ 필라멘트를 갈아 끼울 수 있다.

해설 실드빔 전조등은 렌즈와 반사경을 용접하여 안에 필라멘트를 넣어 밀봉한 전등으로 렌즈를 교환할 수 없다.

15 퓨즈의 용량 표기가 맞는 것은?
① M ② A
③ E ④ V

해설 퓨즈의 용량은 A로 표기한다.

16 기동 전동기의 피니언이 링기어에 물리는 방식이 아닌 것은?
① 스팔라인식 ② 벤딕스식
③ 전기자 섭동식 ④ 피니언 섭동식

해설 기동 전동기의 피니언이 링기어에 물리는 방식에는 벤딕스식, 피니언 섭동식, 전기자 섭동식 등이 있다.
• 벤딕스식: 피니언의 관성과 전동기가 무부하에서 고속 회전하는 성질을 이용한 것이다.
• 피니언 섭동식: 피니언 섭동과 기동전동기의 스위치 개폐를 전자석 스위치에 사용한 것이다.
• 전기자 섭동식: 피니언이 전기자축 끝에 고정되어 피니언과 전기자가 일체로 작동 되는것이다.

17 축전지를 교환 및 장착할 때 연결 순서로 맞는 것은?
① (+)나 (−)선 중 편리한 것부터 연결하면 된다.
② 축전기의 (−)선을 먼저 부착하고, (+)선을 나중에 부착한다.
③ 축전지의 (+), (−)선을 동시에 부착한다.
④ 축전기의 (+)선을 먼저 부착하고, (−)선을 나중에 부착한다.

해설 축전지를 교환 및 장착할 때
• 탈거할 때: 축전기의 (−)선을 먼저 탈거하고, (+)선을 나중에 탈거한다.
• 장착할 때: 축전기의 (+)선을 먼저 부착하고, (−)선을 나중에 부착한다.(즉, 탈거할 때의 역순으로 해주면 된다.)

18 납산용 일반축전지가 방전되었을 때 충전 시 주의하여야 할 사항으로 가장 거리가 먼 것은?
① 충전 시 전해액 온도를 45℃ 이하로 유지할 것
② 충전 시 가스발생이 되므로 화기에 주의할 것
③ 충전 시 벤트플러그를 모두 열 것
④ 충전 시 배터리 용량보다 높은 전압으로 충전 할 것

2011 기출문제

19 로더의 작업 방법으로 맞는 것은?

① 굴삭 작업 시는 버킷을 올려 세우고 작업을 하며 적재시는 전경각 35도를 유지해야 한다.

② 굴삭 작업 시는 버킷을 수평 또는 약 5도정도 앞으로 기울이는 것이 좋다.

③ 작업 시는 변속기의 단수를 높이면 작업 효율이 좋아진다.

④ 단단한 땅을 굴삭 시에는 그라인더로 버킷을 날카롭게 만든 후 작업을 하며 굴삭시에는 후 경각 45도를 유지해야 한다.

해설 로더로 토사 깎기 작업 방법
- 버킷 각도는 5도 정도 기울여서 깎기 시작한다.
- 깎이는 깊이의 조정은 붐을 약간씩 상승시키거나 버킷을 복귀시켜야 한다.
- 로더의 차체 중량이 버킷과 함께 작용하도록 한다.

20 트랙장치에서 유동륜의 작용은?

① 트랙의 회전을 원활히 한다.

② 동력을 트랙으로 전달한다.

③ 트랙의 장력을 조정하면서 트랙의 진행방향을 유도한다.

④ 차체의 파손을 방지하고 원활한 운전을 하게 한다.

해설 유동륜: 트랙의 긴장도를 조절하는 바퀴로 트랙의 장력을 조정하면서 트랙의 진행방향을 유도하는 역할을 한다.

21 지게차의 마스트를 기울일 때 갑자기 시동이 정지되면 무슨 밸브가 작동하여 그 상태를 유지하는가?

① 틸트록 밸브   ② 스로틀 밸브

③ 리프트 밸브   ④ 틸트 밸브

해설 ② 스로틀 밸브: 게이트밸브의 일종으로 원판을 회전시켜 관로를 열고 닫음으로서 유체와의 마찰에 의하여 유체의 압력을 낮추는데 사용하는 밸브이다.
③ 리프트 밸브: 밸브 몸체를 아래 위로 들어올리고 내려서 밸브 시트를 개폐하는 밸브로 앵글 밸브, 니들 밸브, 글로브 밸브 등이 있다.

22 기중기 작업에서 안전사항으로 적합한 것은?

① 측면으로 하며 비스듬히 끌어 올린다.

② 저속으로 천천히 감아올리고 와이어로프가 인장력을 받기 시작할 때는 빨리 당긴다.

③ 지면과 약 30cm 떨어진 지점에서 정지한 후 안전을 확인하고 상승한다.

④ 가벼운 화물을 들어 올릴 때는 붐 각을 안전각도 이하로 작업한다.

23 브레이크 오일이 비등하여 송유 압력의 전달 작용이 불가능하게 되는 현상은?

① 페이드 현상   ② 베이퍼 록 현상

③ 사이클링 현상   ④ 브레이크 록 현상

해설 ① 페이드 현상: 자동차가 빠른 속도로 달릴 때 제동을 걸면 브레이크가 잘 작동하지 않는 현상이다.
④ 브레이크 록 현상: 높은 제동력 때문에 바퀴가 잠겨 바퀴가 미끄러지는 현상이다.

24 굴착기를 트레일러에 상차하는 방법에 대한 것으로 가장 적합하지 않는 것은?

① 가급적 경사대를 사용한다.

② 트레일러로 운반 시 작업 장치를 반드시 앞쪽으로 한다.

③ 경사대는 10~15° 정도 경사시키는 것이 좋다.

④ 붐을 이용하여 버킷으로 차체를 들어 올려 탑재하는 방법도 이용되지만 전복의 위험이 있어 특히 주의를 요하는 방법이다.

해설 트레일러로 운반 시 작업 장치를 반드시 뒤쪽으로 해야 한다.

25 종감속비에 대한 설명으로 맞지 않는 것은?

① 종감속비는 링기어 잇수를 구동피니언 잇수로 나눈 값이다.

② 종감속비가 크면 가속 성능이 향상된다.

③ 종감속비가 적으면 등판능력이 향상된다.

④ 종감속비는 나누어서 떨어지지 않는 값으로 한다.

해설 종감속비: 엔진 회전수 대비 바퀴 회전수의 비율 종감속비가 높으면 힘이 좋아지지만 고속주행이 어려우며 (엔진 회전수에 비해 바퀴 회전수가 작은 경우) 종감속비가 낮으면 힘이 떨어지는 대신 고속주행이 가능하다.

26 기계식 변속기가 장착된 건설기계장비에서 클러치 사용 방법으로 가장 올바른 것은?

① 클러치 페달에 항상 발을 올려놓는다.

② 저속 운전 시에만 발을 올려놓는다.

③ 클러치 페달은 변속 시에만 밟는다.

④ 클러치 페달은 커브길에서만 밟는다.

해설 기계식 변속기가 장착된 건설기계장비에서 클러치 페달은 기어 변속 시에만 밟는다.

27 교통안전시설이 표시하고 있는 신호와 경찰공무원의 수신호가 다른 경우 통행방법으로 옳은 것은?

① 경찰공무원의 수신호에 따른다.

② 교통안전시설이 표시하고 있는 신호를 우선적으로 따른다.

③ 자기가 판단하여 위험이 없다고 생각되면 아무 신호에 따라도 좋다.

④ 수신호는 보조신호이므로 따르지 않아도 좋다.

해설 도로교통법 시행령 제6조에서는 신호기의 신호와 경찰공무원 등의 수신호가 다른 때에는 수신호가 우선한다고 규정하고 있다.

굴착기운전기능사 **82** 2011 기출문제

28 검사연기신청을 하였으나 불허통지를 받은 자는 언제까지 검사를 신청하여야 하는가?

① 불허통지를 받은 날부터 5일 이내
② 불허통지를 받은 날부터 10일 이내
③ 검사신청기간 만료일부터 5일 이내
④ 검사신청기간 만료일부터 10일 이내

해설 검사연기 불허통지를 받은 자는 정기검사신청기간 만료일부터 10일이내에 검사신청을 하여야 한다.

29 교차로에서 직진하고자 신호대기 중에 있는 차가 진행신호를 받고 안전하게 통행하는 방법은?

① 진행 권리가 부여되었으므로 좌우의 진행차량에는 구애받지 않는다.
② 직진이 최우선이므로 진행 신호에 무조건 따른다.
③ 신호와 동시에 출발하면 된다.
④ 좌우를 살피며 계속 보행 중인 보행자와 진행하는 교통의 흐름에 유의하여 진행한다.

30 등록번호표제작자는 등록번호표 제작 등의 신청을 받은 날로 부터 며칠 이내에 제작하여야 하는가?

① 3일　　　② 5일
③ 7일　　　④ 10일

해설 등록번호표제작자는 제3항의 규정에 의하여 등록번호표제작등의 신청을 받은 때에는 7일 이내에 등록번호표제작등을 하여야 하며, 등록번호표제작등통지(명령)서는 이를 3년간 보존하여야 한다.

31 건설기계조종면허를 받지 아니하고 건설기계를 조종한 자에 대한 벌칙은?

① 2년 이하의 징역 또는 1천만 원 이하의 벌금
② 1년 이하의 징역 또는 3백만 원 이하의 벌금
③ 2백만 원 이하의 벌금
④ 1백만 원 이하의 벌금

해설 다음 각 호의 어느 하나에 해당하는 자는 1년 이하의 징역 또는 300만원 이하의 벌금에 처한다.
• 매매용 건설기계를 운행하거나 사용한 자
• 폐기인수 사실을 증명하는 서류의 발급을 거부하거나 거짓으로 발급한 자
• 폐기요청을 받은 건설기계를 폐기하지 아니하거나 등록번호표를 폐기하지 아니한 자
• 건설기계조종사면허를 받지 아니하고 건설기계를 조종한 자
• 건설기계조종사면허가 취소되거나 건설기계조종사면허의 효력정지처분을 받은 후에도 건설기계를 계속하여 조종한 자
• 건설기계를 도로나 타인의 토지에 버려둔 자

32 승차인원 적재중량에 관하여 안전기준을 넘어서 운행하고자 하는 경우 누구에게 허가를 받아야 하는가?

① 출발지를 관할하는 경찰서장
② 시 도지사
③ 절대 운행 불가
④ 국토해양부장관

해설 모든 차의 운전자는 승차인원·적재중량 및 적재용량에 관하여 대통령령이 정하는 운행상의 안전기준을 넘어서 승차시키거나 적재하고 운전하여서는 아니된다. 다만, 출발지를 관할하는 경찰서장의 허가를 받은 때에는 그러하지 아니하다.

33 정차라 함은 주차 외의 정지 상태로서 몇 분을 초과하지 아니하고 차를 정지 시키는 것을 말하는가?

① 3분　　　② 5분
③ 7분　　　④ 10분

해설 도로 교통법에서 정차는 자동차가 5분을 초과하지 않고 멈추어 있는 상태를 이른다.

34 다음 중 건설기계 특별표지판을 부착하지 않아도 되는 건설기계는?

① 길이가 17미터인 굴착기
② 너비가 4미터인 기중기
③ 총중량이 15톤인 지게차
④ 최소 회전반경이 14미터인 모터그레이더

해설 건설기계관리법규 상 특별표지 부착대상 건설기계
• 길이가 16.7m 이상인 건설기계
• 너비가 2.5m 이상인 건설기계
• 높이가 3.8m 이상인 건설기계
• 최소회전 반경 12m 이상인 건설기계
• 총중량이 40ton 이상인 건설기계
• 축하중이 10ton 이상인 건설기계

35 다음 중 최고속도 15km/h 미만의 타이어식 건설기계가 필히 갖추어야 할 조명장치는?

① 후미등　　　② 방향지시등
③ 후부반사기　　　④ 번호등

해설 건설기계 안전기준에 관한 규칙 제 155조(조명장치): 타이어식 건설기계에는 다음 각 호의 구분에 따라 조명장치를 설치하여야 한다.
• 최고주행속도가 시간당 15킬로미터 미만인 건설기계
－전조등, 제동등, 후부반사기, 후부반사판 또는 후부반사지

36 보도와 차도가 구분된 도로에서 중앙선이 설치되어 있는 경우 차마의 통행방법으로 옳은 것은?

① 중앙선 좌측　　　② 중앙선 우측
③ 좌·우측 모두　　　④ 보도의 좌측

해설 차마는 도로(보도와 차도가 구분된 도로에서는 차도)의 중앙(중앙선이 설치되어 있는 경우에는 그 중앙선을 말한다. 이하 같다)으로부터 우측부분을 통행하여야 한다.

2011 기출문제

37 유압회로 네에서 서지압(surge pressure) 이란?

① 과도하게 발생하는 이상 압력의 최대값
② 정상적으로 발생하는 압력의 최대값
③ 정상적으로 발생하는 압력의 최소값
④ 과도하게 발생하는 이상 압력의 최소값

해설 서지압: 유압회로 내의 밸브를 갑자기 닫았을 때 오일의 속도에너지가 압력 에너지로 변화하면서 일시적으로 큰 압력증가가 생기는 현상이다.

38 필터의 여과 입도수(mesh)가 너무 높을 때 발생할 수 있는 현상으로 가장 적절한 것은?

① 블로바이 현상
② 맥동 현상
③ 베이퍼록 현상
④ 캐비테이션 현상

해설 ① 블로바이 현상: 실린더 벽이 닳아서 피스톤 압축시 가스가 새는 현상이다.
② 맥동 현상: 펌프의 입구와 출구에 부착된 진공계와 압력계의 지침이 흔들리고 동시에 토출유량이 변화를 가져오는 현상이다.
③ 베이퍼록 현상: 브레이크액에 기포가 발생하여 브레이크가 제대로 작동하지 않는 현상이다.

39 유압유의 압력이 상승하지 않을 때의 원인을 점검하는 것으로 가장 거리가 먼 것은?

① 펌프의 오일 토출 점검
② 유압회로를 점검
③ 릴리프 밸브를 점검
④ 펌프 설치 고정 볼트 강도 점검

해설 펌프 설치 고정 볼트 강도 점검하는 것은 유압유의 압력과는 관련성이 없다.

40 유압장치에서 두 개의 펌프를 사용하는데 있어 펌프의 전체 송출량을 필요로 하지 않을 경우, 동력의 절감과 유온 상승을 방지하는 것은?

① 압력 스위치(pressure switch)
② 카운트 밸런스 밸브(count balance valve)
③ 감압 밸브(pressure reducing valve)
④ 무부하 밸브(unloading valve)

해설 ① 압력 스위치: 액체 또는 기압의 압력이 설정치 이상 또는 이하에 달하면 전기접점을 개폐하는 스위치이다.
② 카운트 밸런스 밸브: 중력에 의한 낙하를 방지하기 위해 배압을 유지하는 압력 제어 밸브이다.
③ 감압 밸브: 유압 회로에서 분기회로의 압력을 주 회로의 압력보다 저압으로 사용될 때 사용하는 밸브이다.

41 압력의 단위가 아닌 것은?

① Pa
② bar
③ GPM
④ kgf/cm^2

해설 압력의 단위는 bar, kg/cm², psi, atm, mHg, inHg, mAq, ftAq, Kpa 등이 있다.

42 유압장치에서 방향제어밸브 설명으로 적합하지 않은 것은?

① 유체의 흐름 방향을 변환한다.
② 유체의 흐름 방향을 한쪽으로만 허용한다.
③ 액추에이터의 속도를 제어한다.
④ 유압실린더나 유압모터의 작동 방향을 바꾸는데 사용된다.

해설 방향제어밸브: 유체의 회로에서 흐름의 방향을 제어하는 밸브이다.

43 유압 실린더의 구성부품이 아닌 것은?

① 피스톤로드
② 피스톤
③ 실린더
④ 커넥팅로드

해설 커넥팅로드: 레버 크랭크 기구에 있어서, 크랭크와 레버(또는 슬라이더)를 연결하는 링크이다.

44 건설기계에서 사용하는 작동유의 정상 작동 온도 범위로 가장 적합한 것은?

① 10℃~30℃
② 40℃~60℃
③ 90℃~110℃
④ 120℃~150℃

해설 정상적인 유압유의 온도는 55℃±5℃이다.

45 유압장치에서 작동 유압 에너지에 의해 연속적으로 회전운동을 함으로서 기계적인 일을 하는 것은?

① 유압모터
② 유압실린더
③ 유압제어밸브
④ 유압탱크

해설 ② 유압실린더: 유압에 의해 피스톤 또는 플런저를 왕복 직선 운동시켜 기계적인 일을 행하게 하는 장치이다.
④ 유압탱크: 높은 곳에 두고 그 자연 낙차에 의해서 축받이 등에 급유하는 오일 탱크이다.

46 그림과 같은 실린더의 명칭은?

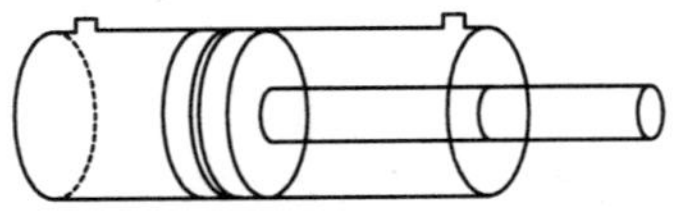

① 단동 실린더
② 단동 다단 실린더
③ 복동 실린더
④ 복동 다단 실린더

47 자연적 재해가 아닌 것은?

① 지진
② 태풍
③ 홍수
④ 방화

48 금속 표면에 거칠거나 각진 부분에 다칠 우려가 있어 매끄럽게 다듬질하고자 한다. 적합한 수공구는?
① 끌　② 줄
③ 대패　④ 쇠톱

해설 ① 끌: 나무에 구멍을 파거나 깎고 다듬는데 사용하는 공구이다.
③ 대패: 나무를 곱게 밀어 깎는 목공구이다.
④ 쇠톱: 금속의 공작물을 자를 때 사용되며, 일반적으로 손작업용 쇠톱이 쓰인다.

49 안전 보건표지의 종류별 용도 사용장소 형태 및 색채에서 바탕은 흰색, 기본모형은 빨간색, 관련부호 및 그림은 검정색으로 된 표지는?
① 보조표지　② 지시표지
③ 주의표지　④ 금지표지

해설 안전표지의 종류
① 금지표지(8종): 적색원형으로 특정의 행동은 금지시키는 표지(바탕은 흰색, 기본모형은 빨강, 관련부호 및 그림은 검정색)
② 경고표지(15종): 흑색 삼각형의 황색표지로 유해 또는 위험물에 대한 주의를 환기 시키는 표지(바탕은 노란색, 기본모형 관련부호 및 그림은 검정색)
③ 지시표지(7종): 청색원형으로 보호구 착용을 지시하는 표지(바탕은 파랑, 관련 그림은 흰색)
④ 안내표지(7종): 위치(비상구, 의무실, 구급용구)를 알리는 표지(바탕은 흰색, 기본모형 및 관련부호는 녹색 또는 바탕은 녹색, 기본모형 및 관련 부호는 회색)

50 다음 중 물건을 여러 사람이 공동으로 운반할 때의 안전사항과 거리가 먼 것은?
① 명령과 지시는 한사람이 한다.
② 최소한 한손으로는 물건을 받친다.
③ 앞쪽에 있는 사람이 부하를 적게 담당한다.
④ 긴 화물은 같은 쪽의 어깨에 올려서 운반한다.

51 안전보호구 선택 시 유의사항으로 틀린 것은?
① 보호구 검정에 합격하고 보호성능이 보장될 것
② 반드시 강철로 제작되어 안전 보장형일 것
③ 작업 행동에 방해되지 않을 것
④ 착용이 용이하고 크기 등 사용자에게 편리할 것

52 절연용 보호구의 종류가 아닌 것은?
① 절연모　② 절연시트
③ 절연화　④ 절연장갑

해설 절연용 보호구: 전기용 고무장갑, 전기용 안전모, 전기용 고무소매, 전기용 고무소매 등과 같이 충전전로의 취급 기타 전기공사 등의 작업을 실시할 때에, 작업자 신체에 착용하는 감전방지용 보호구를 말한다.

53 다음은 화재 예방과 대책 중 국한 대책에 해당하지 않는 것은?
① 가연물을 쌓아놓는다.
② 공한지의 확보
③ 방화벽 등의 정비
④ 건물설비에 불연성 소재를 쓴다.

해설 가연물은 불에 잘 타거나 그러한 성질을 가지고 있거나 또는 그러한 성질을 가지고 있는 물질이기 때문에 쌓아놓는 것은 좋지 않다.

54 산업재해의 분류에서 사람이 평면상으로 넘어졌을 때(미끄러짐 포함)를 말하는 것은?
① 낙하　② 충돌
③ 전도　④ 추락

해설 ① 낙하: 물체가 높은 곳에서 낮은 곳으로 떨어져 사람을 가해한 경우나, 자신이 들고 있는 물체를 놓침으로서 발에 떨어 진 경우 등을 말한다.
② 충돌: 상대적으로 운동하는 두 물체 또는 입자가 근접 또는 접촉해서 짧은 시간동안 강한상호작용을 하는 경우를 일컫는다.
④ 추락: 사람이 수목, 건축물, 비계, 기계, 승물, 사다리, 계단, 사면 등에서 떨어지는 것을 말한다.

55 해머(hammer) 작업 시 주의사항으로 틀린 것은?
① 해머 작업 시는 장갑을 사용해서는 안 된다.
② 난타하기 전에 주의를 확인한다.
③ 해머의 정확성을 유지하기 위해 기름을 바른다.
④ 1~2회 정도는 가볍게 치고 나서 본격적으로 작업한다.

해설 해머 작업 시 안전사항
• 장갑을 끼고 해머작업을 하지 않는다.
• 해머로 공동 작업 시 에는 호흡을 맞추어야 한다.
• 열처리된 재료는 해머 작업을 하지 않는다.
• 기름 묻은 손으로 작업하지 않는다.
• 타격 하려는 곳에 시선을 고정한다.
• 해머 자루 고정부분 끝에 쐐기를 박는다.

56 작업장에 대한 안전 관리상 설명으로 틀린 것은?
① 항상 청결하게 유지한다.
② 작업대 사이, 또는 기계 사이의 통로는 안전을 위한 일정한 너비가 필요하다.
③ 공장바닥은 폐유를 뿌려, 먼지 등이 일어나지 않도록 한다.
④ 전원 콘센트 및 스위치 등에 물을 뿌리지 않는다.

57 도시가스 배관의 안전초지 및 손상방지를 위해 다음과 같이 안전초지를 하여야하는데 굴착공사자는 굴착공사 예정지역의 위치에 어떤 조치를 하여야 하는가?

> 도시가스사업자는 굴착공사자에게 연락하여 굴착공사 현장 위치와 매설배관 위치를 굴착공사자와 공동으로 표시할 것인지 각각 단독으로 표시할 것인지를 결정하고, 굴착공사 담당자의 인적사항 및 연락처, 굴착공사 개시예징일시가 포함된 결정사항을 정보지원센터에 통지할 것

① 횡색 페인트로 표시　　② 적색 페인트로 표시
③ 흰색 페인트로 표시　　④ 청색 페인트로 표시

해설 도시가스 배관의 안전초지 및 손상방지를 위해 굴착공사자는 굴착공사 예정지역을 흰색페인트로 표시하고 그 결과를 굴착공사정보지원센터에 전화 또는 인터넷으로 알려야 한다.

58 도로에서 굴착잡업 중 케이블 표지시트가 발견되었을 때 조치방법으로 가장 적합한 것은?

① 해당설비 관리자에게 연락 후 그 지시를 따른다.
② 케이블 표지시트를 걷어내고 계속 작업한다.
③ 시설관리자에게 연락하지 않고 조심해서 작업한다.
④ 케이블 표지시트는 전력케이블과는 무관하다.

59 도로 굴착자는 되메움 공사 완료 후 도시가스 배관 손상방지를 위하여 최소한 몇 개월 이상 침하 유무를 확인하여야 하는가?

① 1개월　　　　② 2개월
③ 3개월　　　　④ 4개월

해설 도로 굴착자는 되메움 공사 완료 후 도시가스 배관 손상방지를 위하여 최소한 3개월 이상 침하 유무를 확인하여야 한다.

60 그림과 같이 시가지에 있는 배전선로 A 에는 보통 몇 V의 전압이 인가되고 있는가?

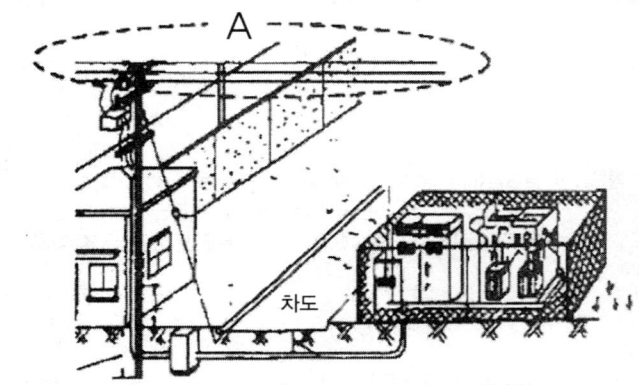

① 110V　　　　② 220V
③ 440V　　　　④ 22900V

해설 그림과 같이 시가지에 있는 배전선로 A 에는 보통 22900V의 전압이 흐르는데 그것을 낮추어 주는 것이 변압기이다.

정답

1	2	3	4	5	6	7	8	9	10
③	④	④	④	④	③	④	②	③	④
11	12	13	14	15	16	17	18	19	20
④	③	④	④	②	①	④	④	②	③
21	22	23	24	25	26	27	28	29	30
①	③	②	②	③	③	④	④	④	③
31	32	33	34	35	36	37	38	39	40
②	①	②	③	③	②	①	④	④	④
41	42	43	44	45	46	47	48	49	50
③	③	④	②	①	③	④	②	④	③
51	52	53	54	55	56	57	58	59	60
②	②	①	③	③	③	③	①	③	④

2011.10.9 기출문제

굴착기운전기능사

01 냉각장치에서 냉각수의 비등점을 올리기 위한 것으로 맞는 것은?

① 진공식 캡 ② 압력식 캡
③ 라디에이터 ④ 물재킷

해설 압력식 캡: 압력 조절용 밸브가 설치된 캡을 말한다. 냉각 장치 내의 압력을 0.3~1.05kgf/cm²가 되도록 하여 냉각수의 비점을 112℃로 높여 냉각 성능을 향상시키고 냉각수의 증발을 방지한다.

02 다음 중 기관에서 팬벨트 장력 점검 방법으로 맞는 것은?

① 벨트길이 측정게이지로 측정 점검
② 정지된 상태에서 벨트의 중심을 엄지손가락으로 눌러서 점검
③ 엔진을 가동한 후 텐셔너를 이용하여 점검
④ 발전기의 고정 볼트를 느슨하게 하여 점검

해설 기관에서 팬벨트 장력 점검할 때 정지된 상태에서 벨트의 중심을 엄지손가락으로 눌렀을 때 약간 휘는 정도가 양호한 것이다.

03 기관에서 피스톤링의 작용으로 틀린 것은?

① 기밀 작용 ② 완전 연소 억제작용
③ 오일제어 작용 ④ 열전도 작용

해설 기관에서 피스톤링은 피스톤 상단부에 설치되어 기밀 작용, 오일 제거 작용, 기관 내의 열을 외부로 전달하는 작용을 한다.

04 계기판을 통하여 엔진오일의 순환상태를 알 수 있는 것은?

① 연료 잔량계 ② 오일 압력계
③ 전류계 ④ 진공계

해설 계기판에는 엔진오일이 부족할 때, 오일 순환이 불량할 때 또는 오일압력 센서가 문제가 있을 때 점등된다.

05 디젤기관에서 시동을 돕기 위해 설치된 부품으로 맞는 것은?

① 과급 장치 ② 발전기
③ 디퓨저 ④ 히트레인지

해설 ① 과급장치: 배기가스로 터빈을 돌려 터빈에 연결된 콤프레서가 돌아가는 방식입니다.
② 발전기: 기계적 에너지를 전기적 에너지로 변환하는 기기이다.
③ 디퓨저: 유체(기체, 액체)가 가진 운동 에너지를 압력 에너지로 변환하기 위해 단면적을 차츰 넓게 한 유로(流路)를 말한다.

06 디젤기관에서 시동이 되지 않는 원인과 가장 거리가 먼 것은?

① 연료가 부족하다.
② 기관의 압축압력이 높다.
③ 연료 공급 펌프가 불량이다.
④ 연료 계통에 공기가 혼입되어 있다.

해설 디젤 기관은 실린더 내의 공기를 압축하여 온도를 상승시켜 연료유가 점화될 수 있도록 해야 하므로 높은 압축비가 요구된다.

07 다음은 터보식 과급기의 작동상태이다. 관계없는 것은?

① 디퓨저에서는 공기의 압력 에너지가 속도 에너지로 바뀌게 된다.
② 배기가스가 임펠러를 회전시키면 공기가 흡입되어 디퓨저에 들어간다.
③ 디퓨저에서는 공기의 속도 에너지가 압력 에너지로 바뀌게 된다.
④ 압축공기가 각 실린더의 밸브가 열릴 때마다 들어가 충전 효율이 증대된다.

해설 디퓨저에서 공기의 압력 에너지가 속도 에너지로 바뀌는 것은 배기 터빈 과급기의 특징이다.

08 기관에 사용되는 윤활유 사용 방법으로 옳은 것은?

① 계절과 윤활유 SAE 번호는 관계가 없다.
② 겨울은 여름보다 SAE 번호가 큰 윤활유를 사용한다.
③ SAE 번호는 일정하다.
④ 여름용은 겨울용보다 SAE 번호가 크다.

해설 윤활유 SAE 번호는 SAE(미국자동차기술협회)에서 윤활유를 분류할 때의 규정으로서 엔진 오일과 기어 오일을 그 점도에 따라 분류하는 것이다.
• 겨울은 여름보다 SAE 번호가 큰 윤활유를 사용한다.

09 디젤기관에 공급하는 연료의 압력을 높이는 것으로 조속기와 분사시기를 조절하는 장치가 설치되어 있는 것은?

① 유압 펌프 ② 프라이밍 펌프
③ 연료 분사 펌프 ④ 플런저 펌프

해설 ① 유압 펌프: 외부에서 공급되는 기계적 에너지를 유압 시스템 작동유의 압력 에너지로 변환시키는 장치이다.
② 프라이밍 펌프: 원심펌프에 물을 채워 펌프가 작동준비상태에 도달할 수 있도록 해주는 소형 용적식 펌프다.
④ 플런저 펌프: 피스톤과 흡사한 플런저를 실린더 내에서 왕복 운동시킴에 의해 물을 가압하여 급수하는 형식의 펌프다.

2011 기출문제

10 유압식 밸브 리프터의 장점이 아닌 것은?

① 밸브 간극은 자동으로 조절된다.
② 밸브 개폐시기가 정확하다.
③ 밸브 구조가 간단하다.
④ 밸브 기구의 내구성이 좋다.

해설 유압식 밸브리프터는 오일의 비압축성과 윤활 장치의 순환 압력을 이용하여 작용케 한 것으로 구조가 복잡하다.

11 디젤기관에서 노킹의 원인이 아닌 것은?

① 연료의 세탄가가 높다.
② 연료의 분사압력이 낮다.
③ 연소실의 온도가 낮다.
④ 착화지연 시간이 길다.

해설 디젤엔진에서 노킹이 일어나는 이유는 압축 행정 시에 연료가 분사되고 점화시기까지의 시간이 길어지게 되면 나타나는 현상이다. 이는 점화시기의 지연과 더불어 증가된 연료가 점화되면서 연소실내에서 정상연소 압력보다 급격한 압력상승을 유발하여 엔진소음이 발생하게 된다.

12 디젤기관에서 시동이 걸리지 않는다. 점검해야 할 곳이 아닌 것은?

① 기동 전동기가 이상이 없는지 점검해야 한다.
② 배터리의 충전상태를 점검해야 한다.
③ 배터리 접지 케이블의 단자가 잘 조여져 있는지 점검해야 한다.
④ 발전기가 이상이 없는지 점검해야 한다.

해설 디젤기관에서 시동이 걸리지 않을 때는 기동 전동기가 이상이 없는지, 배터리의 충전 유무, 배터리 접지 케이블의 단자가 잘 조여져 있는지 점검해야 한다.

13 에어컨 장치에서 환경보존을 위한 대체물질로 신 냉매가스에 해당 되는 것은?

① R-12   ② R-22
③ R-12a   ④ R-134a

해설 자동차용 에어컨의 냉매로서 사용되고 있는 프레온 R-12(CFC-12)는 지금 세계적으로 권장되고 있는 프레온 규제의 대상이 되고 있기 때문에, 현재 냉매로서는 R-134a(HFC-134a)로의 교체가 적극 권장되고 있다.

14 자동차 AC 발전기의 B 단자에서 발생되는 전기는?

① 단상 전파 교류전압
② 단상 반파 직류전압
③ 3상 전파 직류전압
④ 3상 반파 교류전압

해설 자동차 AC 발전기의 B 단자에서 발생되는 전기는 3상 전파 직류전압이다.

15 기관을 시동하기 위해 시동키를 작동했지만 기동 모터가 회전하지 않아 점검하려고 한다. 점검 내용으로 틀린 것은?

① 배터리 방전상태 확인
② 인젝션 펌프 솔레노이드 점검
③ 배터리 터미널 접촉 상태 확인
④ ST회로 연결 상태 확인

해설 인젝션 펌프 솔레노이드 스위치는 연료를 전자석으로 차단 또는 연결하는 역할을 한다.

16 기관에서 예열 플러그의 사용 시기는?

① 축전지가 방전 되었을 때
② 축전지가 과충전 되었을 때
③ 기온이 낮을 때
④ 냉각수의 양이 많을 대

해설 기관에서 예열플러그는 기온이 낮을 때 사용해야 한다.

17 축전지의 온도가 내려갈 때 발생 되는 현상이 아닌 것은?

① 비중이 상승한다.
② 전류가 커진다.
③ 용량이 저하한다.
④ 전압이 저하된다.

해설 축전지의 온도가 내려간다 해도 전류에는 거의 변화하지 않는다.

18 납산 배터리의 전해액을 측정하여 충전상태를 알 수 있는 게이지는?

① 그로울러 테스터   ② 압력계
③ 비중계   ④ 스러스트 게이지

해설 전해액의 농도는 배터리의 방전 전기량에 비례하여 변환되므로 비중계로 전해액의 비중을 측정함으로써 배터리의 방전상태를 알 수 있다.

19 굴착기에서 매 1000시간마다 점검, 정비해야 할 항목으로 맞지 않는 것은?

① 작동유 배수 및 여과기교환
② 어큐뮬레이터 압력점검
③ 주행감속기 기어의 오일교환
④ 발전기, 기동전동기 점검

해설 굴착기에서 매 1000시간마다 점검 정비해야 할 항목으로는 에어크리너청소, 유압류, 리턴, 석션, 기어오일교환 등이다.

2011 기출문제

20 기계식 변속기의 클러치에서 릴리스 베어링과 릴리스 레버가 분리되어 있을 때로 맞는 것은?
① 클러치가 연결되어 있을 때
② 접촉하면 안 되는 것으로 분리되어 있을 때
③ 클러치가 분리되어 있을 때
④ 클러치가 연결, 분리할 때

해설 클러치에서 릴리스 베어링과 릴리스 레버가 분리되어 있으면 클러치 페달을 밟지 않은 상태이기 때문에 클러치가 연결되어 있는 것이다.

21 굴착기에 아워미터(시간계)의 설치 목적이 아닌 것은?
① 가동시간에 맞추어 예방정비를 한다.
② 가동시간에 맞추어 오일을 교환한다.
③ 각 부위 주유를 정기적으로 하기 위해 설치되었다.
④ 하차 만료 시간을 체크하기 위하여 설치되었다.

해설 굴착기의 아워미터(시간계)는 굴착기가 가동된 시간을 알 수 있도록 하여 하차 만료 시간을 체크하기 위하여 설치된 것이다.

22 크레인 주행 중 유의사항으로 틀린 것은?
① 크레인을 주행할 때는 반드시 선회 로크를 고정시킨다.
② 트럭 크레인, 휠 크레인 등을 주차할 경우 반드시 주차 브레이크를 걸어둔다.
③ 언덕길을 오를 때는 붐을 가능한 세운다.
④ 고압선 아래를 통과할 때는 충분한 간격을 두고 신호자의 지시에 따른다.

해설 크레인 주행 중 언덕길을 오를 때 붐을 세운 상태에서 주행하면 사고 날 위험성이 크다.

23 모터 그레이더에서 앞바퀴를 좌·우로 경사시킨 경우 바퀴의 중심선이 수평면과 이루는 각도는?
① 탠덤 드라이브 각도   ② 블레이드 추진 각도
③ 블레이드 절삭 각도   ④ 리닝 각도

해설 리닝 장치: 그레이더는 차동 기어장치가 없어 선회할 때 회전 반경이 커지는 결점을 보완하기 위하여 앞바퀴를 경사시켜 주며, 좌우 20~30° 정도 경사시킨다. 리닝 장치를 설치한 목적은 회전반경을 작게 하기 위한 것이다.

24 무한궤도식 건설기계에서 트랙의 구성품으로 맞는 것은?
① 슈, 조인트, 스프로킷, 핀, 슈볼트
② 스프로킷, 트랙롤러, 상부롤러 아이롤러
③ 슈, 스프로킷, 하부롤러, 상부롤러, 감속기
④ 슈, 슈볼트, 링크, 부싱, 핀

해설 무한궤도식 건설기계에서 트랙의 구성품은 링크, 핀, 부싱, 슈, 슈핀, 슈볼트 등이다.

25 타이어식 건설기계의 증감속 장치에서 열이 발생 하고 있을 때 원인으로 틀린 것은?
① 윤활유의 부족
② 오일의 오염
③ 증감속 기어의 접촉상태 불량
④ 증감속기 하우징 볼트의 과도한 조임

해설 증감속기 하우징 볼트의 과도한 조임은 타이어식 건설기계의 증감속 장치에서 열이 발생 하고 있을 때 원인과는 관련이 없다.

26 지게차를 작업용도에 따라 분류할 때 원추형 화물을 조이거나 회전시켜 운반 또는 적재하는 데 적합한 것은?
① 힌지드 버킷
② 힌지드 포크
③ 로테이팅 클램프
④ 로드 스태빌라이져

해설 ① 힌지드 버킷: 소금, 설탕, 모래 등 흘러내리기 쉬운 화물의 운반용이다.
② 힌지드 포크: 백 레스트와 별도로 포크를 상하방향으로 기울일 수 있는 부속장치이다.(포크만 상하로 움직임)
④ 로드 스태빌라이져: 포크위의 화물을 누르는 장치이다.

27 건설기계의 구조 변경 범위에 속하지 않는 것은?
① 건설기계의 길이, 너비, 높이 변경
② 적재함의 용량 증가를 위한 변경
③ 조종장치의 형식 변경
④ 수상작업용 건설기계 선체의 형식변경

해설 건설기계의 구조 변경 범위
• 원동기의 형식변경
• 전동창치의 형식변경
• 제동장치의 형식변경
• 주행장치의 형식변경
• 유압장치의 형식변경
• 조종장치의 형식변경
• 작업장치의 형식변경(다만, 가공작업을 수반하지 아니하고 작업장치를 선택 부착하는 경우는 제외)
• 건설기계의 길이·너비·높이 등의 변경
• 수상작업용 건설기계의 선체의 형식변경
*적재함의 용량증가는 구조변경불가사항에 들어간다.

28 도로교통법상 안전표지의 종류가 아닌 것은?
① 주의표지   ② 규제표지
③ 안심표지   ④ 보조표지

해설 안전표지: 교통안전에 필요한 주의·규제·지시·안내·보조 등을 표시하는 표지판 또는 도로의 바닥에 표시하는 기호나 문자 또는 선 등을 말한다.

2011 기출문제

29 출발지 관할 경찰서장이 안전기준을 초과하여 운행할 수 있도록 허가하는 사항에 해당하지 않는 것은?

① 적재중량　　　　② 운행속도
③ 승차인원　　　　④ 적재용량

해설 출발지 관할 경찰서장이 안전기준을 초과하여 운행할 수 있도록 허가하는 사항에는 승차정원, 적재용량, 적재중량이 해당한다.

30 주차 및 정차 금지 장소는 건널목의 가장자리로부터 몇 미터 이내인 곳인가?

① 5m　　　　② 10m
③ 20m　　　　④ 30m

해설 주차 및 정차 금지 장소는 건널목의 가장자리로부터 10m 이내인 곳이다.

31 교통사고로 인하여 사람을 사상하거나 물건을 손괴하는 사고가 발생했을 때 우선 조치사항으로 가장 적합한 것은?

① 사고 차를 견인 조치한 후 승무원을 구호하는 등 필요한 조치를 취해야 한다.
② 사고 차를 운전한 운전자는 물적 피해 정도를 파악하여 즉시 경찰서로 가서 사고 현황을 신고한다.
③ 그 차의 운전자는 즉시 경찰서로 가서 사고와 관련된 현황을 신고 조치한다.
④ 그 차의 운전자나 그 밖의 승무원은 즉시 정차하여 사상자를 구호하는 등 필요한 조치를 취해야 한다.

해설 '차의 교통으로 인하여 사람을 사상하거나 물건을 손괴한 때에는 그 차의 운전자 그 밖의 승무원은 곧 정차하여 사상자를 구호하는 등 필요한 조치를 하여야 한다.' 라고 규정하고 있다.

32 5톤 미만의 불도저의 소형건설기계 조종실습 시간은?

① 6시간　　　　② 10시간
③ 12시간　　　　④ 16시간

해설 5톤 미만의 불도저의 소형건설기계 조종실습 시간은 16시간이다.

33 차마의 통행방법으로 도로의 중앙이나 좌측부분을 통행할 수 있는 경우로 가장 적합한 것은?

① 교통 신호가 자주 바뀌어 통행에 불편을 느낄 때
② 과속 방지턱이 있어 통행에 불편할 때
③ 차량의 혼잡으로 교통소통이 원활 하지 않을 때
④ 도로의 파손, 도로공사 또는 우측 부분을 통행할 수 없을 때

해설 차마의 통행방법으로 도로의 중앙이나 좌측부분을 통행할 수 있는 경우
• 도로가 일방통행인 경우
• 도로의 파손, 도로공사나 그 밖의 장애 등으로 도로의 우측부분을 통행할 수 없는 경우
• 도로의 우측부분의 폭이 6m가 되지 않는 도로에서 다른 차를 앞지르려는 경우.

34 타이어식 건설기계의 좌석 안전띠는 속도가 최소 몇 km/h 이상일 때 설치하여야 하는가?

① 10km/h　　　　② 30km/h
③ 40km/h　　　　④ 50km/h

해설 타이어식 건설기계의 좌석 안전띠는 속도가 최소 30km/h 이상일 때 설치 의무사항이 된다.

35 건설기계를 등록할 때 필요한 서류에 해당하지 않는 것은?

① 건설기계제작증
② 수입연장
③ 매수증서
④ 건설기계검사증 등본원부

해설 건설기계를 등록할 때 필요한 서류
• 건설기계제작증(국내제작의 경우에 한한다.)
• 수입면장 또는 수입사실증명서(수입의 경우에 한한다.)
• 건설기계등록원부등본(등록말소된 건설기계의 경우에 한한다.)
• 매수증서(관청으로부터 매수한 건설기계의 경우에 한한다.)
• 건설기계제원표
• 양도를 증명하는 서류 및 양도인의 인감증명서(신청인이 제2호 내지 제4호의 서류상의 소유자와 다를 경우에 한한다.)
• 보험가입증명서류(자동차손해배상보장법시행령 제2조의 규정에 의한 건설기계에 한한다.)

36 검사소에서 검사를 받아야 할 건설기계 중 최소기준으로 축 중이 몇 톤을 초과하면 출장검사를 받을 수 있는가?

① 5t　　　　② 10t
③ 15t　　　　④ 20t

해설 검사소에서 검사를 받아야 할 건설기계 중 최소기준으로 축 중이 10t을 초과하면 출장검사를 받을 수 있다.

37 유압회로에서 역류를 방지하고 회로 내의 잔류압력을 유지하는 밸브는?

① 체크 밸브
② 셔틀 밸브
③ 매뉴얼 밸브
④ 스로틀 밸브

해설 ② 셔틀 밸브: 두 개 이상의 입구와 한 개의 출구가 설치되어 있으며, 출구가 최고 압력의 입구를 선택하는 기능을 가진 밸브를 말한다.
③ 매뉴얼 밸브: 운전석에 설치되어 있는 시프트 레버(변속 레버)에 의해 작동되는 수동용 밸브로서, 오일 라인에 압력을 P, R, N, D, 2, L 레인에 따라 작동 부분에 유도된다.
④ 스로틀 밸브: 자동차에서 엔진에 유입되는 공기의 양을 조절해 주는 밸브이다.

38 자동 회로를 설치한 유압기기에서 속도가 나지 않는 다면, 그 이유로 가장 적합한 것은?

① 회로 내에 감압밸브가 작동하지 않을 때
② 회로 내에 관로의 직경차가 있을 때
③ 회로 내에 바이패스 통로가 있을 때
④ 회로 내에 압력손실이 있을 때

해설 자동 회로를 설치한 유압기기에서 속도가 나지 않는 다면 그것은 회로 내에 압력손실이 있을 때이다.

39 유압실린더에서 실린더의 과도한 자연낙하현상이 발생하는 원인으로 가장 거리가 먼 것은?

① 컨트롤밸브 스풀의 마모
② 릴리프 밸브의 조정 불량
③ 작동압력이 높을 때
④ 실린더 내의 피스톤 실(seal)의 마모

해설 유압 실린더에서 실린더의 과도한 자연 낙하 현상은 기계적인 결함에 의해 일어나는 것이므로 작동 압력과는 상관이 없다.

40 유압 작동부에서 오일이 새고 있을 때 가장 먼저 점검해야 하는 것은?

① 밸브(valve)
② 기어(gear)
③ 플런저(plunger)
④ 실(seal)

해설 ① 밸브(valve): 관로의 도중이나 용기에 설치하여, 유체의 유량·압력 등의 제어를 하는 장치이다.
② 기어(gear): 한쌍의 원통과 원뿔에 이를 만들어 서로 맞물려 운동을 전달하는 기계 요소이다.
③ 플런저(plunger): 피스톤과 같이 실린더의 조합에 의하여 유체의 압축이나 압력의 전달에 사용하는, 전체 길이에 걸쳐 단면이 일정하게 만들어진 기계 부품이다.

41 그림의 유압 기호는 무엇을 표시하는가?

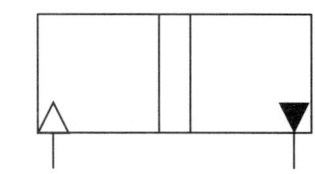

① 공기유압변환기
② 증압기
③ 측매컨버터
④ 어큐뮬레이터

42 액추에이터를 순서에 맞추어 작동시키기 위하여 설치밸브는?

① 메이크업 밸브(make up valve)
② 리듀싱 밸브(reducing valve)
③ 시퀀스 밸브(sequence valve)
④ 언로우드 밸브(unloading valve)

해설 ① 메이크업 밸브: 메인 유압 펌프에서 송출되는 오일의 양보다 액추에이터의 작동 속도가 빠를 때 회로 내에 진공이 형성되어 캐비테이션 현상이 발생되므로, 부족한 오일을 공급하여 캐비테이션 현상을 방지하는 밸브이다.
② 리듀싱 밸브: 기체·액체를 통과시킬 때 밸브 입구의 압력을 일정 압력까지 감압해서 출구로 보내는 밸브로서, 벨로스나 다이어 프램에 가해지는 압력과 스프링의 장력 등에 의해 밸브가 개폐된다. 고압유체의 압력을 낮추거나 정압력으로 유지할 때 사용한다.
④ 언로우드 밸브: 계통의 압력을 일정범위 내에서 유지하는 밸브이다.

43 밀폐된 용기 내의 액체 일부에 가해진 압력은 어떻게 전달되는가?

① 유체 각 부분에 다르게 전달된다.
② 유체 각 부분에 동시에 같은 크기로 전달된다.
③ 유체의 압력이 돌출 부분에서 더 세게 작용 된다.
④ 유체의 압력이 홈 부분에서 더 세게 작용 된다.

해설 밀폐된 용기 안에 있는 액체의 일부에 가해진 압력은 유체의 압력이 홈 부분에서 더 세게 작용 된다.

44 유압 모터의 장점이 될 수 없는 것은?

① 소형 경량으로서 큰 출력을 낼 수 있다.
② 공기와 먼지 등이 침투하여도 성능에는 영향이 없다.
③ 변속, 역전의 제어도 용이하다.
④ 속도나 방향의 제어가 용이하다.

해설 • 유압 모터의 장점
 − 조작하는 힘이 강하며 작동이 확실하다.
 − 자동 원격조작이 가능하다.
 − 속도의 조정과 정지·역전 등이 쉽다.
• 유압 모터의 단점: 압력이 내려가고, 너무 긴 배관을 할 수 없는 점 등이 있다.

45 유압 오일 내에 기포(거품)가 형성되는 이유로 가장 적합한 것은?

① 오일 속의 이물질 혼입
② 오일의 열화
③ 오일 속의 공기 혼입
④ 오일의 누설

해설 유압 오일 내에 기포(거품)가 형성되는 이유는 오일 속의 공기 혼입되었기 때문이다.

46 유압 펌프의 종류별 특징을 바르게 설명한 것은?

① 나사 펌프: 진동과 소음의 발생이 심하다.
② 피스톤 펌프: 내부 누설이 많아 효율이 낮다.
③ 기어 펌프: 구조가 복잡하고 고압에 적당하다.
④ 베인 펌프: 토출 압력의 연동이 적고 수명이 길다.

해설 ① 나사 펌프: 나사봉을 회전시켜 유체를 운반하는 펌프이다.
② 피스톤 펌프: 피스톤의 왕복 운동으로 흡수 및 배출을 하는 펌프이다.
③ 기어 펌프: 2개의 기어를 맞물리게 하여 기어의 이와 이의 공간에 갇힌 유체를 기어의 회전에 의하여 케이싱 내면을 따라 보내게 되어 있는 펌프이다.

2011 기출문제

47 산업안전보건상 근로자의 의무사항으로 틀린 것은?

① 위험한 장소에는 출입금지
② 위험상황 발생 시 작업 중지 및 대피
③ 보호구 착용
④ 사업장의 유해, 위험요인에 대한 실태 파악 및

해설 사업장의 유해, 위험요인에 대한 실태를 파악하는 것은 사업주가 해야 하는 것이다.

48 안전작업 측면에서 장갑을 착용하고 해도 가장 무리 없는 작업은?

① 드릴 작업을 할 때
② 건설현장에서 청소 작업을 할 때
③ 해머 작업을 할 때
④ 정밀기계 작업을 할 때

해설 ① 드릴 작업을 할 때 장갑을 착용하고 작업을 하면 장갑이 드릴에 말려 들어가 크게 다치는 일이 종종 생긴다.
③ 해머 작업을 할 때 장갑을 착용하면 미끄러워서 잘못하면 해머가 날아갈 위험이 있다.
④ 정밀기계 작업을 할 때 장갑을 착용하고 작업을 하면 장갑이 회전하는 기계에 말려 들어갈 위험이 있다.

49 동력 전동장치에서 가장 재해가 많이 발생할 수 있는 것은?

① 기어   ② 커플링
③ 벨트   ④ 차축

해설 벨트를 풀리에 걸 때 작업자의 소매 또는 장갑 등이 끌려들어가는 안전사고가 종종 일어난다.

50 감전되거나 전기화상을 입을 위험이 있는 곳에서 작업 시 작업자가 착용해야 할 것은?

① 구명구   ② 보호구
③ 구명조끼   ④ 비상벨

해설 ① 구명구: 물에 빠진 사람을 구조하는 데 쓰는 기구
③ 구명조끼: 물에 빠져도 몸이 뜰 수 있도록 만든 조끼
④ 비상벨: 화재나 기타 비상사태를 알리기 위하여 울리는 벨

51 벨트를 풀리에 걸 때 가장 올바른 방법은?

① 회전을 정지시킨 후
② 저속으로 회전할 때
③ 중속으로 회전할 때
④ 고속으로 회전할 때

해설 벨트를 풀리에 걸 때 작업자의 소매 또는 장갑 등이 끌려들어가는 안전사고가 종종 일어나기 때문에 회전을 중지한 상태에서 걸어주어야 한다.

52 산업안전보건표지의 종류에서 지시표시에 해당하는 것은?

① 차량통행금지
② 고온경고
③ 안전모착용
④ 출입금지

해설 지시표시: 보안경착용, 방독마스크착용, 방진마스크착용, 보안면착용, 안전모착용, 귀마개착용, 안전화착용, 안전장갑착용, 안전복착용

53 스패너를 사용할 때의 주의사항들이다. 안전에 어긋나는 점은?

① 너트에 스패너를 깊이 물리고, 조금씩 앞으로 당기는 식으로 풀고 조인다.
② 해머 대용으로 사용한다.
③ 스패너를 해머로 두드리지 않는다.
④ 좁은 장소에서는 몸의 일부를 충분히 기대고 작업한다.

해설 스패너를 사용할 때의 주의사항
  • 해머대용으로 쓰지 말 것.
  • 너트와 꼭 맞게 사용할 것.
  • 조금씩 돌릴 것.
  • 벗겨져도 손을 다치거나 넘어지지 않는 자세를 취할 것
  • 작은 볼트에 너무 큰 몽키렌치를 쓰지 말 것.
  • 스패너에 파이프를 끼우거나 해머로 두들겨서 돌리지 말 것.
  • 몸 앞으로 잡아당길 것.
  • 스패너와 너트 사이에 물림쇠를 끼우지 말 것.

54 작업장에서 일상적인 안전 점검의 가장 주된 목적은?

① 시설 및 장비의 설계 상태를 점검한다.
② 안전작업 표준의 적합 여부를 점검한다.
③ 위험을 사전에 발견하여 시정한다.
④ 관련법에 적합 여부를 점검하는데 있다.

해설 작업장에서 일상적인 안전 점검의 가장 주된 목적은 위험을 사전에 발견하여 시정하는데 있다.

55 드릴머신으로 구멍을 뚫을 때 일감 자체가 가장 회전하기 쉬운 때는 어느 때 인가?

① 구멍을 처음 뚫기 시작할 때
② 구멍을 중간 쯤 뚫었을 때
③ 구멍을 처음 뚫기 시작할 때와 거의 뚫었을 때
④ 구멍을 거의 뚫었을 때

해설 드릴머신으로 구멍을 뚫을 때 일감 자체가 가장 회전하기 쉬운 때는 구멍을 거의 뚫었을 때이다.

56 소화 작업 시 적합하지 않은 것은?
① 화재가 일어나면 화재 경보를 한다.
② 배선의 부근에 물을 뿌릴 때에는 전기가 통하는지 여부를 확인 후에 한다.
③ 가스 밸브를 잠그고 전기 스위치를 끈다.
④ 카바이드 및 유류에는 물을 뿌린다.

해설 소화 작업 시 카바이드 및 유류에는 소화기를 뿌려야 한다.

57 관련법상 도로 굴착자가 가스배관 매설위치를 확인 시 인력굴착을 실시하여야 하는 범위로 맞는 것은?
① 가스배관의 보호판이 육안으로 확인되었을 때
② 가스배관의 주위 0.5m 이내
③ 가스배관의 주위 1m 이내
④ 가스배관이 육안으로 확인될 때

해설 가스 배관의 좌우 1m 이내의 부분은 인력으로 굴착하여야 한다.

58 도로 굴착자가 굴착 공사 전에 이행할 사항에 대한 설명으로 옳지 않은 것은?
① 도면에 표시된 가스배관과 기타 저장물 매설 유무를 조사하여야 한다.
② 조사된 자료로 시험굴착위치 및 굴착개소 등을 정하여 가스배관 매설위치를 확인하여야 한다.
③ 위치 표시용 페인트와 표지판 및 황색 깃발 등을 준비하여야 한다.
④ 굴착 용역회사의 안전관리자가 지정하는 일정에 시험 굴착을 수립하여야 한다.

해설 도로 굴착자가 굴착 공사 전에 이행할 사항
• 도면에 표시된 가스 배관과 기타 저장물 매설 유무를 조사하여야 한다.
• 조사된 자료로 시험 굴착위치 및 굴착 개소 등을 정하여 가스 배관 매설위치를 확인하여야 한다.
• 도시가스 사업자와 일정을 협의하여 시험 굴착 계획을 수립하여야 한다.
• 위치 표시용 페인트와 표지판 및 황색 깃발 등을 준비하여야 한다.

59 다음 중 감전재해의 요인이 아닌 것은?
① 충전부에 직접 접촉하거나 안전거리 이내 접근 시
② 절연 열화·손상·파손 등에 의해 누전된 전기기기 등에 접촉 시
③ 작업 시 절연장비 및 안전장구 착용
④ 전기 기기 등의 외함과 대지 간의 정전용량에 의한 전압 발생부분 접촉 시

해설 작업 시 절연장비 및 안전장구 착용은 작업 중 감전재해가 일어날 것을 방지하기 위해 착용하는 것이다.

60 굴착기, 지게차 및 불도저가 고압전선에 근접, 접촉으로 인한 사고 유형이 아닌 것은?
① 화재 ② 화상
③ 휴전 ④ 감전

해설 건설기계가 고압 전선에 근접 접촉으로 인한 사고 유형에는 감전, 화재, 화상 등이다.

정답

1	2	3	4	5	6	7	8	9	10
②	②	②	②	②	④	①	②	③	③
11	12	13	14	15	16	17	18	19	20
①	④	④	③	②	③	②	③	①	①
21	22	23	24	25	26	27	28	29	30
④	③	④	④	④	③	②	③	②	②
31	32	33	34	35	36	37	38	39	40
④	④	④	④	②	④	②	④	③	④
41	42	43	44	45	46	47	48	49	50
①	③	④	③	④	②	④	④	③	④
51	52	53	54	55	56	57	58	59	60
①	③	②	③	④	④	③	④	③	③

굴착기운전기능사

상시검정 예상문제

상시검정 예상문제(1)
상시검정 예상문제(2)
상시검정 예상문제(3)
상시검정 예상문제(4)
상시검정 예상문제(5)
상시검정 예상문제(6)
상시검정 예상문제(7)
상시검정 예상문제(8)
상시검정 예상문제(9)
상시검정 예상문제(10)
상시검정 예상문제(11)
상시검정 예상문제(12)
상시검정 예상문제(13)
상시검정 예상문제(14)
상시검정 예상문제(15)

상시검정 예상문제(1)

굴착기운전기능사

01 윤활유의 점도가 너무 높은 것을 사용했을 때의 설명으로 맞는 것은?
① 좁은 공간에 잘 침투하므로 충분한 주유가 된다.
② 엔진 시동을 할 때 필요 이상의 동력이 소모 된다.
③ 점차 묽어지기 때문에 경제적이다.
④ 겨울철에 특히 사용하기 좋다.

해설 윤활유의 점도가 너무 높은 것을 사용했을 때
• 동력손실이 증가하므로 기계효율이 떨어진다.
• 유동저항이 증대하고, 압력손실이 증가한다.
• 유압작용이 활발하지 못하게 된다.
• 내부마찰이 증가하고, 상승한다.

02 디젤기관에서 타이머의 역할로 가장 적합한 것은?
① 분사량 조절
② 자동변속 단(저속~고속)조절
③ 연료 분사시기 조절
④ 기관속도 조절

해설 디젤기관의 타이머는 회전속도에 의한 분사시기를 바꾸어주는 장치이다.

03 기관에서 피스톤링의 작용으로 틀린 것은?
① 기밀 작용　　② 완전 연소 억제작용
③ 오일제어 작용　　④ 열전도 작용

해설 기관에서 피스톤링의 작용
• 기밀유지(밀봉)작용-압축 링의 주작용
• 오일제어(실린더 벽의 오일 긁어내기)작용-오일링의 주작용
• 열전도(냉각)작용

04 기관에서 윤활유 사용목적으로 틀린 것은?
① 발화성을 좋게 한다.
② 마찰을 적게 한다.
③ 냉각작용을 한다.
④ 실린더 내의 밀봉작용을 한다.

해설 기관에서 윤활유 사용목적
• 기계의 마찰 부분에 유막을 형성함.
• 마찰을 적게 함.
• 기계가 마모되는 것을 방지함.
• 기계 효율을 적게 함.
• 냉각 작용을 함.

05 건설기계 운전 중 엔진보조를 하다가 시동이 꺼졌다. 그 원인이 아닌 것은?
① 연료필터 막힘
② 연료에 물 혼입
③ 분사노즐이 막힘
④ 연료장치의 오프플로 호스 파손

해설 연료장치의 오프플로 호스 파손은 연료장치 내에서 연료의 압력이 일정 이상이면 연료를 연료 탱크로 되돌려 보낸다.

06 냉각수 순환용 물 펌프가 고장 났을 때 기관에 나타날 수 있는 현상으로 가장 적합한 것은?
① 기관과열
② 시동 불능
③ 축전지의 비중 저하
④ 발전기 작동 불능

해설 냉각수 순환용 물 펌프가 하는 일은 강제 순환식으로 고장이 나면 즉각 온도가 상승하여 과열이 되는 주요 요인이 된다.

07 엔진에서 오일의 온도가 상승 되는 원인이 아닌 것은?
① 과부하 상태에서 연속작업
② 오일 냉각기의 불량
③ 오일의 점도가 부적당할 때
④ 유량의 과다

해설 엔진에서 오일의 온도가 상승 되는 원인
• 과부하 상태에서 연속 작업할 때
• 유압회로에서 유압손실이 클 때
• 오일 냉각기가 불량할 때
• 고열의 물체에 작동유가 접촉될 때
• 오일의 점도가 부적당할 때

08 디젤기관에서 조속기의 기능으로 맞는 것은?
① 분사량 조정　　② 분사시기 조정
③ 부하량 조정　　④ 부하시기 조정

해설 조속기: 기관의 조리개 밸브 또는 연료의 분사량을 조절해 기관의 속도를 제어한다.

예상문제(1)

09 과급기를 부착하였을 때의 이점이 아닌 것은?

① 고지대에서도 출력의 감소가 적다.
② 회전력이 증가한다.
③ 기관출력이 향상된다.
④ 압축온도의 상승으로 착화지연시간이 길어진다.

해설 과급기를 부착하였을 때는 회전력이 증가하고, 회전력이 증가하며 고지대에서도 출력의 감소가 적은 이점이 있다.

10 엔진오일 교환 후 압력이 높아졌다면 그 원인으로 가장 적절한 것은?

① 엔진오일 교환 시 냉각수가 혼입되었다.
② 오일의 점도가 낮은 것으로 교환하였다.
③ 오일회로 내 누설이 발생하였다.
④ 오일 점도가 높은 것으로 교환하였다.

해설 오일의 점도가 낮을 경우엔 압력이 낮아지고, 오일의 점도가 높을 경우엔 압력이 높아진다.

11 크랭크 케이스를 환기하는 목적으로 가장 적합한 것은?

① 크랭크 케이스의 청소를 쉽게 하기 위하여
② 출력의 손실을 막기 위하여
③ 오일의 증발을 막으려고
④ 오일의 슬러지 형성을 막으려고

해설 크랭크 케이스를 환기하는 목적은 오일의 슬러지 형성을 막기 위함이다.

12 기관의 부하에 따라 자동적으로 분사량을 가감하여 최고 회전속도를 제어하는 것은?

① 플런저 펌프   ② 캠축
③ 거버너   ④ 타이머

해설 ① 플런저 펌프: 용적형의 왕복식 펌프로 원통형의 실린더 내에 플런저(봉이 달린 피스톤)를 왕복 운동시켜 실린더 내부의 물을 송출하는 펌프를 말한다.
② 캠축: 캠이 장착되어 있는 축, 즉 원운동에 의하여 캠을 회전시키는 축을 캠축이라 한다.
④ 타이머: 설정된 시간이 경과하면 스위치를 개폐하고 리셋되는 장치로, 용도에 따라 여러 종류가 있다.

13 기동 전동기의 시험 항목으로 맞지 않는 것은?

① 무부하 시험   ② 회전력 시험
③ 저항 시험   ④ 중부하 시험

해설 기동전동기의 시험 항목에는 무부하 시험, 회전력(토크) 시험, 저항 시험 등 3가지가 있다.

14 방향지시등의 한쪽 등 점멸이 빠르게 작동하고 있을 때, 운전자가 가장 먼저 점검하여야 할 곳은?

① 전구(램프)   ② 플래셔 유닛
③ 콤비네이션 스위치   ④ 배터리

해설 방향지시등의 한쪽 등 점멸이 빠르게 작동하고 있을 때에는 전구(램프)를 가장 먼저 점검해야 한다.

15 배터리의 충방전 작용은 다음 어떤 작용을 이용한 것인가?

① 발열작용   ② 자기작용
③ 화학작용   ④ 발광작용

해설 배터리의 충방전 작용은 화학작용을 이용한 것이다.

16 축전지 터미널에 부식이 발생하였을 때 나타나는 현상과 가장거리가 먼 것은?

① 기동 전동기의 회전력이 작아진다.
② 엔진 크랭킹이 잘 되지 않는다.
③ 전압강하가 발생된다.
④ 시동 스위치가 손상된다.

해설 축전지 터미널에 부식이 발생하면 엔진 크랭킹이 잘 되지 않고, 기동 전동기의 회전력이 작아지며 전압 강하가 발생된다.

17 시동장치에서 스타트 릴레이의 설치 목적과 관계없는 것은?

① 회로에 충분한 전류가 공급될 수 있도록 하여 크랭킹이 원활하게 한다.
② 키 스위치(시동스위치)를 보호한다.
③ 엔진 시동을 용이 하게 한다.
④ 축전지의 충전을 용이 하게 한다.

해설 스타트 릴레이의 클러치를 차단했을 때 작동되면 회로에 충분한 전류가 공급될 수 있도록 하여 크랭킹이 원활하게 하며 키 스위치를 보호한다.

18 자동차 AC발전기(Alternating Current Generator)의 다이오드가 하는 역할은?

① 전류를 조정하고 교류를 정류한다.
② 전압을 조정하고 교류를 정류한다.
③ 교류를 정류하고 역류를 방지한다.
④ 여자전류를 조정하고 역류를 방지한다.

해설 자동차 AC발전기의 다이오드는 교류를 정류하고 역류를 방지하는 역할을 한다.

상시검정 예상문제(1)

19 납산축전지를 충전할 때 화기를 가까이 하면 위험한 이유로 옳은 것은?

① 수소가스가 폭발성 가스이기 때문에
② 산소가스가 폭발성 가스이기 때문에
③ 수소가스가 조연성 가스이기 때문에
④ 산소가스가 인화성 가스이기 때문에

해설 납산축전지를 충전할 때 화기를 가까이 하면 위험한 이유는 수소가스가 폭발성 가스이기 때문이다.

20 굴착기로 작업할 때 주의사항으로 틀린 것은?

① 땅을 깊이 팔 때는 붐의 호스나 버킷실린더의 호스가 지면에 닿지 않도록 한다.
② 암석, 토사 등을 평탄하게 고를 때는 선회관성을 이용하면 능률적이다.
③ 암 레버의 조작 시 잠깐 멈췄다 움직이는 것은 펌프의 토출량이 부족하기 때문이다.
④ 작업 시는 실린더의 행정 끝에서 약간 여유를 남기도록 운전한다.

해설 굴착기: 지면의 토사 등을 굴삭하는 기계를 말한다. 토질, 토량, 지형, 공사의 종류, 기간 등에 따라 여러 가지가 있다. 굴삭하는 것 외에 짐을 싣는 작업도 한다.

21 무한궤도식 리코일 스프링을 이중스프링으로 사용하는 이유로 가장 적합한 것은?

① 강한 탄성을 얻기 위해
② 서징 현상을 줄이기 위해
③ 스프링이 잘 빠지지 않게 하기 위해
④ 강력한 힘을 측정하기 위해

해설 무한궤도식 리코일 스프링을 이중스프링으로 사용하는 이유는 서징 현상을 줄이기 위해서이다.

22 다음 중 직진 주행용 페달이 장착된 굴착기에서 사용되는 모드가 아닌 것은 어느 것인가?

① 암 우선 모드 ② 미세 조종 모드
③ 스윙 우선 모드 ④ 붐 우선 모드

해설 직진 주행용 페달이 장착된 굴착기에서 사용되는 모드는 붐, 암, 스윙 모드를 지원한다.

23 자동변속기의 메인압력이 떨어지는 이유가 아닌 것은?

① 클러치판 마모 ② 오일 부족
③ 오일필터 막힘 ④ 오일펌프 내 공기 생성

24 타이어식 건설기계 정비에서 토인에 대한 설명으로 틀린 것은?

① 토인은 반드시 직진 상태에서 측정해야 한다.
② 토인은 직진성을 좋게 하고 조향을 가볍도록 한다.
③ 토인은 좌·우 앞바퀴의 간격이 앞보다 뒤가 좁은 것이다.
④ 토인 조정이 잘못되었을 때 타이어가 편 마모 된다.

해설 토인: 토인은 2개의 앞바퀴를 마치 안짱다리처럼 앞쪽이 약간 좁아져 안으로 향하고 있는 것을 말한다. 이렇게 함으로써 주행 때 직진성과 스티어링휠을 돌린 뒤의 복원성이 좋아진다.

25 유성기어 장치의 주요 부품으로 맞는 것은?

① 유성기어, 베벨기어, 선기어
② 선기어, 클러치기어, 헬리컬기어
③ 유성기어, 베벨기어, 클러치기어
④ 선기어, 유성기어, 링기어, 유성캐리어

해설 유성기어는 베벨기어가 없다.
헬리컬기어는 부품의 형식을 말하는 것이다.

26 공기브레이크에서 브레이크슈를 직접 작동시키는 것은?

① 릴레이 밸브 ② 브레이크 페달
③ 캠 ④ 유압

해설 ① 릴레이 밸브: 공기압식 자동 제어 장치에 있어서 플래퍼의 변위를 공기압으로 변환하여 신호로 하는데, 이 공기압의 범위가 좁고, 또한 노즐 배압은 공기의 절대량이 적어 큰 출력을 낼 수 없기 때문에 변화 범위를 넓혀 큰 출력을 낼 수 있도록 하기 위한 기구가 릴레이 밸브이다.
② 브레이크 페달: 운전자가 제동을 하기 위해 발로 조작하는 페달이다.
④ 유압: 기름을 가득채운 밀폐관계에 가압장치와 수압장치를 설치하여 구동 및 제어를 할 때 유압장치의 작동유에 가해지는 압력이다.

27 건설기계 등록자가 다른 시·도로 변경되었을 경우 해야 할 사항은?

① 등록사항 변경 신고를 하여야 한다.
② 등록이전 신고를 하여야 한다.
③ 등록증을 당해 등록처에 제출한다.
④ 등록증과 검사증을 등록처에 제출한다.

해설 건설기계 등록자가 다른 시·도로 변경되었을 때에는 등록 이전 신고를 하여야 한다.

상시검정 예상문제(1)

굴착기운전기능사

28 편도 4차로 일반도로에서 4차로가 버스 전용차로일 때 건설기계는 어느 차로로 통행하여야 하는가?

① 2차로   ② 3차로
③ 4차로   ④ 한가한 차로

해설 편도 4차로 일반도로에서 4차로가 버스 전용차로일 때 건설기계는 3차로로 통행을 하여야 한다.

29 굴착기로 작업을 하고 있을 때 계기판의 오일 경고등이 점등되었다면 우선적으로 조치해야 할 사항은?

① 엔진을 분해한다.
② 냉각수를 보충하고 운전한다.
③ 즉시 시동을 끄고 오일 계통을 점검한다.
④ 엔진오일을 교환하고 운전한다.

해설 계기판의 오일 경고등이 점등되었다는 것은 오일이 부족해져서 오일 압력이 감소해서이다. 이로 인해 윤활이 원활하지 않아 장치의 마모 또는 고장을 가져올 수 있으므로 즉시 시동을 끄고 오일 계통을 점검해 주어야 한다.

30 건설기계장비의 제동장치에 대한 정기검사를 면제 받고자 하는 경우 첨부하여야 하는 서류는?

① 건설기계매매업 신고서
② 건설기계대여업 신고서
③ 건설기계제동장치정비확인서
④ 건설기계 폐기업 신고서

해설 건설기계장비의 제동장치에 대한 정기검사를 면제 받고자하는 경우 건설기계 제동장치정비확인서를 첨부하여야 한다.

31 다음 중 3방향 도로명예고표지(일면식)의 설치방법으로 옳은 것은?

① 도로의 교차지점으로부터 전방 10~30m 지점의 오른쪽 길옆에 편지식으로 설치한다.
② 도로의 교차지점으로부터 전방 100~300m 지점의 오른쪽 길옆에 편지식으로 설치한다.
③ 도로의 교차지점으로부터 전방 10~30m 지점의 오른쪽 길옆에 일면식으로 설치한다.
④ 도로의 교차지점으로부터 전방 100~300m 지점의 오른쪽 길옆에 일면식으로 설치한다.

해설 3방향 도로명예고표지(일면식)의 설치방법은 도로의 교차지점으로부터 전방 100~300m 지점의 오른쪽 길옆에 일면식으로 설치한다.

32 보도와 차도가 구분된 도로에서 중앙선이 설치되어 있는 경우 차마의 통행방법으로 맞는 것은?

① 중앙선 좌측   ② 중앙선 우측
③ 좌우측 모두   ④ 보도의 좌측

해설 보도와 차도가 구분된 도로에서 중앙선이 설치되어 있는 경우 차마는 중앙선 우측으로 통행해야 한다.

33 다음 중 발파 등에 의하여 붕괴하기 쉬운 상태의 지반을 굴착할 때 굴착면의 적당한 기울기와 높이는?

① 기울기 1:1.5 이상, 높이 4m 미만
② 기울기 1:1.5 이하, 높이 4m 이상
③ 기울기 1:1 이하, 높이 2m 미만
④ 기울기 1:1 이상, 높이 2m 이상

해설 발파 등에 의해서 붕괴하기 쉬운 상태의 지반 및 매립하거나 반출시켜야 할 지반의 굴착면의 기울기는 1:1 이하 또는 높이는 2미터 미만으로 하여야 한다.

34 긴급 자동차의 우선통행에 관한 설명이 잘못된 것은?

① 소방자동차, 구급 자동차는 항시 우선권과 특례의 적용을 받는다.
② 긴급 용무 중일 때에만 우선 통행 특례의 적용을 받는다.
③ 우선특례의 적용을 받으려면 경광등을 켜고 경음기를 울려야 한다.
④ 긴급 용무임을 표시할 때는 제한속도 준수 및 앞지르기 금지, 끼어들기 금지 의무 등의 적용을 받지 않는다.

35 건설기계의 조종 중 과실로 100만원의 재산피해를 입힌 때 면허 처분 기준은?

① 면허 효력정지 7일
② 면허 효력정지 10일
③ 면허 효력정지 15일
④ 면허 효력정지 20일

해설 건설기계의 조종 중 과실로 100만원의 재산피해를 입힌 때 면허 처분 기준은 면허 효력정지 10일이다.

36 등록사항의 변경 또는 등록이전신고 대상이 아닌 것은?

① 소유자 변경
② 소유자의 주소지 변경
③ 건설기계의 소재지 변동
④ 건설기계의 사용본거지 변경

해설 건설기계의 소재지 변동은 등록사항의 변경 또는 등록이전신고 대상이 아니다.

37 가변 용량형 유압펌프의 기호표시는?

38 유압회로에서 유량제어를 통하여 작업속도를 조절하는 방식에 속하지 않는 것은?

① 미터 인(meter in) 방식
② 미터 아웃(meter out) 방식
③ 브리드 오프(bleed off) 방식
④ 브리드 온(bleed on) 방식

해설 ① 미터 인(meter in) 방식: 액추에이터의 입구측 관측에서 유량을 교축하여 작동 속도를 조절하는 방식이다.
② 미터 아웃(meter out) 방식: 액추에이터의 출구측 관로에서 유량을 교축하여 작동 속도를 조절하는 방식을 말한다.
③ 브리드 오프(bleed off) 방식: 액추에이터에 흐르는 유량의 일부를 탱크로 분기함으로써 작업 속도를 조절하는 방식을 말한다.

39 두 개 이상의 분기회로에서 실린더나 모터의 작동순서를 결정하는 자동제어 밸브는?

① 리듀싱밸브   ② 릴리프밸브
③ 시퀀스밸브   ④ 파일럿 첵밸브

해설 ① 리듀싱밸브: 유압 계통의 전체 유압 회로의 유압 릴리프 밸브로 조절하는 데 비해 특정의 일부 회로인 2차 회로의 유압을 감압 제어하는 기능을 가진 것이다.
② 릴리프밸브: 회로의 압력이 밸브의 설정 압력에 도달하면 유체의 일부 또는 전량을 배출시켜 회로 내의 압력을 설정치 이하로 유지하는 압력 제어 밸브로서, 1차 압력 설정용 밸브를 말한다.

40 유압유의 점도에 대한 설명으로 틀린 것은?

① 온도가 상승하면 점도는 저하된다.
② 점성의 점도를 나타내는 척도이다.
③ 온도가 내려가면 점도는 높아진다.
④ 점성계수를 밀도로 나눈 값이다.

41 유량 제어 밸브가 아닌 것은?

① 속도제어 밸브   ② 체크 밸브
③ 교축 밸브   ④ 급속배기 밸브

해설 유량 제어 밸브는 유압 회로에 있어서 유량을 제어하는 밸브로 종류로는 급속 배기 밸브, 속도 제어 밸브, 압력 보상형 유량 조절 밸브, 교축밸브 등이 있다.

42 축압기의 종류 중 공기 압축형이 아닌 것은?

① 스프링 하중식(spring loaded type)
② 피스톤식(piston type)
③ 다이어프램식(diaphragm type)
④ 블래더식(bladder type)

43 다음 중 액추에이터의 입구 쪽 관로에 설치한 유량제어밸브로 흐름을 제어하여 속도를 제어하는 회로는?

① 시스템 회로(system circuit)
② 블리도오프 회로(bled-off circuit)
③ 미터인 회로(meter-in circuit)
④ 미터아웃 회로(meter-out circuit)

해설 • 미터인 회로: 유압 회로에 있어서, 속도 제어의 기본 회로의 일종. 실린더로 유입하는 유량을 직접 제어한다.
• 미터아웃 회로: 유압 회로에 있어서 속도 제어의 기본 회로의 일종. 실린더로부터 유출하는 유량을 직접 제어한다.

44 일반적으로 유압장치에서 릴리프밸브가 설치되는 위치는?

① 펌프와 오일탱크 사이
② 여과기와 오일탱크 사이
③ 펌프와 제어밸브 사이
④ 실린더와 여과기 사이

45 유압의 기본회로에 속하지 않는 것은?

① 오픈회로(open circuit)
② 클로즈 회로(close circuit)
③ 탠덤 회로(tandem circuit)
④ 서지업 회로(surge up circuit)

46 유압 컨트롤 밸브 내에 스풀 형식의 밸브가 사용되는 이유는?

① 오일의 흐름 방향을 바꾸기 위해
② 계통 내의 압력을 상승시키기 위해
③ 축압기의 압력을 바꾸기 위해
④ 펌프의 회전방향을 바꾸기 위해

해설 유압 컨트롤 밸브 내에 스풀 형식의 밸브가 사용되는 이유는 오일의 흐름 방향을 바꾸기 위해서이다.

47 일반 수공구 사용 시 주의사항으로 틀린 것은?

① 용도 이외에는 사용하지 않는다.
② 사용 후에는 정해진 장소에 보관한다.
③ 수공구는 손에 잘 잡고 떨어지지 않게 작업한다.
④ 볼트 및 너트의 조임에 파이프렌치를 사용한다.

예상문제(1)

48 간단한 장비점검 및 수리를 위해 스패너를 사용하려고 한다. 맞는 것은?

① 스패너는 볼트, 너트에 관계없이 아무거나 사용한다.
② 크기가 맞지 않으면 쐐기를 박아서 사용한다.
③ 파이프를 스패너 자루에 끼워서 사용한다.
④ 스패너는 볼트, 너트에 맞는 것을 사용한다.

49 작업장에서 지켜야 할 준수 사항이 아닌 것은?

① 작업장에서는 급히 뛰지 말 것
② 불필요한 행동을 삼가 할 것
③ 공구를 전달할 경우 시간절약을 위해 가볍게 던질 것
④ 대기 중인 차량엔 고임목을 고여 둘 것

50 작업자에서 방진마스크를 착용해야 할 경우는?

① 소음이 심한 작업장
② 분진이 많은 작업장
③ 온도가 낮은 작업장
④ 산소가 결핍되기 쉬운 작업장

51 사고의 직접원인으로 가장 적합한 것은?

① 유전적인 요소
② 성격결함
③ 사회적 환경요인
④ 불안전한 행동 및 상태

52 크레인 인양 작업 시 줄 걸이 안전사항으로 적합하지 않는 것은?

① 신호자는 크레인운전자가 잘 볼 수 있는 안전한 위치에서 행한다.
② 2인 이상의 고리 걸이 작업 시에는 상호 간에 소리를 내면서 행한다.
③ 신호자는 원칙적으로 1인이다.
④ 권상 작업이 지면에 있는 보조자는 와이어로프를 손으로 꼭 잡아 하물이 흔들리지 않게 하여야 한다.

53 현장에서 작업자가 작업 안전상 꼭 알아두어야 할 사항은?

① 장비의 제원
② 종업원의 작업환경
③ 종업원의 기술정도
④ 안전 규칙 및 수칙

해설 현장에서 작업자는 안전 규칙 및 수칙을 반드시 숙지하고 있어야 한다.

54 크레인으로 인양 시 물체의 중심을 측정하여 인양하여야 한다. 다음 중 잘못된 것은?

① 형상이 복잡한 물체의 무게 중심을 확인한다.
② 인양 물체를 서서히 올려 지상 약 30cm지점에서 정지하여 확인한다.
③ 인양 물체의 중심이 높으면 물체가 기울 수 있다.
④ 와이어로프나 매달기용 체인이 벗겨질 우려가 있으면 되도록 높이 인양한다.

해설 크레인으로 인양 시 물체의 중심을 측정하여 인양하여야 하는데 와이어로프나 매달기용 체인이 벗겨질 우려가 있으므로 되도록 낮은 인양해야 한다.

55 동력 전동장치에서 가장 재해가 많이 발생할 수 있는 것은?

① 기어
② 커플링
③ 벨트
④ 차축

해설 동력 전동장치 중 벨트에서 재해가 가장 많이 발생한다.

56 가연성 액체, 유류 등 연소 후 재가 거의 없는 화재는 무슨 급별 화재인가?

① A급
② B급
③ C급
④ D급

해설 ① A급 화재: 연소 후 재를 남기는 종류의 화재로서 가장 일반적인 화재이며 나무, 종이 섬유 등의 가연물 화재가 이에 속함
③ C급 화재: 전기설비 등에서 발생하는 화재로서 수변전 설비, 전선로의 화재가 이에 속함
④ D급 화재: 금속 또는 금속분에서 발생하는 화재로서 이는 다른 화재에 비해 발생빈도는 높지 않으며 단체금속의 자연발화, 금속분에 의한 분진폭발 등의 화재가 이에 속함

57 154kV 가공 송전선로 주변에서 건설장비로 작업 시 안전에 관한 설명으로 맞는 것은?

① 건설 장비가 선로에 직접 접촉하지 않고 근접만 해도 사고가 발생 될 수 있다.
② 전력선은 피복으로 절연되어 있어 크레인 등이 접촉해도 단선되지 않는 이상 사고는 일어나지 않는다.
③ 1 회선은 3 가닥으로 이루어져 있으며. 1 가닥 절단 시에도 전력공급을 계속한다.
④ 사고 발시 복구공사비는 전력설비가 공공 재산임으로 배상하지 않는다.

58 지중전선로 중에 직접 매설식에 의하여 시설 할 경우에는 토관이 깊이를 최소 몇 m 이상으로 하여야 하는가? (단, 차량 및 기타 중량물의 압력을 받을 우려는 없는 장소)

① 0.6m
② 0.9m
③ 1.0m
④ 1.2m

해설 지중전선로 중에 직접 매설식에 의하여 시설 할 경우에는 토관의 깊이는 최소 0.6m이상으로 하여야 한다.

59 도시가스가 누출되었을 경우 폭발할 수 있는 조건으로 모두 맞는 것은?

[보기]
a. 누출된 가스의 농도는 폭발범위 내에 들어야 한다.
b. 누출된 가스에 불씨 등의 점화원이 있어야 한다.
c. 점화가 가능한 공기(산소)가 있어야 한다.
d. 가스가 누출되는 압력이 30kgf/cm² 이상 있어야 한다.

① a
② a, b
③ a, b, c
④ a, c, d

60 도로에서 파일 항타, 굴착작업 중 지하에 매설된 전력케이블 피복이 손상되었을 때 전력 공급에 파급되는 영향 중 가장 적합한 것은?

① 케이블이 절단되어도 전력공급에는 지장이 없다.
② 케이블은 외피 및 내부에 철그물망으로 되어있어 절대로 절단되지 않는다.
③ 케이블을 보호하는 관은 손상이 되어도 전력공급에는 지장이 없으므로 별도의 조치는 필요 없다.
④ 전력케이블에 충격 또는 손상이 가해지면 즉각 전력공급이 차단되거나 일정시일 경과 후 부식 등으로 전력공급이 중단될 수 있다.

정답

1	2	3	4	5	6	7	8	9	10
②	③	②	①	④	①	④	①	②	①
11	12	13	14	15	16	17	18	19	20
④	③	④	①	③	④	④	③	①	②
21	22	23	24	25	26	27	28	29	30
②	②	①	③	④	③	②	②	③	③
31	32	33	34	35	36	37	38	39	40
④	②	③	①	②	③	①	③	①	①
41	42	43	44	45	46	47	48	49	50
②	①	③	②	③	①	④	①	②	①
51	52	53	54	55	56	57	58	59	60
④	④	④	④	③	②	①	①	③	④

상시검정 예상문제(2)

굴착기운전기능사

01 기관에서 냉각계통으로 배기가스가 누설되는 원인에 해당되는 것은?

① 실린더 헤드 가스켓 불량 ② 매니폴더의 가스켓 불량
③ 워터펌프의 불량   ④ 냉각팬의 벨트 유격 과대

해설 기관에서 냉각계통으로 배기가스가 누설되는 원인은 실린더 헤드 가스켓 불량 때문이며 심한 경우에는 냉각수가 엔진 오일과 함께 섞이기도 한다.

02 기관 각 실린더에 공급되는 연료 분사량의 차이가 있을 때 발생하는 현상으로 가장 적합한 것은?

① 진동이 발생한다.
② 기관이 정지한다.
③ 회전속도가 급증한다.
④ 회전속도가 급감한다.

해설 기관 각 실린더에 공급되는 연료 분사량의 차이가 있을 경우 엔진에 필요한 적정연료량을 충분히 공급하지 못할 경우 엔진의 떨림 현상이 생겨 진동이 발생한다.

03 방열기에 물이 가득 차 있는데도 기관이 과열되는 원인으로 맞는 것은?

① 팬벨트의 장력이 세기 때문
② 사계절용 부동액을 사용했기 때문
③ 정온기가 열린 상태로 고장 났기 때문
④ 라디에이터의 팬이 고장이 났기 때문

해설 방열기에 물이 가득 차 있는데도 기관이 과열되는 원인으로는 라디에이터의 팬이 고장나면 냉각수를 냉각시키지 못해서이다.

04 밸브스템엔드와 로커암(태핏) 사이의 간극은?

① 스템 간극   ② 로커암 간극
③ 캠 간극   ④ 밸브 간극

해설 밸브간극은 밸브스템엔드와 로커암(태핏) 사이의 간극을 말하여 밸브 개폐시기에 큰 영향을 준다.

05 기관에서 캠축을 체인의 헐거움을 자동 조정하는 장치는?

① 댐퍼(damper)   ② 텐셔너(tensioner)
③ 서포트(support)   ④ 부시(bush)

해설 기관에서 캠축을 체인의 헐거움을 자동 조정하는 장치는 텐셔너이다.

06 보기에서 머플러(소음기)와 관련된 설명이 모두 올바르게 조합된 것은?

a. 카본이 많이 끼면 엔진이 과열되는 원인이 될 수 있다.
b. 머플러가 손상되어 구멍이 나면 배기음이 커진다.
c. 카본이 쌓이면 엔진 출력이 떨어진다.
d. 배기가스의 압력을 높여서 열효율을 증가시킨다.

① a, b, d   ② b, c, d
③ a, c, d   ④ a, b, c

해설 머플러(소음기)와 관련된 설명
• 카본이 많이 끼면 엔진이 과열되는 원인이 될 수 있다.
• 머플러가 손상되어 구멍이 나면 배기음이 커진다.
• 카본이 쌓이면 엔진 출력이 떨어진다.
• 머플러를 제거하면 배기음이 커진다.

07 디젤엔진에서 연료계통의 공기빼기 순서로 맞는 것은?

① 공기펌프 → 분사노즐 → 분사펌프
② 공기여과기 → 분사펌프 → 공급펌프
③ 공급펌프 → 연료여과기 → 분사펌프
④ 분사펌프 → 연료여과기 → 공급펌프

08 기관을 점검하는 요소 중 디젤기관과 관계없는 것은?

① 예열장치   ② 점화장치
③ 연료장치   ④ 압축장치

해설 점화장치: 가솔린기관에 있어서 실린더 내의 혼합기에 점화시키기 위한 장치이다.

09 디젤엔진의 연소실에는 연료가 어떤 상태로 공급되는가?

① 기화기와 같은 기구를 사용하여 연료를 공급한다.
② 노즐로 연료를 안개와 같이 분사한다.
③ 가솔린 엔진과 동일한 연료 공급펌프로 공급한다.
④ 액체 상태로 공급한다.

해설 디젤엔진의 연소실에는 노즐로 연료를 안개와 같이 분사한다.

상시검정 예상문제(2)

10 엔진오일량 점검에서 오일게이지에 상한선(full)과 하한선(low) 표시가 되어있을 때 가장 적합한 것은?

① 로우표시에 있어야 한다.
② 로우와 풀 표시 사이에서 로우에 가까이 있으면 좋다.
③ 로우 풀 표시 사이에서 풀 표시에 가까이 있으면 좋다.
④ 풀 표시 이상이 되어야 한다.

해설 엔진오일량 점검에서 오일게이지에 상한선(full)과 하한선(low) 표시가 되어있을 때 가장 적합한 것은 로우 풀 표시 사이에서 풀 표시에 가까이 있으면 좋다.

11 연료탱크의 연료를 분사펌프 저압부까지 공급하는 것은?

① 연료공급 펌프 ② 연료분사 펌프
③ 인젝션 펌프   ④ 로터리 펌프

해설 연료탱크의 연료를 분사펌프 저압부까지 공급하는 것은 연료공급 펌프이다.

12 동력을 전달하는 계통의 순서를 바르게 나타낸 것은?

① 피스톤 → 커넥팅로드 → 클러치 → 크랭크축
② 피스톤 → 클러치 → 크랭크축 → 커넥팅로드
③ 피스톤 → 크랭크축 → 커넥팅로드 → 클러치
④ 피스톤 → 커넥팅로드 → 크랭크축 → 클러치

13 교류발전기에서 스테로이드 코일에 발생한 교류는?

① 실리콘에 의해 교류로 정류되어 내부로 나온다.
② 실리콘에 의해 교류로 정류되어 외부로 나온다.
③ 실리콘 다이오드에 의해 교류로 정류시킨 뒤에 내부로 들어간다.
④ 실리콘 다이오드에 의해 직류로 정류시킨 뒤에 외부로 끌어낸다.

해설 스테이터 코일에서 발생한 교류는 엔드 프레임에 설치되어 있는 정류기(실리콘 다이오드)에 의해 직류로 정류된 다음 외부로 공급된다.

14 기동 전동기의 전기자 코일에 항상 일정한 방향으로 전류가 흐르도록 하기 위해 설치한 것은?

① 다이오드 ② 로터
③ 정류자   ④ 슬립링

해설 ① 다이오드: 반도체의 기본적인 요소로 단자의 한쪽 방향을 애노드(양극), 다른 한쪽 방향을 캐소드(음극)라고 부르며, 전류는 애노드에서 캐소드 방향으로만 흐른다.
② 로터: 디스크나 테이프에 저장된 목적 프로그램을 읽어서 주기억 장치에 올린 다음 수행시키는 프로그램이다.
④ 슬립링: 전동기나 발동기의 회전자에 외부로부터 전류를 흐르게 하기 위하여 회전자 축에 부착하는 접촉자를 말한다.

15 건설기계 차량에서 가장 큰 전류가 흐르는 것은?

① 콘덴서   ② 발전기로터
③ 배전기   ④ 시동모터

해설 건설기계 차량에서 가장 큰 전류가 흐르는 것은 시동모터이다.

16 운전 중 갑자기 계기판에 충전 경고등이 점등되었다. 그 현상으로 맞는 것은?

① 정상적으로 충전이 되고 있음을 나타낸다.
② 충전이 되지 않고 있음을 나타낸다.
③ 충전계통에 이상이 없음을 나타낸다.
④ 주기적으로 점등되었다가 소동되는 것이다.

해설 운전 중 갑자기 계기판에 충전 경고등이 점등 된다면 충전이 되지 않고 있음을 나타내는 것이다.

17 MF배터리가 아닌 일반 납산축전지를 보관 관리할 경우 며칠마다 정기적으로 충전하는 것이 좋은가?

① 15일   ② 30일
③ 45일   ④ 60일

해설 일반 납산축전지를 보관 관리할 경우 15일마다 정기적으로 충전하는 것이 좋다.

18 기관에서 예열 플러그의 사용시기는?

① 축전지가 방전되었을 때
② 축전지가 과다 충전되었을 때
③ 기온이 낮을 때
④ 각수의 양이 많을 때

해설 기관에서 예열 플러그는 기온이 낮을 때 사용해야 한다.

19 트랙장치에서 트랙과 아이들러의 충격을 완화시키기 위해 설치한 것은?

① 스프로킷   ② 리코일 스프링
③ 상부 롤러   ④ 하부 롤러

해설 ① 스프로킷: 체인을 걸어서 전동하는 톱니나 발톱이 달린 바퀴를 말한다.
③ 상부 롤러: 프런트 아이들러와 스프로킷사이에 1~2개가 설치되어 트랙이 밑으로 처지지 않도록 받쳐주며, 트랙의 회전을 바르게 유지하는 일을 한다.
④ 하부 롤러: 단궤도운반기의 레일 밑에 위치한 상부 차륜에 대해 하부로부터 레일을 보호하는데 안전주행과 확실한 구동을 확보하는 롤러이다.

20 다음 중 굴착기의 작업 장치에 해당되지 않는 것은?

① 브레이   ② 파일드라이브
③ 힌지 버킷 ④ 크러셔

해설 힌지 버킷은 지게차의 작업 장치에 해당한다.

상시검정 예상문제(2) 굴착기운전기능사

21 기중기 붐에 설치하여 작업할 수 있는 장치로 틀린 것은?

① 파일드라이버
② 백호
③ 크램셀
④ 스케리파이어

해설 스케리파이어는 모터 그레이더에 사용되는 쇠스랑 장치이다.

22 굴착기의 센터 조인트(선회 이음)의 기능으로 맞는 것은?

① 주행모터가 상부 회전체에 오일을 전달한다.
② 상부 회전체가 회전 시에도 오일관로가 꼬이지 않고 오일을 하부주행체로 원활히 공급한다.
③ 하부주행체에 공급되는 오일을 상부 회전체로 공급한다.
④ 자동변속장치에 의하여 스윙모터를 회전시킨다.

해설 굴착기의 센터 조인트의 기능: 하부주행 모터에 유압을 공급하는 중간 역할을 한다.

23 위치예측성 확보를 위한 도로명 부여 방법 중에서 일련번호방식 도로명에 대한 설명은 어느 것인가?

① 지명 또는 도로명 등에 동, 서, 남, 북의 방위를 조합
② '대로', '로', '길' 명칭 뒤에 기초번호와 '번길'을 조합
③ 분기되는 도로명을 사용 시에는 '대로', '로', '길' 명칭 뒤에 일련번호와 '번'을 조합
④ 기초번호 활용방법과 달리 '번'자를 사용하지 않으며 도로의 신설가능성이 있을 때에는 예비번호를 띄우고 부여한다.

해설 ① 방위를 활용한 도로명
② 기초번호방식 도로명
③ 분기되는 도로명을 사용 시에는 '대로', '로', '길' 명칭 뒤에 일련번호와 '길'을 조합

24 타이어식 건설장비에서 조향 바퀴의 얼라인먼트 요소와 관련 없는 것은?

① 캠버
② 캐스터
③ 토인
④ 부스터

해설 ④ 부스터: 전원 전압의 일부분을 전원의 상황에 따라 상승(드물게는 감소)시키는 것이다.

25 다음 중 압력식 라디에이터 캡에 대한 설명으로 적합한 것은 어느 것인가?

① 냉각장치 내부압력이 규정보다 낮을 때 공기밸브는 열린다.
② 냉각장치 내부압력이 부압이 되면 공기밸브는 닫힌다.
③ 냉각장치 내부압력이 규정보다 높을 때 진공밸브는 열린다.
④ 냉각장치 내부압력이 부압이 되면 진공밸브는 열린다.

해설 냉각장치 내부압력이 규정보다 높을 때 압력밸브가 열리고, 냉각장치 내부압력이 부압이 되면 진공밸브는 열린다.

26 자동변속기의 과열 원인이 아닌 것은?

① 메인 압력이 높다.
② 과부하 운전을 계속 하였다.
③ 오일 수준이 높다.
④ 변속기 오일 쿨러가 막혔다.

해설 자동변속기의 과열 원인
• 오일이 부족할 때
• 메인 압력이 높을 때
• 과부하 운전을 계속 했을 때
• 점도가 불량일 때
• 변속기 오일 쿨러가 막혔을 때

27 다음 중 굴착기 작업 시 작업 반경 내 위험 요소 파악 내용과 거리가 먼 것은 어느 것인가?

① 작업 환경을 파악한다.
② 지하 매설물을 파악한다.
③ 작업자 현황을 파악한다.
④ 지상의 구조물을 파악한다.

해설 작업자 현황을 파악하는 것은 굴착기 작업 시 작업 반경 내 위험 요소를 파악하는 것과는 상관이 없는 것이다.

28 다음 중 피견인 차의 설명으로 가장 옳은 것은?

① 자동차로 볼 수 없다.
② 자동차의 일부로 본다.
③ 화물자동차이다.
④ 소형자동차이다.

해설 피견인 차도 자동차의 일부로 본다.

29 다음 중 특별 또는 경고표지 부착대상 건설기계에 관한 설명이 아닌 것은?

① 대형건설기계에는 조종실 내부의 조종사가 보기 쉬운 곳에 경고 표지판을 부착하여야 한다.
② 길이가 16.7미터를 초과하는 건설기계는 특별표지 부착 대상이다.
③ 특별표지판은 등록번호가 표시되어 있는 면에 부착해야 한다.
④ 최소 회전반경 12미터를 초과하는 건설기계는 특별표지 부착 대상이 아니다.

해설 특별 또는 경고표지 부착대상 건설기계는 최소 회전반경 12m 이상, 총중량이 40ton 이상, 축하중이 10ton이상인 건설기계이다.

30 건설기계 등록번호표의 색상 구분 중 틀린 것은?

① 관용 번호판의 흰색판에 검정색 문자이다.
② 영어용 번호판은 주황색판에 흰색 문자이다.
③ 자가용 번호판은 녹색판에 흰색 문자이다.
④ 임시운행 번호표는 흰색판에 청색 문자이다.

해설 임시운행허가번호판은 흰색바탕에 검정색문자로 하고 3mm폭의 적색사선을 긋는다.

예상문제(2)

31 다음 중 굴착기로 성토하였을 때 경사면이 붕괴되는 원인이 아닌 것은 어느 것인가?
① 지반이 약한 경우
② 다짐이 불충분한 상태에서 빗물이나 지표수, 지하수 등이 침투될 때
③ 풍화가 심한 급경사면과 미끄러져 내리기 쉬운 지층 구조의 경사면
④ 쌓은 후 오래될수록 붕괴 발생률이 높다.

해설 성토경사면의 붕괴는 성토 직후에 붕괴 발생률이 높으며, 다짐불충분 상태에서 빗물이나 지표수, 지하수 등이 침투되어 공극수압이 증가되어 단위중량증가에 의해 붕괴가 발생된다.

32 건설기계 정비시설을 갖춘 정비사업자만이 정비할 수 있는 사항은?
① 오일의 보충 ② 배터리 교환
③ 유압장치 호스 교환 ④ 제동등 전구의 교환

해설 건설기계 정비시설을 갖춘 정비사업자만이 정비할 수 있는 것은 유압장치 호스 교환이다.

33 정기 검사대상 건설기계의 정기검사 신청기간으로 맞는 것은?
① 건설기계의 정기검사 유효기간 만료일 전 16일 이내에 신청한다.
② 건설기계의 정기검사 유효기간 만료일 전 5일 이내에 신청한다.
③ 건설기계의 정기검사 유효기간 만료일 전 15일 이내에 신청한다.
④ 건설기계의 정기검사 유효기간 만료일 전 30일 이내에 신청한다.

해설 정기 검사대상 건설기계의 정기검사 신청기간은 건설기계의 정기검사 유효기간 만료일 전 15일 이내에 신청해야 한다.

34 건설기계의 범위 중 틀린 것은?
① 이동식으로 20kW의 원동기를 가진 쇄석기
② 혼합장치를 가진 자주식인 콘크리트믹서 트럭
③ 정지장치를 가진 자주식인 모터그레이더
④ 적재용량 5톤의 덤프트럭

해설 덤프트럭은 적재용량이 12톤 이상인 것이다.

35 대형 건설기계 특별 표지판 부착을 하지 않아도 되는 건설기계는?
① 너비 3미터인 건설기계
② 길이 16미터인 건설기계
③ 최소 회전반경 13미터인 건설기계
④ 총중량 50톤인 건설기계

해설 건설기계관리법규 상 특별표지 부착대상 건설기계
• 길이가 16.7m 이상인 건설기계
• 너비가 2.5m 이상인 건설기계
• 높이가 3.8m 이상인 건설기계
• 최소회전 반경 12m 이상인 건설기계
• 총중량이 40ton 이상인 건설기계
• 축하중이 10ton 이상인 건설기계

36 건설기계소유자가 관련법에 의하여 등록 번호표를 반납하고자 하는 때에는 누구에게 하여야 하는가?
① 국토해양부장관 ② 구청장
③ 시 · 도지사 ④ 동장

해설 건설기계소유자가 관련법에 의하여 등록 번호표를 반납하고자 할 때에는 시 · 도지사에게 반납 하여야 한다.

37 유압실린더를 교환한 후 우선적으로 시행하여야 할 사항은?
① 엔진을 저속 공회전 시킨 후 공기빼기작업을 실시한다.
② 엔진을 고속 공회전 시킨 후 공개빼기작업을 실시한다.
③ 유압장치를 최대한 부하상태로 유지한다.
④ 압력을 측정한다.

해설 유압실린더를 교환한 후 엔진을 저속 공회전 시킨 후 공기빼기작업을 우선적으로 시행해야 한다.

38 유압으로 작동되는 작업장치에서 작업 중 힘이 떨어지는 원인으로 가장 관계가 있는 것은?
① 메인 릴리프 밸브 ② 첵(Check) 밸브
③ 방향 전환 밸브 ④ 메이크업 밸브

39 건설기계장비에서 유압 구성부품을 분해하기 전에 내부압력을 제거하려면 어떻게 하는 것이 좋은가?
① 압력밸브를 밀어 준다.
② 고정너트를 서서히 푼다.
③ 엔진정지 후 조정레버를 모든 방향으로 작동하여 압력을 제거한다.
④ 엔진정지 후 개방하면 된다.

해설 건설기계장비에서 유압 구성부품을 분해하기 전에 내부압력을 제거하려면 엔진정지 후 조정레버를 모든 방향으로 작동하여 압력을 제거한다.

40 유압장치에서 드레인 배출기의 기호표시로 알맞은 것은?

①    ②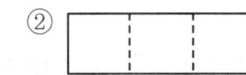

③ 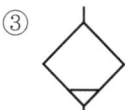   ④

예상문제(2)

41 대기압상태에서 측정한 압력계의 압력은?

① 표준대기압력　　　　② 게이지압력
③ 절대압력　　　　　　④ 진공압력

[해설] 대기압상태에서 측정한 압력계의 압력은 게이지압력이다.

42 유압 작동유의 점도가 너무 높을 때 발생 되는 현상으로 맞는 것은?

① 동력손실 증가　　　　② 내부 누설 증가
③ 펌프효율 증가　　　　④ 마찰 마모 감소

[해설] 유압 작동유의 점도가 너무 높으면 동력손실이 증가하게 된다.

43 건설기계에 사용되는 유압실린더는 어떠한 원리를 응용한 것인가?

① 베르누이의 정리　　　② 파스칼의 원리
③ 지렛대의 원리　　　　④ 후크의 법칙

[해설] 건설기계에 사용되는 유압실린더는 파스칼의 원리를 응용한 것으로 파스칼의 원리는 '밀폐된 용기에 담긴 유체에 가해진 압력은 유체의 모든 부분과 유체를 담은 용기의 벽까지 그 세기가 감소되지 않고 전달된다.' 는 것이다.

44 작업 중에 유압펌프 유량이 필요하지 않게 되었을 때 오일을 저압으로 탱크에 귀환시키는 회로는?

① 시퀀스 회로　　　　　② 어큐뮬레이션회로
③ 블리드오프회로　　　④ 언로드회로

[해설] ① 시퀀스 회로: 기계의 출력이 현재의 입력뿐만 아니라 그 이전의 입력도 고려하여 정해지는 논리회로(logic circuit)이다.
③ 블리드오프회로: 유압회로에 있어서 속도 제어인 기본 회로의 일종. 실린더로의 유입 유량을 바이패스(bypass)로 제어한다.

45 유압실린더의 작동속도가 느릴 경우, 그 원인으로 옳은 것은?

① 엔진오일 교환 시기가 경과 되었을 때
② 유압회로 내에 유량이 부족할 때
③ 운전실에 있는 가속페달을 작동시켰을 때
④ 릴리프 밸브의 셋팅 압력이 높을 때

[해설] 유압실린더의 작동속도가 느릴 경우는 유압회로 내에 유량이 부족할 경우이다.

46 유압 라인에서 압력에 영향을 주는 요소로 가장 관계가 적은 것은?

① 유체의 흐름 량　　　② 유체의 점도
③ 관로 직경의 크기　　④ 관로의 좌·우 방향

47 방향전환 밸브의 조작 방식에서 단동 솔레노이드 기호는?

48 볼트 등을 조일 때 조이는 힘을 측정하기 위하여 쓰는 렌치는?

① 복스 렌치　　　　　　② 오픈엔드 렌치
③ 소켓 렌치　　　　　　④ 토크 렌치

[해설] ① 복스 렌치: 볼트의 머리를 완전히 감싸면서 회전시키는 공구
② 오픈엔드 렌치: 양쪽 끝에 볼트와 너트의 육각부에 맞는 평행한 두 면의 조(jaw)로 되어 있는 것으로 작업 공간이 제한되는 곳에서 너트나 볼트를 돌리기 위해 사용된다.
③ 소켓 렌치: 볼트나 너트를 조이기도 하고, 풀기도 할 때에 이용하는 공구

49 안전사고와 부상의 종류에서 재해의 분류상 중상해란 어느 정도의 상해를 말하는가?

① 부상으로 1주 이상의 노동 손실을 가져온 상해정도
② 부상으로 2주 이상의 노동 손실을 가져온 상해정도
③ 부상으로 3주 이상의 노동 손실을 가져온 상해정도
④ 부상으로 4주 이상의 노동 손실을 가져온 상해정도

[해설] 중상해: 부상으로 인하여 2주 이상의 노동손실을 가져온 상해정도를 말한다.

50 적색 원형으로 만들어지는 안전 표지판은?

① 경고표시　　　　　　② 안내표시
③ 지시표시　　　　　　④ 금지표시

[해설] 적색 원형으로 만들어지는 안전 표지판은 금지표지이다.

51 감전되거나 전기화상을 입을 위험이 있는 곳에서 작업 시 작업자가 착용해야 할 것은?

① 구명구　　　　　　　② 보호구
③ 구명조끼　　　　　　④ 비상벨

[해설] ① 구명구: 바다나 강 따위에서, 물에 빠진 사람을 구조하는 데 쓰는 기구이다.
③ 구명조끼: 물에 빠져도 몸이 뜰 수 있도록 만든 조끼를 말한다.
④ 비상벨: 화재나 기타 비상사태를 알리기 위하여 울리는 벨을 말한다.

예상문제(2)

52 안전점검을 실시할 때 유의사항으로 틀린 것은?
① 안전 점검한 내용은 상호 이해하고 공유할 것
② 안전점검 시 과거에 안전사고가 발생하지 않았던 부분은 점검을 생략할 것
③ 과거에 재해가 발생한 곳에는 그 요인이 없어졌는지 확인할 것
④ 안전점검이 끝나면 강평을 실시하여 안전사항을 주지할 것

해설 안전점검을 실시할 때 유의사항
• 안전점검은 형식, 내용에 변화를 주어 몇 가지 점검방법을 병용한다.
• 점검자의 능력을 감안해서 거기에 대응한 점검을 실시한다.
• 과거 재해발생개소는 그 원인이 완전히 배제되어 있는지 확인한다.
• 불량개소가 발견되었을 때는 다른 동종 설비에 대해서도 점검한다.
• 발견된 불량개소는 원인을 조사해 즉시 필요한 대책을 강구한다.
• 경미한 사실이라도 중대사고로 이어지는 일이 있기 때문에 지나쳐버리지 않도록 유의한다.
• 안전점검은 안전수준의 향상을 목적으로 한다는 것을 염두에 두고, 결점을 지적하거나 관찰하는 태도는 삼가도록 한다.

53 가연성 가스 저장실에 안전사항으로 옳은 것은?
① 기름걸레를 이용하여 통과 통 사이에 끼워 충격을 적게 한다.
② 휴대용 전등을 사용한다.
③ 담배 불을 가지고 출입한다.
④ 조명은 백열등으로 하고 실내에 스위치를 설치한다.

54 아세틸렌가스 용접의 단점 설명으로 옳은 것은?
① 이동이 불가능하다.
② 불꽃의 온도와 열효율이 낮다.
③ 특수 용접에 비해 설비비가 비싸다.
④ 유해광선이 아크 용접보다 많이 발생한다.

해설 아세틸렌가스 용접은 불꽃의 온도와 열효율이 낮은 단점이 있다.

55 와이어 줄걸이 작업에서 사용되는 용구를 점검하여야 하는 안전 조건으로 맞는 것은?
① 단위 용구의 시험인양하중을 확인하여야 한다.
② 스크류 및 Pin의 상태를 확인하여야 한다.
③ 샤클의 나사부는 해체하여 점검한다.
④ 샤클 본체는 구부려서 인장강도 시험을 한다.

56 6각 볼트/너트를 조이고 풀 때 가장 적합한 공구는?
① 바이스   ② 플라이어
③ 드라이버   ④ 복스 렌치

해설 ① 바이스: 공작해야 할 가공품을 끼워서 고정시키는 장치이다.
② 플라이어: 레버의 원리를 이용해서 악력을 배가시키는 작업용 공구이다.
③ 드라이버: 나사못이나 작은 나사를 돌려박기 위해 사용되는 공구이다.

57 도시가스가 공급되는 지역에서 지하차도 굴착공사를 하고자 하는 자는 가스안전 영향평가서를 작성하여 누구에게 제출 하여야 하는가?
① 지하철공사
② 시장·군수 또는 구청장
③ 해당 도시가스 사업자
④ 한국가스공사

58 인체에 전류가 흐를시 위험 정도의 결정요인 중 가장 거리가 먼 것은?
① 사람의 성별
② 인체에 흐른 전류크기
③ 인체에 전류가 흐른 시간
④ 전류가 인체에 통과한 경로

59 도로에서 굴착작업 중 케이블 표지시트가 발견되었을 때 조치방법으로 가장 적합한 것은?
① 해당설비 관리자에게 연락 후 그 지시에 따른다.
② 케이블 표지시트를 걷어내고 계속 작업한다.
③ 시설관리자에게 연락하지 않고 조심해서 작업한다.
④ 케이블 표지시트는 전력케이블과는 무관하다.

해설 도로에서 굴착작업 중 케이블 표지시트가 발견되었을 때는 해당설비 관리자에게 연락 후 그 지시에 따른다.

60 도시가스배관 주위를 굴착 후 되메우기시 지하에 매몰하면 안 되는 것은?
① 보호포   ② 보호판
③ 라인마크   ④ 전기방식용 양극

정답

1	2	3	4	5	6	7	8	9	10
①	①	④	④	②	④	③	②	②	③
11	12	13	14	15	16	17	18	19	20
①	④	④	④	③	④	②	③	③	①
21	22	23	24	25	26	27	28	29	30
④	②	④	④	③	③	③	②	④	④
31	32	33	34	35	36	37	38	39	40
④	④	②	④	②	②	③	①	①	③
41	42	43	44	45	46	47	48	49	50
②	①	②	①	②	①	④	②	②	②
51	52	53	54	55	56	57	58	59	60
②	②	②	②	②	④	②	①	①	③

상시검정 예상문제(3)

굴착기운전기능사

01 연료탱크의 연료를 분사펌프 저압부까지 공급하는 것은?

① 연료공급 펌프　　　② 연료분사 펌프
③ 인젝션 펌프　　　　④ 로터리 펌프

해설 ② 연료분사 펌프: 디젤 기관에 있어서 연료를 분사 순서에 따라 각 실린더의 연료 분사 밸브에 압송하는 장치로 보통 플런저 펌프가 이용되어 각 실린더마다 1개씩 설치한다.
③ 인젝션 펌프: 연료를 연소실내로 분사하는데 필요한 압력을 만들고 동시에 엔진의 부하나 회전수의 변화에 따라 각 실린더에 적량의 연료를 균일하게, 또 최적인 분사시기에 분사하기 위한 장치이다.
④ 로터리 펌프: 1개의 회전자가 케이싱에 대해 한쪽으로 치우쳐 회전하고, 초생달 모양 부분에 낀 액체가 마감판에 의해 송출된다.

02 디젤기관에서 인젝터 간 연료 분사량이 일정하지 않을 때 나타나는 현상은?

① 연료 분사량에 관계없이 기관은 순조로운 회전을 한다.
② 연료소비에는 관계가 있으나 기관 회전에 영향은 미치지 않는다.
③ 연소 폭발음의 차이가 있으며 기관은 부조를 하게 된다.
④ 출력은 일정하나 기관은 부조를 하게 된다.

해설 디젤기관에서 인젝터 간 연료 분사량이 일정하지 않으면 연소 폭발음의 차이가 생겨 기관은 부조 상태가 된다.

03 디젤 노크의 방지방법으로 가장 적합한 것은?

① 착화지연시간을 길게 한다.
② 압축비를 높게 한다.
③ 흡기압력을 낮게 한다.
④ 연소실 벽의 온도를 낮게 한다.

해설 디젤 노크의 방지방법
• 회전수를 높인다.
• 압축비를 높게 한다.
• 착화지연기간 중 분사량을 많게 한다.

04 디젤기관을 시동시킨 후 충분한 시간이 지났는데도 냉각수 온도가 정상적으로 상승하지 않을 경우 그 고장의 원인이 될 수 있는 것은?

① 냉각팬 벨트의 헐거움　　② 수온조절기가 열린 채 고장
③ 물 펌프의 고장　　　　　④ 라디에이터코어 막힘

해설 수온조절기가 열린 채 고장 나면 워밍업 되는 시간이 길어지게 된다.

05 건설기계용 경유의 중요한 성질이 아닌 것은?

① 옥탄가　　　　　② 비중
③ 착화성　　　　　④ 세탄가

해설 옥탄가: 연료가 연소할 때 이상폭발을 일으키지 않는 정도를 나타내는 수치이다.

06 기관에서 연료를 압축하여 분사순서에 맞추어 노즐로 압송시키는 장치는?

① 연료분사펌프　　　② 연료 공급펌프
③ 프라이밍 펌프　　　④ 유압 펌프

해설 기관에서 연료를 압축하여 분사순서에 맞추어 노즐로 압송시키는 장치는 연료분사펌프이다.

07 라디에이터 캡의 스프링이 파손 되었을 때 가장 먼저 나타나는 현상은?

① 냉각수 비등점이 낮아진다.
② 냉각수 순환이 불량해진다.
③ 냉각수 순환이 빨라진다.
④ 냉각수 비등점이 높아진다.

해설 라디에이터 캡의 스프링이 파손 되었을 때 냉각수 비등점이 낮아지는 현상이 가장 먼저 나타난다.

08 오토기관에 비해 디젤기관의 장점이 아닌 것은?

① 화재의 위험이 적다.
② 열효율이 높다.
③ 가속성이 좋고 운전이 정숙하다.
④ 연료소비율이 낮다.

해설 디젤기관의 장점
• 연료비가 저렴하고, 열효율이 높으며 운전 경비가 적게든다.
• 이상연소가 일어나지 않고 고장이 적다.
• 토크변동이 적고 운전이 용이하다.
• 대기 오염성분이 적다.
• 인화점이 높아서 화재의 위험이 적다.

상시검정 예상문제(3)

09 기관의 냉각팬이 회전할 때 공기가 불어가는 방향은?
① 방열기 방향 ② 엔진 방향
③ 상부 방향   ④ 하부 방향

해설 기관의 냉각팬이 회전할 때 공기는 방열기 방향으로 불어간다.

10 열에너지를 기계적 에너지로 변환 시켜 주는 장치는?
① 펌프 ② 모터
③ 엔진 ④ 밸브

해설 ① 펌프: 압력작용을 이용하여 관을 통하여 유체를 수송하는 기계이다.
② 모터: 전류가 흐르는 도체가 자기장 속에서 받는 힘을 이용하여 전기에너지를 역학적 에너지로 바꾸는 장치이다.
④ 밸브: 관로의 도중이나 용기에 설치하여, 유체의 유량·압력 등의 제어를 하는 장치이다.

11 다음 중 기관정비 작업 시 엔진블록의 찌든 기름때를 깨끗이 세척하고자 할 때 가장 좋은 용해액은?
① 냉각수 ② 절삭유
③ 솔벤트 ④ 엔진오일

해설 ① 냉각수: 열교환기의 열을 받는 쪽을 통과하는 물 및 과열 방지를 위해서 물 재킷 등을 통하는 물은 모두 냉각수라고 한다.
② 절삭유: 금속 재료를 절삭 가공할 경우, 절삭 공구부를 냉각시키고 윤활하게 해서 공구의 수명을 연장하거나 다듬질면을 깨끗이 하기 위해 사용하는 윤활유이다.
④ 엔진오일: 내연 기관에 사용되는 윤활유이다.

12 예연소실식 디젤기관에서 연소실 내의 공기를 직접 예열하는 방식은?
① 맵센서식   ② 예열플러그식
③ 공기량계측기식 ④ 압송식

해설 예연소실식 디젤기관에서 연소실 내의 공기를 직접 예열하는 방식으로는 예열플러그식이다.

13 일반적인 축전지 터미널의 식별법으로 적합하지 않은 것은?
① (+), (-)의 표시로 구분한다.
② 터미널의 요철로 구분한다.
③ 굵고 가는 것으로 구분한다.
④ 적색과 흑색 등 색으로 구분한다.

해설 터미널의 식별법

터미널의 직경	크다	작다
터미널의 색	적갈색	회색
표시문자	+ 또는 P	- 또는 N
터미널에 발생되는 부식물	많다	적다

14 납산축전지의 일반적인 충전 방법으로 가장 많이 사용되는 것은?
① 정전류 충전 ② 정전압 충전
③ 단별전류 충전 ④ 급속 충전

해설 납산축전지는 정전류 충전 방법을 가장 많이 사용한다.

15 건설기계 엔진에 사용되는 시동모터가 회전이 안 되거나 회전력이 약한 원인이 아닌 것은?
① 시동스위치 접촉 불량이다.
② 배터리 단자와 터미널의 접촉이 나쁘다.
③ 브러시가 정류자에 잘 밀착되어 있다.
④ 배터리 전압이 낮다.

해설 시동모터가 회전이 안 되거나 회전력이 약한 원인은 시동 스위치의 접속이 불량하거나, 배터리의 전압이 낮을 경우 그리고 배터리 단자와 터미널의 접촉이 나쁜 경우이다.

16 예열플러그를 빼서 보았더니 심하게 오염되어있다. 그 원인으로 가장 적합한 것은?
① 불완전 연소 또는 노킹
② 엔진 과열
③ 플러그의 용량 과다
④ 냉각수 부족

해설 엔진은 디젤 연료를 점화할 수 없기 때문에 실린더와 혼합물을 미리 가열하기 위해 때때로 예열 플러그가 사용되는데 예열 플러그가 심하게 오염되었다면 불완전 연소나 노킹이 원인이다.

17 납산축전지의 작용을 열거한 것 중 틀린 것은?
① 엔진 시동 시 시동장치 전원을 공급한다.
② 양극판은 해면상납, 음극판은 과산화납을 사용하며 전해액은 묽은 황산을 이용한다.
③ 발전기가 고장일 때 일시적인 전원을 공급한다.
④ 발전기의 출력 및 부하의 언밸런스를 조정한다.

해설 납산축전지의 양극판은 과산화납, 음극판은 해면상납이다.

18 건설기계에서 시동전동기가 회전이 안 될 경우 점검 사항이 아닌 것은?
① 축전지의 방전여부 ② 배터리 단자의 접촉 여부
③ 팬밸트의 이완 여부 ④ 배선의 단선 여부

해설 팬밸트가 이완되어 있으면 엑셀페달을 힘껏 밟는 순각 '끽' 하는 소리가 나는 경우가 많다.

예상문제(3)

19 긴 내리막길을 내려갈 때는 베이퍼록을 방지하려고 하는 좋은 운전 방법은?

① 변속레버를 중립으로 놓고 브레이크 페달을 밟고 내려간다.

② 시동을 끄고 브레이크 페달을 밟고 내려간다.

③ 엔진 브레이크를 사용한다.

④ 클러치를 끊고 브레이크 페달을 계속 밟고 속도를 조정하며 내려간다.

[해설] 긴 내리막길을 내려갈 때 베이퍼록을 방지하기 좋은 운전 방법은 엔진 브레이크를 사용하는 것이다.

20 유압식 모터 그레이더에서 유압 모터가 설치되는 것은?

① 리닝장치 　　　　② 서클 횡송장치

③ 블레이드 승강장치 　④ 블레이드 회전장치

[해설] 유압식 모터 그레이더에서 유압 모터가 설치되는 것은 블레이드 회전장치이다.

21 장비의 운행 중 변속 레버가 빠질 수 있는 원인에 해당되는 것은?

① 기어가 충분히 물리지 않을 때

② 클러치 조정이 불량할 때

③ 릴리스 베어링이 파손되었을 때

④ 클러치 연결이 분리되었을 때

[해설] 장비의 운행 중 기어가 충분히 물리지 않을 때 변속 레버가 빠질 수 있다.

22 굴착기의 3대 주요부 구분으로 옳은 것은?

① 트랙 주행체, 하부 추진체, 중간 선회체

② 동력주행체, 하부 추진체, 중간 선회체

③ 작업(전부)장치, 상부 선회체, 하부 추진체

④ 상부 조정장치, 하부 추진체, 중간 동력장치

[해설] 굴착기의 3대 주요부는 작업(전부)장치, 상부 선회체, 하부 추진체이다.

23 동력전달장치에서 클러치판은 어떤 축의 스플라인에 끼워져 있는가?

① 추진축 　　　　② 차동기어 장치

③ 크랭크축 　　　④ 변속기 입력축

[해설] 클러치판은 엔진 플라이휠 그리고 압력판 사이에 끼워져 있으며 허브 부분은 변속기 압력축에 끼워져 있다.

24 무한궤도식 건설기계에서 트랙 장력이 너무 팽팽하게 조정되었을 때 보기와 같은 부분에서 마모가 가속되는 부분(기호)을 모두 나열한 항은?

[보기]	
a. 트랙 핀의 마모	b. 부싱의 마모
c. 스프로킷 마모	d. 블레이드 마모

① a. c 　　　　　② a. b. d

③ a. b. c 　　　　④ a. b. c. d

[해설] 무한궤도식 건설기계에서 트랙 장력이 너무 팽팽하게 조정되었을 때 트랙 핀, 부싱, 스프로킷의 마모가 가속된다.

25 수동변속기가 장착된 건설기계의 동력전달장치에서 클러치판은 어떤 축의 스플라인에 끼워져 있는가?

① 추진축

② 차동기어 장치

③ 크랭크축

④ 변속기 입력축

[해설] ① 추진축: 회전력을 전하는 모든 축으로 보통 자동차에서는 앞쪽에 있는 기관·클러치·변속기 따위에서 뒤차축에 회전력을 전달하는 축을 말한다.

② 차동기어 장치: 기어전동 장치의 한 종류로 두 개의 기어가 서로 맞물려서 회전함과 동시에, 기어축도 한쪽의 기어축을 중심으로 하고, 다른 쪽의 기어축이 회전할 경우, 이와 같은 기어의 조합을 유성기어장치라고 한다.

③ 크랭크축: 피스톤의 직선운동을 회전운동으로 바꾸어 외부로 전달하는 축으로, 메인저널, 크랭크 핀, 크랭크 암, 평형추 등으로 구성되어 있다.

26 다음 중 도로명주소의 구성에 해당하지 않는 것은?

① 건물번호 　　　　② 마침표

③ 상세주소 　　　　④ 행정구역명

[해설] 도로명주소의 구성: 「행정구역명」+「도로명」+「건물번호」+「,」+「상세주소」+ (참고항목)

27 파워스티어링에서 핸들이 매우 무거워 조작하기 힘든 상태일 때의 원인으로 맞는 것은?

① 바퀴가 습지에 있다.

② 조향 펌프에 오일이 부족하다.

③ 볼 조인트의 교환시기가 되었다.

④ 핸들 유격이 크다.

상시검정 예상문제(3)

28 건설기계조종사면허의 취소 · 정지 사유가 아닌 것은?
① 등록번호표 식별이 곤란한 건설기계를 조종한 때
② 심신 장애자
③ 고의 또는 과실로 건설기계에 중대한 사고를 발생케 한 때
④ 부정한 방법으로 조종사 면허를 받은 때

해설 시 · 도지사는 건설기계조종사가 다음 각 호의 어느 하나에 해당하는 경우에는 국토해양부령으로 정하는 바에 따라 건설기계조종사면허를 취소하거나 1년 이내의 기간을 정하여 건설기계조종사면허의 효력을 정지시킬 수 있다.
- 거짓이나 그 밖의 부정한 방법으로 건설기계조종사면허를 받은 경우
- 건설기계조종사면허의 효력정지기간 중 건설기계를 조종한 경우
- 건설기계의 조종 중 고의 또는 과실로 중대한 사고를 일으킨 경우
- '국가기술자격법'에 따른 해당 분야의 기술자격이 취소되거나 정지된 경우
- 건설기계조종사면허증을 다른 사람에게 빌려 준 경우
- 술에 취하거나 마약 등 약물을 투여한 상태에서 조종한 경우

29 영업용 건설기계의 등록번호표 색칠로 맞는 것은?
① 백색 판에 흑색 문자
② 녹색판에 백색 문자
③ 청색 판에 백색 문자
④ 주황색 판에 흰색 문자

해설 영업용 건설기계의 등록번호표는 주황색 판에 흰색 문자로 해야 한다.

30 건설기계등록번호표에 대한 사항 중 틀린 것은?
① 모든 번호표의 규격은 동일하다.
② 재질은 철판 또는 알루미늄판이 사용된다.
③ 굴착기일 경우 기종별 기호표시는 02로 한다.
④ 외곽선은 1.5mm로 튀어나와야 한다.

31 토사 굴토 작업, 도랑 파기 작업, 토사 상차 작업 등에 적합한 건설기계 작업장치는?
① 버킷
② 리퍼
③ 쇠스랑
④ 블레이드

해설 토사 굴토 작업, 도랑 파기 작업, 토사 상차 작업 등에는 버킷을 사용한다.

32 건설기계의 검사를 연장 받을 수 있는 기간을 잘못 설명한 것은?
① 해외임대를 위하여 일시 반출된 경우: 반출기간 이내
② 압류된 건설기계의 경우: 압류기간 이내
③ 건설기계 대여업을 휴지 하는 경우: 휴지기간 이내
④ 사고발생으로 장기간 수리가 필요한 경우: 소유자가 원하는 기간

해설 사고발생으로 장기간 수리가 필요한 경우 소유자가 원하는 기간이 아니라 6개월 이내로 법령으로 정해져 있다.

33 원동기 전문 건설기계 정비업의 사업범위에 속하지 않는 것은?
① 실린더 헤드의 탈착정비
② 연료펌프 분해정비
③ 크랭크샤프트 분해정비
④ 변속기 분해정비

34 타이어의 구조에서 노면과 직접 접촉하여 마모에 견디고 적은 슬립으로 견인력을 증대시키는 부위는 어느 부위인가?
① 브레이커
② 비드부
③ 트레드
④ 숄더부

해설 트레드는 노면과 직접 접촉하는 고무 부분이며, 카커스와 브레이커를 보호하는 부분이다.

35 특별 표지판을 부착하여야 할 건설기계의 범위에 해당하는 것은?
① 높이가 5미터인 건설기계
② 총중량이 50톤인 건설기계
③ 길이가 16미터인 건설기계
④ 최소회전반경이 13미터인 건설기계

해설 특별 표지판을 부착하여야 할 건설기계의 범위
- 길이: 16m이상
- 너비: 2.5m이상
- 높이: 3.8m이상
- 최소회전반경: 12m이상
- 총중량: 40톤이상
- 축하중: 10톤이상
단, 수상작업용(준설선, 사리채취기)의 경우에는 그러하지 아니함.

36 다음 중 항발기를 조종할 수 있는 건설기계 조종사 면허는?
① 기중기
② 공기압축기
③ 횡단보도
④ 스크레이퍼

해설 항발기: 주로 가설용에 사용된 널말뚝, 파일 등을 뽑는데 사용되는 기계를 말한다. 기중기 면허만 있으면 항발기를 조종할 수 있다.

37 유압펌프 점검에서 작동유 유출 여부 점검사항이 아닌 것은?
① 정상작동 온도로 난기 운전을 실시하여 점검하는 것이 좋다.
② 고정볼트가 풀린 경우에는 추가 조임을 한다.
③ 작동유 유출 점검은 운전자가 관심을 가지고 점검하여야 한다.
④ 하우징에 균열이 발생되면 패킹을 교환한다.

해설 하우징에 균열이 발생되면 하우징 전체를 교환해야 한다.

예상문제(3)

굴착기운전기능사

38 유압회로에서 작동유의 적정 온도는?

① 2~5℃ ② 45~80℃
③ 95~115℃ ④ 125~250℃

해설 유압회로에서 작동유의 적정 온도는 45~80℃이다.

39 유압 펌프 관련 용어에서 GPM이 나타내는 것은?

① 복동 실린더의 치수
② 계통 내에서 형성되는 압력의 크기
③ 흐름에 대한 저항
④ 계통 내에서 이동되는 유체(오일)의 양

40 다음 중 유압펌프에서 가장 양호하게 토출이 가능한 것은?

① 흡입 쪽 스트레이너가 막혔다.
② 작동유의 점도가 낮다.
③ 펌프 회전 방향이 반대다.
④ 탱크의 유면이 낮다.

해설 작동유의 점도가 낮더라도 펌프가 작동하는 것에는 아무런 영향이 없다.

41 유압에너지를 공급받아 회전운동을 하는 기기를 무엇이라 하는가?

① 펌프 ② 모터
③ 밸브 ④ 롤러리미트

해설 유압에너지를 공급받아 회전운동을 하는 기기는 모터이다.

42 유압 실린더에서 피스톤 속도를 빠르게 하기 위한 가장 적절한 제어방법은?

① 압력을 높게 한다.
② 유량을 증가 시킨다.
③ 고점도 유압유를 사용한다.
④ 카운터 밸런스 밸브를 설치한다.

해설 유압 실린더에서 피스톤 속도를 빠르게 하기 위한 가장 적절한 제어방법은 유량을 증가 시킨다.

43 기어식 유압펌프에서 소음이 나는 원인으로 가장 거리가 먼 것은?

① 흡입 라인의 막힘 ② 오일량의 과다
③ 펌프의 베어링 마모 ④ 오일의 과부족

해설 유압 펌프의 소음발생 원인
• 작동유의 양이 부족할 때
• 작동유의 공기가 혼입되었거나 점도가 너무 높을 때
• 유압 펌프의 베어링이 마모되었거나 흡입 라인이 막혔을 경우

44 유체의 에너지를 이용하여 기계적인 일로 변환하는 기기는?

① 유압모터 ② 유압펌프
③ 오일탱크 ④ 원동기

해설 ② 유압펌프: 외부에서 공급되는 기계적 에너지를 유압 시스템 작동유의 압력 에너지로 변환시키는 장치이다.
③ 오일탱크: 오일 버너에 공급되는 오일을 저장하는 것으로 보관용의 스토리지 탱크와 조금씩 공급하는 서비스 탱크 등이 있다.
④ 원동기: 수력, 연료, 원자력, 태양열 등의 에너지원을 이용하여 원동력을 발생하는 기계를 말한다.

45 유압 건설기계의 고압 호스가 자주 파열되는 원인으로 가장 적합한 것은?

① 유압펌프의 고속 회전
② 오일의 점도저하
③ 릴리프 밸브의 설정 압력 불량
④ 유압모터의 고속 회전

해설 유압 건설기계의 고압 호스가 자주 파열되는 원인은 릴리프 밸브의 설정 압력 불량 때문이다.

46 오일탱크 내의 오일을 전부 배출시킬 때 사용하는 것은?

① 리턴 라인 ② 배플
③ 어큐뮬레이터 ④ 드레인 플러그

해설 오일탱크 내의 오일을 전부 배출시킬 때 사용하는 것은 드레인 플러그이다.

47 가연성 가스 저장실에 안전사항으로 옳은 것은?

① 기름걸레를 이용하여 통과 통 사이의 끼워 충격을 적게 한다.
② 휴대용 전등을 사용한다.
③ 담배 불을 가지고 출입한다.
④ 조명은 백열등으로 하고 실내에 스위치를 설치한다.

48 안전관리의 가장 중요한 업무는?

① 사고책임자의 직무조사
② 사고원인 제공자 파악
③ 사고발생 가능성의 제거
④ 물품손상의 손해사정

해설 안전관리의 가장 중요한 업무는 사고 발생이 일어나지 않도록 하는 것이다.

49 일반화재 발생장소에서 화염이 있는 곳을 대피하기 위한 요령이다. 보기 항에서 맞는 것을 모두 고른 것은?

[보기]
a. 머리카락, 얼굴, 발, 손 등을 불과 닿지 않게 한다.
b. 수건에 물을 적셔 코와 입을 막고 탈출한다.
c. 몸을 낮게 엎드려서 통과한다.
d. 옷을 물로 적시고 통과한다.

① a
② a, c
③ a, b, c, d
④ a, b, c

50 인력으로 운반작업을 할 때 틀린 것은?
① 드럼통과 LPG 봄베는 굴려서 운반한다.
② 공동운반에서는 서로 협조를 하여 작업한다.
③ 긴 물건은 앞쪽을 위로 올린다.
④ 무리한 몸가짐으로 물건을 들지 않는다.

51 다음 중 연소의 3요소가 아닌 것은?
① 연성 물질
② 질소
③ 점화원
④ 산소

해설 연소의 3요소
• 가연물(연료)이 있을 것
• 공기라는 산소 공급체 즉, 지연물이 있을 것
• 발화에 필요한 열 에너지, 소위 착화 온도 이상의 온도가 있을 것

52 ILO(국제노동기구)의 구분에 의한 근로 불능 상해의 종류 중 응급조치 상해는?
① 1일 미만의 치료를 받고 다음부터 정상작업에 임할 수 있는 정도의 상해
② 2~3일의 치료를 받고 다음부터 정상작업에 임할 수 있는 정도의 상해
③ 1주 미만의 치료를 받고 다음부터 정상작업에 임할 수 있는 정도의 상해
④ 2주 미만의 치료를 받고 다음부터 정상작업에 임할 수 있는 정도의 상해

해설 ILO(국제노동기구)의 구분에서 근로 불능 상해 중 응급조치 상해는 1일 미만의 치료를 받고 다음부터 정상작업에 임할 수 있는 정도의 상해를 말한다.

53 산업재해의 통상적인 분류 중 통계적 분류를 설명한 것 중 틀린 것은?
① 사망: 업무로 인해서 목숨을 잃게 되는 경우
② 중경상: 부상으로 인하여 30일 이상의 노동 상실을 가져온 상해정도
③ 경상해: 부상으로 1일 이상 7일 이하의 노동 상실을 가져온 상해 정도
④ 무상해 사고: 응급처치 이하의 상처로 작업에 종사하면서 치료를 받는 상해 정도

54 보기의 조정렌치 사용상 안전수칙 중 옳은 것은?

[보기]
a. 잡아당기며 작업한다.
b. 조정 죠에 당기는 힘이 많이 가해지도록 한다.
c. 볼트 머리나 너트에 꼭 끼워서 작업을 한다.
d. 조정렌치 자루에 파이프를 끼워서 작업을 한다.

① a, b
② a, c
③ b, c
④ b, d

해설 조정 렌치 사용상의 안전 수칙
• 렌치를 잡아당기며 작업한다.
• 조정 죠에 잡아당기는 힘이 가해져서는 안 된다.
• 렌치는 볼트, 너트를 풀거나 조일 때에는 볼트 머리나 너트에 꼭 끼워서 작업을 한다.

55 추락 위험이 있는 장소에서 작업할 때 안전관리 상 어떻게 하는 것이 가장 좋은가?
① 안전띠 또는 로프를 사용한다.
② 일반 공구를 사용한다.
③ 이동식 사다리를 사용하여야 한다.
④ 고정식 사다리를 사용하여야 한다.

56 복스 렌치가 오픈 렌치보다 많이 사용되는 이유는?
① 값이 싸며 적은 힘으로 작업할 수 있다.
② 가볍고 사용하는데 양손으로도 사용할 수 있다.
③ 파이프 피팅 조임 등 작업용도가 다양하여 많이 사용된다.
④ 볼트, 너트 주위를 완전히 감싸게 되어 사용 중에 미끄러지지 않는다.

해설 복스 렌치가 오픈 렌치보다 더 많이 사용되는 이유는 볼트·너트 주위를 완전히 싸게 되어 있어 사용 중에 미끄러지지 않기 때문이다.

예상문제(3)

57 다음 중 LP 가스의 특성이 아닌 것은?

① 주성분은 프로판과 메탄이다.
② 액체상태일 때 피부에 닿으면 동사의 우려가 있다.
③ 누출 시 공기보다 무거워 바닥에 체류하기 쉽다.
④ 원래 무색, 무취이나 누출 시 쉽게 발견하도록 부취제를 첨가한다.

해설 LP 가스의 특성
- 공기보다 무겁다.
- 기화, 액화가 용이하다.
- 용기내의 증기압은 온도, 가스의 종류에 따라 다르다.
- 무색, 무취, 무독하다.

58 22.9kV 배전선로에 근접하여 굴착기 등 건설기계로 작업 시 안전 관리상 맞는 것은?

① 안전관리자의 지시 없이 운전자가 알아서 작업한다.
② 전력선에 접촉되더라도 끊어지지 않으면 사고는 발생하지 않는다.
③ 전력선이 활선인지 확인 후 안전 조치된 상태에서 작업한다.
④ 해당 시설관리자는 입회하지 않아도 무관하다.

59 도시가스 배관을 아파트 단지 내 도로에 매설시 배관 상부와 지면과의 최소 이격 거리로 옳은 것은?

① 0.3m   ② 0.6m
③ 1m   ④ 1.5m

해설 도시가스 배관을 아파트 단지 내 도로에 매설시 배관 상부와 지면과의 최소 이격 거리는 0.6m이다.

60 지하구조물이 설치된 지역에 도시가스가 공급되는 곳에서 굴착기를 이용하여 굴착공사 중 지면에서 0.3m 깊이에서 물체가 발견되었다. 예측할 수 있는 것으로 맞는 것은?

① 도시가스 입상관
② 도시가스 배관을 보호하는 보호관
③ 가스 차단장치
④ 수취기

정답

1	2	3	4	5	6	7	8	9	10
①	③	②	②	①	①	①	③	①	③
11	12	13	14	15	16	17	18	19	20
③	②	②	①	③	①	②	③	③	④
21	22	23	24	25	26	27	28	29	30
①	③	④	③	④	②	②	①	④	①
31	32	33	34	35	36	37	38	39	40
①	④	④	③	①	③	①	④	②	④
41	42	43	44	45	46	47	48	49	50
②	②	②	①	③	④	②	③	②	①
51	52	53	54	55	56	57	58	59	60
②	①	②	②	①	④	①	③	②	②

상시검정 예상문제(4)

굴착기운전기능사

01 기관에서 워터펌프의 역할로 맞는 것은?
① 정온기 고장 시 자동으로 작동하는 펌프이다.
② 기관의 냉각수 온도를 일정하게 유지한다.
③ 기관의 냉각수를 순환시킨다.
④ 냉각수 수온을 자동으로 조절한다.

해설 워터펌프: 기관의 냉각수를 순환시켜주는 장치이다.

02 엔진 시동을 멈추기 위한 방법으로 가장 적합한 것은?
① 연료공급을 차단한다.
② 축전지에 연결된 전선을 끊는다.
③ 기어를 넣어서 기관을 정지시킨다.
④ 초크밸브를 닫는다.

해설 엔진 시동을 멈추기 위한 방법
- 배기가스 차단: 엔진 머플러의 배기구를 막아주면 바로 시동이 꺼진다.
- 연료공급 차단: 연료호스를 잡아 연료 공급을 차단하는 방법이다.
- 공기 차단: 에어필터 구멍을 막아주면 역시 시동이 바로 꺼지며 배기가스를 차단하는 것과 연료를 차단하는 것과 중간 정도로 내부에 연료가 남게 된다.

03 디젤기관에서만 사용되는 장치는?
① 분사펌프   ② 발전기
③ 오일펌프   ④ 연료펌프

해설 분사펌프: 디젤기관의 연료 분사용으로 사용되는 펌프다.

04 4행정 기관에서 크랭크축 기어와 캠축 기어와의 지름비 및 회전비는 각각 얼마인가?
① 2:1 및 1:2   ② 2:1 및 2:1
③ 1:2 및 2:1   ④ 1:2 및 1:2

해설 4행정 기관에서 크랭크축 기어와 캠축 기어와의 지름비는 1:2 이고 회전비는 2:1이다.

05 기관 방열기에 연결된 보조탱크의 역할을 설명한 것으로 가장 적합하지 않은 것은?
① 냉각수의 체적 팽창을 흡수한다.
② 장기간 냉각수 보충이 필요 없다.
③ 오버플로(over flow)되어도 증기만 방출된다.
④ 냉각수 온도를 적절하게 조절한다.

해설 기관 방열기에 연결된 보조탱크는 냉각수가 열을 받을 때 생기는 체적팽창을 흡수하고 여분의 냉각수를 담아두는 역할을 한다.

06 크랭크 케이스를 환기하는 목적은?
① 출력 손실을 막기 위하여
② 오일 증발을 막으려고
③ 오일의 슬러지 형성을 막으려고
④ 크랭크 케이스의 청소를 쉽게 하기 위해서

해설 크랭크 케이스를 환기하는 목적은 오일의 슬러지 형성을 막기위함이다.

07 4행정 기관에서 많이 쓰이는 오일펌프의 종류는?
① 로터리식, 나사식, 베인식
② 로터리식, 기어식, 베인식
③ 기어식, 플런저식, 나사식
④ 플런저식, 기어식, 베인식

해설 오일펌프: 각 윤활부에 오일을 압송할 수 있게 하는 장치로서 크랭크 축이나, 캠축으로부터 동역을 얻어 작동된다. 4행정 기관에서 많이 쓰이는 오일펌프의 종류로는 로터리 펌프, 기어펌프, 베인 펌프가 있다.

08 디젤기관에서 흡입밸브와 배기밸브가 모두 닫혀 있을 때는?
① 소기행정   ② 배기행정
③ 흡입행정   ④ 동력행정

해설 동력행정: 압축행정 말기에 점화된 혼합기는 연소에 따라 고온·고압가스가 되고 급격히 폭발 연소되면서 피스톤에 힘을 가하여 피스톤을 하향 운동시키며 크랭크축을 회전시킨다. 이 때 흡입밸브와 배기밸브는 모두 닫혀 있으며 연소될 때 최고 연소온도는 약 1500~2000℃ 정도에 달한다.

09 기관에서 흡입효율을 높이는 장치는?
① 과급기   ② 발전기
③ 토크컨버터   ④ 터빈

해설 과급기: 디젤기관에서 흡입 효율을 높여 압축 압력을 크게 하기 위해서 이용되는 기능을 갖고 있는 부품이다.

10 연료탱크의 배출 콕을 열었다가 잠그는 작업을 하는 것은 무엇을 배출하기 위한 작업인가?

상시검정 예상문제(4) 굴착기운전기능사

① 수분과 오물　　　　② 엔진오일
③ 유압오일　　　　　④ 공기

해설 연료탱크의 배출 콕을 열었다가 잠그는 작업을 하는 것은 수분과 오물을 배출하기 위해서 하는 작업이다.

② 전조등 회로는 병렬연결
③ 퓨즈는 직렬로 연결
④ 전조등 회로는 직·병렬로 연결

해설 좌우의 전조등은 하이 빔과 로우 빔 별로 병렬 접속되어 있다. 또한 전조등 회로는 전류가 많이 흐르기 때문에 복선식 배선으로 되어 있다.

11 엔진에서 진동 소음이 발생되는 원인이 아닌 것은?

① 분사기의 불량　　　② 분사압력의 불량
③ 분사량의 불량　　　④ 프로펠러 샤프트의 불량

해설 프로펠러 샤프트의 불량이 생기면 차체 진동의 주요 원인이 된다.

17 밧데리 전해액을 만들 때 용기로 무엇을 사용하는가?

① 철재　　　　　　　② 알루미늄
③ 구리합금　　　　　④ 질그릇

해설 밧데리 전해액을 만들 때는 전기가 통하지 않는 질그릇 등을 이용한다.

12 전압이 12V인 밧데리를 저항 3Ω, 4Ω, 5Ω을 직렬로 연결할 때의 전류는 얼마인가?

① 1V　　　② 2V　　　③ 3V　　　④ 4V

해설 전류(I)는 전압(V)에 비례하고 저항(R)에 반비례한다(I=V/R)
따라서 전류=12/(3+4+5)=12/12=1V

18 다이오드의 냉각장치로 맞는 것은?

① 냉각 팬
② 냉각 튜브
③ 히트 싱크
④ 엔드 프레임에 설치된 오일장치

해설 히트 싱크: 매개물로부터 그것을 다른 곳으로 전달함으로써 열을 흡수할 수 있게 한 장치로, 알터네이터에서는 다이오드가 히트 싱크 상에 설치되어 다이오드가 오버히트(과열)되는 것을 방지하여 준다.

13 실드빔식 전조등에 대한 설명으로 맞지 않는 것은?

① 대기조건에 따라 반사경이 흐려지지 않는다.
② 필라멘트를 갈아 끼울 수 있다.
③ 사용에 따른 광도의 변화가 적다.
④ 내부에 불활성 가스가 들어있다.

해설 실드빔 전조등은 렌즈와 반사경을 용접하여 안에 필라멘트를 넣어 밀봉한 전등으로 필라멘트를 갈아 끼울 수 없다.

19 토크 컨버터의 최대 회전력의 값을 무엇이라 하는가?

① 회전력　　　　　　② 토크 변환기
③ 종감속비　　　　　④ 변속기어비

해설 토크 컨버터의 최대 회전력의 값을 토크 변환기라 한다.

14 12V 밧데리의 셀 연결 방법으로 맞는 것은?

① 3개를 병렬로 연결한다.
② 3개를 직렬로 연결한다.
③ 6개를 직렬로 연결한다.
④ 6개를 병렬로 연결한다.

해설 12V 밧데리의 셀 연결 방법은 6개를 직렬로 연결하는 것이다.

20 록킹볼이 불량하면 어떻게 되는가?

① 변속할 때 소리가 난다.
② 변속레버의 유격이 커진다.
③ 기어가 빠지기 쉽다.
④ 기어가 이중으로 물린다.

해설 록킹볼은 기어 빠짐 방지 장치이다. 따라서 록킹볼이 불량하면 기어가 빠지기 쉽다.

15 20℃에서 완전충전 시 축전지의 전해액 비중은?

① 2,260　　　　　　② 0.128
③ 1.280　　　　　　④ 0.0007

해설 전해액의 비중은 축전지가 완전 충전 상태일 때, 1.240, 1.260, 1.280의 세 종류를 사용하는데, 우리나라에서는 일반적으로 1.280(20℃)을 표준으로 하고 있다.

21 다음 중 트랙의 슈의 종류가 아닌 것은?

① 2중 돌기슈　　　　② 3중 돌기슈
③ 4중 돌기슈　　　　④ 고무슈

해설 슈의 종류
• 단일 동기 슈: 돌기가 1개인 것으로 견인력이 크며, 중 하중용 슈이다.
• 2중 돌기슈: 돌기가 2개인 것으로 중 하중에 의한 슈의 굽힘을 방지할 수 있으며, 선회 성능이 우수하다.
• 3중 돌기슈: 돌기가 3개인 것으로 조향할 때 회전 저항이 적어 선회 성능이 양호하며 견고한 지반의 작업장에 알맞다. 굴착기에서 많이 사용되고 있다.
• 습지용 슈: 슈의 단면이 삼각형이며 접지 면적이 넓어 접지 압력이 작다.
• 기타슈: 고무슈, 암반용 슈, 평활슈 등이 있다.

16 다음 중 전조등 회로의 구성으로 맞는 것은?

① 전조등 회로는 직렬연결

예상문제(4)

22 구분기준별 도로명판의 종류 중에서 사용 대상에 따른 도로명판의 종류에 해당하는 것은?

① 앞쪽 방향용 도로명판
② 왼쪽 또는 오른쪽 한 방향용 도로명판
③ 보행자용 도로명판
④ 왼쪽과 오른쪽 양 방향용 도로명판

해설 ①, ②, ④는 가리키는 방향에 따른 도로명판의 종류에 해당한다.

23 도로의 교차지점으로부터 전방 10~30m 지점의 오른쪽 길옆에 현수식으로 설치하는 것은?

① 2방향 도로명표지
② 3방향 도로명예고표지
③ 2방향 도로명예고표지
④ 다방향 도로명표지

해설 ② 3방향 도로명예고표지는 도로의 교차지점으로부터 전방 100~300m 지점의 오른쪽 길옆에 편의식과 일면식으로 설치한다.
③ 2방향 도로명예고표지는 도로의 교차지점으로부터 전방 100~300m 지점의 오른쪽 길옆에 일면식으로 설치한다.
④ 다방향 도로명표지는 도로의 교차지점 또는 다자형 교차로 지점으로부터 전방 100~300m 지점의 오른쪽 길옆에 일면식으로 설치한다.

24 다음 중 건물번호를 읽는 방법이 틀린 것은?

① 402: 사백이번
② 12-20: 십이 다시 이십
③ 120-24: 백이십의 이십사번
④ 지하 301: 지하 삼백일번

해설 건물번호는 '-'는 '의'로 읽고, 건물번호의 뒤에는 '번'을 붙여 읽는다.

25 굴착기의 주행레버를 한쪽으로 당겨 회전하는 방식을 무엇이라고 하는가?

① 피벗 턴
② 스핀 턴
③ 급회전
④ 원 웨이 회전

해설 굴착기의 조향 방법
• 피벗 턴(완속 조향): 주행 레버를 1개만 조작하면 반대쪽 트랙 중심을 지지점으로 하여 선회하는 방법이다.
• 스핀 턴(급속 조향): 주행 레버 2개를 동시에 반대 방향을 조작하면 2개의 주행 모터가 서로 반대 방향으로 구동되어 굴착기 중심을 지지점으로 하여 선회하는 방법이다.

26 도저 중에 나무뿌리나 잡목을 제거하는 도저는?

① 리퍼도저
② 레이크도저
③ 트리밍도저
④ 불도저

해설 ① 리퍼도저: 불도저 뒤에 칼날과 같은 리퍼를 달아 굳은 지반 또는 연암 지반 등을 파헤치는 장치로서 경질의 본바닥을 리퍼로 미리 파헤쳐 놓으면 후속작업인 불도저 작업이 쉬워진다.
③ 트리밍도저: 좁은 장소에서 곡물, 소금, 설탕, 철광석 등을 내밀거나 끌어당겨 모으는 데 효과적이다.
④ 불도저: 무한궤도가 달려 있는 트랙터를 운전하는데 앞머리에 블레이드를 부착하여 흙의 굴착 압토 및 운반 등의 작업하는 것이다.

27 진공식 제동 배력장치의 설명 중에서 옳은 것은?

① 진공밸브가 새면 브레이크가 전혀 듣지 않는다.
② 릴레이 밸브의 다이어프램이 파손되면 브레이크는 듣지 않는다.
③ 릴레이 밸브 피스톤 컵이 파손되어도 브레이크는 듣는다.
④ 하이드로릭, 피스톤의 체크 볼이 밀착불량이면 브레이크가 듣지 않는다.

해설 배력 장치는 운전자가 브레이크를 밟는 부담을 덜고 제동력을 강화하기 위해 유압으로 힘을 가해주는 장치이다. 따라서 배력장치가 고장 나면 운전자가 밟는 마스터 실린더와 같은 압력으로 제동이 된다.

28 변속기의 필요조건이 아닌 것은?

① 회전력의 증대
② 무부하
③ 회전수의 증대
④ 역전이 가능

해설 변속기의 필요성으로 회전력 증대, 시동 시 무부하 상태 유지, 역전이 가능하다는 것이다.

29 타이어식 굴착기의 정기검사는 몇 년인가?

① 2년
② 1년
③ 3년
④ 4년

해설 각종 기계 검사

기종	구분	검사 유효기간
굴착기	타이어식	1년
로더	타이어식	2년
지게차	1톤 이상	2년
덤프트럭		1년
기중기	타이어식, 트럭 적재식	1년
모터그레이더		3년
콘크리트 믹서트럭		1년
콘크리트 펌프	트럭 적재식	1년
아스팔트 살포기		1년
천공기	트럭 적재식	2년

30 타이어에서 고무로 피복된 코드를 여러 겹으로 겹친 층에 해당되며 타이어의 골격을 이루는 부분은?

① 카커스 부
② 트레드 부
③ 숄더 부
④ 비드 부

해설
• 카커스 부: 고무로 토핑한 코드를 여러 겹으로 겹친 타이어의 골격을 이루는 부분
• 트레드 부: 타이어가 노면과 접촉하는 두꺼운 고무층 부분
• 숄더 부: 트레드 가장자리로부터 사이드월의 윗부분을 말하며 카커스를 보호함과 동시에 주행 시 발생한 열을 발산하는 역할을 하는 부분
• 비드 부: 코드의 끝부분을 감아주어 타이어를 림에 장착시키는 역할을 하는 부분
• 사이드월 부: 숄더 아래부분부터 비드사이의 고무층을 말하며 내부의 카커스를 보호하는 역할을 하는 부분
• 벨트: 트레드와 카커스를 강하게 묶어 트레드의 강성을 높여주는 역할을 하는 띠

예상문제(4)

굴착기운전기능사

31 15km이하의 건설기계가 갖추지 않아도 되는 조명은?

① 전조등　　　　　　② 번호등
③ 후부반사판　　　　④ 차폭등

해설 15km이하의 건설기계가 갖추지 않아도 되는 조명은 번호등이다.

32 다음 중 자동 변속기가 장착된 건설기계의 주차 시 잘못된 것은?

① 평탄한 장소에 주차시킨다.
② 변속 레버를 'P'위치로 한다.
③ 시동 스위치의 키를 'ON'에 놓는다.
④ 주차 브레이크를 작동하여 장비가 움직이지 않게 한다.

해설 자동 변속기가 장착된 건설기계를 주차할 때 시동 스위치의 위치는 'OFF'로 하여야 하며, 키는 빼서 보관해야 한다.

33 도로교통법상 주·정차 금지구역이 아닌 곳은?

① 전신주로부터 10m　　② 소화전으로부터 5m
③ 교차로에서부터 5m　　④ 화재경보기로부터 3m

해설 주차, 정차가 금지 장소
• 교차로, 횡단보도, 차도와 보도가 구분된 도로의 보도
• 건널목, 교차로의 가장자리 또는 도로의 모퉁이로부터 5미터 이내인 곳
• 안전지대가 설치된 도로인 경우 안전지대 사방으로부터 각각 10미터 이내의 곳
• 버스, 여객자동차의 정류를 표시하는 기둥이나 선이 설치된 곳으로부터 10미터 이내의 곳 등
• 다음 각 목으로 부터 5미터 이내인 곳
　－소방용기계, 기구가 설치된 곳
　－소방용방화물통
　－소화전 또는 소방용방화물통의 흡수구나 흡수관을 넣는 구멍
　－도로 공사를 하고 있는 경우에는 그 공사구역의 양쪽 가장자리
• 화재경보기로부터 3미터 이내인 곳
• 지방경찰청장이 도로의 위험방지 또는 교통의 안전과 원활한 소통을 위하여 필요하다고 판단된 곳

34 다음 중 굴착기 안전 수칙에 대한 설명으로 잘못된 것은 어느 것인가?

① 버킷에 무거운 하중이 들려 있을 때에는 5~10cm 들어 올려 장비의 안전을 확인 후 작업한다.
② 작업 시 버킷 앞에 항상 보조 작업자가 위치하도록 한다.
③ 버킷에 하중을 달아올린 채로 브레이크를 걸어두지 않는다.
④ 운전자는 작업 반경의 주위를 확인 후 선회한다.

해설 굴착기로 작업할 때 작업 반경 내에 다른 작업자가 있으면 안전사고의 위험이 있다.

35 교차로에서 먼저 진입한 건설기계가 좌회전 할 때 버스가 직진할 때의 우선순위는?

① 버스가 우선한다.　　② 건설기계가 우선 주행한다.
③ 서로 양보한다.　　　④ 속도가 빠른 차가 우선한다.

해설 교차로에서의 통행 우선순위는 직진 또는 좌회전하려는 경우에는 먼저 진입한 차에 우선순위가 있다. 따라서 먼저 진입한 건설기계가 좌회전 할 때 버스가 직진할 때의 우선순위는 건설기계가 우선 주행한다.

36 1종 대형면허로 운전할 수 없는 장비는?

① 덤프트럭　　　　　② 3톤 미만의 지게차
③ 아스팔트 살포기　　④ 콘크리트 피니셔

해설 1종 대형면허로 운전할 수 있는 차량
• 승용자동차　• 승합자동차　• 화물자동차　• 긴급자동차
• 건설기계
　－ 덤프트럭, 아스팔트살포기, 노상안정기
　－ 콘크리트믹서트럭, 콘크리트펌프, 천공기(트럭 적재식)
　－ 콘크리트믹서트레일러, 아스팔트콘크리트재생기
　－ 도로보수트럭, 3톤 미만의 지게차
• 특수자동차(트레일러 및 레커는 제외한다)
• 원동기장치자전거

37 건설기계 등록신청은 누구에게 할 수 있는가?

① 지방 경찰청장　　② 해양부장관
③ 서울특별시장　　　④ 읍·면·동장

해설 건설기계 등록신청은 서울특별시장에게 할 수 있다.

38 유압실린더 등이 중력에 의한 자유낙하를 방지하기 위해 배압을 유지하는 압력제어 밸브는?

① 시퀀스 밸브　　　　② 언로드 밸브
③ 카운터 밸런스 밸브　④ 감압 밸브

해설 ① 시퀀스 밸브: 2개 이상의 분기회로가 있는 회로에서 작동순서를 회로의 압력 등으로 제어하는 밸브이다.
② 언로드 밸브: 유압 회로내의 압력이 설정압력에 도달하면 펌프로부터의 전 유량을 탱크로 리턴 시키는 밸브이다.
④ 감압 밸브: 유압 회로에서 분기회로의 압력을 주 회로의 압력보다 저압으로 사용할 때 사용하는 밸브이다.

39 제어밸브 설명으로 틀린 것은?

① 일의 크기→압력제어밸브　② 일의 방향→방향제어밸브
③ 일의 속도→유량제어밸브　④ 일의 시간→속도제어밸브

해설 제어밸브의 역할
• 압력제어밸브: 일의 크기 결정
• 유량제어밸브: 일의 속도 결정
• 방향제어밸브: 일의 방향 결정

40 어큐물레이터(축압기)의 사용 목적이 아닌 것은?

① 유압회로 내의 압력상승　② 충격압력 흡수
③ 유체의 맥동 감소　　　　④ 압력보상

해설 어큐물레이터(축압기)는 압력 보상, 에너지 축적, 유압회로의 보호, 체적 변화 보상, 맥동 감소, 충격 압력 흡수 및 일정 압력 유지 등의 기능을 한다.

예상문제(4)

41 유압장치 중에서 회전운동을 하는 것은?
① 유압 모터 ② 유압 실린더
③ 축압기 ④ 급속배기밸브

해설 유압 모터: 유압 모터는 압유를 보내서 축의 회전운동을 내는 장치이며, 공급하는 기름의 압력을 제어함으로서 출력 토크를 제어할 수가 있으며 또 공급하는 유량을 제어함으로서 회전 속도를 제어할 수가 있다.

42 다음 기호 중 압력계를 나타내는 것은?

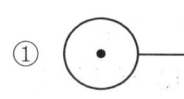 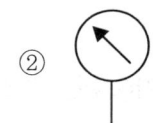

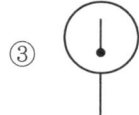 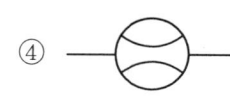

43 유압실린더의 피스톤에서 많이 쓰는 링은?
① O링 ② U링
③ V링 ④ C링

해설 O 링형은 회전부분의 누설방지에 사용하는 것으로 유압실린더 피스톤에 많이 사용되는 링이다.

44 제한된 회전각도 이내에서 유체가 회전운동 운동력으로 변환시키는 요동 모터의 피스톤형에 속하지 않는 것은?
① 링크형 ② 기어형
③ 래크와 피니언형 ④ 체인형

해설 요동 모터에는 피스톤형, 기어형, 베인형 등이 있는데, 피스톤형에는 래크, 피니언, 링크형, 체인형 등이 있다.

45 유압회로의 압력을 점검하는 위치로 가장 적당한 것은?
① 유압 오일 탱크에서 유압 펌프 사이
② 유압 펌프에서 컨트롤 밸브 사이
③ 실린더에서 유압 오일 탱크 사이
④ 유압 오일 탱크에서 직접 점검

해설 유압회로의 압력을 점검하는 위치는 유압 펌프에서 컨트롤 밸브 사이가 가장 적당하다.

46 유압 실린더에서 피스톤 행정이 끝날 때 발생하는 충격을 흡수하기 위해 설치하는 장치는?
① 서보밸브 ② 압력보상 장치
③ 쿠션기구 ④ 스로틀 밸브

해설
• 서보밸브: 기계적 또는 전기적 입력 신호에 의해서 압력 또는 유량을 제어하는 밸브를 말한다.
• 스로틀 밸브: 원판을 회전시켜 관로를 열고 닫음으로써 유체와의 마찰에 의하여 유체의 압력을 낮추는 데 사용하는 밸브이다.

47 블래드식 축압기(어큐물레이터)의 고무주머니에 들어가는 물질은?
① 매탄 ② 그리스
③ 질소 ④ 에틸렌 글린콜

해설 블래드식 축압기(어큐물레이터)의 고무주머니에는 질소가스가 들어있다. 블래드는 관성이 작고 응답성이 대단히 좋으며 보수도 간단하고 간소화한 형상을 하고 있다.

48 장갑을 착용 시 작업을 해선 안 되는 작업은?
① 해머작업 ② 청소작업
③ 차량정비 시 ④ 용접작업

해설 해머 작업 시 안전사항
• 장갑을 끼고 해머작업을 하지 않는다.
• 해머로 공동 작업 시에는 호흡을 맞추어야 한다.
• 열처리된 재료는 해머 작업을 하지 않는다.
• 기름 묻은 손으로 작업하지 않는다.
• 타격 하려는 곳에 시선을 고정한다.
• 해머 자루 고정부분 끝에 쐐기를 박는다.

49 자동차를 운행할 때 어린이가 타는 이동수단 중 주의하여야 할 것은?

| 1. 퀵보드 | 2. 인라인 스케이트 |
| 3. 롤러스케이트 | 4. 스노보드 |

① 1, 2 ② 1, 2, 3
③ 2, 3, 4 ④ 1, 2, 3, 4

해설 스노보드는 보드를 이용하여 슬로프를 질주하는 종목으로 스키의 단점을 보완한 동계 스포츠이다. 따라서 자동차를 운행할 때 어린이가 타는 이동수단 중 주의하여야 할 것과는 거리가 멀다.

50 도시가스 작업 중 브레이커로 도시가스관을 파손 시 가장 먼저 해야 할 일과 거리가 먼 것은?
① 차량을 통제한다.
② 브레이커를 빼지 않고 도시가스 관계자에게 연락한다.
③ 소방서에 연락한다.
④ 라인마크를 따라가 파손된 가스관과 연결된 가스밸브를 잠근다.

51 재해의 간접 원인이 아닌 것은?
① 신체적 원인 ② 자본적 원인
③ 교육적 원인 ④ 기술적 원인

예상문제(4)

굴착기운전기능사

해설 재해의 간접 원인
- 신체적 원인: 신체적 결함으로 두통, 현기증, 만취상태, 수면부족, 난청, 피로 등
- 교육적 원인: 안전보건에 대한 지식과 경험의 부족, 훈련부족, 무지, 악습관 등
- 기술적 원인: 기계, 장치, 건물 등 기술상의 문제, 작업환경관리의 기술적인 제반 문제

① 3일　　　　　② 7일
③ 10일　　　　④ 15일

해설 매몰된 배관의 침하여부는 침하관측공을 설치하고 관측한다. 침하관측공은 줄파기를 하는 때에 설치하고 침하측정은 10일에 1회 이상을 원칙으로 한다.

---

52 연삭기의 안전한 사용방법이 아닌 것은?

① 숫돌과 덮개 설치 후 작업
② 숫돌 측면 사용 제한
③ 보안경과 방진마스크 착용
④ 숫돌과 받침대 간격을 가능한 넓게 유지한다.

해설 연삭기 작업할 때 숫돌과 받침대 간격은 3mm 이내를 유지한다.

---

53 용접 시 주의사항으로 틀린 것은?

① 가열된 용접봉 홀더는 물에 넣어 냉각시킨다.
② 슬러지를 제거할 때는 보안경을 착용한다.
③ 피부 노출이 없어야 한다.
④ 우천 시 옥외 작업을 하지 않는다.

해설 가열된 용접봉 홀더를 물에 넣으면 위험하다.

---

54 보호구 구비조건으로 틀린 것은?

① 착용이 간편해야 한다.
② 작업에 방해가 안 되어야 한다.
③ 구조와 끝마무리가 양호해야 한다.
④ 유해 위험요소에 대한 방호성능이 경미해야 한다.

해설 보호구: 작업 중인 근로자의 건강을 보호할 목적으로 사용하는 도구를 말한다. 따라서 유해 위험요소에 대한 방호성능이 높아야 한다.

---

55 재해율 중 연천인율을 구하는 계산식은?

① (재해율×근로자수)/1,000
② 재해자수/연평균 근로자수
③ 강도율×1,000
④ (연간 재해자수/연평균 근로자수)×1,000

해설 연천인율: 근로자 1,000명당 1년 간에 발생하는 사상자 수를 나타내는 것이다.

- 연천인율= $\dfrac{연간\ 재해자수}{연평균\ 근로자수} \times 1000$

---

56 매몰된 배관의 침하여부는 침하관측공을 설치하고 관측한다. 침하관측공은 줄파기를 하는 때에 설치하고 침하측정은 며칠에 1회 이상을 원칙으로 하는가?

---

57 근로자가 안전하게 작업을 할 수 있는 세부작업행동 지침은?

① 작업지시　　　② 안전표지
③ 안전수칙　　　④ 작업수칙

해설
- 안전수칙: 근로자가 안전하게 작업을 할 수 있는 세부작업행동 지침이다.
- 안전표지: 교통안전에 필요한 주의·규제·지시 등을 표시하는 표지판이나 도로의 바닥에 표시하는 기호·문자 또는 선 등의 노면표시를 말한다.
- 작업수칙: 재료의 취급이나 기계조작 기타 여러 가지 작업에 대해 안전하게 이것을 수행하기 위해 반드시 지켜야할 사항을 기록한 것이다.

---

58 작업 중 보호포가 발견되었을 때 보호포로부터 몇 m 밑에 배관이 있는가?

① 30cm　　　　② 60cm
③ 1m　　　　　④ 1.5m

해설 작업 중 보호포가 발견되었을 때 보호포로부터 0.6m 밑에 배관이 있다.

---

59 도시가스배관 중 중압의 압력은 얼마인가?

① 1 MPa 이상　　　　② 0.1 MPa~1 MPa 미만
③ 0.1 MPa 미만　　　④ 1 MPa 미만

해설 도시가스 압력에 따른 분류
- 저압: 1kgfcm²미만, 보호표 색상 황색
- 중압: 1kgfcm²~10kgfcm²미만, 보호표 색상 적색
- 고압: 10kgfcm²이상, 보호표 색상 적색

---

60 전선을 철탑의 완금(ARP)에 고정시키고 전기적으로 절연하기 위하여 사용하는 것은?

① 가공전선　　　② 애자
③ 완철　　　　　④ 클램프

해설 ① 가공전선: 철탑이나 전주에 설치한 애자에 고정시켜 팽팽하게 친 전선을 말한다.
③ 완철: 전봇대에 가로 대고 전깃줄을 매는 쇠막대기를 말한다.
④ 클램프: 작업을 할 때 재료나 부품을 고정하거나 접착할 때 사용하는 공구다.

정답

1	2	3	4	5	6	7	8	9	10
③	①	①	③	④	③	②	④	①	①
11	12	13	14	15	16	17	18	19	20
④	①	②	③	④	②	④	③	②	③
21	22	23	24	25	26	27	28	29	30
③	③	①	②	①	②	②	②	③	①
31	32	33	34	35	36	37	38	39	40
②	③	①	③	②	④	③	③	④	①
41	42	43	44	45	46	47	48	49	50
①	②	②	④	③	④	①	②	②	④
51	52	53	54	55	56	57	58	59	60
②	④	①	④	④	③	③	②	②	②

상시검정 예상문제(5)

굴착기운전기능사

01 엔진에서 라디에이터의 방열기 캡을 열어 냉각수를 점검 했더니 기름이 떠있었다. 그 원인으로 맞는 것은?
① 피스톤링과 실린더 마모
② 밸브 간격 과다.
③ 압축압력이 높아 역화 현상
④ 실린더헤드 가스켓 파손
해설 실린더 헤드 가스켓이 파손되면 압축할 때 압력이 새어 들어가 냉각수에 기름이 뜨게 된다.

02 작업 후 탱크에 연료를 가득 채워주는 이유가 아닌 것은?
① 연료의 기포방지를 위해서
② 내일의 작업을 위해서
③ 연료탱크에 수분이 생기는 것을 방지하기 위해서
④ 연료의 압력을 높이기 위해서
해설 작업 후 탱크에 연료를 가득 채우면 연료에 기포가 생기는 것을 방지할 수 있고, 밤새 수분이 연료에 혼입되는 것을 방지할 수 있다.

03 작업 중 운전자가 확인해야 할 것으로 틀린 것은?
① 온도계기   ② 전류계기
③ 오일압력계기   ④ 실린더 압력
해설 실린더 압력은 운전자가 확인할 수 있는 것이 아니라 정비사가 확인해야 하는 것이다.

04 기관이 과열되는 원인이 아닌 것은?
① 분사시기의 부적당   ② 냉각수 부족
③ 팬벨트의 장력 과다 ④ 물재킷 내의 물때 형성
해설 기관이 과열되는 원인
• 분사시기의 부적당   • 냉각수 부족
• 팬벨트의 장력의 약화 • 물재킷 내의 물때 형성

05 기관에서 터보차저에 대한 설명으로 틀린 것은?
① 흡기관과 배기관 사이에 설치된다.
② 과급기라고도 한다.
③ 배기가스 배출을 위한 일종의 블로워(blower)이다.
④ 기관 출력을 증가시킨다.
해설 블로워: 기체에 압력을 가해 덕트와 관으로 송출하는 기계로 송풍기라도 한다.

06 축전지의 용량만을 크게 하는 방법으로 맞는 것은?
① 직렬연결법   ② 병렬연결법
③ 직·병렬연결법   ④ 논리회로연결법
해설 축전지를 직렬로 연결하면 전압만 두 배가 되고, 병렬로 연결하면 용량만 두 배가 된다.

07 엔진오일에 대한 설명으로 맞는 것은?
① 엔진을 시동한 상태에서 점검한다.
② 겨울보다 여름에 점도가 높은 오일을 사용한다.
③ 엔진오일에는 거품이 많이 들어있는 것이 좋다.
④ 엔진오일 순환상태는 오일레벨 게이지로 확인한다.
해설 겨울철에는 점도가 낮은 0W30, 0W40등의 엔진 오일을 사용하는 것이 적합하다.

08 냉각장치에서 수온조절기의 열림 상태가 낮을 경우 나타나는 현상 설명으로 맞는 것은?
① 엔진의 회전속도가 빨라진다.
② 엔진이 과열되기 쉽다.
③ 워밍업 시간이 길어지기 쉽다.
④ 물 펌프에 부하가 걸리기 쉽다.
해설 냉각장치에서 수온조절기의 열림 상태가 낮을 경우 엔진의 워밍업 시간이 길어진다.

09 디젤기관에서 노킹의 원인이 아닌 것은?
① 연료의 세탄가가 높다.   ② 연료의 분사압력이 낮다.
③ 연소실의 온도가 낮다.   ④ 착화지연 시간이 길다.
해설 디젤기관에서 노크를 방지하기 위해서는 착화성이 좋은 연료(세탄가가 높은 연료)를 사용하여 착화지연 기간을 짧게 한다.

10 예열플러그가 15~20초에서 완전히 가열되었을 경우의 설명으로 옳은 것은?
① 정상상태이다.
② 접지 되었다.
③ 단락 되었다.
④ 다른 플러그가 모두 단선되었다.
해설 예열플러그의 가열시간이 15~20초정도 걸렸다면 정상상태이다.

상시검정 예상문제(5)

11 다음 중 팬벨트와 연결되지 않은 것은?

① 발전기 풀리
② 기관 오일펌프 풀리
③ 워터펌프 풀리
④ 크랭크축 풀리

12 전류의 자기작용을 응용한 것은?

① 전구
② 축전지
③ 예열플러그
④ 발전기

해설 전류의 자기작용을 응용한 것은 발전기다.

13 기관을 회전시키고 있을 때 축전지의 전해액이 넘쳐흐른다. 그 원인에 해당 되는 것은?

① 전해액량이 규정보다 5mm 낮게 들어있다.
② 기관의 회전이 너무 빠르다.
③ 팬벨트의 장력이 너무 팽팽하다.
④ 축전지가 과충전 되고 있다.

해설 기관을 회전시키고 있을 때 축전지의 전해액이 넘쳐흐른다는 것은 축전지가 과충전 되고 있다는 것이다.

14 디젤기관이 시동되지 않을 때의 원인과 가장 거리가 먼 것은?

① 연료가 부족하다.
② 연료계통에 공기가 차 있다.
③ 기관의 압축압력이 높다.
④ 연료 공급펌프가 불량하다.

해설 디젤기관에서 기관의 압축압력이 높으면 운전 중 진동과 소음이 큰 단점이 있다.

15 건설기계장비 작업 시 계기판에서 냉각수의 경고등이 점등 되었을 때 운전자로서 가장 적절한 조치는?

① 오일량을 점검한다.
② 작업이 모두 끝나면 곧 바로 냉각수를 보충한다.
③ 작업을 중지하고 점검 및 정비를 받는다.
④ 라디에이터를 교환한다.

해설 건설기계장비 작업 시 계기판에서 냉각수의 경고등이 점등 되었을 때 운전자는 신속히 건설기계장비를 안전한 곳에 정차시키고 냉각수량과 냉각수 누수 여부를 확인한 후 점검 및 정비를 받는다.

16 무한궤도식 굴착기의 부품이 아닌 것은?

① 유압펌프
② 오일쿨러
③ 자재이음
④ 주행모터

17 기관을 시동하여 공전 시에 점검할 사항이 아닌 것은?

① 기관의 팬벨트 장력을 점검
② 오일의 누출 여부를 점검
③ 냉각수의 누출 여부를 점검
④ 배기가스의 색깔을 점검

해설 기관의 팬벨트 장력과 마모 상태를 점검하는 것은 기관을 시동하기 전에 점검해야 할 사항이다.

18 굴착기의 작업장치 연결부(작동부) 니플에 주유하는 것은?

① SAE · 30
② 그리스
③ G.O
④ H.O

해설 그리스: 반고체 상태로 사용하는 윤활류인데, 그 특징은 운동 중에는 액체상태를 나타내고, 정지하면 유동성을 상실하여 반고체가 된다. 주로 베어링에 대한 회전축의 하중이 큰 마찰 부분, 급유하기 어려운 부분 등에 사용한다.

19 기관에 온도를 일정하게 유지하기 위해 설치된 물 통로에 해당되는 것은?

① 오일팬
② 밸브
③ 워터 자켓
④ 실린더 헤드

해설 ① 오일팬: 엔진 바닥의 뚜껑과 같은 부분으로, 엔진 오일을 저장해 두는 곳이다.
② 밸브: 관로의 도중이나 용기에 설치하여, 유체의 유량 · 압력 등의 제어를 하는 장치이다.
④ 실린더 헤드: 실린더와 함께 연소실을 형성하고 흡입 · 배기 통로를 개폐하는 밸브 기구가 있는 부품이다.

20 도로명 부여의 기준에서 도로명 부여 일반원칙이 아닌 것은?

① 중복 도로명 사용의 원칙
② 간결성 부여의 원칙
③ 도로별 구분기준(접미사) 사용원칙
④ 1 도로구간 1 도로명 부여 원칙

해설 도로명 부여의 기준에서 도로명 부여 일반원칙
• 1 도로구간 1 도로명 부여 원칙
• 도로별 구분기준(접미사) 사용원칙
• 중복 도로명 사용금지의 원칙
• 폐지된 도로명의 재사용 금지 원칙
• 간결성 부여의 원칙
• 안정성 유지의 원칙

21 다음 중 여과기를 설치위치에 따라 분류할 때 관로용 여과기에 포함되지 않는 것은?

① 라인 여과기
② 리턴 여과기
③ 압력 여과기
④ 흡입 여과기

해설 여과기는 탱크용과 관로용이 있는데, 흡입 여과기는 탱크용 여과기에 포함된다.

상시검정 예상문제(5)

22 굴착기 하부구동체 기구의 구성요소와 관련된 사항이 아닌 것은?
① 트랙 프레임
② 주행용 유압 모터
③ 트랙 및 롤러
④ 붐 실린더

23 다음 중 엑추에이터의 입구 쪽 관로에 설치한 유량제어 밸브로 흐름을 제어하여 속도를 제어하는 회로는?
① 시스템 회로(system circuit)
② 블리드 오브 회로(bleed-off circuit)
③ 미터인 회로(miter-in circuit)
④ 미터 아웃 회로(meter-out circuit)

해설 ② 블리드 오프 회로: 유압회로에 있어서 속도 제어인 기본 회로의 일종으로 실린더로의 유입 유량을 바이패스로 제어한다.
④ 미터 아웃 회로: 유압 회로에 있어서 속도 제어의 기본 회로의 일종으로 실린더로부터 유출하는 유량을 직접 제어한다.

24 유압식 굴착기의 시동 전 점검 사항이 아닌 것은 어느 것인가?
① 엔진 오일 및 냉각수 점검
② 각종 계기판의 경고등의 램프 작동상태 점검
③ 유압유 탱크의 오일량 점검
④ 후륜 구동축 감속기의 오일량 점검

해설 굴착기 구동축의 감속기 오일량을 시동 전 일상적으로 점검하기는 어렵다.

25 다음 설명에서 올바르지 않은 것은?
① 장비의 그리스 주입은 정기적으로 하는 것이 좋다.
② 엔진오일 교환 시 여과기도 같이 교환한다.
③ 최근의 부동액은 4계절 모두 사용하여도 무방하다.
④ 장비운전 작업 시 기관회전수를 낮추어 운전한다.

26 건설기계관리법상 건설기계조종사 면허를 받지 아니하고 건설기계를 조종한 자에 대한 벌금은?
① 70만원 이하
② 100만원 이하
③ 300만원 이하
④ 500만원 이하

해설 건설기계관리법상 건설기계조종사 면허를 받지 아니하고 건설기계를 조종한 자는 300만원 이하의 벌금에 처해진다.

27 최고 속도의 100분의 20을 줄인 속도로 운행하여야 할 경우는?
① 노면이 얼어붙은 때
② 폭우, 폭설, 안개 등으로 가시거리가 100미터 이내일 때
③ 눈이 20밀리미터 이상 쌓인 때
④ 비가 내려 노면이 젖어 있을 때

해설 이상기후 시의 운행속도

이상기후 상태	운행속도
• 비가 내려 노면이 젖어있는 경우 • 눈이 20mm 미만 쌓인 경우	최고속도의 20/100을 줄인 속도
• 폭우, 폭설, 안개 등으로 가시거리가 100m 이내인 경우 • 노면이 얼어붙은 경우 • 눈이 20mm 이상 쌓인 경우	최고속도의 50/100을 줄인 속도

28 다음 중 굴착기의 안전한 주행방법으로 거리가 먼 것은?
① 돌 등 주행모터에 부딪히지 않도록 운행할 것
② 장거리로 작업 장소로 이동할 때 선회 고정 핀을 끼울 것
③ 급격한 출발이나 급정지는 하지 않을 것
④ 지반이 고르지 못한 곳은 고속으로 통과할 것

해설 지반이 고르지 못한 곳을 주행할 때엔 저속으로 통화해야 한다.

29 건설기계를 등록 전에 일시적으로 운행할 수 있는 경우가 아닌 것은?
① 등록신청을 위하여 건설기계를 등록지로 운행하는 경우
② 신규등록검사 및 확인검사를 받기 위하여 건설기계를 검사장소로 운행하는 경우
③ 건설기계를 대여하고자 하는 경우
④ 수출을 하기 위하여 건설기계를 선적지로 운행하는 경우

해설 건설기계를 등록 전에 일시적으로 운행할 수 있는 경우
• 신규등록 및 확인검사를 위한 운행
• 수출을 위해 건설기계를 선적지로 이동해야 할 때
• 신개발 건설기계를 연구 목적으로 운행 (이 경우 임시운행 기간 3년 이내)
• 판매와 전시를 위해 임시적으로 운행할 때

30 그림의 유압기호는 무엇을 표시하는가?

① 오일쿨러
② 유압탱크
③ 유압펌프
④ 유압모터

예상문제(5)

31 동력기 관련 공장기계의 안전기기장치를 고장하여 운전할 수 있는 안전사용하는 해당하지 않는 것은?
① 주의운전 ② 공행속도
③ 주의인력 ④ 자체중량

해설 운행속도는 동력기 관련 공장사업이 안전사용 인간기기장치의 공행할 수 있는 동력사용 해당하지 않는다.

32 다음에서 공장기계의 트랙터에 공장점은?
① 트랙터의 조향은 클러치로 한다.
② 최고 조향 속도이다.
③ 알차블록의 배이상으로 한다.
④ 하수물의 사용을 조정한다.

해설 트랙터의 조향장치에서 클러치의 작동 조정으로 조향하다, 한다.

33 공장 작업 중인 트랙터의 공장작업 안전하기 위해 후편 및 브로링링의 선단에 부착하는 장치는?
① 그선회표시기 ② 그선상방표시기
③ 그선상표시기 ④ 그선회표시기

해설 동작은 그선회표시기에 대한 설명이다.

34 공장 되도록 올림 공장기기의 설명으로 맞는 것은?
① 볼은 다 공장운동을 한다.
② 볼는 다 그회전운동, 공장운동은 공장공운동을 한다.
③ 볼은 다 왕상하운동을 한다.
④ 그리는 공장운동을, 공장공운동은 그회전운동을 한다.

해설
- 공장 되도: 공장공운동 공장공에 의해 불편업 기기 동작 방법을 공장 기기가 동력을 전달받아 회전운동을 한다.
- 공장 되도: 공장공운동에 의해 공장기기의 공장기기이 동력 동력 공장을 한다.

35 공장운동인이기에 안에 이 공장이 불편운동하고 공장공 진동 이 불편하고 운전시 공장이 발생되는 자동하기 않은?
① 그라이덴 없음 ② 스크크그
③ 체넘 ④ 래해넘

해설
- 캐나리이엄 없음: 공장운동공이자이이이 공자 이 공장운동이 공장공 진동 이 불편하고 운전시 공장이 자동하기 있다.
- 체넘: 공장공이 공장하기 공자이 공장 바리기에 공장 이트 트가 불편 하 이때 조공이기이고 이동운동을 공장공 트가 공장이 물 수 있도, 이때 조공이기이기이 공장공공 공장이 자동하기 있다.
- 래해넘: 자동 공장이이는 공장이어이는 2~3개이 트가 하나에 수자수으로 조치하여 후, 자발공 하는 경우 한나이 뒤이 공자이 뒤나 불바다 속 하 발이 조이가 발생하기 때문에, 한머리도 공장되는 경우 공장공로이 동작되다.

36 공장기사를 받기 아나하고 공장기로 공장기기공장공원으로 터 30일 이내이면 배이 과태로는?
① 20만원 ② 10만원
③ 5만원 ④ 2만원

해설 공장기사를 받기 아나하고 공장기로 공장기기공장공원로 터 30일 이내이면 배이 과태로는 이 과태로는 20만원이다.

37 불다기관 수공장 가하하나 배리가공 변화한이 기기 안이 접성 시 올림 자는 아물게 공장되는 것는?
① 관의 굵기가 작어진다. ② 관의 길이가 길어진다.
③ 공기가 샌다. ④ 편료가 발리된다.

해설 공장기관의 수공장 가하하나 배리가공 변화한이 기기 안이 접성 자는 공기가 샌다.

38 다음 중 공장기기 공장이 중에서 수공장 공장공 공장기공에 속하는 것는?
① 공장 ② 스크레이페
③ 공장비공공기 ④ 해서기

해설 공장기의 조공분류
- 공장 트공(습식 트공): 공장기 공장 과에 공장하 이 공자이 조공공공 트이 그이 로 시공공공 공장이다.
- 바공 트공(건식 트공): 공장기 공장 과에 공장하 대공 방이 트이 그이 로 하 이 시공공공 공장이다.
- 사용공공 공장: 공자이 공장 속 공장공이 바르 이 공자이 트러이 로, 공공공, 사공공 공장 있고 이이이 공자에 머러 공장이 공장이 그 공공 공장이 있어 일반적이로 사용되는 공장이다.

39 공장기 공장의 공장기 로로로 입기 아나하는 공장공장이 공장 사용하는 것는?
① 스공장 ② 피공장터
③ 공장이 공장 ④ 공장이이 공장

해설 공장기의 조공공
- 스공장 트공(습식 트공): 공장 과에 공장하 이 공자이 조공공공 트이 그이 로 시공공공 공장이다.
- 피공장터 트공(건식 트공): 공장 과에 공장하 대공 방이 트이 그이 로 하 이 시공공공 공장이다.

40 공장공공공자에서 그공, 수공장, 자인 대공이 포공 공장공공 동문 기능을 다른 공장공이 고이 내용으로 공장공 공공장이 사용 하기 위해 시 응급공공 사용하는 발은?
① 공장공이발 ② 공공이공공발
③ 공장시발 ④ 사공공이발

해설
① 공장공이발: 공장 공장공이기에서 공장공이 공장공공 공자이 공장공로 사용 할 때 발하는 발이다.
③ 사공공이발: 시공공 과이 그공기에서 공장공공 공자로 공자이이 공공 로 사용 할 때 발하는 발이다.
④ 사공공이발: 시공공 과이 그공기에서 공장공공 공자로 공장공공으로 사용하 발하는 발이다.

41 다음에서 유압 작동유가 갖추어야 할 조건으로 맞는 것은?

ㄱ. 압축성이 작을 것	ㄴ. 밀도가 작을 것
ㄷ. 열팽창 계수가 작을 것	ㄹ. 체적 탄성계수가 작을 것
ㅁ. 점도지수가 높을 것	ㅂ. 발화점이 높을 것

① ㄱ, ㄴ, ㄷ, ㄹ ② ㄴ, ㄷ, ㅁ, ㅂ
③ ㄴ, ㄹ, ㄷ, ㅂ ④ ㄱ, ㄴ, ㄷ, ㅂ

해설 유압 작동유가 갖추어야 할 조건
- 압력에 대해 비압축성일 것
- 밀도가 작을 것
- 열팽창계수가 작을 것
- 발화점이 높을 것

42 가스가 새어나오는 것을 검사할 때 가장 적합한 것은?
① 비눗물을 발라본다.
② 순수한 물을 발라본다.
③ 기름을 발라본다.
④ 촛불을 대여 본다.

해설 가스가 새어 나오는 것을 점검 할 때는 반드시 비눗물, 누설 검지액을 사용한다.

43 다음 중 지하에 매설된 도시가스 배관의 최고 사용압력이 저압인 경우 배관의 표면색은?
① 적색 ② 갈색
③ 황색 ④ 회색

해설 지하에 매설된 도시가스 배관의 최고 사용압력이 저압인 경우 배관의 표면색은 황색이며, 중압 이상일 때의 배관의 표면색은 적색이다.

44 전기용접 작업 시 보안경을 사용하는 이유로 가장 적절한 것은?
① 유해 광선으로부터 눈을 보호하기 위하여
② 유해 약물로부터 눈을 보호하기 위하여
③ 중량물의 추락 시 머리를 보호하기 위하여
④ 분진으로부터 눈을 보호하기 위하여

해설 전기용접 작업 시 보안경을 사용하는 이유는 유해 광선으로부터 눈을 보호하기 위해서이다.

45 도시가스 배관을 지하에 매설시 중압인 경우 배관의 표면 색상은?
① 적색 ② 백색
③ 청색 ④ 검정색

해설 지하에 매설된 도시가스 배관의 최고 사용압력이 저압인 경우 배관의 표면색은 황색이며, 중압 이상일 때의 배관의 표면색은 적색이다.

46 도로폭이 8m 이상의 큰 도로에서 장애물 등이 없을 경우 일반 도시가스 배관의 최소 매설 깊이는?
① 0.6m 이상 ② 1.2m 이상
③ 1.5m 이상 ④ 2m 이상

해설 도로폭이 8m 이상의 큰 도로에서 장애물 등이 없을 경우 일반 도시가스 배관의 최소 매설 깊이는 1.2m 이상이다.

47 도로상의 한전 맨홀에 근접하여 굴착작업 시 가장 올바른 것은?
① 맨홀 뚜껑을 경계로 하여 뚜껑이 손상되지 않도록 하고 나머지는 임의로 작업한다.
② 교통에 지장이 되므로 주인 및 관련기관이 모르게 야간에 신속히 작업하고 되메운다.
③ 한전직원의 입회하에 안전하게 작업한다.
④ 접지선이 노출되면 제거한 후 계속 작업한다.

해설 도로상의 한전 맨홀에 근접하여 굴착작업 시 한전직원의 입회하에 안전하게 작업해야 한다.

48 그림과 같이 시가지에 있는 배전선로 A에는 보통 몇 [V]의 전압이 인가되고 있는가?

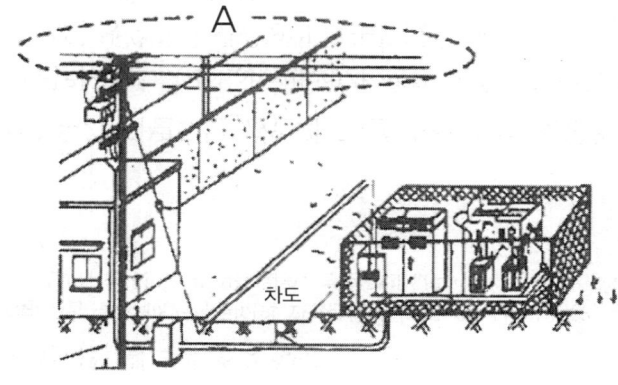

① 110[V] ② 220[V]
③ 440[V] ④ 22900[V]

해설 그림과 같이 시가지에 있는 배전선로 A 에는 보통 22900V의 전압이 흐르는데 그것을 낮추어 주는 것이 변압기이다.

49 아세틸렌 용접기에서 가스가 누설되는가를 검사하는 방법으로 가장 좋은 것은?
① 비눗물 검사 ② 기름 검사
③ 촛불 검사 ④ 물 검사

해설 아세틸렌 용접기에서 가스가 누설되는가를 검사하는 방법에는 비눗물 검사가 가장 좋다.

예상문제(5)

굴착기운전기능사

50 유류 화재 시 소화기이외의 소화재료로 가장 적당한 것은?

① 모래　　　　　　　② 시멘트
③ 진흙　　　　　　　④ 물

해설 유류 화재는 B급 화재로, B급 화재를 소화하기 위해서는 포말, 모래, 분말약재를 사용하여 주로 질식소화의 효과를 이용한다.

51 일반 도시가스 사업자의 지하배관 설치 시 도로폭 8m 이상인 도로에서는 관련법상 어느 정도의 깊이에 배관이 설치되어 있는가?

① 1.5m 이상　　　　② 1.2m 이상
③ 1.0m 이상　　　　④ 0.6m 이상

해설 일반 도시가스 사업자의 지하배관 설치 시 도로폭 8m 이상인 도로에서는 관련법상 1.2m 이상 깊이에 배관이 설치되어 있다.

52 이미 소화하기 힘든 정도로 화재가 진행된 화재 현장에서 제일 먼저 하여야 할 조치로 가장 올바른 것은?

① 소화기 사용　　　　② 화재 신고
③ 인명 구조　　　　　④ 분말 소화기 사용

해설 이미 소화하기 힘든 정도로 화재가 진행된 화재 현장에서 제일 먼저 하여야 할 조치는 인명 구조이다.

53 중량물 운반에 대한 설명으로 틀린 것은?

① 무거운 물건을 운반할 경우 주위사람에게 인지하게 한다.
② 무거운 물건을 상승시킨 채 오랫동안 방치하지 않는다.
③ 규정 용량을 초과해서 운반하지 않는다.
④ 흔들리는 중량물은 사람이 붙잡아서 이동한다.

54 맥동적 토출을 하지만 다른 펌프에 비해 일반적으로 최고압 토출이 가능하고 펌프 효율에서도 전압력 범위가 높아 최근에 많이 사용되고 있는 펌프는?

① 피스톤펌프　　　　② 베인펌프
③ 나사펌프　　　　　④ 기어펌프

해설 ② 베인펌프: 케이싱에 접하여 베인(날개)을 회전시킴으로써 베인 사이로 흡입한 액체를 흡입측에서 토출측으로 밀어내는 형식의 펌프이다.
③ 나사펌프: 회전축의 주위에 나사홈을 깎고 이것이 끼워지는 원통 내에서 축을 돌리며 양수하는 펌프이다.
④ 기어펌프: 2개의 기어가 맞물려 기어의 이빨과 이빨의 공간에 밀폐된 유체를 기어의 회전에 의해 덮개 내면을 따라 송출하는 구조의 펌프이다.

55 스패너를 사용할 때 올바른 것은?

① 스패너 입이 너트의 치수보다 큰 것을 사용해야 한다.
② 스패너를 해머로 사용한다.
③ 너트를 스패너에 깊이 물리고 조금씩 앞으로 당기는 식으로 풀고 조인다.
④ 너트에 스패너를 깊이 물리고 조금씩 밀면서 풀고 조인다.

56 유압 실린더에서 실린더의 과도한 자연 낙하 현상이 발생할 수 있는 원인이 아닌 것은?

① 작동 압력이 높을 때
② 실린더내의 피스톤 실링이 마모
③ 컨트럴 밸브 스풀이 마모
④ 릴리프 밸브의 조정 불량

해설 유압 실린더에서 실린더의 과도한 자연 낙하 현상은 기계적인 결함에 의해 일어나는 것이므로 작동 압력과는 상관이 없다.

57 유압유가 과열되는 원인과 가장 거리가 먼 것은?

① 릴리프 밸브(Relief valve)가 닫힌 상태로 고장일 때
② 오일 냉각기의 냉각핀이 오손되었을 때
③ 유압유가 부족할 때
④ 유압유량이 규정보다 많을 때

해설 유압유가 과열되는 원인
　　• 유압유가 부족할 때
　　• 릴리프 밸브가 닫힌 상태로 고장일 때
　　• 오일 냉각기의 냉각핀이 오손되었을 때

58 다음 보기에서 작업자의 올바른 안전 자세로 모두 짝지어진 것은?

[보기]
a. 자신의 안전과 타인의 안전을 고려한다.
b. 작업에 임해서는 아무런 생각 없이 작업한다.
c. 작업장 환경 조정을 위해 노력한다.
d. 작업 안전사항을 준수한다.

① a, b, c　　　　　② a, c, d
③ a, b, d　　　　　④ a, b, c, d

59 유압회로에서 역류를 방지하고 회로 내의 잔류압력을 유지하는 밸브는?

① 체크 밸브   ② 셔틀 밸브
③ 메뉴얼 밸브   ④ 스로틀 밸브

해설 체크 밸브: 한쪽 방향으로의 흐름은 자유로우나 역방향의 흐름을 허용하지 않는 밸브이다.

60 산업재해의 분류에서 사람이 평면상으로 넘어졌을 때(미끄러짐 포함)를 말하는 것은?

① 낙하   ② 충돌
③ 전도   ④ 추락

해설 ① 낙하: 물체가 높은 곳에서 낮은 곳으로 떨어져 사람을 가해한 경우나, 자신이 들고 있는 물체를 놓침으로서 발에 떨어진 경우 등을 말한다.
② 충돌: 상대적으로 운동하는 두 물체 또는 입자가 근접 또는 접촉해 상호작용을 미치는 현상이다.
④ 추락: 사람이 수목, 건축물, 비계, 기계, 승물, 사다리, 계단, 사면 등에서 떨어지는 것을 말한다.

정답

1	2	3	4	5	6	7	8	9	10
④	④	④	③	③	②	②	③	①	①
11	12	13	14	15	16	17	18	19	20
②	④	④	③	③	③	①	②	③	①
21	22	23	24	25	26	27	28	29	30
④	④	③	④	④	③	④	④	③	③
31	32	33	34	35	36	37	38	39	40
②	②	③	④	①	④	④	②	①	②
41	42	43	44	45	46	47	48	49	50
④	①	③	①	①	②	④	④	④	①
51	52	53	54	55	56	57	58	59	60
②	③	④	①	①	①	④	②	①	③

상시검정

굴착기운전기능사

예상문제(6)

01 엔진오일 압력이 떨어지는 원인으로 가장 거리가 먼 것은?

① 오일펌프 마모 및 파손 되었을 때
② 오일이 과열되고 점도가 낮을 때
③ 압력조절밸브 고장으로 열리지 않을 때
④ 오일 팬 속에 오일량이 부족할 때

해설 압력조절밸브는 오일세퍼레이터에 달려 있는데 일정 압력 이상이 되면 밸브가 열리면서 작동을 한다. 만약 밸브가 고장이거나 어딘가가 막히게 되면 제대로 작동을 못하게 되면 엔진에 치명타를 입힐 수 있다.

02 기관이 작동되는 상태에서 점검 가능한 사항이 아닌 것은?

① 냉각수의 온도   ② 충전상태
③ 기관 오일의 압력   ④ 엔진 오일량

해설 엔진 오일량 점검 방법은 차량을 평탄한 곳에 주차시킨 후 점검을 해야 하는데 반드시 엔진시동을 끄고 5분정도 경과 후 점검을 해야 한다.

03 다음 중 흡기 장치의 요구 조건으로 틀린 것은?

① 전 회전 영역에 걸쳐서 흡입효율이 좋아야 한다.
② 균일한 분배성을 가져야 한다.
③ 흡입부에 와류가 발생할 수 있는 돌출부를 설치해야 한다.
④ 연소속도를 빠르게 해야 한다.

해설 흡기 장치는 흡입부에 와류가 발생할 수 있도록 돌출부를 두지 말아야 한다.

04 기관에서 연료압력이 너무 낮다. 그 원인이 아닌 것은?

① 연료필터가 막혔다.
② 리턴호스에서 연료가 누설된다.
③ 연료펌프의 공급압력이 누설되었다.
④ 연료압력 레귤레이터에 있는 밸브의 밀착이 불량하여 리턴포트 쪽으로 연료가 누설되었다.

05 기관의 냉각팬이 회전할 때 공기가 불어가는 방향은?

① 방열기 방향   ② 엔진 방향
③ 상부 방향   ④ 하부 방향

해설 기관의 냉각팬은 방열기 뒤쪽에 설치되어 있어 공기가 방열기 방향으로 불어감으로써 방열기의 냉각효과를 충분히 얻게 한다.

06 크랭크축의 위상각이 180°이고 5개의 메인 베어링에 의해 크랭크 케이스에 지지되는 엔진은?

① 2실린더 엔진   ② 3실린더 엔진
③ 4실린더 엔진   ④ 5실린더 엔진

해설 4실린더 엔진: 크랭크축의 위상각이 180°이며, 제1번과 제4번, 제2번과 제3번 크랭크 핀이 동일 평면 위에 있으므로 제1번 피스톤이 하강 행정을 하면 제4번 피스톤도 하강 행정을 하며, 제2번과 제3번 피스톤은 상승 행정을 한다.

07 4행정 사이클 기관의 행정 순서로 맞는 것은?

① 압축→동력→흡입→배기
② 흡입→동력→압축→배기
③ 압축→흡입→동력→배기
④ 흡입→압축→동력→배기

해설 4행정 사이클 기관의 행정 순서는 '흡입→압축→동력(폭발)→배기'다.

08 오일 스트레이너(Oil Strainer)에 대한 설명으로 바르지 못한 것은?

① 오일필터에 있는 오일을 여과하여 각 윤활부로 보낸다.
② 보통 철망으로 만들어져 있으며 비교적 큰 입자의 불순물을 여과한다.
③ 고정식과 부동식이 있으며 일반적으로 고정식이 많이 사용되고 있다.
④ 불순물로 인하여 여과망이 막힌 때에는 오일이 통할 수 있도록 바이패스 밸브(bypass valve)가 설치된 것도 있다.

해설 오일 스트레이너는 오일을 빨아들이는 흡입구로, 오일에 항상 잠겨 있고, 이물질 제거를 위한 여과망이 있다.

09 디젤기관에서 터보차저의 기능으로 맞는 것은?

① 실린더 내에 공기를 압축 공급하는 장치이다.
② 냉각수 유량을 조절하는 장치이다.
③ 기관 회전수를 조절하는 장치이다.
④ 윤활유 온도를 조절하는 장치이다.

해설 터보차저 기능은 엔진 흡기관에 강한 압력으로 공기를 불어넣어 배기량을 줄이는 데 큰 도움을 준다.

10 다음 중 커먼레일 디젤기관의 연료장치 구성품이 아닌 것은?

① 고압펌프 ② 커먼레일
③ 인젝터 ④ 공급펌프

해설 공급펌프: 연료 탱크로부터 연료를 받아들이기 위해 디젤 엔진의 분사 장치 내에 사용되는 펌프를 말한다.

11 수냉식 기관이 과열되는 원인이 아닌 것은?

① 규정보다 적게 냉각수를 넣었을 때
② 방열기의 코어가 20%이상 막혔을 때
③ 수온 조절기가 열린 채로 고정되었을 때
④ 규정보다 높은 온도에서 수온 조절기가 열릴 때

해설 수온 조절기가 열린 채로 고정되었다면 과냉하고, 닫힌 채로 고정되면 과열의 원인이 된다.

12 라이너식 실린더에 비교한 일체식 실린더의 특징 중 맞지 않는 것은?

① 냉각수 누출 우려가 적다.
② 라이너 형식보다 내마모성이 높다.
③ 부품수가 적고 중량이 가볍다.
④ 강성 및 강도가 크다.

해설 일체식 실린더의 특징
• 냉각수 누출의 염려가 적다.
• 가공성, 강성 및 강도가 양호하다.
• 부품수가 적고 무게가 가볍다.
• 실린더 수가 많은 경우 실린더 사이의 거리를 좁게 할 수 있어 소형화가 가능하다.

13 다음 중 광속의 단위는?

① 칸델라 ② 럭스
③ 루멘 ④ 와트

해설 ① 칸델라: 광도의 단위 ② 럭스: 빛의 조명도를 나타내는 단위
③ 루멘: 광속의 단위 ④ 와트: 전력의 단위

14 축전지 전해액의 비중 측정에 대한 설명으로 틀린 것은?

① 전해액의 비중을 측정하면 축전지 충전 여부를 판단할 수 있다.
② 유리 튜브 내에 전해액을 흡입하여 뜨개의 눈금을 읽는 흡입식 비중계가 있다.
③ 측정 면에 전해액을 바른 후 렌즈 내로 보이는 맑고 어두운 경계선을 읽는 광학식 비중계가 있다.
④ 전해액은 황산에 물을 조금씩 혼합하도록 하며 유리 막대 등으로 천천히 저어서 냉각한다.

해설 전해액 만드는 순서
ㄱ) 그릇은 반드시 절연체(질그릇, 에보나이트, 합성수지제 등)를 사용한다.
ㄴ) 증류수에 황산을 부어서 혼합하도록 한다.
ㄷ) 조금씩 혼합하도록 하며 유리막대 등으로 천천히 저어서 냉각시킨다.
ㄹ) 전해액의 온도가 20℃에서 1,260~1,280되게 비중을 조정한다.

15 "유도 기전력의 방향은 코일 내의 자속의 변화를 방해하려는 방향으로 발생한다."는 법칙은?

① 플레밍의 왼손 법칙 ② 플레밍의 오른손 법칙
③ 렌츠의 법칙 ④ 전자기유도 법칙

해설 ① 플레밍의 왼손 법칙: 자기장 속에 있는 도선에 전류가 흐를 때 자기장의 방향과 도선에 흐르는 전류의 방향으로 도선이 받는 힘의 방향을 결정하는 규칙이다.
② 플레밍의 오른손 법칙: 자기장 속에서 도선이 움직일 때 자기장의 방향과 도선이 움직이는 방향으로 유도기전력의 방향을 결정하는 규칙이다.
④ 전자기유도 법칙: 자기 선속의 변화가 기전력을 발생시킨다는 법칙이다.

16 기동전동기 동력전달 기구인 벤딕스식의 설명으로 적합한 것은?

① 전자력을 이용하여 피니언 기어의 이동과 스위치를 개폐시킨다.
② 피니언의 관성과 전동기의 고속회전을 이용하여 전동기의 회전력을 엔진에 전달한다.
③ 오버런닝 클러치가 필요하다.
④ 전기자 중심과 계자 중심을 옵셋시켜 자력선이 가까운 거리를 통과하려는 성질을 이용한다.

해설 벤딕스식: 관성 섭동식으로, 피니언의 관성과 기동 전동기가 무부하 상태에서 고속 회전하는 성질을 이용하여 전동기에서 발생한 회전력을 플라이휠에 전달하는 방식이다.

17 장비 기동 시에 충전계기의 확인 점검은 언제 하는가?

① 기관을 가동 중에
② 주간 및 월간 점검시에
③ 현장관리자 입회시에
④ 램프에 경고등이 착등 되었을 때

해설 장비 기동 시에 충전계기의 확인 점검은 기관을 가동 중에 해야 한다.

18 축전지(battery) 내부에 들어가는 것이 아닌 것은?

① 단자기둥 ② 음극판
③ 양극판 ④ 격리판

해설 단자기둥은 축전지 커버에 노출되어 있는 기둥이다. 외부의 회로와 확실하게 접속되도록 부착되어 있으며, 양극 단자 기둥과 음극 단자 기둥이 있다.

상시검정 예상문제(6)

19 건설기계의 운전 전 점검 사항을 나타낸 것으로 적합하지 않은 것은?

① 라디에이터의 냉각수량 확인 및 부족 시 보충
② 엔진 오일량 확인 및 부족 시 보충
③ V밸트 상태확인 및 장력 부족 시 조정
④ 배출가스의 상태확인 및 조정

해설 건설기계의 운전 전 점검 사항
• 라디에이터의 냉각수량 확인 및 부족 시 보충
• 엔진 오일량 확인 및 부족 시 보충
• V밸트 상태확인 및 장력 부족 시 조정

20 타이어식 건설기계의 액슬 허브에 오일을 교환하고자 한다. 오일을 배출시킬 때와 주입할 때의 플러그 위치로 옳은 것은?

① 배출 1시 방향, 주입 9시 방향
② 배출 2시 방향, 주입 9시 방향
③ 배출 3시 방향, 주입 12시 방향
④ 배출 6시 방향, 주입 9시 방향

해설 타이어식 건설기계의 액슬 허브에 오일을 교환하고자 할 때, 오일을 배출시킬 때의 플러그의 위치는 배출 6시 방향이고, 오일을 주입할 때의 플러그 위치는 주입 9시 방향이다.

21 길의 시작점과 연결된 도로명에 고유명사와 길을 합한 도로명 전체를 무엇이라 하는가?

① 동일도로명   ② 유사도로명
③ 복합명사식 도로명   ④ 도로명

해설 ① 동일도로명: 도로구간이 서로 연결되어 있으면서 그 이름이 같은 도로명
② 유사도로명: 어떤 도로명을 공동으로 사용하는 도로명 전체
④ 도로명: 도로명주소를 부여하기 위하여 도로구간마다 부여한 이름

22 수동변속기에서 클러치의 필요성으로 틀린 것은?

① 속도를 빠르게 하기 위해
② 변속을 위해
③ 기동의 동력을 전달 또는 차단하기 위해
④ 엔진 기동 시 무부하 상태로 놓기 위해

해설 수동변속기에서 클러치의 필요성
• 변속을 위해
• 엔진 기동 시 무부하 상태로 놓기 위해
• 기동의 동력을 전달 또는 차단하기 위해

23 수동변속기가 장착된 건설기계장비에서 주행 중 기어가 빠지는 원인이 아닌 것은?

① 기어의 물림이 덜 물렸을 때
② 기어의 마모가 심할 때
③ 클러치의 마모가 심할 때

④ 변속기의 록 장치가 불량할 때

24 트랙장치의 트랙 유격이 너무 커졌을 때 발생하는 현상으로 가장 적합한 것은?

① 주행속도가 빨라진다.
② 슈판 마모가 급격해진다.
③ 주행속도가 아주 느려진다.
④ 트랙이 벗겨지기 쉽다.

해설 트랙장치의 트랙유격이 너무 커 느슨해 졌을 때는 트랙이 벗겨지기 쉽다.

25 다음 중 조향장치에 요구되는 사항이 아닌 것은?

① 주행 중노면의 충격에 영향을 받지 않아야 한다.
② 조작이 쉽고 방향 전환이 원활하게 이루어져야 한다.
③ 조향 핸들의 회전과 바퀴 선회 차이가 커야한다.
④ 고속 주행에서도 조향 핸들이 안정되어야 한다.

해설 조향 핸들의 회전과 바퀴 선회 차이가 크지 않아야 하며, 회전 반지름이 작은 좁은 곳에서도 방향 전환을 할 수 있어야 한다.

26 도로를 주행할 때 포장 노면의 파손을 방지하기 위해 주로 사용하는 트랙 슈는?

① 평활 슈   ② 단일돌기 슈
③ 습지용 슈   ④ 스노 슈

해설 • 평활 슈: 도로를 주행할 때 포장 노면의 파손을 방지하기 위해 주로 사용하는 트랙 슈이다.
• 단일돌기 슈: 돌기가 1개인 것으로 견인력이 크며, 중하중용 슈이다.
• 습지용 슈: 슈의 단면이 삼각형이며 접지 면적이 넓어 접지 압력이 작다.

27 장비에 부하가 걸릴 때 토크 컨버터의 터빈 속도는 어떻게 되는가?

① 빨라진다.   ② 느려진다.
③ 일정하다.   ④ 관계없다.

해설 장비에 부하가 걸릴 때 토크 컨버터의 터빈 속도는 느려진다.

28 타이어식 건설기계를 길고 급한 경사길을 운전할 때 반 브레이크를 사용하면 어떤 현상이 생기는가?

① 라이닝은 페이드, 파이프는 스팀록
② 라이닝은 페이드, 파이프는 베이퍼록
③ 파이프는 스팀록, 라이닝은 베이퍼록
④ 파이프는 증기패쇄, 라이닝은 스팀록

해설 타이어식 건설기계를 길고 급한 경사길을 운전할 때 반 브레이크를 사용하면 라이닝은 페이드, 파이프는 베이퍼록 현상이 생긴다.

상시검정 예상문제(6)

29. 무한궤도식 건설기계에서 트랙 장력이 약간 팽팽할 때 작업조건이 오히려 효과적인 경우는?
① 물이 고여 있는 땅
② 진흙 땅
③ 바위가 깔린 땅
④ 모래가 있는 땅

30. 타이어타입 건설기계를 조종하여 작업을 할 때 주의하여야 할 사항으로 틀린 것은?
① 노견의 붕괴방지 여부
② 지반의 침하방지 여부
③ 작업 범위 내에 물품과 사람 배치
④ 낙석의 우려가 있으면 운전실에 헤드가이드를 부착

31. 건설기계조종사 면허증 발급 신청 시 첨부하는 서류와 가장 거리가 먼 것은?
① 국가기술자격수첩
② 신체검사서
③ 주민등록표등본
④ 소형건설기계조종교육 이수증

[해설] 건설기계조종사 면허증 발급 신청 시 첨부하는 서류
• 신체검사서(국·공립병원, 시·도지사가 지정하는 의료기관, 보건소 또는 보건지소에서 발급한 것) 또는 도로교통법에 의한 제1종 자동차운전면허증으로 갈음
• 국가기술자격수첩 또는 소형건설기계조종교육이수증
• 건설기계 조종사면허증(건설기계조종사 면허를 받은자가 면허의 종류를 추가하고자 하는 때에 한한다)
• 6월 이내에 촬영한 탈모 상반신 증명사진 2매
• 발급 수수료

32. 건설기계관리법령상 건설기계의 주요구조를 변경 또는 개조할 수 있는 범위에 포함되지 않는 것은?
① 조향장치의 형식변경
② 동력전달장치의 형식변경
③ 적재함의 용량증가를 위한 구조변경
④ 건설기계의 길이, 너비 및 높이 등의 변경

[해설] 건설기계 구조변경 범위
• 원동기의 형식변경   • 전동장치의 형식변경
• 제동장치의 형식변경   • 주행장치의 형식변경
• 유압장치의 형식변경   • 조종장치의 형식변경
• 작업장치의 형식변경(다만, 가공작업을 수반하지 아니하고 작업장치를 선택 부착하는 경우는 제외)
• 건설기계의 길이·너비·높이 등의 변경
• 수상작업용 건설기계의 선체의 형식변경

33. 건설기계관리법령상 타워크레인이 건설기계로 분류되려면 정격하중이 몇 톤 이상이어야 하는가?
① 0.5톤
② 2.0톤
③ 3.0톤
④ 5.0톤

[해설] 건설기계관리법령상 타워크레인이 건설기계로 분류되려면 정격하중이 3.0톤 이상이어야 한다.

34. 건설기계 등록신청에 대한 설명으로 맞는 것은? (단, 전시, 사변 등 국가비상사태 하의 경우 제외)
① 시·군·구청장에게 취득한 날로부터 10일 이내에 등록신청을 한다.
② 시·도지사에게 취득한 날로부터 15일 이내에 등록신청을 한다.
③ 시, 군, 구청장에게 취득한 날로부터 1개월 이내에 등록신청을 한다.
④ 시·도지사에게 취득한 날로부터 2개월 이내에 등록신청을 한다.

[해설] 건설기계 등록신청은 시·도지사에게 취득한 날로부터 2개월 이내에 등록신청을 한다.

35. 건설기계 등록 전에 임시운행 사유에 해당되지 않는 것은?
① 등록신청을 하기 위하여 건설기계를 등록지로 운행하고자 할 때
② 등록신청 전에 건설기계 공사를 하기 위하여 임시로 운행하고자 할 때
③ 수출을 하기 위해 건설기계를 선적지로 운행할 때
④ 신개발 건설기계를 시험 운행하고자 할 때

[해설] 건설기계를 등록 전에 일시적으로 운행할 수 있는 경우
• 신규등록 및 확인검사를 위한 운행
• 수출을 위해 건설기계를 선적지로 이동해야 할 때
• 신개발 건설기계를 연구 목적으로 운행 (이 경우 임시운행 기간 3년 이내)
• 판매와 전시를 위해 임시적으로 운행할 때

36. 건설기계대여업 등록신청서에 첨부하여야 할 서류가 아닌 것은?
① 건설기계 소유사실을 증명하는 서류
② 사무실의 소유권 또는 사용권이 있음을 증명하는 서류
③ 주민등록표등본
④ 주기장 소재지를 관할하는 시장·군수·구청장이 발급한 주기장 시설보유 확인서

[해설] 건설기계대여업 등록신청서에 첨부하여야 할 서류
• 건설기계 소유사실을 증명하는 서류
• 사무실의 소유권 또는 사용권이 있음을 증명하는 서류
• 시장·군수·구청장이 발급한 주기장시설 보유확인서
• 영 제13조제4항의 규정에 의한 계약서 사본(공동으로 건설기계대여업을 하고자 하는 경우)
• 인감증명서(연명등록의 경우에 한한다)

예상문제(6)

37 과실로 경상 6명의 인명피해를 입힌 건설기계를 조종한 자의 처분기준은?

① 면허효력정지 10일
② 면허효력정지 20일
③ 면허효력정지 30일
④ 면허효력정지 60일

해설 과실로 경상 6명의 인명피해를 입힌 건설기계를 조종한 자는 면허효력정지 30일에 처해진다.

38 등록되지 아니한 건설기계를 사용하거나 운행한 자에 대한 벌칙은?

① 50만원 이하 벌금
② 100만원 이하 벌금
③ 1년 이하 징역 또는 100만원 이하 벌금
④ 2년 이하 징역 또는 1000만원 이하 벌금

해설 미등록 건설기계나 등록말소된 건설기계를 사용한 경우에는 징역2년이하 또는 벌금 1,000만원에 처한다.

39 다음 중 굴착기로 메우기 작업을 할 때 메우기 재료의 조건이 아닌 것은 어느 것인가?

① 압축성이 클 것
② 팽창성이 없을 것
③ 배수성이 좋을 것
④ 동결 저항력이 좋을 것

해설 메우기 재료는 동결 저항력이 작아야 한다.

40 특별표지판을 부착해야 되는 건설기계가 아닌 것은?

① 높이가 3m 인 건설기계
② 너비가 3m 인 건설기계
③ 길이가 17m 인 건설기계
④ 총중량이 45톤인 건설기계

해설 특별표지판을 부착해야 되는 건설기계
• 길이가 16.7m 이상인 건설기계
• 너비가 2.5m 이상인 건설기계
• 높이가 3.8m 이상인 건설기계
• 최소회전 반경 12m 이상인 건설기계
• 총중량이 40ton 이상인 건설기계
• 축하중이 10ton 이상인 건설기계

41 공유압 기호 중 그림이 나타내는 것은?

① 복동 가변식 전자 엑추에이터
② 회전형 전기 엑추에이터
③ 단동 가변식 엑추에이터
④ 직접 파일럿 조작 엑추에이터

42 유압장치에서 방향제어밸브에 해당하는 것은?

① 셔틀밸브
② 릴리프밸브
③ 시퀀스밸브
④ 언로드밸브

해설 릴리프밸브, 시퀀스밸브, 언로드밸브는 압력제어밸브에 해당한다.

43 액체의 일반적인 성질이 아닌 것은?

① 액체는 힘을 전달할 수 있다.
② 액체는 운동을 전달할 수 있다.
③ 액체는 압축할 수 있다.
④ 액체는 운동방향을 바꿀 수 있다.

44 유압실린더를 교환 후 우선적으로 시행하여야 할 사항은?

① 엔진을 저속 공회전 시킨 후 공기빼기 작업을 실시한다.
② 엔진을 고속 공회전 시킨 후 공기빼기 작업을 실시한다.
③ 유압장치를 최대한 부하 상태로 유지한다.
④ 압력을 측정한다.

해설 유압실린더를 교환 후 우선적으로 엔진을 저속 공회전 시킨 후 공기빼기 작업을 실시해야 한다.

45 유압모터의 특징으로 맞는 것은?

① 가변체인구동으로 유량 조정을 한다.
② 오일의 누출이 많다.
③ 밸브오버랩으로 회전력을 얻는다.
④ 무단 변속이 용이하다.

해설 유압모터의 특징
• 무단 변속이 용이하다.
• 소음이 적고 작동이 신속·정확하고 경쾌하다.
• 출력 당 소형·경량이다.
• 관성력이 적고 정회전 및 역회전에 강하다.
• 작동할 때 응답성이 빠르다.

46 유압장치의 구성요소 중 유압발생장치가 아닌 것은?

① 유압 펌프
② 엔진 또는 전기모터
③ 오일 탱크
④ 유압 실린더

해설 유압 실린더: 유압에 의해 피스톤 또는 플런저를 왕복 직선 운동시켜 기계적인 일을 행하게 하는 장치다.

47 다음에서 유압회로 내의 열 발생 원인이 아닌 것은?

① 작동유 점도가 너무 높을 때
② 모터 내에서 내부마찰이 발생될 때
③ 유압회로 내의 작동 압력이 너무 낮을 때
④ 유압회로 내에서 캐비네이션이 발생될 때

예상문제(6)

48 릴리프 밸브(relief valve)에서 볼(ball)이 밸브의 시트(seat)를 때려 소음을 발생시키는 현상은?

① 채터링(chattering) 현상
② 베이퍼 록(vaper lock) 현상
③ 페이드(fade) 현상
④ 노킹(knock) 현상

해설 ② 베이퍼 록 현상: 브레이크액에 기포가 발생하여 브레이크가 제대로 작동하지 않는 현상이다.
③ 페이드 현상: 자동차가 빠른 속도로 달릴 때 제동을 걸면 브레이크가 잘 작동하지 않는 현상이다.
④ 노킹 현상: 내연기관의 실린더 내에서의 이상연소에 의해 망치로 두드리는 것과 같은 소리가 나는 현상이다.

49 유압장치의 오일탱크에서 펌프 흡입구의 설치에 대한 설명으로 틀린 것은?

① 펌프 흡입구는 반드시 탱크 가장 밑면에 설치한다.
② 펌프 흡입구는 스트레이너(오일 여과기)를 설치한다.
③ 펌프 흡입구와 탱크로의 귀환구(복귀구) 사이에는 격리판(baffle plate)을 설치한다.
④ 펌프 흡입구는 탱크로의 귀환구(복귀구)로부터 될 수 있는 한 멀리 떨어진 위치에 설치한다.

50 유압장치에서 내구성이 강하고 작동 및 움직임이 있는 곳에 사용하기 적합한 호스는?

① 플렉시블 호스
② 구리 파이프 호스
③ 강 파이프 호스
④ PVC 호스

해설 유압장치에서 내구성이 강하고 작동 및 움직임이 있는 곳에 사용하기 적합한 호스는 플렉시블 호스다.

51 재해의 복합 발생 요인이 아닌 것은?

① 환경의 결함
② 사람의 결함
③ 품질의 결함
④ 시설의 결함

52 납산 배터리 액체를 취급하는데 가장 좋은 것은?

① 가죽으로 만든 옷
② 무명으로 만든 옷
③ 화학섬유로 만든 옷
④ 고무로 만든 옷

해설 납산 배터리 액체를 취급하는데 가장 좋은 옷은 고무로 만든 옷이다.

53 화재 발생 시 소화기를 사용하여 소화 작업을 하고자 할 때 올바른 방법은?

① 바람을 안고 우측에서 좌측을 향해 실시한다.
② 바람을 등지고 좌측에서 우측을 향해 실시한다.
③ 바람을 안고 아래쪽에서 위쪽을 향해 실시한다.
④ 바람을 등지고 위쪽에서 아래쪽을 향해 실시한다.

해설 소화기의 사용 방법
• 적응화재에만 사용할 것
• 손잡이 부분의 안전핀을 뽑는다.
• 바람을 등지고 서서 호스를 불쪽으로 향해 잡는다.
• 손잡이를 꽉 움켜쥐고 불을 향해 분사한다.
• 빗자루로 쓸듯이 뿌린다.

54 벨트를 풀리에 걸 때는 어떤 상태에서 하여야 하는가?

① 저속 상태
② 고속 상태
③ 정지 상태
④ 중속 상태

해설 벨트를 풀리에 걸 때는 정지 상태에서 하여야 한다.

55 복스 렌치가 오픈엔드 렌치보다 비교적 많이 사용되는 이유로 옳은 것은?

① 두 개를 한 번에 조일 수 있다.
② 마모율이 적고 가격이 저렴하다.
③ 다양한 볼트, 너트의 크기를 사용할 수 있다.
④ 볼트와 너트 주위를 감싸 힘의 균형 때문에 미끄러지지 않는다.

해설 복스렌치: 오픈 렌치를 사용할 수 없는 오목한 볼트·너트를 조이고 풀 때 사용하는 렌치로서, 볼트나 너트의 머리를 감쌀 수 있어 미끄러지지 않는다.

56 재해율 중 연천인율 계산식으로 옳은 것은?

① (재해자 수/평균근로자 수)×1000
② (재해율 근로자 수)/1000
③ 강도율×1000
④ 재해자 수÷연평균근로자 수

해설 연천인율: 근로자 1,000명당 1년 간에 발생하는 사상자 수를 나타내는 것이다.

• 연천인율 = $\dfrac{\text{연간 재해자수}}{\text{연평균 근로자수}} \times 1000$

57 작업장 내의 안전한 통행을 위하여 지켜야 할 사항이 아닌 것은?

① 주머니에 손을 넣고 보행하지 말 것
② 좌측 또는 우측통행 규칙을 엄수 할 것
③ 운반차를 이용할 때에는 가능한 빠른 속도로 주행할 것
④ 물건을 든 사람과 만났을 때는 즉시 길을 양보할 것

예상문제(6)

58 수공구 사용상의 재해의 원인이 아닌 것은?

① 잘못된 공구 선택　　② 사용법의 미숙지
③ 공구의 점검 소홀　　④ 규격에 맞는 공구 사용

해설 규격에 맞는 공구 사용해야 수공구 사용상 재해가 일어나지 않고 안전한 작업을 할 수 있다.

59 산업안전을 통한 기대효과로 옳은 것은?

① 기업의 생산성이 저하된다.
② 근로자의 생명이 보호된다.
③ 기업의 재산만 보호된다.
④ 근로자와 기업의 발전이 도모된다.

60 가스배관 파손 시 긴급조치 요령으로 잘못된 것은?

① 소방서에 연락한다.
② 주변의 차량을 통제한다.
③ 누출된 가스배관의 라인마크를 확인하여 후면 밸브를 차단한다.
④ 천공기 등으로 도시가스 배관을 뚫었을 경우에는 그 상태에서 기계를 정지시킨다.

정답

1	2	3	4	5	6	7	8	9	10
③	④	③	②	①	③	④	①	①	④
11	12	13	14	15	16	17	18	19	20
③	②	③	④	③	②	①	①	④	④
21	22	23	24	25	26	27	28	29	30
③	①	③	④	③	①	②	②	③	③
31	32	33	34	35	36	37	38	39	40
③	③	③	④	②	③	④	③	④	①
41	42	43	44	45	46	47	48	49	50
②	①	③	①	④	④	③	①	①	①
51	52	53	54	55	56	57	58	59	60
③	④	④	③	④	①	③	④	④	③

상시검정 예상문제(7)

굴착기운전기능사

01 디젤기관 냉각장치에서 냉각수의 비등점을 높여주기 위해 설치된 부품으로 알맞은 것은?
① 코어
② 냉각핀
③ 보조탱크
④ 압력식 캡

해설 압력식 캡: 압력 조절용 밸브가 설치된 캡으로 디젤기관 냉각장치에서 냉각수의 비등점을 높여주기 위해 설치된 부품은 압력식 캡이다.

02 디젤기관에서 타이머의 역할로 가장 적합한 것은?
① 분사량 조절
② 자동 변속 단 조절
③ 연료 분사시기 조절
④ 기관속도 조절

해설 디젤기관에서 타이머는 회전속도에 의한 분사시기를 바꾸어주는 장치이다.

03 플라이 휠 런 아웃을 점검할 때 필요한 게이지는?
① 마이크로미터
② 시크니스 게이지
③ 다이얼 게이지
④ 필러 게이지

해설 플라이 휠 런 아웃 점검
• 다이얼 게이지를 플라이 휠 면에 직각이 되도록 설치하고 0점 조정을 마친다.
• 최대한 바깥쪽으로 설치할 것
• 설치가 끝나면 플라이 휠을 한 바퀴 돌려서 측정한다.
• 한계값 이상이 나오면 '플라이 휠-교환'으로 기입한다.

04 연료계통의 고장으로 기관이 부조를 하다가 시동이 꺼졌다. 그 원인이 될 수 없는 것은?
① 연료파이프 연결 불량
② 탱크 내에 오물이 연료장치에 유입
③ 연료필터 막힘
④ 프라이밍 펌프 불량

해설 연료계통의 고장으로 기관이 부조를 하다가 시동이 꺼졌다. 그 원인은
• 연료파이프 연결 불량
• 탱크 내에 오물이 연료장치에 유입
• 연료필터 막힘

05 디젤기관에서 사용되는 공기청정기에 관한 설명으로 틀린 것은?
① 공기청정기는 실린더 마멸과 관계없다.
② 공기청정기가 막히면 배기색은 흑색이 된다.
③ 공기청정기가 막히면 출력이 감소한다.
④ 공기청정기가 막히면 연소가 나빠진다.

해설 디젤기관에서 사용되는 공기청정기: 엔진 내부로 흡입하는 공기의 이물질을 걸러주는 필터(엔진내부 단기간 마모방지 역할)

06 디젤기관의 시동을 용이하게 하기 위한 방법이 아닌 것은?
① 압축비를 높인다.
② 흡기온도를 상승시킨다.
③ 겨울철에 예열장치를 사용한다.
④ 시동 시 회전속도를 낮춘다.

해설 시동 시 회전속도가 낮으면 압축 작용이 서서히 발생되기 때문에 압축열의 발생이 약해 시동이 어렵다.

07 엔진의 윤활장치 목적에 해당 되지 않는 것은?
① 냉각 작용
② 방청 작용
③ 윤활 작용
④ 연소 작용

해설 엔진의 윤활장치 목적
• 마찰 감소 및 마멸 방지 작용(감마 작용)
• 실린더 내의 기밀유지 작용(밀봉 작용)
• 열전도 작용(냉각 작용)
• 세척 작용(청정 작용)
• 응력 분산 작용(충격완화 작용)
• 부식 방지 작용(방청 작용)

08 기관에서 엔진오일이 연소실로 올라오는 주된 이유는?
① 피스톤 링 마모
② 피스톤 핀 마모
③ 커넥팅로드 마모
④ 크랭크축 마모

해설 기관에서 엔진오일이 연소실로 올라오는 이유는 피스톤 링의 마모가 되었기 때문이다.

09 왕복형 엔진에서 상사점과 하사점까지의 거리는?
① 사이클
② 과급
③ 행정
④ 소기

해설 왕복형 엔진에서 상사점과 하사점까지의 거리는 행정이라 한다.

상시검정 예상문제(7)

10 기관이 작동 중 라디에이터 캡 쪽으로 물이 상승하면서 연소가스가 누출될 때의 원인에 해당되는 것은?

① 실린더 헤드에 균열이 생겼다.
② 분사노즐의 동 와셔가 불량하다.
③ 물 펌프에 누설이 생겼다.
④ 라디에이터 캡이 불량하다.

해설 실린더 헤드: 실린더 헤드는 엔진의 머리 부분으로 실린더 윗면에 피스톤 실린더와 함께 연소실을 형성하는 부분으로 기밀과 수밀을 유지하여 열에너지를 얻을 수 있는 곳이다. 만약, 실린더 헤드에 균열이 생겼다면 기관이 작동 중 라디에이터 캡 쪽으로 물이 상승하면서 연소가스가 누출된다.

11 커먼레일 디젤기관의 센서에 대한 설명이 아닌 것은?

① 연료온도센서는 연료온도에 따른 연료량 보정신호를 한다.
② 수온센서는 기관의 온도에 따른 연료량을 증감하는 보정신호로 사용된다.
③ 수온센서는 기관의 온도에 따른 냉각 팬 제어신호로 사용된다.
④ 크랭크 포지션 센서는 밸브개폐시기를 감지한다.

해설 크랭크 포지션 센서: 오일펌프 몸체에 크랭크 포지션 센서, 크랭크샤프트 타이밍 폴리 외주에는 신호 이빨을 설치하여 크랭크 위치 및 각속도를 검출한다.

12 디젤기관 운전 중 흑색의 배기가스를 배출하는 원인으로 틀린 것은?

① 공기청정기 막힘　　② 노즐 불량
③ 압축 불량　　　　　④ 오일팬 내 유량과다

해설 디젤기관 운전 중 흑색의 배기가스를 배출하는 원인
• 공기청정기가 막혔을 때
• 공기의 압축이 불량할 때
• 노즐이 불량할 때

13 전류의 크기를 측정하는 단위로 맞는 것은?

① V　　　　　　　② A
③ R　　　　　　　④ K

해설 전류의 크기를 측정하는 단위는 암페어(A)다.

14 다음 중 교류발전기를 설명한 내용으로 맞지 않는 것은?

① 정류기로 실리콘 다이오드를 사용한다.
② 스테이터 코일은 주로 3상 결선으로 되어 있다.
③ 발전 조정은 전류조정기를 이용한다.
④ 로터 전류를 변화시켜 출력이 조정된다.

해설 전류조정기는 직류 발전기의 발생 전류를 조정하여 부하에의 과대 전류에 의한 발전기의 손상을 방지하는 일을 한다. 즉 발전기에 규정 이상의 전기적 부하가 걸리지 않도록 한다.

15 기동전동기는 회전되나 엔진은 크랭킹이 되지 않는 원인으로 옳은 것은?

① 축전지 방전
② 기동전동기의 전기자 코일 단선
③ 플라이휠 링기어의 소손
④ 발전기 브러시 장력 과다

해설 플라이휠 링기어가 소손되면 기동전동기는 회전되지만 엔진은 돌지 않게 된다.

16 축전지가 방전될 때 일어나는 현상이 아닌 것은?

① 양극판은 과산화납이 황산납으로 변함
② 전해액은 황산이 물로 변함
③ 음극판은 황산납이 해면상납으로 변함
④ 전압과 비중은 점점 낮아짐

해설 축전지가 방전되면 양극판은 과산화납에서 황산납으로, 전해액은 묽은 황산에서 물로 변하고, 음극판은 해면상납에서 황산납으로 변한다.

17 자동차에 사용되는 납산 축전지에 대한 내용 중 맞지 않는 것은?

① 음(−)극판이 양(+)극판보다 1장 더 많다.
② 격리판은 비전도성이며, 다공성이여야 한다.
③ 축전지 케이스 하단에 엘리먼트 레스트 공간을 두어 단락을 방지한다.
④ (+)단자 기둥은 (−)단자 기둥보다 가늘고 회색이다.

해설 (+)단자 기둥은 (−)단자 기둥보다 두껍다.

18 헤드라이트에서 세미 실드빔 형은?

① 렌즈, 반사경 및 전구를 분리하여 교환이 가능한 것
② 렌즈, 반사경 및 전구가 일체인 것
③ 렌즈와 반사경은 일체이고, 전구는 교환이 가능한 것
④ 렌즈와 반사경을 분리하여 제작한 것

해설 헤드라이트에서 세미 실드빔 형: 렌즈와 반사경은 일체이고, 전구는 교환이 가능한 것이다.

19 변속기어에서 기어 빠짐을 방지하는 것은?

① 셀렉터　　　　　　② 인터록 볼
③ 로킹 볼　　　　　　④ 싱크로나이저 링

해설 로킹 볼: 시프트레일에 몇 개의 홈을 두고 여기에 로킹 볼과 스프링을 설치하여 시프트레일을 고정하므로서 기어가 빠지는 것을 방지한다.

상시검정 예상문제(7)

20 작업 용도에 따른 지게차의 종류가 아닌 것은?
① 로테이팅 클램프(rotating clamp)
② 곡면 포크(curved fork)
③ 로드 스테빌라이저(load stabilizer)
④ 힌지드 버킷(hinged bucket)

해설 작업 용도에 따른 지게차의 종류 중 곡면 포크(curved fork)란 없다.

21 배토판(블레이드)이 올라가지 않거나 상승하는 힘이 약할 때의 원인이 아닌 것은?
① 유압실린더 내부의 노출
② 조작레버의 링크 기구 불량
③ 조절 벨브 스풀(spool)의 고착
④ 릴리프 밸브의 조정 불량

해설 배토판(블레이드)이 올라가지 않거나 상승하는 힘이 약할 때의 원인
• 조작레버의 링크 기구 불량
• 조절 벨브 스풀(spool)의 고착
• 릴리프 밸브의 조정 불량

22 하부 롤러, 링크 등 트랙부품이 조기 마모되는 원인으로 가장 적절한 것은?
① 겨울철에 작업을 하였을 때
② 트랙장력이 너무 팽팽할 때
③ 일반 객토에서 작업을 하였을 때
④ 트랙 장력 실린더에 그리스가 누유 될 때

해설 하부 롤러, 링크 등 트랙부품이 조기 마모되는 원인에는 트랙장력이 너무 팽팽한 상태에서 작업을 무리하게 했기 때문이다.

23 무한궤도식 건설기계에서 프론트 아이들러와 스프로킷이 일치되게 하기 위해서는 브래킷 옆에 무엇으로 조정하는가?
① 시어핀   ② 쐐기
③ 편심볼트   ④ 심(shim)

해설 무한궤도식 건설기계에서 프론트 아이들러와 스프로킷이 일치되게 하기 위해서는 브래킷 옆에 심(shim)으로 조정한다.

24 다음 중 도로명주소 부여절차 및 도로구간의 이동 중 건물번호 부여의 내용이 아닌 것은?
① 하나의 기초구간에 두개 이상의 건물이 있는 경우 두 번째 건물부터는 기초번호에 가지번호("-")를 붙여 부여한다.
② 건물번호는 건물 등의 주된 출입구가 위치한 도로구간의 기초번호를 기준으로 부여하며, 개별 건물 또는 건물군 단위로 부여한다.
③ 둘 이상의 건물 등이 하나의 집단을 이루는 경우에는 그 건물 등 전체를 하나의 건물군으로 하여 하나의 건물번호를 부여할 수 있다.
④ 기초간격은 도로변에 위치한 건물 등의 수와 관계없이 "20미터"로 설정하는 것을 원칙으로 한다.

해설 ④는 도로명주소 부여절차 및 도로구간의 이동 중 기초번호 부여에 대한 내용이다.

25 도로명주소에서 기초번호 부여 방법으로 틀린 것은?
① 기초간격은 도로변에 위치한 건물 등의 수와 관계없이 2m로 설정하는 것을 원칙으로 한다.
② 기초간격은 도로변에 위치한 건물 등의 수와 관계없이 20m로 설정하는 것을 원칙으로 한다.
③ 기초번호는 도로의 시작지점에서 끝지점 방향으로 왼쪽에는 홀수, 오른쪽에는 짝수의 일련번호를 순서대로 부여한다.
④ 도로의 시작지점에서 끝지점까지 좌우 대칭이 유지되도록 한다.

26 굴착기로 지면 고르기 작업을 할 때 주의할 사항으로 틀린 것은 어느 것인가?
① 포설 장비가 메우기 전에 고르기 작업을 한다.
② 비탈면은 소단과 기울기를 유지하도록 한다.
③ 혼합 재료는 도로 전폭에 교대로 층을 이루도록 작업을 한다.
④ 동결된 고르기 재료는 잘 희석하여 메우기 작업 재료로 사용한다.

해설 동결된 고르기 재료는 동결된 부분을 제거한 뒤에 메우기 작업을 한다.

27 검사소 이외의 장소에서 출장검사를 받을 수 있는 건설기계에 해당하는 것은?
① 덤프트럭   ② 콘크리트믹서트럭
③ 아스팔트살포기   ④ 지게차

해설 검사소 이외의 장소에서 출장검사를 받을 수 있는 건설기계는 지게차이다.

28 다음 ( )안에 들어갈 알맞은 것은?

> 도로를 통행하는 차마의 운전자는 교통안전시설이 표시하는 신호 또는 지시와 교통정리를 하는 경찰 공무원의 신호 또는 지시가 서로 다른 경우에는 (A)의 (B)에 따라야 한다.

① A: 운전자, B: 판단
② A: 교통안전시설, B: 신호 또는 지시
③ A: 경찰 공무원, B: 신호 또는 지시
④ A: 교통신호, B: 신호

해설 도로를 통행하는 보행자 및 모든 차마의 운전자는 교통안전시설이 표시하는 신호 또는 지시와 교통정리를 위한 경찰공무원의 신호 또는 지시가 다른 경우에는 경찰공무원의 신호 또는 지시에 따라야 한다.

상시검정 예상문제(7)

굴착기운전기능사

---

29 다음 중 굴착기의 기본 작업 사이클 과정으로 알맞은 것은 어느 것인가?

① 선회→굴착→적재→선회→굴착→붐상승
② 굴착→붐상승→스윙→적재→스윙→굴착
③ 선회→적재→굴착→적재→붐상승→선회
④ 굴착→적재→붐상승→선회→굴착→선회

해설 굴착기는 굴착 중 버킷을 들어 덤프할 장소로 스윙을 하여 적재한 다음 다시 본래의 위치로 와서 굴착을 하게 된다.

30 국토교통부장관은 검사대행자 지정을 취소하거나 기간을 정하여 사업의 전부 또는 일부의 정지를 명할 수 있다. 지정을 취소해야만 하는 경우는?

① 부정한 방법으로 지정을 받은 때
② 재검사를 시행한 때
③ 건설기계검사증을 재교부하였을 때
④ 위반에 의한 벌금형의 선고를 받은 때

해설 국토교통부장관은 검사대행자 지정을 취소하거나 기간을 정하여 사업의 전부 또는 일부의 정지를 명할 수 있다. 지정을 취소해야만 하는 경우는 부정한 방법으로 지정을 받은 때이다.

31 건설기계조종사의 적성검사 기준으로 가장 거리가 먼 것은?

① 두 눈을 동시에 뜨고 잰 시력(교정시력 포함)이 0.7 이상이고, 두 눈의 시력이 각각 0.3 이상일 것
② 시각은 150° 이상일 것
③ 언어분별력이 80% 이상일 것
④ 교정시력의 경우는 시력이 1.0 이상일 것

해설 건설기계조종사의 적성검사 기준
• 두 눈을 뜨고 잰 시력(교정시력 포함)이 0.7이상이고 두 눈의 시력이 각각 0.3이상일 것
• 55데시벨(보청기 사용자는 40데시벨)의 소리를 들을 수 있고 언어분별력이 80퍼센트 이상일 것
• 시각은 150도 이상일 것

32 건설기계 등록번호표가 06-6543인 것은?

① 로더-영업용
② 덤프트럭-영업용
③ 지게차-자가용
④ 덤프트럭-관용

해설 등록 건설기계의 기종별 표시

01	불도저	10	노상안정기	19	골재살포기
02	굴착기	11	콘크리트뱃칭플랜트	20	쇄석기
03	로더	12	콘크리트피니셔	21	공기압축기
04	지게차	13	콘크리트살포기	22	천공기
05	스크레이퍼	14	콘크리트믹서트럭	23	항타 및 항발기
06	덤프트럭	15	콘크리트펌프	24	사리채취기
07	기중기	16	아스팔트믹싱플랜트	25	준설선
08	모터그레이더	17	아스팔트피니셔	26	특수 건설기계
09	롤러	18	아스팔트살포기	27	타워크레인

자가용 1001~4999, 영업용 5001~8999, 관용 9001~9999

33 건설기계조종사의 면허취소 사유에 해당하는 것은?

① 과실로 인하여 1명을 사망하게 하였을 때
② 면허정지 처분을 받은 자가 그 기간 중에 건설기계를 조종한 때
③ 과실로 인하여 10명에게 경상을 입힌 때
④ 건설기계로 1천만 원 이상의 재산 피해를 냈을 때

해설 건설기계조종사가 건설기계조정사면허의 효력정치기간 중 건설기계를 조종한 경우, 건설기계조종사의 면허취소 사유에 해당한다.

34 건설기계 등록 말소신청 시 구비서류에 해당되는 것은?

① 건설기계등록증
② 주민등록등본
③ 수입원장
④ 제작증명서

해설 건설기계 등록 말소신청 시 구비서류
• 건설기계등록증
• 번호판 및 봉인
• 말소사유 증명서류
 -멸실의 경우: 멸실인정사유서
 -도난의 경우: 관할경찰서장의 도난신고접수증
 -수출의 경우: 수출을 증명하는 서류
 -폐기의 경우: 폐기증명서(전국 허가된 폐차장 발생)
• 영업용인 경우 소속 대여회사 인감증명서

35 동일방향으로 주행하고 있는 전·후 차 간의 안전운전방법으로 틀린 것은?

① 뒤차는 앞차가 급정지할 때 충돌을 피할 수 있는 필요한 안전거리를 유지한다.
② 뒤에서 따라오는 차량의 속도보다 느린 속도로 진행하려고 할 때에는 진로를 양보한다.
③ 앞차가 다른 차를 앞지르고 있을 때에는 빠른 속도로 앞지른다.
④ 앞차는 부득이한 경우를 제외하고는 급정지·급감속을 하여서는 안 된다.

해설 앞차가 다른 차를 앞지르고 있을 때는 앞지르기가 금지되고 있다.

36 그림과 같은 교통안전표지의 뜻은?

① 좌합류도로가 있음을 알리는 것
② 철길건널목이 있음을 알리는 것
③ 회전형교차로가 있음을 알리는 것
④ 좌로 굽은 도로가 있음을 알리는 것

상시검정 예상문제(7)

37 유압유의 구비조건이 아닌 것은?
① 부피가 클 것
② 내열성이 클 것
③ 화학적 안정성이 클 것
④ 적정한 유동성과 점성을 갖고 있을 것

해설 유압유의 구비조건
- 동력을 확실히 전달시키기 위하여 비압축성이어야 한다.
- 동력손실을 최소화하기 위하여 장치의 오일 온도범위에서 회로 내를 유연하게 유동할 수 있는 점도가 유지되어야 한다.
- 운동부의 마모를 방지하고 시일(seal)부분에서의 오일누설을 방지할 수 있는 정도의 점도를 가져야 한다.
- 장시간 사용하여도 화학적으로 안정하여야 한다.
- 녹이나 부식 등의 발생을 방지하여야 한다.

38 유압장치에서 오일 쿨러(Cooler)의 구비조건으로 틀린 것은?
① 촉매 작용이 없을 것
② 오일 흐름에 저항이 클 것
③ 온도 조정이 잘 될 것
④ 정비 및 청소하기에 편리할 것

해설 오일 쿨러: 엔진 오일의 온도를 단계적으로 냉각시키는 장치로서, 오일의 흐름에 저항이 작아야 한다.

39 유압 모터와 유압 실린더의 설명으로 맞는 것은?
① 둘 다 회전운동을 한다.
② 둘 다 왕복운동을 한다.
③ 모터는 직선운동, 실린더는 회전운동을 한다.
④ 모터는 회전운동, 실린더는 직선운동을 한다.

해설
- 유압 모터: 유압 회로에 사용되고 유압 에너지에 의해 연속 회전 운동을 시켜 기계 작업을 하는 기기이다.
- 유압 실린더: 유압에 의해 피스톤 또는 플런저를 왕복 직선 운동시켜 기계적인 일을 행하게 하는 장치이다.

40 유압유의 점검사항과 관계없는 것은?
① 점도   ② 마멸성
③ 소포성   ④ 윤활성

해설 유압유의 점검사항: 점도, 소포성, 윤활성

41 일반적으로 유압유가 갖추어야 하는 성질로 틀린 것은?
① 점성이 높아야 한다.
② 인화점이 높아야 한다.
③ 압축성이 낮아야 한다.
④ 유동점이 낮아야 한다.

해설 유압유가 갖추어야 하는 성질
- 강인한 유막을 형성하여야한다.
- 적당한 점도와 유동성이 있어야 한다.
- 비중이 적당해야 한다.
- 인화점 및 발화점이 높아야 한다.
- 압축성이 없고 윤활성이 좋아야 한다.
- 점도지수가 커야한다.(온도와 점도와의 관계가 좋아야함)
- 물리적 · 화학적 변화가 없고 안정성이 커야 한다.
- 체적 탄성 계수가 커야 한다.
- 유압 장치에 사용되는 재료에 대하여 불활성이 있어야 한다.
- 밀도가 작아야 한다.

42 유압펌프가 작동 중 소음이 발생할 때의 원인으로 틀린 것은?
① 펌프 축의 편심 오차가 크다.
② 펌프흡입관 접합부로부터 공기가 유입된다.
③ 릴리프 밸브 출구에서 오일이 배출되고 있다.
④ 스트레이너가 막혀 흡입용량이 너무 작아졌다.

해설 유압 회로에서 릴리프 밸브 출구로 오일이 배출되고 있다면 그것은 필요 이상으로 오일이 리턴 되고 있다는 것이기 때문에 유압펌프가 작동 중 소음이 발생하지 않는다.

43 축압기(Accumulator)의 사용 목적이 아닌 것은?
① 압력 보상
② 유체의 맥동 감쇠
③ 유압회로 내 압력제어
④ 보조 동력원으로 사용

해설 축압기(Accumulator)의 사용 목적
- 에너지의 보조: 펌프보조, 누유 보조, 정전이나 유압시스템 이상 시 비상용
- 충격압 흡수
- 맥동 흡수

44 유압계통의 수명연장을 위해 가장 중요한 요소는?
① 오일탱크의 세척
② 오일 냉각기의 점검 및 세척
③ 오일 액추에이터의 점검 및 교환
④ 오일과 오일필터 정기점검 및 교환

해설 유압계통의 수명연장을 위해서는 정기적인 오일 교환과 오일 필터를 점검 및 교환을 해 주어야 한다.

45 방향제어 밸브를 동작시키는 방식이 아닌 것은?
① 수동식   ② 전자식
③ 스프링식   ④ 유압 파일럿식

해설 방향제어 밸브를 동작시키는 방식에는 수동식, 전자식, 유압 파일럿식이 있다.

상시검정 예상문제(7) — 굴착기운전기능사

46 감압 밸브에 대한 설명으로 틀린 것은?

① 상시 폐쇄상태로 되어있다.
② 입구(1차쪽)의 주회로에서 출구(2차쪽)의 감압회로로 유압 유가 흐른다.
③ 유압장치에서 회로 일부의 압력을 릴리프 밸브의 설정 압력 이하로 하고 싶을 때 사용한다.
④ 출구(2차)의 압력이 감압 밸브의 설정압력보다 높아지면 작동하여 유로를 닫는다.

해설 감압 밸브는 유압 회로에서 분기회로의 압력을 주 회로의 압력보다 저압으로 사용할 때 사용하는 밸브로 상시 패쇄 되어 있지만 필요 시 개방하여 사용한다.

47 기계의 보수 · 점검 시 운전 상태에서 해야 하는 작업은?

① 체인의 장착상태 확인
② 베어링의 주유상태 확인
③ 벨트의 장력상태 확인
④ 클러치의 상태 확인

해설 클러치: 축의 회전 운동을 다른 축에 전달할 때 필요에 따라 동력 전달을 끊을 수 있는 축이음 장치로 보수 · 점검 시 운전 상태에서 해야 한다.

48 작업 시 일반적인 안전에 대한 설명으로 적합하지 않은 것은?

① 장비는 사용 전에 점검한다.
② 장비 사용법은 사전에 숙지한다.
③ 장비는 취급자가 아니어도 사용한다.
④ 회전되는 물체에 손을 대지 않는다.

해설 작업 시 장비를 안전하게 사용하려면 장비는 취급자가 사용하여야 한다.

49 크레인으로 물건을 운반할 때 주의사항으로 틀린 것은?

① 규정 무게보다 약간 초과 할 수 있다.
② 적재물이 떨어지지 않도록 한다.
③ 로프 등의 안전여부를 항상 점검한다.
④ 선회작업 시 사람이 다치지 않도록 한다.

해설 크레인으로 물건을 운반할 땐 규정 무게보다 무게를 초과해서 운반하면 안 된다.

50 드릴 작업 시 주의사항으로 틀린 것은?

① 칩을 털어낼 때는 칩털이를 사용한다.
② 작업이 끝나면 드릴을 척에서 빼놓는다.
③ 드릴이 움직일 때는 칩을 손으로 치운다.
④ 재료는 힘껏 조이든가 정지구로 고정한다.

해설 드릴 작업 시 드릴이 움직일 때는 회전을 중지시킨 후 칩을 솔로 제거한다.

51 다음 중 B급 화재에 대한 설명으로 맞는 것은?

① 목재, 섬유류 등의 화재로서 일반적으로 냉각소화를 한다.
② 유류 등의 화재로서 일반적으로 질식효과(공기차단)로 소화한다.
③ 전기기기의 화재로서 일반적으로 전기절연성을 갖는 소화제로 소화한다.
④ 금속나트륨 등의 화재로서 일반적으로 건조사를 이용한 질식효과로 소화한다.

해설 • B급 화재: 연소 후 재를 남기는 종류의 화재로서 유류, 가스 등의 가연성 액체나 기체 등의 화재가 이에 속한다.
• 소화방법: B급 화재는 포말, 분말약재를 사용하여 주로 질식소화의 효과를 이용한다.

52 스패너 사용 시 안전 사항으로 틀린 것은?

① 스패너는 밀면서 작업한다.
② 스패너는 볼트, 너트의 규격에 맞는 것을 사용한다.
③ 녹이 슨 볼트나 너트는 녹을 제거하고 사용한다.
④ 스패너 사용 시 몸의 균형을 유지한다.

해설 스패너 사용 시 조금씩 돌리며, 당겨서 쓰고, 주위를 살펴야 한다.

53 먼지가 많은 장소에서 착용하여야 하는 마스크는?

① 방독 마스크   ② 산소 마스크
③ 방진 마스크   ④ 일반 마스크

해설 방진 마스크: 주로 산업현장에서 사용되는 각종 미세먼지 여과용 마스크이다.

54 다음 중 안전사항으로 틀린 것은?

① 전선의 연결부는 되도록 저항을 적게 해야 한다.
② 전기장치는 반드시 접지하여야 한다.
③ 퓨즈 교체 시에는 기존보다 용량이 큰 것을 사용한다.
④ 계측기는 최대 측정범위를 초과하지 않도록 해야 한다.

해설 퓨즈 교체 시에는 기존의 용량과 같은 것으로 교체해야 한다.

55 산업공장에서 재해의 발생을 줄이기 위한 방법으로 틀린 것은?

① 폐기물은 정해진 위치에 모아둔다.
② 공구는 소정의 장소에 보관한다.
③ 소화기 근처에 물건을 적재한다.
④ 통로나 창문 등에 물건을 세워 놓아서는 안 된다.

해설 산업공장에서 불이 났을 때 빨리 불을 끄기 위해서 소화기를 빨리 찾아 불을 꺼야 한다. 따라서 소화기 근처엔 물건을 적재해선 안 된다.

상시검정 예상문제(7)

56 사고 원인으로서 작업자의 불안전한 행위는?

① 안전 조치의 불이행 ② 고용자의 능력한계
③ 물적 위험상태   ④ 기계의 결함상태

해설 사고 원인으로서 불안전한 요소(작업자)
- 불안전한 행동을 반복적으로 행하는 작업자(전날과음, 작업 중 흡연, 빨리빨리 서두르는 행위)
- 공구 작동에 미숙한 자(스크류건 작업이 불안전, 컷팅공구 및 원형톱 사용을 불안전하게 하는 작업자)
- 고소 공포증 및 균형 감각이 없는 작업자는 절대로 벽체 위 또는 트러스 위에서 작업을 금지한다.
- 팀웍에 도움이 되지 않는 언행을 행하는 작업자
- 안전장구 미착용 및 안전수칙을 지키지 않는 작업자

57 철탑에 154000V라는 표시판이 부착되어 있는 전선 근처에서의 작업으로 틀린 것은?

① 철탑 기초에서 충분히 이격하여 굴착한다.
② 전선이 바람에 흔들리는 것을 고려하여 접근금지 로프를 설치한다.
③ 전선에 30cm 이내로 접근되지 않게 작업한다.
④ 철탑 기초 주변 흙이 무너지지 않도록 한다.

해설 철탑에 154000V라는 표시판이 부착되어 있는 전선 근처에서 작업할 때 전선에 300cm(3m) 이내로 접근되지 않게 작업한다.

58 일반도시가스사업자의 지하배관 설치 시 도로 폭이 4m 이상 8m 미만인 도로에서는 규정상 어느 정도의 깊이에 배관이 설치되어 있는가?

① 1.5m 이상   ② 1.2m 이상
③ 1.0m 이상   ④ 0.6m 이상

해설 일반도시가스사업자의 지하배관 설치 시 도로 폭이 4m 이상 8m 미만인 도로에서는 규정상 1.0m 이상 깊이에 배관이 설치되어 있다.

59 굴착작업 중 줄파기 작업에서 줄파기 1일 시공량 결정은 어떻게 하도록 되어 있는가?

① 시공속도가 가장 느린 천공작업에 맞추어 결정한다.
② 시공속도가 가장 빠른 천공작업에 맞추어 결정한다.
③ 공사시방서에 명기된 일정에 맞추어 결정한다.
④ 공사관리 감독기관에 보고한 날짜에 맞추어 결정한다.

해설 굴착작업 중 줄파기 작업에서 줄파기 1일 시공량 결정은 시공속도가 가장 느린 천공작업에 맞추어 결정한다.

60 건설기계를 이용하여 도로 굴착작업 중 "고압선 위험" 표지시트가 발견되었다. 다음 중 맞는 것은?

① 표지시트의 직각방향에 전력 케이블이 묻혀 있다.
② 표지시트 직하에 전력케이블이 묻혀 있다.
③ 표지시트 우측에 전력케이블이 묻혀 있다.
④ 표지시트 좌측에 전력케이블이 묻혀 있다.

해설 건설기계를 이용하여 도로 굴착작업 중 "고압선 위험" 표지시트가 발견되었을 때 전력케이블은 표지시트 직하에 묻혀 있다.

정답

1	2	3	4	5	6	7	8	9	10
④	③	③	④	③	④	③	①	③	①
11	12	13	14	15	16	17	18	19	20
④	④	②	③	③	③	④	③	③	④
21	22	23	24	25	26	27	28	29	30
①	②	④	④	①	④	④	③	④	①
31	32	33	34	35	36	37	38	39	40
④	②	②	①	③	③	②	③	③	④
41	42	43	44	45	46	47	48	49	50
①	③	③	④	③	④	③	②	③	①
51	52	53	54	55	56	57	58	59	60
②	①	③	③	③	①	③	③	①	②

상시검정 예상문제(8)

굴착기운전기능사

01 건설기계장비 운전 시 계기판에서 냉각수량 경고등이 점등되었다. 그 원인으로 가장 거리가 먼 것은?

① 냉각 수량이 부족할 때
② 냉각 계통의 물 호스가 파손 되었을 때
③ 라디에이터 캡이 열린 채 운행 하였을 때
④ 냉각수 통로에 스케일(물때)이 없을 때

해설 스케일(물때)이 있으면 열전도성을 나쁘게 하여 엔진이 과열되지만, 스케일(물때)이 없으면 정상 작동이 되어 냉각수량 경고등이 점등되지 않는다.

02 엔진의 밸브가 닫혀 있는 동안 밸브 시트와 밸브 페이스를 밀착시켜 기밀이 유지되도록 하는 것은?

① 밸브 리테이너
② 밸브 가이드
③ 밸브 스템
④ 밸브 스프링

해설 밸브 스프링은 밸브가 닫혀 있는 동안에 밸브 시트에 밀착시켜 실린더 안의 기밀을 유지하고 또 밸브가 운동하는 동안에는 로커 암을 캠 면에 밀어서 캠의 모양대로 서로 떨어지지 않고 밸브가 확실하게 작동하도록 한다.

03 다음 디젤기관에서 과급기를 사용하는 이유로 맞지 않는 것은?

① 체적 효율 증대
② 냉각 효율 증대
③ 출력 증대
④ 회전력 증대

해설 디젤기관에서 과급기를 사용하는 이유는 공기를 많이 흡입하여 체적 효율과 출력 그리고 회전력을 증대시키려는 것이다.

04 윤활유의 점도가 기준보다 높은 것을 사용했을 때의 현상으로 맞는 것은?

① 좁은 공간에 잘 스며들어 충분한 윤활이 된다.
② 동절기에 사용하면 기관 시동이 용이하다.
③ 점차 묽어짐으로 경제적이다.
④ 윤활유 압력이 다소 높아진다.

해설 윤활유의 점도가 기준보다 높으면 유체의 이동저항이 증가되어 엔진 기동 시 기동 저항이 증가하고 유압은 상승하게 된다.

05 디젤엔진의 연료탱크에서 분사노즐까지 연료의 순환 순서로 맞는 것은?

① 연료탱크 → 연료공급펌프 → 분사펌프 → 연료필터 → 분사노즐

② 연료탱크 → 연료필터 → 분사펌프 → 연료공급펌프 → 분사노즐
③ 연료탱크 → 연료공급펌프 → 연료필터 → 분사펌프 → 분사노즐
④ 연료탱크 → 분사펌프 → 연료필터 → 연료공급펌프 → 분사노즐

06 기관을 점검하는 요소 중 디젤기관과 관계없는 것은?

① 예열
② 점화
③ 연료
④ 연소

해설 점화: 전기점화 방식의 가솔린 기관에서 호흡기에 불을 발생시키는 것을 말한다.

07 디젤엔진에서 오일을 가압하여 윤활부에 공급하는 역할을 하는 것은?

① 냉각수 펌프
② 진공 펌프
③ 공기 압축 펌프
④ 오일펌프

해설 오일펌프: 오일 팬에 있는 오일을 빨아올려 기관의 각 운동 부분에 압송하는 펌프로서 디젤엔진에서 오일을 가압하여 윤활부에 공급하는 역할을 한다.

08 4행정 디젤엔진에서 흡입행정 시 실린더 내에 흡입되는 것은?

① 혼합기
② 연료
③ 공기
④ 스파크

해설 디젤 엔진에서 흡입행정 시 실린더내로 공기를 흡입한다.

09 착화지연기간이 길어져 실린더 내에 연소 및 압력 상승이 급격하게 일어나는 현상은?

① 디젤 노크
② 조기점화
③ 가솔린 노크
④ 정상연소

해설 디젤 노크란 화염전파기간에 있어서 급격한 압력상승이 일어나면 실린더나 피스톤 등은 충격을 받아, 쿵쿵하고 딱딱한 것을 두드리는 소리를 발생하며 운전이 혼란해지고 출력도 저하하는 현상을 말한다. 이 현상의 원인은 화염전파기간에 급격한 압력상승이 일어나는 것이 원인이며, 이 원인은 착화지연기간이 긴 것이 원인이다.

예상문제(8)

10 노킹이 발생하였을 때 기관에 미치는 영향은?
① 압축비가 커진다.
② 제동마력이 커진다.
③ 기관이 과열될 수 있다.
④ 기관의 출력이 향상된다.

해설 노킹이 발생하였을 때 기관에 미치는 영향
• 기관이 과열하며, 출력이 감소한다.
• 실린더와 피스톤이 고착된다.
• 피스톤 및 밸브가 손상된다.
• 배기가스의 온도가 내려간다.

11 기관이 과열되는 원인이 아닌 것은?
① 물 재킷 내의 물 때 형성
② 팬벨트의 장력 과다
③ 냉각수 부족
④ 무리한 부하 운전

해설 기관이 과열되는 원인
• 분사시기의 부적당   • 냉각수 부족
• 팬벨트의 장력의 약화   • 물재킷 내의 물때 형성

12 다음 중 커먼레일 연료분사장치의 고압 연료 펌프에 부착된 것은?
① 압력 제어 밸브   ② 커먼레일 입력센서
③ 입력 제한 밸브   ④ 유량 제한기

해설 커먼레일에는 연료 압력 제어 밸브가 달려 있는데 이것은 안전밸브와 같은 역할을 하는데 과도한 압력이 발생할 경우 이 밸브는 비상통로를 열어 레일의 압력을 낮추어 준다.

13 방향 지시등 스위치를 작동할 때 한쪽은 정상이고 다른 한쪽은 점멸 작용이 정상과 다르게(빠르게 또는 느리게) 작용한다. 고장 원인이 아닌 것은?
① 전구 1개가 단선 되었을 때
② 전구를 교체하면서 규정 용량의 전구를 사용하지 않았을 때
③ 플래셔 유닛이 고장 났을 때
④ 한쪽 전구 소켓에녹이 발생하여 전압 강하가 있을 때

해설 방향 지시등 스위치를 작동할 때 한쪽은 정상이고 다른 한쪽은 점멸 작용이 정상과 다르게(빠르게 또는 느리게) 작용하는 이유는 플래셔 스위치에서 지시등 사이에 단선이 생겼을 때이다.

14 기동 전동기의 구성품이 아닌 것은?
① 전기자   ② 브러시
③ 스테이터   ④ 구동피니언

해설 스테이터: 계자 코일에 감겨지는 얼터네이터의 고정 부분을 말한다.

15 축전지 전해액 내의 황산을 설명한 것이다. 틀린 것은?
① 피부에 닿게 되면 화상을 입을 수도 있다.
② 의복에 묻으면 구멍을 뚫을 수도 있다.
③ 눈에 들어가면 실명될 수도 있다.
④ 라이터를 사용하여 점검할 수도 있다.

해설 축전지 전해액 내의 황산은 화기성 물질에 가까이 접근시키면 안 된다.

16 납산 축전지 터미널에 녹이 발생했을 때의 조치방법으로 가장 적합한 것은?
① 물걸레로 닦아내고 더 조인다.
② 녹을 닦은 후 고정 시키고 소량의 그리스를 상부에 도포한다.
③ (+)와 (−)터미널을 서로 교환한다.
④ 녹슬지 않게 엔진오일을 도포하고 확실히 더 조인다.

해설 납산 축전지 터미널에 녹이 발생했을 때엔 녹 제거 후 고정 시키고 소량의 그리스를 상부에 도포해 준다.

17 디젤기관에만 해당되는 회로는?
① 예열플러그 회로   ② 시동 회로
③ 충전 회로   ④ 등화 회로

해설 디젤기관의 단점으로 추운날씨에서는 시동성이 좋지 않기 때문에 예열 플러그가 필요하다.

18 교류발전기(AC)의 주요부품이 아닌 것은?
① 로터   ② 브러시
③ 스테이터 코일   ④ 솔레노이드 조정기

해설 교류발전기(AC)의 주요부품에는 로터, 슬립링과 브러시, 스테이터 코일, 다이오드, 엔드 프레임 등으로 되어있다.

19 운전 중 좁은 장소에서 지게차를 방향 전환시킬 때 가장 주의할 점으로 맞는 것은?
① 뒷바퀴 회전에 주의하여 방향 전환한다.
② 포크 높이를 높게 하여 방향 전환한다.
③ 앞바퀴 회전에 주의하여 방향 전환한다.
④ 포크가 땅에 닿게 내리고 방향 전환한다.

해설 지게차는 뒷바퀴가 조향장치를 한다. 뒷바퀴에 조향장치를 할 경우 좁은 공간에서 회전하는 각도가 아주 크기 때문에 뒷바퀴를 조향장치로 둔다.

20 클러치 페달에 대한 설명으로 틀린 것은?
① 펜던트식과 플로어식이 있다.
② 페달 자유유격은 일반적으로 20~30mm 정도로 조정한다.

③ 클러치판이 마모될수록 자유유격이 커져서 미끄러지는 현
상이 발생한다.

④ 클러치가 완전히 끊긴 상태에서도 발판과 페달과의 간격
은 20mm 이상 확보해야 한다.

해설 클러치판이 마모될 경우 자유유격은 적어지게 된다.

---

21 다음 건물번호판에서 관공서용 건물번호판에 해당하는 것
은?

① ②

③ ④

해설 ②: 문화재·관광용 건물번호판
③, ④: 일반용 건물번호판

---

22 무한궤도식 굴착기에서 하부 주행체 동력전달 순서로 맞
는 것은?

① 유압펌프 → 제어밸브 → 센터조인트 → 주행모터
② 유압펌프 → 제어밸브 → 주행모터 → 자재이음
③ 유압펌프 → 센터조인트 → 주행모터 → 제어밸브
④ 유압펌프 → 센터조인트 → 주행모터 → 자재이음

---

23 유압브레이크 장치에서 잔압을 유지 시켜주는 부품으로
옳은 것은?

① 피스톤 ② 피스톤 컵
③ 체크밸브 ④ 실린더 보디

해설 체크밸브: 유체를 한쪽 방향으로만 흐르게 하고 반대 방향으로는 흐르지 못
하도록 하는 밸브로 유압브레이크 장치에서 잔압을 유지 시켜준다.

---

24 상세주소가 있는 경우 건물번호와 상세주소 사이에 표기
하는 것은 무엇인가?

① . ② /
③ , ④ −

해설 상세주소가 있는 경우 건물번호와 상세주소 사이에 쉼표(,)를 표기한다.

---

25 양축 끝에 십자형의 조인트를 가지며, 중간 혹은 Y형의
원통으로 되어 있고, 그 양끝의 각 축에 십자축이 설치되
어 있는 조인트는 무엇인가?

① 파빌레 조인트 ② 스파이서 그랜저 조인트
③ 트랙터 조인트 ④ 벤딕스 조인트

해설 양축 끝에 십자형의 조인트를 가지며 중간축은 Y형의 원통으로 되어 있고 그
양끝의 각 축에 십자축이 설치되어 있는 조인트는 스파이서 그랜저 조인트이
다.

---

26 타이어식 굴착기의 브레이크 파이프 내에 베이퍼 록이 생
기는 원인이다. 관계없는 것은?

① 드럼의 과열 ② 지나친 브레이크 조작
③ 잔압의 저하 ④ 라이닝과 드럼의 간극 과다

해설 라이닝과 드럼의 간극 과다하면 브레이크가 잡히지 않아 베이퍼 록이 발생하
지 않는다.

---

27 건설기계조종사면허의 종류와 해당 건설기계조종사면허로
조종할 수 있는 건설기계에 대한 설명이다. 틀린 것은?

① 롤러 조종사 면허를 받은 자는 아스팔트 피니셔, 모터그레
이더, 천공기 등을 조종할 수 있다.
② 2012년 5월 이전 공기압축기 조종사 면허를 받은 자는 한
시적으로 2013년 말까지 천공기 조종사 면허로 갱신 신청
할 수 있다.
③ 2012년 5월 이전 기중기 조종사 면허를 받은 자는 한시적
으로 2013년 말까지 천공기 조종사 면허로 갱신 신청할
수 있다.
④ 2012년에 모터그레이더 및 아스팔트 피니셔 조종사 면허
를 발급받은 자는 롤러 조종사 면허를 받은 것으로 본다.

해설 롤러 조종사 면허를 받은 자는 롤러, 모터그레이더, 스크레이퍼, 아스팔트 피
니셔, 콘크리트 피니셔, 콘크리트 살포기, 골재 살포기, 도로보수트럭, 노면파
쇄기, 노면측정장비 등을 조종할 수 있다.

---

28 정지선이나 횡단보도 및 교차로 직전에서 정지하여야 할
신호의 종류로 옳은 것은?

① 녹색 및 황색 등화 ② 황색 등화의 점멸
③ 황색 및 적색 등화 ④ 녹색 및 적색 등화

해설 • 황색의 등화
  −차마는 정지선이 있거나 횡단보도가 있을 때에는 그 직전이나 교차로의
   직전에 정지하여야 하며, 이미 교차로에 차마의 일부라도 진입한 경우에
   는 신속히 교차로 밖으로 진행하여야 한다.
  −차마는 우회전할 수 있고 우회전하는 경우에는 보행자의 횡단을 방해하지
   못한다.
• 적색의 등화: 차마는 정지선, 횡단보도 및 교차로의 직전에서 정지한다. 다
  만, 신호에 따라 진행하는 다른 차마의 교통을 방해하지 아니하고 우회전할
  수 있다.

상시검정 예상문제(8)

29 정기검사에 불합격한 건설기계의 정비명령 기간으로 적합한 것은?
① 3개월 이내
② 4개월 이내
③ 5개월 이내
④ 6개월 이내

해설 정기검사에 불합격한 건설기계의 정비명령 기간은 6개월 이내이다.

30 건설기계 임시운행 사유가 아닌 것은?
① 확인검사를 받기 위하여 건설기계를 검사장소로 운행하는 경우
② 신규등록검사를 받기 위하여 건설기계를 검사장소로 운행하고자 할 때
③ 신개발 건설기계를 시험·연구의 목적으로 운행하고자 할 때
④ 말소등록을 하기 위하여 운행하고자 할 때

해설 건설기계 임시운행 사유
• 등록신청을 하기 위하여 건설기계를 등록지로 운행하는 경우
• 신규등록검사 및 확인검사를 받기 위하여 건설기계를 검사장소로 운행하는 경우
• 수출을 하기 위하여 건설기계를 선적지로 운행하는 경우
• 신개발 건설기계를 시험·연구의 목적으로 운행하는 경우
• 판매 또는 전시를 위하여 건설기계를 일시적으로 운행하는 경우

31 건설기계 사업에 해당되지 않는 것은?
① 건설기계 대여업
② 건설기계 매매업
③ 건설기계 재생업
④ 건설기계 정비업

해설 건설기계 사업은 건설기계 대여업, 건설기계 정비업, 건설기계 매매업, 건설기계 폐기업 등 4종류로 나뉜다.

32 다음 중 신호수가 필요한 굴착기작업 시 신호수와 운전자 간의 신호수 방법으로 잘못된 것은 어느 것인가?
① 위험요소가 많을수록 신호수도 많은 것이 좋다.
② 신호수의 부근에 혼동되기 쉬운 경적, 음성, 동작 등이 있어서는 안 된다.
③ 신호수는 수신호, 경적 등을 정확하게 사용하여야 한다.
④ 적용 가능한 경우, 신호수를 조합하여 사용할 수 있다.

해설 신호수는 1인으로 하여 수신호, 경적 등을 정확하게 사용하여야 하며, 지정된 신호수 외에는 신호를 하면 안 된다.

33 다음 중 굴착기를 트레일러에 상차하는 방법으로 적절하지 않은 것은 어느 것인가?
① 가급적 경사대를 사용한다.
② 경사대를 10~15° 정도 경사시키는 것이 좋다.
③ 트레일러로 운반 시 작업 장치를 반드시 앞쪽으로 한다.
④ 붐을 이용하여 버킷으로 차체를 들어 올려 탑차하는 방법도 이용되지만 전복의 위험이 있어 특히 주의를 요하는 방법이다.

해설 굴착기를 트레일러로 운반 시 작업 장치를 반드시 뒤쪽을 향하도록 한다.

34 건설기계를 주택가 주변의 도로나 공터 등에 주기하여 교통소통을 방해하거나 소음 등으로 주민의 조용하고 평온한 생활환경을 침해한 자에 대한 벌칙은?
① 200만 원 이하의 벌금
② 100만 원 이하의 벌금
③ 100만 원 이하의 과태료
④ 50만 원 이하의 과태료

해설 건설기계를 주택가 주변의 도로나 공터 등에 주기하여 교통소통을 방해하거나 소음 등으로 주민의 조용하고 평온한 생활환경을 침해한 자는 50만 원 이하의 과태료에 처해진다.

35 도로교통법상 건설기계를 운전하여 도로를 주행할 때 서행에 대한 정의로 옳은 것은?
① 매시 60km 미만의 속도로 주행하는 것을 말한다.
② 운전자가 차를 즉시 정지시킬 수 있는 느린 속도록 진행하는 것을 말한다.
③ 정지거리 2m 이내에서 정지할 수 있는 경우를 말한다.
④ 매시 20km 이내로 주행하는 것을 말한다.

해설 도로교통법상 건설기계를 운전하여 도로를 주행할 때 서행에 대한 정의는 운전자가 차를 즉시 정지시킬 수 있는 정도의 느린 속도로 진행하는 것을 말한다.

36 건설기계 등록사항 변경이 있을 때, 그 소유자는 누구에게 신고하여야 하는가?
① 관할검사소장
② 고용노동부장관
③ 안전행정부장관
④ 시·도지사

해설 건설기계 등록사항 변경이 있을 때, 그 소유자는 시·도지사에게 신고하여야 한다.

37 피스톤식 유압펌프에서 회전경사판의 기능으로 가장 적합한 것은?
① 펌프 압력을 조정
② 펌프 출구의 개·폐
③ 펌프 용량을 조정
④ 펌프 회전속도를 조정

해설 피스톤식 유압펌프에서 회전경사판의 기능은 펌프 용량을 조정하는 것이다.

38 유압장치의 압력제어밸브(릴리프 밸브)에서 진동이 일어날 때 발생되는 고장원인이 아닌 것은?

① 밸브 설치위치
② 배관 길이파이프
③ 과부하(유량)
④ 유량 감지센서

해설 유압장치의 압력제어밸브(릴리프 밸브)에서 진동이 일어날 때 발생되는 고장원인은 밸브 설치위치, 과부하(유량), 배관 길이파이프 등이다.

39 유압 펌프의 고압유압을 제어하는 밸브로서, 회로의 최고 압력을 제한하는 밸브는?

① 체크 밸브
② 안전 밸브
③ 릴리프 밸브
④ 카운터밸런스 밸브

해설 ① 체크 밸브 : 유압 회로에서 유압의 역류를 방지하고 잔압을 유지하는 데 사용한다.
② 안전 밸브 : 유압 회로에서 기계적인 안전 또는 회로의 압력이 일정치 이상이 되는 것을 방지할 때 사용한다.
③ 릴리프 밸브 : 유압 펌프와 제어밸브 사이에 설치되며 유압 회로 내의 압력을 일정하게 유지시키는 밸브이다.
④ 카운터밸런스 밸브 : 중력에 의한 낙하 방지 및 배압을 유지하는 밸브이다.

40 유압모터의 일반적인 특징으로 가장 적절한 것은?

① 운동량을 자동으로 직선조작 할 수 있다.
② 공동력을 자동으로 가감조절 할 수 있다.
③ 넓은 범위의 무단변속이 용이하다.
④ 각도에 제한없이 왕복 각운동을 한다.

해설 유압모터의 특징
• 넓은 범위의 무단변속이 용이하다.
• 관성력이 크지 않다.
• 과부하에 안전하다.
• 정 · 역 회전 변화가 가능하다.
• 소형으로 강력한 힘을 낼 수 있다.

41 유압 자동차의 압력이 낮아지게 증가될 때 나타날 수 있는 현상은?

① 종동이 증가된다.
② 압력이 상승된다.
③ 유동 저항이 증가된다.
④ 유압 실린더의 속도가 증가된다.

해설 유압 자동차의 압력이 낮아지게 증가될 때 나타날 수 있는 현상
• 유압 실린더의 속도가 증가된다.
• 압력 등 제어용이 증가된다.
• 회로의 공동현상 및 수격현상이 증대된다.
• 비효율적 기어 누설현상이 증대된다.
• 회로의 압력제어가 곤란하여 제어밸브에 고장을 일으킬 수 있다.
• 유압장치의 속도가 증가된다.

42 유압장치에서 회전축 둘레의 누유를 방지하기 위하여 사용되는 밀봉장치(seal)는?

① O링(O-ring)
② 가스킷(gasket)
③ 더스트 실(dust seal)
④ 기계 실(mechanical seal)

해설 유압장치에서 회전축 둘레의 누유를 방지하기 위하여 사용되는 밀봉장치는 기계 실이다.

43 유압 펌프에서 발생하는 강한 압력에너지를 빠른 속도로 바꾸어 주는 장치는?

① 기어 펌프
② 로터리 펌프
③ 베인 펌프
④ 플런저 펌프

해설 플런저 펌프
• 피스톤의 왕복 운동에 의해 실린더 내의 유체를 흡입 및 배출하는 장치이다.
• 피스톤이 왕복하면서 흡입 및 토출을 한다.

44 유압장치의 장점이 아닌 것은?

① 작은 동력원으로 큰 힘을 낼 수 있다.
② 과부하 방지가 용이하다.
③ 운동방향을 쉽게 변경할 수 있다.
④ 고장원인의 발견이 쉽고 구조가 간단하다.

해설 유압장치의 장점
• 작은 동력원으로 큰 힘을 낼 수 있다.
• 힘의 연속적 제어가 용이하다.
• 운동방향을 쉽게 변경할 수 있다.
• 수명이 길고 운전이 자동화된다.
• 진동이 적고 작동이 원활하다.
• 원격 조작이 가능하며 속도제어가 쉽다.
• 에너지 축적이 가능하여 제어 및 조정이 자유롭고 자동화가 가능하다.

45 실린더 피스톤의 고속으로 왕복 운동할 때 공기가 실린더에 흡입되어 압축되는 경우, 이 충격에 의하여 발생하는 현상은 다음 중 어느 것인가?

① 패드감
② 에어레이션
③ 어큐뮬레이터
④ 서틀링

해설 공기가 실린더 내부에 흡입되어 있어 피스톤이 고속으로 전진 공동 끝에 피스톤이 충격으로 현상하는 현상을 에어레이션이라고 하며, 그 충격에 의하여 피스톤의 운동이 이상하게 되는 현상을 서틀링이라 한다.

46 유압실린더의 숨돌리기 현상이 생겼을 때 일어나는 현상이 아닌 것은?

① 작동 지연 현상이 생긴다.
② 서지압이 발생한다.
③ 오일의 공급이 줄어든다.
④ 피스톤 작동이 불안정하게 된다.

해설
- 유압기기의 숨돌리기 현상이 생겼을 때 일어나는 현상은 오일의 공급이 과대해 진다.
- 숨돌리기 현상은 유압 실린더에서 일어나는 현상으로 피스톤 작동이 불안정해지고 작동지연이 일어나며 서지압이 발생된다.

47 도로에 가스배관을 매설할 때 지켜야 할 사항으로 잘못된 것은?

① 자동차 등의 하중의 영향이 적은 곳에 매설한다.
② 배관은 그 외면으로부터 도로 밑의 다른 시설물과 0.1m 이상의 거리를 유지한다.
③ 포장되어 있는 차도에 매설하는 경우 배관의 외면과 노반의 최하부와의 거리는 0.5m 이상으로 한다.
④ 배관의 외면으로부터 도로의 경계까지 1m 이상의 수평거리를 유지한다.

해설 도로에 가스배관을 매설할 때 배관은 그 외면으로부터 도로 밑의 다른 시설물과 0.3m 이상의 거리를 유지한다.

48 현장에서 작업자가 작업 안전상 꼭 알아두어야 할 사항은?

① 장비의 가격 ② 종업원의 작업 환경
③ 종업원의 기술 정도 ④ 안전 규칙 및 수칙

해설 현장에서 작업자가 작업 안전상 꼭 안전 규칙 및 수칙을 알아두어야 한다.

49 목재, 종이, 석탄 등 일반 가연물의 화재는 어떤 화재로 분류하는가?

① A급 화재 ② B급 화재
③ C급 화재 ④ D급 화재

해설
- A급 화재: 연소 후 재를 남기는 종류의 화재로서 가장 일반적인 화재이며 나무, 종이 섬유 등의 가연물 화재가 이에 속함
- B급 화재: 연소 후 재를 남기는 종류의 화재로서 유류, 가스등의 가연성 액체나 기체 등의 화재가 이에 속한다.
- C급 화재: 전기설비 등에서 발생하는 화재로서 수변전 설비, 전선로의 화재가 이에 속함
- D급 화재: 금속 또는 금속분에서 발생하는 화재로서 이는 다른 화재에 비해 발생빈도는 높지 않으며 단체금속의 자연발화, 금속분에 의한 분진폭발 등의 화재가 이에 속함

50 사고의 결과로 인하여 인간이 입는 인명 피해와 재산상의 손실을 무엇이라 하는가?

① 재해 ② 안전
③ 사고 ④ 부상

해설
② 안전: 위험이 생기거나 사고가 날 염려가 없음
③ 사고: 뜻밖에 일어난 불행한 일
④ 부상: 몸에 상처를 입음

51 건설기계 작업 시 주의사항으로 틀린 것은?

① 운전석을 떠날 경우에는 기관을 정지시킨다.
② 작업 시에는 항상 사람의 접근에 특별히 주의한다.
③ 주행 시는 가능한 한 평탄한 지면으로 주행한다.
④ 후진 시는 후진 후 사람 및 장애물 등을 확인한다.

해설 건설기계 작업 시 후진할 때에는 후진 전 사람 및 장애물이 있는지 확인한다.

52 다음 중 안전 보호구가 아닌 것은?

① 안전모 ② 안전화
③ 안전가드레일 ④ 안전장갑

해설 안전 보호구: 인체방호를 위한 보호 피복류나 용구의 총칭. 각종 보호 의복 외에 안전모, 안전띠, 안전화, 보호 장갑, 보호 안경, 보호 앞치마 등이 있다.

53 수공구 사용 시 주의사항이 아닌 것은?

① 작업에 알맞은 공구를 선택하여 사용한다.
② 공구는 사용 전에 기름 등을 닦은 후 사용한다.
③ 공구를 취급할 때는 올바른 방법으로 사용한다.
④ 개인이 만든 공구는 일반적인 작업에 사용한다.

해설 개인이 만든 수공구는 사용을 해선 안 된다.

54 소화하기 힘든 정도로 화재가 진행된 현장에서 제일 먼저 취하여야 할 조치사항으로 가장 올바른 것은?

① 소화기 사용 ② 화재 신고
③ 인명 구조 ④ 경찰서에 신고

해설 소화하기 힘든 정도로 화재가 진행된 현장에서 제일 먼저 취하여야 할 조치사항은 인명 구조이다.

55 보안경을 사용하는 이유로 틀린 것은?

① 유해 약물의 침입을 막기 위하여
② 떨어지는 중량물을 피하기 위하여
③ 비산되는 칩에 의한 부상을 막기 위하여
④ 유해 광선으로부터 눈을 보호하기 위하여

해설 떨어지는 중량물을 피하기 위하여 착용하는 것은 안전모이다.

상시검정 예상문제(8)

굴착기운전기능사

56 방호장치의 일반원칙으로 옳지 않은 것은?

① 일반원칙의 제거　　② 작업점의 방호
③ 외관상의 안전화　　④ 기계특성에의 부적합성

해설 방호장치의 일반원칙
　• 외관상의 안전화
　• 기계특성에의 부적합성
　• 작업점의 방호

57 지상에 설치되어있는 가스배관 외면에 반드시 표시해야 하는 사항이 아닌 것은?

① 사용가스명　　　② 가스흐름방향
③ 소유자명　　　　④ 최고사용압력

해설 지상에 설치되어있는 가스배관 외면에는 반드시 사용가스명, 가스흐름방향, 최고사용압력을 표시해야 한다. 단, 지하 매설 배관엔 가스흐름방향을 표시하지 아니할 수 있다.

58 특별고압 가공 송전선로에 대한 설명으로 틀린 것은?

① 애자의 수가 많을수록 전압이 높다.
② 겨울철에 비하여 여름철에는 전선이 더 많이 처진다.
③ 154,000V 가공전선은 피복전선이다.
④ 철탑과 철탑과의 거리가 멀수록 전선의 흔들림이 크다.

해설 특별고압선은 피복선으로 케이블 형식을 주로 사용하며 연선 또는 경동선이 사용된다.

59 공동주택 부지 내에서 굴착 작업 시 황색의 가스보호포가 나왔다. 도시가스 배관은 그 보호포가 설치된 위치로부터 최소한 몇 m이상 깊이에 매설되어 있는가? (단, 배관의 심도는 0.6m 이다.)

① 0.2m　　　　② 0.3m
③ 0.4m　　　　④ 0.5m

해설 공동주택 부지 내에서 굴착 작업 시 황색의 가스보호포가 나왔다. 도시가스 배관은 그 보호포가 설치된 위치로부터 최소한 0.4m 이상 깊이에 매설되어 있다.

60 전기선로 주변에서 크레인, 지게차, 굴착기 등으로 작업 중 활선에 접촉하여 사고가 발생하였을 경우 조치 요령으로 가장 거리가 먼 것은?

① 발생개소, 정돈, 진척상태를 정확히 파악하여 조치한다.
② 이상상태 확대 및 재해 방지를 위한 조치, 강구 등의 응급 조치를 한다.
③ 사고 당사자가 모든 상황을 처리한 후 상사인 안전담당자 및 작업관계자에게 통보한다.
④ 재해가 더 이상 확대되지 않도록 응급 상황에 대처한다.

해설 전기선로 주변에서 크레인, 지게차, 굴착기 등으로 작업 중 활선에 접촉하여 사고가 발생하게 되면 사고 당사자는 발생개소, 정돈, 진척상태를 정확히 파악하여 신속하게 신고 및 보고를 하고 작업안전관리자, 작업 관계자는 한국전력 사업소의 관계자에게 신속하게 신고를 하여 조치를 받아야 한다.

정답

1	2	3	4	5	6	7	8	9	10
④	④	②	④	③	②	④	③	①	③
11	12	13	14	15	16	17	18	19	20
②	①	③	③	④	②	①	④	①	③
21	22	23	24	25	26	27	28	29	30
①	①	③	③	②	①	①	③	④	④
31	32	33	34	35	36	37	38	39	40
③	①	③	④	②	④	③	③	③	④
41	42	43	44	45	46	47	48	49	50
④	④	④	④	①	③	②	④	①	①
51	52	53	54	55	56	57	58	59	60
④	③	④	④	③	②	④	③	③	③

상시검정 예상문제(9)

01 고속 디젤기관이 가솔린 기관보다 좋은 점은?
① 열효율이 높고 연료 소비율이 적다.
② 운전 중 소음이 비교적 적다.
③ 엔진의 출력당 무게가 가볍다.
④ 엔진의 압축비가 낮다.
해설 고속 디젤기관은 가솔린 기관보다 열효율이 높고, 연료 소비율이 적다.

02 기관을 시동하기 전에 점검할 사항으로 가장 거리가 먼 것은?
① 냉각수 및 엔진오일의 량
② 기관의 온도
③ 연료의 량
④ 유압유의 량
해설 기관을 시동하기 전에 점검할 사항
• 엔진 오일양과 연료량 점검   • 브레이크 액 점검, 누유 확인
• 냉각수 수량 점검   • 배터리와 퓨즈 점검
• 타이어 상태 확인   • 시동 및 엔진 확인

03 일반적인 건설기계에 대한 다음 설명 중 틀린 것은?
① 기관이 과열됐을 때는 기관을 정지시킨 후 냉각수를 조금씩 보충한다.
② 운전 중 팬벨트가 끊어지면 충전 경고등이 꺼진다.
③ 윤활 계통에 이상이 생기면 운전 중에 오일압력경고등이 켜진다.
④ 연료탱크는 주기적으로 청소를 하여 물과 찌꺼기를 제거시킨다.
해설 운전 중 팬벨트가 끊어지면 발전기의 충전 기능이 멈추게 되고 이어서 엔진이 서서히 멈추게 된다. 따라서 응급처로 스타킹으로 대체해 준다. 충전 경고등은 배터리가 방전되었거나 팬 벨트가 끊어졌을 때, 또는 충전 장치가 고장 났을 때 켜진다.

04 피스톤링의 작용과 가장 관계가 먼 것은?
① 기밀 작용   ② 오일제어 작용
③ 불완전 연소 억제작용   ④ 열전도 작용
해설 피스톤 링은 피스톤 상부에 둘러져 있는 금속제 링으로 왕복운동을 하며 그 작용은 기밀작용, 열전도작용 및 오일제어 작용을 한다.

05 기관의 속도에 따라 자동적으로 분사시기를 조정하여 운전을 안정되게 하는 것은?
① 노즐   ② 과급기
③ 타이머   ④ 디콤퍼
해설 타이머는 기관의 회전속도에 따라 자동적으로 분사시기를 조정하여 운전을 안정되게 한다.

06 디젤기관의 진동 원인과 가장 거리가 먼 것은?
① 각 실린더의 분사 압력과 분사량이 다르다.
② 분사시기, 분사간격이 다르다.
③ 윤활펌프의 유압이 높다.
④ 각 피스톤의 중량차가 크다.
해설 디젤기관의 진동 원인
• 분사시기 · 분사간격이 다르다.
• 각 피스톤의 중량차가 크다.
• 각 실린더의 분사압력과 분사량이 다르다.
• 4실린더 엔진에서 1개의 분사노즐이 막혔다.
• 크랭크축에 불균형이 있다.
• 피스톤 및 커넥팅로드의 중량 차이가 있다.

07 기관의 정상적인 냉각수 온도에 해당되는 것으로 가장 적절한 것은?
① 20~35℃   ② 35~60℃
③ 75~95℃   ④ 110~120℃
해설 기관의 정상적인 냉각수 온도: 75~95℃

08 기관에서 압축 압력이 저하되는 주원인은?
① 오일량의 과다
② 냉각수 부족
③ 실린더벽의 마모
④ 점화시기의 빠름
해설 실린더벽의 마모로 블로우 바이가스가 증가하는 경우에는 기관에서 압축 압력이 저하되고 출력도 떨어진다.

09 건설기계기관에서 사용하는 윤활유의 주요 기능이 아닌 것은?

① 기밀작용 ② 방청작용
③ 냉각작용 ④ 산화작용

해설 건설기계기관에서 사용하는 윤활유의 주요 기능
- 기밀작용: 실린더와 피스톤 링 사이에 유막을 형성하여 압축과 폭발 시 가스 누출을 방지하는 작용
- 방청작용: 금속 표면에 유막을 형성하여 외부의 공기나 습기, 부식성 가스 등을 차단하는 작용
- 냉각작용: 마찰에 의해서 생긴 열을 흡수하여 외부로 방열하는 작용
- 감마작용: 기관의 각 회전 부분의 마찰을 작게 하여 마모를 감소시키는 작용
- 완충작용: 회전 부분이나 미끄럼 운동 부분에는 일시적으로 압력이 집중되어 점 또는 선 접촉하기 때문에 국부 충격을 받는다. 이 경우 형성된 유막이 충격을 흡수하고 소음을 줄이는 작용
- 청정작용: 기관 내부에 생긴 카본, 슬러지, 마찰 부분의 금속 입자 등을 제거하는 작용
- 응력 분산 작용: 기관의 국부적 압력을 분산하는 작용

10 기관에서 열효율이 높다는 것은?

① 일정한 연료 소비로서 큰 출력을 얻는 것이다.
② 연료가 완전 연소하지 않는 것이다.
③ 기관의 온도가 표준 보다 높은 것이다.
④ 부조가 없고 진동이 적은 것이다.

해설 기관에서 열효율이 높다는 것은 일정한 연료 소비로서 큰 출력을 얻는 것이다.

11 다음 중 열에너지를 기계적 에너지로 변환 시켜주는 장치는?

① 펌프 ② 모터
③ 엔진 ④ 밸브

해설 엔진은 열에너지를 기계적인 에너지로 변환하여 동력을 얻는데, 변환하는 방식에 따라 내연기관과 외연기관으로 구분을 한다.

12 충전장치에서 축전지 전압이 낮을 때 원인으로 틀린 것은?

① 조정전압이 낮을 때
② 다이오드가 단락되었을 때
③ 축전지케이블 접속이 불량할 때
④ 충전회로에 부하가 적을 때

해설 충전장치에서 축전지 전압이 낮을 때 원인
- 조정전압이 낮을 때
- 다이오드가 단락되었을 때
- 축전지케이블 접속이 불량할 때
- 충전회로에 저항이 높을 때

13 납산축전지의 용량은 어떻게 결정되는가?

① 극판의 크기, 극판의 수, 황산의 양에 의해 결정된다.
② 극판의 크기, 극판의 수, 셀의 수에 의해 결정된다.
③ 극판의수, 셀의수, 발전기의 충전능력에 따라 결정된다.
④ 극판의수와 발전기의 충전능력에 따라 결정된다.

해설 축전지 용량은 극판의 크기, 극판의 수, 셀의 크기 및 전해액의 양(황산의 양)에 의해 결정된다.

14 전조등의 좌·우램프간 회로에 대한 설명으로 맞는 것은?

① 직렬 또는 병렬로 되어있다.
② 병렬과 직렬로 되어있다.
③ 병렬로 되어있다.
④ 직렬로 되어있다.

해설 보통 등화들은 직렬로 되어 있지만 전조등의 경우에는 병렬로 되어 있다.

15 축전지의 용량만을 크게 하는 방법으로 맞는 것은?

① 직렬연결법 ② 병렬연결법
③ 직·병렬연결법 ④ 논리회로연결법

해설 축전지의 용량을 크게 하기 위해서는 병렬로 연결해 주어야 한다.

16 야간작업 시 헤드라이트가 한쪽만 점등되었다. 고장원인으로 가장 거리가 먼 것은? (단, 헤드램프 퓨즈가 좌, 우측으로 구성됨)

① 헤드라이트 스위치 불량 ② 전구 접지불량
③ 회로의 퓨즈단선 ④ 전구 불량

해설 헤드라이트 스위치 불량하면 시동을 꺼도 라이트가 꺼지질 않는다.

17 전기회로에서 퓨즈의 설치 방법은?

① 직렬 ② 병렬
③ 직·병렬 ④ 상관없다.

해설 전기회로에서 퓨즈의 설치 방법은 직렬이다. 직렬로 연결을 해야 과전류 발생 시 회로를 끊어줄 수 있다.

18 건설기계용 납산축전지에 대한 설명으로 틀린 것은?

① 화학에너지를 전기에너지로 변환하는 것이다.
② 완전 방전 시에만 재충전 한다.
③ 전압은 셀의 수에 의해 결정된다.
④ 전해액 면이 낮아지면 증류수를 보충하여야 한다.

해설 건설기계용 납산축전지는 방전이 되면 전해액이 너무 옅어져 충전이 잘 되지 않거나, 아주 느리게 충전되기 때문에 납축전지는 과도하게 방전시키면 안 된다. 따라서 전압이 10.8V 이하로 떨어지지 않도록 주의해야 한다.

19 크롤러 타입 유압식 굴착기의 주행 동력으로 이용되는 것은?

① 전기 모터　　② 유압 모터
③ 변속기 동력　④ 차동 장치

해설 유압 모터: 유압 펌프에서 생성된 유압 에너지를 회전 운동의 기계적 에너지로 변화시키는 것으로 크롤러 타입 유압식 굴착기의 주행 동력으로 이용된다.

20 무한궤도식 건설기계에서 트랙의 장력을 너무 팽팽하게 조정했을 때 미치는 영향으로 가장 거리가 먼 것은?

① 트랙 링크의 마모
② 프론트 아이들러의 마모
③ 트랙의 이탈
④ 스프로킷의 마모

해설 트랙이 이탈되는 이유는 무한궤도식 건설기계에서 트랙의 장력이 느슨하기 때문이다.

21 다음은 차량이 남쪽에서부터 북쪽 방향으로 진행 중일 때, 그림의 '3방향 도로명 예고표지(Y형 교차로 같은 길)'에 대한 설명으로 틀린 것은?

① 차량을 우회전하는 경우 '자성로'로 진입할 수 있다.
② 차량을 좌회전하는 경우 '자성로'의 '문헌교차로' 방향으로 갈 수 있다.
③ 차량을 좌회전하는 경우 '자성로'의 '좌천역' 또는 '문헌교차로'로 진입할 수 있다.
④ 차량을 우회전하는 경우 '자성로'의 '좌천역' 방향으로 갈 수 있다.

해설 차량을 좌회전하는 경우 '자성로'의 '문헌교차로' 방향으로만 갈 수 있다.

22 수동식 변속기가 장착된 건설장비에서 클러치가 끊어지지 않는 원인으로 맞는 것은?

① 클러치페달의 유격이 너무 크다.
② 클러치페달의 유격이 작다.
③ 클러치디스크의 마모가 많다.
④ 압력판의 마모가 많다.

해설 클러치 페달 유격이 너무 많으면 클러치 작동이 늦게 되고, 클러치의 끊어짐이 원활하게 되지 않는다.

23 다음 중 교통흐름을 명확히 분류하기 위하여 진행방향의 차로를 안내하는 표지는?

① 관광지표지　② 차로지정표지
③ 시설물표지　④ 도로명예고표지

해설 ① 관광지표지: 관광지를 안내하는 표지
③ 시설물표지: 하천표지, 교량표지, 터널표지, 도로관리표지
④ 도로명예고표지: 도로명 등을 나타내는 표지

24 무한궤도식 장비에서 프론트아이들러의 작용에 대한 설명으로 가장 적당한 것은?

① 회전력을 발생하여 트랙에 전달한다.
② 트랙의 진로를 조정하면서 주행방향으로 트랙을 유도한다.
③ 구동력을 트랙으로 전달한다.
④ 파손을 방지하고 원활한 운전을 할 수 있도록 하여 준다.

해설 프론트아이들러의 작용: 트랙의 진로를 조정하면서 주행방향으로 트랙을 유도한다.

25 변속기의 필요성과 관계가 먼 것은?

① 기관의 회전력을 증대시킨다.
② 시동 시 장비를 무부하 상태로 한다.
③ 장비의 후진 시 필요로 한다.
④ 환향을 빠르게 한다.

해설 변속기의 필요성
• 기관의 회전력을 증대시킨다.
• 시동 시 장비를 무부하 상태로 한다.
• 장비의 후진 시 필요로 한다.
• 주행 속도를 증감속하기 위해

26 작업장에서 이동 및 선회 시에 먼저 하여야 할 것은?

① 굴착 작업　② 버켓 내림
③ 경적 울림　④ 급방향 전환

해설 작업장에서 이동 및 선회 시에 먼저 경적을 울려 작업장 주변 사람에게 알린다.

27 매매를 위하여 건설기계매매사업장에 제시된 건설기계를 운행할 수 있는 사유가 아닌 것은?

① 정기검사를 받고자 하는 경우
② 매수인의 요구에 의하여 2km 이내의 거리를 시험운행 하고자 하는 경우
③ 정비를 받고자 하는 경우
④ 일시 대여하고자 하는 경우

해설 매매용건설기계를 운행할 수 있는 경우는 다음과 같다.
• 매수인이 요구에 의하여 2킬로미터 이내의 거리를 시험운행 하고자 하는 경우(타이어식 중고건설기계에 한한다.)
• 정기검사, 정기점검 또는 정비를 받고자 하는 경우
• 사업장의 이전에 따라 새로운 사업장으로 이동하고자 하는 경우

예상문제(9)

28 건설기계의 등록말소 사유에 해당되지 않는 것은?

① 건설기계가 멸실되었을 때
② 부정한 방법으로 등록을 한 때
③ 건설기계를 폐기한 때
④ 건설기계로 화물을 운송한 때

해설 건설기계의 등록말소 사유
- 교육·연구목적으로 사용하는 경우
- 구조적 결함 등으로 제작사 또는 판매자에게 반품할 때
- 건설기계를 도난 당할 때
- 건설기계를 수출하는 때
- 천재지변 등으로 인해 사용할 수 없거나 멸실된 경우
- 정기검사를 받지 아니한 때
- 안전기준에 적합하지 아니한 때
- 차대가 등록 시와 다를 때
- 거짓이나 부정한 방법으로 등록할 때
- 건설기계를 폐기한 때

29 건설기계의 구조 변경 범위에 속하지 않는 것은?

① 조종장치의 형식 변경
② 건설기계의 길이, 너비, 높이변경
③ 적재함의 용량 증가를 위한 변경
④ 수상작업용 건설기계의 선체의 형식변경

해설 건설기계의 구조 변경 범위
- 원동기의 형식변경 · 동력전달장치의 형식변경
- 제동장치의 형식변경 · 주행장치의 형식변경
- 유압장치의 형식변경 · 조종장치의 형식변경
- 조향장치의 형식변경
- 작업장치의 형식변경(다만, 가공작업을 수반하지 아니하고 작업장치를 선택부착하는 경우는 제외)
- 건설기계의 길이·너비·높이 등의 변경
- 수상작업용 건설기계의 선체의 형식변경

30 다음 중 작업의 종류에 따른 굴착기 작업 장치의 선택이 적절하지 않은 것은 어느 것인가?

① 도랑 파기 및 자재처리 작업: 버킷
② 암석, 콘크리트 등의 파쇄: 크러셔
③ 지반 고르기, 조경작업, 정리 작업: 디칭 버킷
④ 자재 쌓기, 인양, 운송, 적재 및 상차 작업: 유압 셤

해설 암석, 콘크리트 등의 파쇄는 브레이커를 사용하고, 크러셔는 건축물 철거에 사용한다.

31 건설기계관리법상 건설기계조종사 면허취소 또는 효력정지를 시킬 수 있는 자는?

① 건설교통부장관　　② 시, 도지사
③ 경찰서장　　　　　④ 대통령

해설 건설기계관리법상 건설기계조종사 면허취소 또는 효력정지를 시킬 수 있는 자는 시, 도지사이다.

32 건설기계정비업의 업무구분에 해당하지 않은 것은?

① 종합건설기계정비업　　② 부분건설기계정비업
③ 전문전설기계정비업　　④ 특수건설기계정비업

해설 건설기계정비업의 업무구분
- 종합건설기계정비업
- 부분건설기계정비업
- 전문건설기계정비업

33 주차금지 장소로 틀린 것은?

① 소방용 기계기구가 설치된 곳으로부터 15m 이내
② 소방용방화물로부터 5m 이내
③ 화재경보기로부터 3m 이내
④ 터널 안

해설 모든 차의 운전자는 다음 각 호의 어느 하나에 해당하는 곳에 차를 주차하여서는 아니 된다.
- 터널 안 및 다리 위
- 화재경보기로부터 3미터 이내인 곳
- 다음 각 목의 곳으로부터 5미터 이내인 곳
  - 소방용 기계·기구가 설치된 곳
  - 소방용 방화(防火) 물통
  - 소화전(消火栓) 또는 소화용 방화 물통의 흡수구나 흡수관(吸水管)을 넣는 구멍
  - 도로공사를 하고 있는 경우에는 그 공사 구역의 양쪽 가장자리
- 지방경찰청장이 도로에서의 위험을 방지하고 교통의 안전과 원활한 소통을 확보하기 위하여 필요하다고 인정하여 지정한 곳 안

34 건설기계운전 시 관련법상 술에 취한 상태의 기준은?

① 혈중 알코올 농도가 0.05퍼센트 이상인 때
② 누구나 맥주 1병 정도를 마셨을 때
③ 혈중 알콜 농도가 0.1퍼센트 이상일 때
④ 소주를 마신 후 주기가 얼굴에 나타날 때

해설 건설기계운전 시 관련법상 술에 취한 상태의 기준은 혈중 알코올 농도가 0.05퍼센트 이상인 때이다.

35 다음 중 굴착기 주행과 관련한 주요 장치에 대한 설명으로 틀린 것은 어느 것인가?

① 비상스위치는 장비의 고장이나 긴급 주차 시 다른 장비나 차량에 비상 상태를 알리는 표시 등을 작동시키는 스위치이다.
② 동절기에 시동스위치를 ON하면 냉각수 온도를 감지하여 연료 가열기가 자동으로 작동하여 연료를 가열한다.
③ 저속 다이얼을 저단으로 설정할수록 엔진 회전수가 증가하여 연료 소비량이 많아진다.
④ 전기 및 유압 디능을 유지하고 장비 손상을 방지하기 위해 엔진이 가동할 때 시동스위치를 ON 위치에 둔다.

해설 가속 다이얼 스위치
- 가속 다이얼을 오른쪽으로 돌렸을 경우: 엔진의 속도가 증가한다.
- 가속 다이얼을 왼쪽으로 돌렸을 경우: 엔진의 속도가 감소한다.
- 가속 다이얼을 저단으로 설정할 경우: 엔진 회전수가 감소하여 연료 소비량이 적어진다.

예상문제(9)

36 액츄에이터의 운동속도를 조정하기 위하여 사용되는 밸브는?

① 압력제어 밸브 ② 온도제어 밸브
③ 유량제어 밸브 ④ 방향제어 밸브

해설 유량제어 밸브
- 액츄에이터의 운동속도를 조정하기 위하여 사용
- 부하(압력)의 변동이 있어도 자동적으로 안정된 유량을 얻을 수 있는 밸브
- 부하 및 온도의 변화가 있어도 자동적으로 안정된 유량을 얻을 수 있는 밸브

37 유압유에 요구되는 성질이 아닌 것은?

① 넓은 온도범위에서 점도변화가 적을 것
② 윤활성과 방청성이 있을 것
③ 산화 안정성이 있을 것
④ 사용되는 재료에 대하여 불활성이 아닐 것

해설 유압유에 요구되는 성질
- 넓은 온도범위에서 점도변화가 적을 것
- 윤활성과 방청성이 있을 것
- 산화 안정성이 있을 것
- 사용되는 재료에 대하여 불활성일 것

38 베인펌프의 일반적인 특성 설명 중 맞지 않는 것은?

① 맥동과 소음이 적다.
② 소형·경량이다.
③ 간단하고 성능이 좋다.
④ 수명이 짧다.

해설 베인펌프: 케이싱에 접하여 베인(날개)을 회전시킴으로서 베인사이로 흡입한 액체를 흡입측에서 토출측으로 밀어내는 형식의 펌프로 수명이 길다.

39 유압펌프에서 오일이 토출될 수 있는 것은?

① 회전방향이 반대로 되어있다.
② 흡입관 혹은 스트레이너가 막혀있다.
③ 펌프입구에서 공기를 흡입하지 않는다.
④ 회전수가 너무 낮다.

해설 펌프입구에서 공기를 흡입하지 않으면 유압펌프에서 오일이 토출될 수 있다.

40 유압장치의 부품을 교환 후 다음 중 가장 우선시행하여야 할 작업은?

① 최대부하 상태의 운전
② 유압을 점검
③ 유압장치의 공기빼기
④ 유압 오일쿨러 청소

해설 유압장치의 부품을 교환 후 가장 우선시행하여야 할 작업은 유압장치의 공기빼기이다.

41 방향전환 밸브 중 4포트 3위치 밸브에 대한 설명으로 틀린 것은?

① 직선형 스플 밸브이다.
② 스플의 전환위치가 3개이다.
③ 밸브와 주배관이 접속하는 접속구는 3개이다.
④ 중립위치를 제외한 양끝 위치에서 4포트 2위치 밸브와 같은 기능을 한다.

해설 방향전환 밸브 중 4포트 3위치 밸브에서 밸브와 주배관이 접속하는 접속구는 4개이다.

42 두 개 이상의 분기회로에서 실린더나 모터의 작동순서를 결정하는 밸브는?

① 리듀싱밸브 ② 릴리프밸브
③ 시퀀스밸브 ④ 파일럿 첵밸브

해설 시퀀스밸브: 2개 이상의 분기회로가 있을 때 순차적인 작동을 하기 위하여 설정압력이 되면 유로가 접속구와 연결되어 압축공기를 공급하는 압력제어밸브

43 호이스트형 유압호스 연결부에 가장 많이 사용하는 것은?

① 엘보 조인트 ② 니플 조인트
③ 소켓 조인트 ④ 유니온 조인트

해설 호이스트형 유압호스 연결부에 가장 많이 사용하는 것은 유니온 조인트이다.

44 다음 중 압력의 단위가 아닌 것은?

① bar ② kgf/cm²
③ N-m ④ KPa

해설 N-m: 토크, 모멘트의 단위이다.

45 유압모터의 속도를 감속 하는데 사용하는 밸브는?

① 체크 밸브 ② 디셀러레이션 밸브
③ 변환 밸브 ④ 압력스위치

해설 ① 체크 밸브: 액체의 역류를 방지하기 위해 한쪽 방향으로만 흐르게 하는 밸브이다.
③ 변환 밸브: 2 이상의 흐름 형태가 있으며, 2개 이상의 포트가 있는 방향제어 밸브이다.
④ 압력스위치: 용기 내의 유체 압력이 소정의 값에 도달했을 때, 전기 접점을 개폐하는 기기로서 압력 제어에 사용한다.

예상문제(9)

46 아래 그림의 KS 유압·공기압 도면기호는?

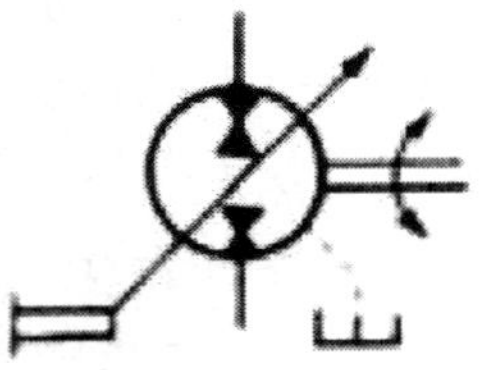

① 가변용량형 유압펌프·모터
② 정용량형 유압피스톤
③ 가변용량형 실린더
④ 정용량형 실린더

47 기어 펌프(gear pump)에 대한 설명으로 모두 맞는 것은?

```
[보기]
ㄱ. 정용량이다.
ㄴ. 가변용량 이다.
ㄷ. 제작이 용이하다.
ㄹ. 다른 펌프에 비해 소음이 크다.
```

① ㄱ, ㄴ, ㄷ   ② ㄱ, ㄴ, ㄹ
③ ㄴ, ㄷ, ㄹ   ④ ㄱ, ㄷ, ㄹ

해설 기어 펌프
• 정용량이다.
• 구조가 간단해 제작이 용이하다.
• 기름의 오염에 비교적 강한 편이다.
• 다른 펌프에 비해 소음이 크다.

48 유압장치 내에 국부적인 높은 압력과 소음·진동이 발생하는 현상은?

① 필터링   ② 오버 랩
③ 캐비네이션   ④ 하이드로 록킹

해설 캐비네이션(공동현상)
• 유압장치 내에 국부적인 높은 압력과 소음·진동이 발생하는 현상
• 유압 회로 내의 기포 발생이 원인
• 오일 탱크의 오버플로우가 생김
• 펌프에서 소음과 진동이 발생하고, 양정과 효율이 급격히 저하됨
• 날개차 등에 부식을 발생하게 하여 수명을 단축시킴

49 유압 오일 실의 종류 중 O-링이 갖추어야할 조건은?

① 탄성이 양호하고 압축변형이 적을 것
② 작동 시 마모가 클 것
③ 체결력(죄는 힘)이 작을 것
④ 오일 누설이 클 것

해설 유압 오일 실의 종류 중 O-링은 탄성이 양호하고 압축변형이 적어야 한다.

50 유압 모터에서 소음과 진동이 발생할 때의 원인이 아닌 것은?

① 내부 부품의 파손
② 작동유 속에 공기의 혼입
③ 체결 볼트의 이완
④ 펌프의 최고 회전속도 저하

51 안전보건표지의 종류만으로 나열 된 것은?

① 경고표지, 지시표지, 금지표지, 인도표지
② 경고표지, 금지표지, 지도표지, 안내표지
③ 금지표지, 경고표지, 지시표지, 안내표지
④ 지시표지, 경적표지, 지도표지, 인도표지

해설 안전보건표지의 종류: 금지표지, 경고표지, 지시표지, 안내표지

52 연삭칩의 비산을 막기 위하여 연삭기에 부착하여야 하는 안전 방호 장치는?

① 안전 덮개
② 광전식 안전 방호장치
③ 급정지 장치
④ 양수 조작식 방호장치

해설 연삭칩의 비산을 막기 위하여 연삭기에 부착하여야 하는 안전 방호 장치는 안전 덮개이다.

53 다음 중 양중기에 사용할 수 있는 와이어로프는?

① 꼬인 것
② 이음매가 있는 것
③ 지름의 감소가 공칭지름의 5% 이내인 것
④ 한 꼬임(스트랜드)에서 끊어진 소선의 수가 10% 이상인 것

해설 양중기의 와이어로프 사용 금지 기준
• 이음매가 있는 것
• 와이어로프의 한 꼬임에서 끊어진 소선의 수가 10%이상인 것
• 지름감소가 공칭지름의 7%를 초과한 것
• 꼬인 것
• 심하게 변형되거나 부식된 것
• 열과 전기 충격에 의해 손상된 것

54 사고를 많이 발생시키는 원인 순서로 나열한 것은?

① 불안전행위 > 불가항력 > 불안전조건
② 불안전조건 > 불안전행위 > 불가항력
③ 불안전행위 > 불안전조건 > 불가항력
④ 불가항력 > 불안전조건 > 불안전행위

해설 사고를 많이 발생시키는 원인: 불안전행위 > 불안전조건 > 불가항력

예상문제(9)

55 볼트나 너트를 조이고 풀 때 사항으로 틀린 것은?
① 볼트와 너트는 규정 토크로 조인다.
② 토크렌치는 볼트를 풀 때만 사용한다.
③ 한 번에 조이지 말고 2~3회 나누어 조인다.
④ 규정된 공구를 사용하여 풀고 조이도록 한다.
해설 토크렌치: 볼트 및 너트를 조이기 위해서 사용되는 장비이다.

56 기계 및 기계장치 취급 시 사고 발생 원인이 아닌 것은?
① 불량 공구를 사용할 때
② 안전장치 및 보호장치가 잘되어 있지 않을 때
③ 정리 정돈 및 조명장치가 잘되어 있지 않을 때
④ 기계 및 기계장치가 넓은 장소에 설치되어 있을 때
해설 기계 및 기계장치가 넓은 장소에 설치되어 있는 것은 기계 및 기계장치 취급 시 사고 발생 원인과는 관계가 없다.

57 화재를 분류하는 표시 중 유류화재를 나타내는 것은?
① A급   ② B급
③ C급   ④ D급
해설
- A급 화재: 연소 후 재를 남기는 종류의 화재로서 가장 일반적인 화재이며 나무, 종이, 섬유 등의 가연물 화재이다.
- B급 화재: 연소 후 재를 남기는 종류의 화재로서 유류, 가스 등의 가연성 액체나 기체 등의 화재가 이에 속한다.
- C급 화재: 전기설비 등에서 발생하는 화재이다.
- D급 화재: 금속 또는 금속분에서 발생하는 화재이다.

58 작업장에서 작업복을 착용하는 주된 이유는?
① 작업 속도를 높이기 위해서
② 작업자의 복장 통일을 위해서
③ 작업장의 질서를 확립시키기 위해서
④ 재해로부터 작업자의 몸을 보호하기 위해서
해설 작업복은 재해로부터 작업자의 몸을 보호하기 위해서 착용하는 것이다.

59 액체약품 취급 시 비산물로부터 눈을 보호하기 위한 보안경은?
① 고글형   ② 스펙타클형
③ 프론트형   ④ 일반형
해설 액체약품 취급 시 비산물로부터 눈을 보호하기 위한 보안경은 고글형 보안경이다.

60 정비공장의 정리 정돈 시 안전수칙으로 틀린 것은?
① 소화기구 부근에 장비를 세워두지 말 것
② 바닥에 먼지가 나지 않도록 물을 뿌릴 것
③ 잭 사용 시 반드시 안전작동으로 2중 안전장치를 할 것
④ 사용이 끝난 공구는 즉시 정리하여 공구 상자 등에 보관할 것

정답

1	2	3	4	5	6	7	8	9	10
①	②	②	③	③	③	③	③	④	①
11	12	13	14	15	16	17	18	19	20
③	④	①	③	②	①	①	②	②	③
21	22	23	24	25	26	27	28	29	30
③	①	②	②	④	③	④	④	③	②
31	32	33	34	35	36	37	38	39	40
②	④	④	①	③	④	②	③	④	③
41	42	43	44	45	46	47	48	49	50
③	④	③	①	②	①	④	③	①	④
51	52	53	54	55	56	57	58	59	60
③	①	③	③	②	④	②	④	①	②

상시검정 예상문제(10)

굴착기운전기능사

01 디젤기관에서 부실식과 비교할 경우 직접분사 연소실의 장점이 아닌 것은?

① 연소실 구조가 간단하다.
② 냉간 시동이 용이하다.
③ 연료소비율이 낮다.
④ 저질 연료의 사용이 가능하다.

해설 저질 연료를 사용할 경우 노크가 일어나기 쉬우므로 저질 연료의 사용을 자제해야 한다.

02 예연소실식 연소실에 대한 설명으로 가장 거리가 먼 것은 어느 것인가?

① 예열 플러그가 필요하다.
② 분사압력이 낮다.
③ 사용 연료의 변화에 민감하다.
④ 예연소실식은 주연소실보다 작다.

해설 예연소실식 연소실은 사용 연료의 변화에 민감하지 않다.

03 기관의 커넥팅로드가 부러질 경우 직접 영향을 받는 곳은?

① 실린더 헤드   ② 밸브
③ 오일 밴   ④ 실린더

해설 커넥팅로드는 피스톤과 크랭크축을 연결해주는 부품으로, 커넥팅로드가 부러질 경우 피스톤과 한 쌍인 실린더가 직접적으로 영향을 받는다.

04 크랭크축의 비틀림 진동에 대한 설명으로 틀린 것은?

① 강성이 클수록 크다.
② 회전 부분의 질량이 클수록 크다.
③ 크랭크축이 길수록 크다.
④ 각 실린더의 회전력 변동이 클수록 크다.

해설 크랭크축에서 비틀림 진동은 크랭크축의 강도와 강성이 작을수록 크다.

05 기관의 밸브장치 중 밸브가이드 내부를 상하 왕복운동하며 밸브 헤드가 받는 열을 가이드를 통해 방출하고, 밸브의 개폐를 돕는 부품의 명칭은?

① 밸브 시트   ② 밸브 스템
③ 밸브 스프링   ④ 밸브 페이스

해설 밸브 스템은 밸브 가이드 내부를 상하 왕복운동하며 밸브 헤드가 받는 열을 가이드를 통해 방출하고, 밸브의 개폐를 돕는다.

06 기관에서 크랭크축의 회전과 관계없이 작동하는 기구는?

① 캠 샤프트   ② 워터 펌프
③ 스타트 모터   ④ 발전기

해설 스타트 모터는 축전지의 모터에 의해 작동된다.

07 디젤기관에서 타이머의 역할로 가장 적절한 것은?

① 연료 분사기 조절
② 자동 변속(저속~고속) 조절
③ 분사량 조절
④ 기관 속도 조절

해설 디젤기관에서 타이머는 기관의 속도에 따라 자동으로 연료의 분사시기를 조정하여 운전을 안정되게 한다.

08 기관의 밸브 간극이 너무 클 때 발생하는 현상에 관한 설명으로 올바른 것은?

① 정상온도에서 밸브가 확실하게 닫히지 않는다.
② 밸브 스프링의 장력이 약해진다.
③ 푸시로드가 변형된다.
④ 정상온도에서 밸브가 완전히 개방되지 않는다.

해설 기관의 밸브 간극이 너무 크면 흡, 배기 밸브를 완전히 개방하지 못하므로 흡, 배기 효율이 떨어진다.

09 건설기계 장비에서 기관을 시동한 후 정상운전 가능 상태를 확인하기 위해 운전자가 가장 먼저 점검해야 할 것은?

① 주행속도계   ② 엔진 오일량
③ 냉각수온도계   ④ 오일압력계

해설 건설기계 장비에서 기관을 시동한 후 정상운전 가능 상태를 확인하기 위해 운전자는 오일압력계를 가장 먼저 점검해야 한다.

10 4행정 기관에서 크랭크축 기어와 캠축 기어와의 지름의 비 및 회전비는 각각 얼마인가?

① 2:1 및 1:2
② 2:1 및 2:1
③ 1:2 및 2:1
④ 1:2 및 1:2

해설 4행정 사이클 기관의 경우 크랭크축 기어와 캠축 기어의 지름의 비는 1:2이고, 회전비는 2:1이다.

11 건설기계에서 사용하는 납산 축전지의 취급상 적절하지 않은 것은?

① 자연 소모된 전해액은 증류수로 보충한다.
② 과방전은 축전지의 충전을 위해 필요하다.
③ 사용하지 않는 축전지도 2주에 1회 정도 보충전한다.
④ 필요 시 급속 충전시켜 사용할 수 있다.

해설 납산 축전지는 과방전 시 쉽게 파괴되어 제 기능을 못하는 단점이 있다.

12 전기장치 회로에서 사용하는 퓨즈의 재질로 적합한 것은?

① 구리 합금
② 납과 주석합금
③ 알루미늄 합금
④ 스틸 합금

해설 전기장치 회로에서 사용하는 퓨즈의 재질은 납과 주석합금이다.

13 건설기계 기관의 시동용으로 사용되는 기동전동기로 옳은 것은?

① 직류분권 전동기
② 직류직권 전동기
③ 직류복권 전동기
④ 교류 전동기

해설 건설기계 기관의 시동용으로 사용되는 기동전동기는 직류직권 전동기이다.

14 예열플러그의 고장 원인에 알맞지 않은 것은?

① 발전기의 발전 전압이 낮을 때
② 예열시간이 너무 길었을 때
③ 엔진이 과열되었을 때
④ 정격이 아닌 예열플러그를 사용했을 때

해설 예열플러그의 고장 원인
 • 예열시간이 너무 길 때
 • 기관이 과열된 상태에서의 빈번한 예열
 • 예열플러그를 규정토크로 조이지 않았을 때
 • 정격이 아닌 예열플러그를 사용했을 때
 • 규정 이상의 과대전류가 흐를 때

15 축전지 충전 중에 화기를 가까이 하거나 충전상태를 점검하기 위하여 드라이버 등으로 스파크를 시키면 위험한 이유는?

① 축전지 케이스가 타기 때문이다.
② 전해액이 폭발하기 때문이다.
③ 축전지 터미널이 손상되기 때문이다.
④ 발생하는 가스가 폭발하기 때문이다.

해설 축전지를 충전할 때 발생하는 가스가 인화성이 있어 폭발하기 때문이다.

16 세미실드 빔 형식의 전조등을 사용하는 건설기계에서 전조등이 점등되지 않을 때 가장 올바른 조치 방법은?

① 렌즈를 교환한다.
② 전조등을 교환한다.
③ 전구를 교환한다.
④ 반사경을 교환한다.

해설 세미실드 빔형은 렌즈와 반사경을 녹여 붙였으나 전구는 별개로 설치한 것이다. 따라서 필라멘트가 끊어지면 전구만 교환해 준다.

17 다음 중 AC와 DC 발전기의 조정기에서 공통으로 가지고 있는 것은?

① 전압 조정기
② 전류 조정기
③ 컷 아웃 릴레이
④ 전력 조정기

해설 AC와 DC 발전기의 조정기에서 공통으로 가지고 있는 것은 전압 조정기이다.

18 예열플러그를 빼서 보았더니 심하게 오염되어 있다. 그 원인은?

① 불완전 연소 또는 노킹
② 엔진 과열
③ 플러그의 용량 과다
④ 냉각수 부족

해설 예열 플러그가 심하게 오염되는 경우는 불완전 연소 또는 노킹이 발생하였기 때문이다.

19 토크컨버터에 속하지 않는 부속품은?

① 스테이터
② 가이드링
③ 펌프
④ 터빈

해설 가이드링: 프로펠러 수차 또는 캐플런 수차의 유입량을 조절하기 위하여 안내 날개를 개폐하는 기구에 내장되어 있는 것으로서, 조속기에 의해 안내 날개의 회전축이 회전을 하게 되고 다시 가이드링이 회전하며, 링크와 크랭크 암을 거쳐 안내 날개가 설치된 축의 회전 운동에 연동된다.

예상문제(10)

굴착기운전기능사

20 다이오드의 냉각장치로 맞는 것은?

① 냉각 팬
② 냉각 튜브
③ 히트 싱크
④ 엔드 프레임에 설치된 오일장치

해설 히트 싱크: 매개물로부터 그것을 다른 곳으로 전달함으로써 열을 흡수할 수 있게 한 장치로, 알터네이터에서는 다이오드가 히트 싱크 상에 설치되어 다이오드가 오버히트(과열)되는 것을 방지하여 준다.

21 트랙 장치에서 트랙과 아이들러의 충격을 완화시키기 위해 설치한 것은 무엇인가?

① 리코일 스프링
② 상부롤러
③ 스프로킷
④ 하부롤러

해설 리코일 스프링은 안 스프링과 바깥 스프링의 2중으로 된 구조이며, 주행 중 프론트 아이들러가 받는 충격을 완화시켜 트랙 장치의 파손을 방지하는 일을 한다.

22 운전 중 클러치가 미끄러질 때의 영향이 아닌 것은 어느 것인가?

① 견인력 감소
② 속도 감소
③ 엔진의 과냉
④ 연료 소비량 증기

해설 운전 중 클러치가 미끄러지게 되면 엔진의 힘이 동력 전달장치로 제대로 전달되지 않기 때문에 힘의 손실이 일어나고 엔진이 과열되게 된다.

23 다음 중 드라이브 라인에 슬립이음을 사용하는 이유로 알맞은 것은?

① 회전력을 직각으로 전달하기 위해서이다.
② 진동을 흡수하기 위해서이다.
③ 출발을 원활히 하기 위해서이다.
④ 추진축의 길이 방향에 변화를 주기 위해서이다.

해설 드라이브 라인에 슬립이음을 사용하는 것은 추진축의 길이 방향에 변화를 주어 길이의 변동을 흡수하기 위한 것이다.

24 무한궤도식 굴착기 주행모터의 브레이크 장치에 대한 설명을 잘못된 것은 어느 것인가?

① 주행 모터의 브레이크 장치는 주차 브레이크에만 있다.
② 상시 유압이 차단된 상태를 유지하고 주행 신호에 의해서 해체된다.
③ 제동 시 관성에 의한 회전을 방지하기 위해 브레이크 밸브가 있다.
④ 경사지 출발 시 중력에 의한 밀리는 것을 방지하는 역할을 한다.

해설 제동 시 관성에 의한 회전을 방지하기 위한 브레이크는 포지티브 방식이다. 무한궤도식 굴착기의 제동장치는 네거티브 방식에 해당한다.

25 다음 중 굴착기 하부 구동체 기구의 구성요소와 관계가 없는 것은?

① 주행용 유압 모터
② 붐 실린더
③ 트랙 및 롤러
④ 트랙 프레임

해설 붐 실린더는 붐을 움직이는 실린더로 전부 장치에 속한다.

26 굴착기의 프런트 아이들러와 스프로킷이 일치되게 하기 위해서 브래킷 앞에 무엇으로 조정해야 하는가?

① 쐐기
② 편심볼트
③ 시어핀
④ 심

해설 굴착기의 프런트 아이들러와 스프로킷이 일치되게 하기 위해서는 심으로 조정해야 한다.

27 굴착기로 작업할 때 안정 및 균형을 잡아주기 위해 설치한 것은 어느 것인가?

① 카운터 웨이트
② 버킷
③ 붐
④ 암

해설 카운터 웨이트는 굴착기의 상부 회전체의 맨 뒤에 설치가 되어 있는 것으로 버킷 등에 무거운 물건이 실려 장비의 뒷부분이 들리는 것을 방지함과 동시에 굴착기로 작업할 때 안정 및 균형을 잡아주는 역할을 한다.

28 다음 중 굴착기 동력전달 계통에서 최종적으로 구동력 증가를 하는 것은 어느 것인가?

① 스프로킷
② 변속기
③ 증감속 기어
④ 트랙모터

해설 증감속 기어는 엔진의 회전속도를 감속시켜 최종적으로 구동력을 증가시키는 장치이다.

29 다음 중 굴착기에서 매 2,000시간마다 점검, 정비해야 하는 것은 어느 것인가?

① 어큐뮬레이터 압력 점검
② 작동유 탱크 오일 교환
③ 주행감속기 기어오일 교환
④ 발전기, 기동전동기 점검 등

해설 ①, ③, ④는 1,000시간마다 점검, 정비해야 하는 사항이다.

예상문제(10)

30 건설기계의 임시 운행 사항에 해당하는 것은?

① 작업을 위해서 건설현장에서 건설기계를 운행하는 경우
② 등록 신청을 위해 건설기계를 등록지로 운행하는 경우
③ 정기검사를 받기 위해 건설기계를 검사장으로 운행하는 경우
④ 등록 말소를 하기 위해 건설기계를 폐기장으로 운행하는 경우

해설 건설기계의 임시 운행 사항
- 신규 등록 검사 및 확인 검사를 받기 위하여 건설기계를 검사 장소로 운행하는 경우
- 수출을 하기 위하여 건설기계를 선적지로 운행하는 경우
- 수출을 하기 위해 등록 말소한 건설기계를 점검·정비의 목적으로 운행하는 경우
- 신개발 건설기계를 시험·연구의 목적으로 운행하는 경우
- 판매 또는 전시를 위하여 건설기계를 일시적으로 운행하는 경우

31 다음 중 건설기계의 범위에 해당되지 않는 것은?

① 자체 중량 2톤 미만의 불도저
② 자체 중량 1톤 미만의 굴착기
③ 자체중량 2톤 미만의 엔진식 지게차
④ 자체 중량 2톤 미만의 로더

해설 로더는 무한궤도 또는 타이어 식으로 적재 장치를 가진 자체중량 2톤 이상인 것이어야 한다.

32 등록된 건설기계의 주요 구조를 변경 또는 개조하였을 때는 사유 발생일로부터 며칠 이내에 검사를 받아야 하는가?

① 5일 이내　② 10일 이내
③ 15일 이내　④ 20일 이내

해설 등록된 건설기계의 주요 구조를 변경 또는 개조하였을 때는 사유 발생일로부터 20일 이내에 검사를 받아야 한다.

33 다음 중 건설기계 조종사의 적성검사 기준으로 가장 거리가 먼 것은 어느 것인가?

① 두 눈을 동시에 뜨고 잰 시력이 0.7 이상이고, 두 눈의 시력이 각각 0.3 이상일 것
② 시각은 150도 이상일 것
③ 언어 분별력이 80% 이상일 것
④ 50데시벨(보청기를 사용하는 사람은 40데시벨)의 소리를 들을 수 있을 것

해설 건설기계 조종사의 적성검사 기준
- 두 눈을 동시에 뜨고 잰 시력이 0.7 이상이고, 두 눈의 시력이 각각 0.3 이상일 것
- 시각은 150도 이상일 것
- 정신병자·지적 장애인·뇌전증 환자, 마약·대마·향정신성 의약품, 알코올 중독자가 아닐 것
- 55데시벨(보청기를 사용하는 사람은 40데시벨)의 소리를 들을 수 있고, 언어 분별력이 80% 이상일 것

34 건설기계 정비업의 사업범위로 맞는 것은?

① 장기건설기계정비업, 부분건설기계정비업, 단기건설기계정비업
② 종합건설기계정비업, 단기건설기계정비업, 부분건설기계정비업
③ 임시건설기계정비업, 영구건설기계정비업, 전문건설기계정비업
④ 종합건설기계정비업, 부분건설기계정비업, 전문건설기계정비업

해설 건설기계 정비업의 사업범위: 종합건설기계정비업, 부분건설기계정비업, 전문건설기계정비업

35 등록건설기계의 기종별 표시방법으로 옳은 것은?

① 01: 지게차　② 02: 굴착기
③ 03: 준설선　④ 04: 로더

해설 등록 건설기계의 기종별 표시

01	불도저	10	노상안정기	19	골재살포기
02	굴착기	11	콘크리트뱃칭플랜트	20	쇄석기
03	로더	12	콘크리트피니셔	21	공기압축기
04	지게차	13	콘크리트살포기	22	천공기
05	스크레이퍼	14	콘크리트믹서트럭	23	항타 및 항발기
06	덤프트럭	15	콘크리트펌프	24	사리채취기
07	기중기	16	아스팔트믹싱플랜트	25	준설선
08	모터그레이더	17	아스팔트피니셔	26	특수 건설기계
09	롤러	18	아스팔트살포기	27	타워크레인

36 다음 중 벼랑에서 암석 굴착 작업 시 안전한 작업 방법은 어느 것인가?

① 스프로킷을 앞쪽으로 하고 작업한다.
② 트랙 앞쪽에 트랙보호 장치를 한다.
③ 신호자는 굴착기 운전자의 뒤쪽에서 신호를 한다.
④ 중력을 이용한 굴착을 한다.

해설 벼랑에서 암석 굴착 작업 시에는 트랙 앞쪽에 트랙보호 장치를 한다.

37 고의로 경상 1명의 인명피해를 입힌 건설기계 조종사에 대한 면허의 취소, 정지처분 기준으로 맞는 것은?

① 면허 효력정지 45일　② 면허 효력정지 30일
③ 면허 효력정지 90일　④ 면허 취소

해설 고의로 경상 1명의 인명피해를 입힌 건설기계 조종사에 대해서는 면허 취소에 처해진다.

예상문제(10)

38 도로교통법상 주정차금지장소로 틀린 것은?

① 건널목 가장자리로부터 10m 이내
② 교차로 가장자리로부터 5m 이내
③ 횡단보도
④ 고갯마루 정상부근

해설 주차, 정차 금지 장소
- 교차로, 횡단보도, 차도와 보도가 구분된 도로의 보도
- 건널목, 교차로의 가장자리 또는 도로의 모퉁이로부터 5m 이내인 곳
- 안전지대가 설치된 도로인 경우 안전지대 사방으로부터 각각 10m 이내의 곳
- 버스, 여객자동차의 정류를 표시하는 기둥이나 선이 설치된 곳으로부터 10m 이내의 곳
- 지방경찰청장이 도로의 위험방지 또는 교통의 안전과 원활한 소통을 위하여 필요하다고 판단된 곳

39 다음 중 굴착기에서 센터 조인트의 기능으로 알맞은 것은 어느 것인가?

① 메인 펌프에서 공급되는 오일을 하부 유압 부품에 공급한다.
② 차체에 중앙 고정측 주위에 움직이는 암이다.
③ 트랙을 구동시켜 주행하도록 한다.
④ 전 · 후륜의 중앙에 있는 디퍼렌셜 기어에 오일을 공급한다.

해설 센터 조인트는 상부 회전체가 회전하더라도 오일 관로가 꼬이지 않고 오일을 하부 주행체로 원활히 공급하는 기능을 한다.

40 다음 도로명판에 대한 설명으로 맞는 것은?

① 왼쪽과 오른쪽 양 방향용 도로명판이다.
② "1→"이 위치는 도로가 끝나는 지점이다.
③ 종로는 총 413m 길이의 도로이다.
④ "종로"는 도로이름을 나타낸다.

해설 도로명판의 의미
- "종로"는 도로이름으로 넓은 길, 시작지점을 나타낸다.
- "1→"현 위치는 도로 시작점임을 의미한다.('1')
- 종로는 4.13km이다.(413×10m)
- 문제의 도로명판은 오른쪽 한 방향용 도로명판이다.

41 유압모터의 장점이 될 수 없는 것은?

① 소형, 경량으로 큰 출력을 낼 수 있다.
② 공기와 먼지 등이 침투하여도 성능에는 영향이 없다.
③ 변속, 역전의 제어도 용이하다.
④ 속도나 방향의 제어가 용이하다.

해설 유압모터의 장 · 단점

장점	단점
• 속도 제어가 용이하다.	• 효율이 낮다.
• 힘의 연속 제어가 용이하다.	• 누설에 문제점이 많다.
• 운동방향 제어가 용이하다.	• 온도에 영향을 많이 받는다.
• 소형 경량으로 큰 출력을 낼 수 있다.	• 작동유에 이물질이 들어가지 않도록 보수에 주의하지 않으면 안 된다.
• 속도나 방향의 제어가 용이하고 릴리프밸브를 달면 기구적 손상을 주지 않고 급정지 시킬 수 있다.	• 수명은 사용조건에 따라 다르므로 일정시간 후 점검해야 한다.
• 두 개의 배관만을 사용해도 되므로 내폭성이 우수하다.	• 작동유의 점도 변화에 의하여 유압 모터의 사용에 제약을 받는다.

42 다음 중 베인 펌프의 일반적인 특징이 아닌 것은?

① 대용량, 고속 가변형에 적합하지만 수명이 짧다.
② 소형 · 경량이다.
③ 맥동과 소음이 적다.
④ 간단하고 성능이 좋다.

해설 베인 펌프는 수명은 길지만, 대용량, 고속 가변형에 부적합하다.

43 유압회로에서 역류를 방지하고 회로 내의 잔류압력을 유지하는 밸브는?

① 체크 밸브
② 셔틀 밸브
③ 매뉴얼 밸브
④ 스로틀 밸브

해설
② 셔틀 밸브: 1개의 출구와 2개 이상의 입구를 가지고, 출구가 최고 압력측 입구를 선택하는 기능을 가진 밸브이다.
③ 매뉴얼 밸브: 장기간 동안 차량을 운행하지 않을 경우, 수동으로 연료라인을 닫아 주는 밸브이다.
④ 스로틀 밸브: 게이트 밸브의 일종으로 원판을 회전시켜 관로를 열고 닫음으로써 유체와의 마찰에 의하여 유체의 압력을 낮추는 데 사용하는 밸브이다.

44 유압 실린더의 숨 돌리기 현상이 생겼을 때 일어나는 현상이 아닌 것은?

① 작동 지연 현상이 발생한다.
② 오일의 공급이 과대해진다.
③ 피스톤 작동이 불안정하게 된다.
④ 서지압이 발생한다.

해설 유압 실린더의 숨 돌리기 현상이 생겼을 때 일어나는 현상
- 작동 지연 현상이 발생한다.
- 서지압이 발생한다.
- 피스톤 작동이 불안정하게 된다.
- 오일의 공급이 부족해진다.

예상문제(10)

45 기어식 유압펌프에서 소음이 나는 원인이 아닌 것은?
① 흡입라인의 막힘
② 오일량의 과다
③ 펌프의 베어링 마모
④ 오일의 과부족

해설 기어식 유압펌프에서 소음이 나는 원인
- 오일량이 부족할 때
- 작동유에 공기가 혼입되었거나 점도가 너무 높을 때
- 유압펌프의 베어링이 마모되었거나 흡입 라인이 막혔을 경우

46 그림의 유압 기호는 무엇을 표시하는가?

① 릴리프 밸브
② 강압 밸브
③ 강압 밸브
④ 어큐뮬레이터

해설 문제의 그림의 유압 기호는 어큐뮬레이터이다.

47 밀폐 용기 속의 유체 일부에 가해진 압력은 각부의 모든 부분에 같은 세기로 전달된다는 것은?
① 베루누이 정의
② 렌츠의 법칙
③ 파스칼의 원리
④ 보일 샤를의 법칙

해설 파스칼의 원리: 밀폐 용기 속의 유체 일부에 가해진 압력은 각부의 모든 부분에 같은 세기로 전달된다.

48 유압유가 넓은 온도범위에서 사용되기 위한 조건으로 가장 알맞은 것은?
① 산화작용이 양호해야 한다.
② 점도지수가 높아야 한다.
③ 소포성이 낮아야 한다.
④ 발포성이 양호해야 한다.

해설 유압유가 넓은 온도범위에서 사용되기 위해서는 점도지수가 높아야 한다.

49 유압펌프가 오일을 토출하지 않을 경우, 점검 항목으로 틀린 것은?
① 오일 탱크에 오일이 규정량으로 들어 있는지 점검한다.
② 흡입 스트레이너가 막혀있지 않은지 점검한다.
③ 흡입 관로에서 공기가 혼입되는지 점검한다.
④ 토출 측 회로에 압력이 너무 낮은지 점검한다.

해설 유압펌프가 오일을 토출하지 않을 경우에 흡입 측 회로에 압력이 너무 낮은지 점검한다.

50 유압장치에서 기어모터에 대한 설명 중 잘못된 것은?
① 내부누설이 적어 효율이 높다.
② 유압유에 이물질이 혼입되어도 고장 발생이 적다.
③ 일시적으로 스퍼기어를 사용하거나 헬리컬기어도 사용한다.
④ 구조가 간단하고 가격이 저렴하다.

해설 유압장치에서 기어모터
- 구조가 간단하고 값이 싸다.
- 유압유 중의 이물질에 의한 고장이 적다.
- 가혹한 운전 조건에 비교적 잘 견딜 수가 있다.
- 누설량이 많고, 토크의 변동이 크다.
- 베어링 하중이 크므로 수명이 짧다.

51 산업 안전보건 표지의 종류에서 지시 표지에 해당하는 것은?
① 안전모 착용
② 고온 경고
③ 차량 통행금지
④ 출입금지

해설 산업 안전보건 표지의 종류
- 지시표지: 보안경착용, 방독마스크착용, 방진마스크착용, 보안면착용, 안전모착용, 안전복착용, 귀마개착용, 안전화착용, 안전장갑착용
- 금지표지: 출입금지, 보행금지, 차량통행금지, 사용금지, 탑승금지, 금연, 화기금지, 물체이동금지
- 경고표지: 인화성물질경고, 산화성물질경고, 폭발성물질경고, 급성독성물질경고, 부식성물질경고, 방사성물질경고, 고압전기경고, 매달린물체경고, 낙하물경고, 고온경고, 저온경고, 몸균형상실경고, 레이저광선경고, 위험장소경고
- 안내표지: 녹십자표지, 응급구호표지, 들것, 세안장치, 비상구, 좌측(우측)비상구

52 산소아세틸렌 가스용접에서 토치의 점화 시 작업의 우선순위 설명으로 올바른 것은?
① 토치의 아세틸렌 밸브를 먼저 연다.
② 토치의 산소 밸브를 먼저 연다.
③ 산소밸브와 아세틸렌 밸브를 동시에 연다.
④ 혼합가스를 먼저 연 다음 아세틸렌 밸브를 연다.

해설 산소아세틸렌 가스용접에서 토치의 점화 시 토치의 아세틸렌 밸브를 먼저 연 후에 산소밸브를 조금 연다.

53 화재 분류에 대한 설명이다. 기호와 설명이 제대로 연결된 것은 어느 것인가?
① A급 화재: 연소 후 재를 남기는 화재
② B급 화재: 전기 화재
③ C급 화재: 금속 화재
④ D급 화재: 유류, 가스 화재

해설 화재의 분류
- A급 화재: 연소 후 재를 남기는 화재
- B급 화재: 연소 후 재를 남기는 종류의 화재로서 유류, 가스 등의 가연성 액체나 기체 등의 화재
- C급 화재: 전기설비 등에서 발생하는 화재
- D급 화재: 금속 또는 금속분에서 발생하는 화재

상시검정 예상문제(10)

굴착기운전기능사

54 감전사고 예방을 위한 주의사항의 내용으로 틀린 것은?

① 젖은 손으로는 전기 기기를 만지지 않는다.
② 코드를 뺄 때는 반드시 플러그의 몸체를 잡고 뺀다.
③ 전력선에 물체를 접촉하지 않는다.
④ 220V는 단상이고, 저압이므로 생명의 위협은 없다.

해설 가정용 220V 전류라도 충분히 사람을 죽일 수 있다.

55 안전사고와 부상의 종류에서 재해의 분류상 중상해는?

① 부상으로 1주 이상의 노동손실을 가져온 상해 정도
② 부상으로 2주 이상의 노동손실을 가져온 상해 정도
③ 부상으로 3주 이상의 노동손실을 가져온 상해 정도
④ 부상으로 4주 이상의 노동손실을 가져온 상해 정도

해설 • 중상해: 부상으로 2주 이상의 노동손실을 가져온 상해 정도
　　　 • 경상해: 부상으로 1일 이상 14일 이하의 노동손실을 가져온 상해 정도

56 연삭기의 안전한 사용방법이 아닌 것은?

① 숫돌 측면 사용 제한
② 보안경과 방진마스크 착용
③ 숫돌 덮개 설치 후 작업
④ 숫돌 받침대 간격 가능한 넓게 유지

해설 숫돌 받침대의 간격은 가능한 가깝게 유지해야 한다.

57 도시가스 배관 매설시 매설위치를 확인할 수 있는 라인마크는 배관길이 최소 몇 m마다 1개 이상 설치하여야 하는가?

① 25m　　　　　② 50m
③ 75m　　　　　④ 100m

해설 도시가스 배관 매설시 매설위치를 확인할 수 있는 라인마크는 직선구간에는 배관길이 50m마다 1개 이상 설치되어 있다.

58 굴착공사를 하고자 할 때 지하 매설물 설치 여부와 관련하여 안전상 가장 적합한 조치는?

① 굴착공사 시행자는 굴착공사를 착공하기 전에 굴착지점 또는 그 인근의 주요 매설물 설치 여부를 미리 확인하여야 한다.
② 굴착공사 시행자는 굴착공사 시공 중에 굴착지점 또는 그 인근의 주요 매설물 설치 여부를 확인하여야 한다.
③ 굴착작업 중 전기, 가스, 통신 등의 지하 매설물에 손상을 가하였을 경우에는 즉시 매설 하여야 한다.
④ 굴착공사 도중 작업에 지장이 있는 고압케이블은 옆으로 옮기고 계속 작업을 진행한다.

해설 굴착공사를 하고자 할 때 시행자는 굴착공사를 착공하기 전에 굴착지점 또는 그 인근의 주요 매설물 설치 여부를 미리 확인하여야 한다.

59 소화 작업 시 행동 요령으로 잘못된 것은?

① 전선에 물을 뿌릴 때는 송전 여부를 확인한다.
② 카바이드 및 유류에는 물을 뿌린다.
③ 화재가 일어나면 화재 경보를 한다.
④ 가스 밸브를 잠그고 전기 스위치를 끈다.

해설 소화 작업의 기본 요소
　　 • 가스 밸브를 잠그고 전기 스위치를 끈다.
　　 • 카바이드 및 유류에는 물을 뿌려서는 안 된다.
　　 • 가연 물질, 산소, 점화원을 제거한다.
　　 • 전선에 물을 뿌릴 때는 송전 여부를 확인한다.
　　 • 화재가 일어나면 화재 경보를 한다.
　　 • 점화원을 발화점 이하의 온도로 낮춘다.

60 도로상의 한전 맨홀에 근접하여 굴착작업 시 가장 올바른 것은?

① 맨홀 뚜껑을 경계로 하여 뚜껑이 손상되지 않도록 하고 나머지는 임의로 작업한다.
② 교통에 지장이 되므로 주인 및 관련기관이 모르게 야간에 신속히 작업하고 되메운다.
③ 접지선이 노출되면 제거한 후 계속 작업한다.
④ 한전직원의 입회하에 안전하게 작업한다.

해설 고압 전력선 부근에서의 작업과 관련하여 안전한 사고예방조치는 한국전력 등과 같은 관련 시설물 관리자의 입회하에 작업하는 것이다.

정답

1	2	3	4	5	6	7	8	9	10
④	③	④	①	②	③	①	④	④	③
11	12	13	14	15	16	17	18	19	20
②	②	②	④	④	③	①	①	②	③
21	22	23	24	25	26	27	28	29	30
②	④	①	①	②	①	①	③	②	②
31	32	33	34	35	36	37	38	39	40
④	④	④	④	②	②	④	④	①	④
41	42	43	44	45	46	47	48	49	50
②	①	①	②	②	④	③	②	③	①
51	52	53	54	55	56	57	58	59	60
①	①	①	④	②	④	②	①	②	④

상시검정 예상문제(11)

굴착기운전기능사

01 다음 중 실린더의 마모와 가장 거리가 먼 것은 어느 것인가?
① 불안전 연소
② 출력의 감소
③ 거버너의 작동 불량
④ 크랭크실의 윤활유 오손

해설 거버너는 디젤 차량에서 엔진의 회전과 부하에 따라 연료량을 조절해 주는 장치로서 실린더의 마모와 거리가 멀다.

02 디젤기관에서 시동이 되지 않는 원인에 대한 설명으로 맞는 것은 어느 것인가?
① 크랭크축 회전 속도가 빠르다.
② 가속 페달을 밟은 상태에서 시동하였다.
③ 연료 공급 펌프의 연료 공급 압력이 높다.
④ 배터리 방전으로 배터리의 교체를 필요로 하는 상태다.

해설 배터리가 방전되면 기동전동기를 회전시킬 수 없기 때문에 디젤기관이 시동되지 않는다.

03 다음 중 기관에서 많이 사용되는 윤활 방법은 어느 것인가?
① 분무 급유식
② 적하 급유식
③ 압송 급유식
④ 수 급유식

해설 압송 급유식은 윤활유 펌프로 윤활유에 압력을 가하여 윤활이 필요한 부분까지 윤활유 통로를 통해서 공급하는 방식으로 기관에서 많이 사용되는 윤활 방법이다.

04 디젤 기관의 압축압력이 규정보다 저하되는 이유로 가장 알맞은 것은 어느 것인가?
① 실린더 벽이 규정보다 많이 마모되었다.
② 점화시기가 규정보다 다소 느리다.
③ 엔진 오일량이 규정보다 많다.
④ 냉각수의 양이 규정보다 적다.

해설 실린더 벽이 규정보다 많이 마모되었을 때 발생하는 현상
• 디젤 기관의 압축압력이 규정보다 저하된다.
• 블로바이 및 오일이 희석된다.
• 피스톤 슬랩 현상이 발생한다.

05 다음 중 기관 과열 시 일어날 수 있는 현상으로 가장 적합한 설명을 한 것은 어느 것인가?
① 밸브 개폐시기가 빨라진다.
② 실린더 헤드의 변형이 발생할 수 있다.
③ 연료가 응결될 수 있다.
④ 흡배기 밸브의 열림양이 많아진다.

해설 기관이 과열했을 때 실린더 헤드의 변형이 발생하거나, 헤드 개스킷의 손상이 일어날 수 있다.

06 디젤기관에서 압축 행정 시 밸브의 상태로 알맞은 것은 어느 것인가?
① 흡입 밸브만 닫힌다.
② 흡입과 배기밸브 모두 닫힌다.
③ 배기 밸브만 열린다.
④ 흡입과 배기밸브 모두 열린다.

해설 디젤기관에서 압축 행정 시 흡입행정 완료 후 흡입, 배기밸브가 닫힌 상태에서 피스톤이 상승을 함에 따라 흡입된 혼합기는 압축되면서 압축압력과 압축열이 높아진다.

07 다음 중 과급기의 터보차저를 구동하는 것으로 가장 적절한 것은?
① 엔진의 여유 동력
② 엔진의 열
③ 엔진의 흡입가스
④ 엔진의 배기가스

해설 과급기의 터보차저는 내연 기관에서 흡입한 공기를 압축하여 실린더로 보내 기관의 출력을 높여주는 장치로 엔진의 배기가스로 구동한다.

08 다음 중 유압식 밸브 리프터의 단점에 대해 설명한 것은?
① 밸브의 구조가 복잡하다.
② 밸브의 간극은 자동으로 조절된다.
③ 밸브 기구의 내구성이 좋다.
④ 밸브의 개폐시기가 정확하다.

해설 유압식 밸브 리프터는 엔진 오일의 압력을 이용하여 온도 변화에 관계없이 밸브 간극을 항상 제로가 되도록 하여 밸브 개폐 시기가 정확하게 유지되도록 하는 장치이다. 그런데 유압식 밸브 리프터는 오일 또는 펌프에 고장이 일어나면 작동이 불량하고 복잡한 단점이 있다.

상시검정 예상문제(11)

 굴착기운전기능사

09 기관에서 실린더 마모의 원인이 아닌 것은 어느 것인가?

① 흡입공기 중의 이물질이나 먼지 등에 의한 마모
② 희박한 공기 혼입에 의한 마모
③ 실린더 벽과 피스톤 및 피스톤 링의 접촉에 의한 마모
④ 연소 생성물에 의한 마모

해설 기관에서 실린더 마모의 원인
• 실린더 벽과 피스톤 및 피스톤 링의 접촉에 의한 마모
• 흡입공기 중의 이물질이나 먼지 등에 의한 마모
• 연소 생성물에 의한 마모

10 엔진 압축압력이 낮은 경우에 대한 설명으로 맞는 것은?

① 배터리의 출력이 높을 때
② 연료의 세탄가가 높을 때
③ 압축 링의 절손 또는 과 마모 때문
④ 연료 계통의 프라이밍 펌프의 손상 때문

해설 실린더나 피스톤 및 피스톤링에 마멸이 생길 경우에 엔진 압축압력이 낮아지게 된다.

11 다음 중 디젤기관의 노킹 발생 방지대책에 해당되지 않는 것은 어느 것인가?

① 압축비를 낮게 유지한다.
② 착화성이 좋은 연료를 사용한다.
③ 연소실벽 온도를 높게 유지한다.
④ 분사 시 공기온도를 높게 유지한다.

해설 디젤기관의 노킹 발생 방지하기 위해서는
• 압축비를 높게 유지한다.
• 착화성이 좋은 연료를 사용한다.
• 연소실벽 온도를 높게 유지한다.
• 분사 시 공기온도를 높게 유지한다.

12 다음 중 크랭크 케이스를 환기하는 목적으로 알맞은 것은?

① 오일 증발을 막기 위해
② 출력 손실을 막기 휘해
③ 크랭크 케이스의 청소를 원활히 하기 위해
④ 오일의 슬러지 형성을 막기 위해

해설 크랭크 케이스를 환기하지 않으면 압축행정 시 발생하는 블로바이 가스로 인해 오일에 슬러지가 발생하게 된다.

13 4행정 기관에서 흡·배기밸브가 모드 열려 있는 시점은?

① 흡입행정 초   ② 압축행정 말
③ 배기행정 말   ④ 폭발행정 초

해설 배기행정에서는 흡기밸브는 닫힌 상태로 배기밸브가 열리며, 배기행정 말에 흡기 밸브가 열려 흡·배기 밸브가 모드 열리는 시점이 생기게 된다.

14 가솔린 대비 디젤엔진의 장점이 아닌 것은 어느 것인가?

① 열효율이 높다.
② 흡입행정 시 펌핑 손실을 줄일 수 있다.
③ 일산화탄소의 배출량이 적다.
④ 마력 당 중량이 크다.

해설 디젤엔진은 마력 당 중량이 큰 단점을 가지고 있다.

15 다음 중 엔진에서 실화가 발생했을 때 발생하는 현상으로 옳은 것은?

① 엔진 출력이 상승한다.
② 엔진 회전수가 불안정해 진다.
③ 엔진이 과냉 된다.
④ 연료 소비량이 적어진다.

해설 엔진에서 실화가 발생했을 때 발생하는 현상
• 엔진 회전수가 불안정해 진다.
• 연소온도 및 배기가스 온도가 낮아진다.
• 엔진 소비량이 많아진다.
• 엔진 출력이 감소한다.

16 냉각수 순황용 물펌프가 고장 났을 때, 기관에서 나타날 수 있는 현상으로 가장 접합한 것은?

① 기관과열   ② 연료공급펌프
③ 축전지 비중 저하   ④ 발전기 작동불능

해설 기관의 과열원인
• 윤활유 부족   • 냉각수 부족
• 물펌프 고장   • 팬벨트 이완 절손
• 온도조절기가 열리지 않음
• 물재킷 스케일 누적

17 다음 중 교류 발전기에 사용되는 반도체인 다이오드를 냉각하기 위한 것은 어느 것인가?

① 유체 클러치
② 엔드 프레임에 설치된 오일장치
③ 냉각튜브
④ 히트싱크

해설 히트싱크는 반도체 장치 등에서 온도 상승을 방지하기 위하여 부착하는 방열체로 다이오드가 오버히트(과열)되는 것을 방지하여 준다.

18 겨울철 축전지의 전해액의 비중이 낮아지면 전해액이 얼기 시작하는 온도는?

① 낮아진다.   ② 높아진다.
③ 관계없다.   ④ 일정하지 않다.

해설 축전지의 전해액의 비중은 빙점과 반비례한다.

상시검정 예상문제(11)

19 기관에서 워터펌프의 역할로 맞는 것은?
① 정온기 고장 시 자동으로 작동하는 펌프이다.
② 기관의 냉각수 온도를 일정하게 유지한다.
③ 기관의 냉각수를 순환시킨다.
④ 냉각수 수온을 자동으로 조절한다.

해설 워터펌프: 실린더 블록 물 재킷 부위에 볼트로 체결 되어 있으며, 물 펌프 구동 벨트 또는 구동 기어에 의해 크랭크축의 구동력을 전달 받아 냉각수를 순환시킨다.

20 엔진의 정지 상태에서 계기판 전류계의 지침이 정상에서 (-)방향을 지시하고 있다. 그 원인이 아닌 것은?
① 전조등 스위치가 점등위치에서 방전되고 있다.
② 배선에서 누전되고 있다.
③ 시동 시 엔진 예열장치를 동작시키고 있다.
④ 발전기에서 축전지로 충전되고 있다.

해설 엔진의 정지 상태에서 계기판 전류계의 지침이 정상에서 (-)방향을 지시하고 있다면 방전상태를 나타내고 있는 것이며, (+)는 충전상태를 나타내는 것이다.

21 전기장치 회로에 사용하는 퓨즈의 재질로 적합한 것은?
① 스틸 합금 ② 구리 합금
③ 알루미늄 합금 ④ 납과 주석합금

해설 퓨즈의 재질: 주로 녹는점이 낮은 납과 주석 또는 아연과 주석의 합금을 재료로 사용하지만 녹는점이 매우 높은 텅스텐의 경우 실처럼 가는 텅스텐 선을 만들어 미소전류용 퓨즈로 사용하기도 한다.

22 무한궤도식 굴착기에서 주행모터는 일반적으로 모두 몇 개 설치되어 있는가?
① 1개 ② 2개
③ 3개 ④ 4개

해설 무한궤도식 굴착기에서 주행모터는 대게 트랙의 양쪽에 1개씩 모두 2개가 설치되어 있다.

23 다음 중 굴착기의 센터 조인트(선회 이음)의 기능이 아닌 것은?
① 압력 상태에서도 선회가 가능한 관이음이다.
② 스위블 조인트라고도 한다.
③ 상부 회전체의 오일을 주행 모터에 전달한다.
④ 스윙모터를 회전시킨다.

해설 스윙모터는 스윙 피니언을 구동시켜 상부 회전체를 회전시키는 역할을 하는 장치로서 레이디얼 플런저 모터가 많이 사용된다.

24 다음 중 상부 회전체와 작업 장치의 하중을 지지함과 작업 목적을 위하여 앞·뒤로 이동시키는 장치인 하부 구동체에 속하지 않는 것은?
① 프런트 아이들러
② 리코일 스프링
③ 유압 장치
④ 브레이크 밸브

해설
• 상부 선회체의 구성: 상부 선회체 프레임, 선회 장치, 엔진, 운전기구, 유압 장치, 평형추 및 작업장치
• 하부 구동체의 구성: 프런트 아이들러, 리코일 스프링, 브레이크 밸브, 스프로킷, 트랙

25 다음 중 굴착기 붐의 작동이 느린 이유가 아닌 것은?
① 기름의 압력 부족
② 기름의 압력 과다
③ 기름의 압력 저하
④ 기름의 이물질 혼입

해설 굴착기 붐의 작동이 느린 이유는 유압이 낮아지는 원인에 있다.

26 무한궤도식 굴착기에 상부 롤러의 설치 목적으로 알맞은 것은?
① 기동륜을 지지한다.
② 리코일 스프링을 지지한다.
③ 전부 구동륜을 고정한다.
④ 트랙을 지지한다.

해설 상부 롤러는 프런트 아이들러와 스프로킷 사이에 1~2개가 설치되어 있는데, 트랙이 밑으로 처지지 않도록 지지해 주며, 트랙의 회전을 바르게 유지하는 역할을 한다.

27 작업장에서 이동 및 선회 시에 가장 먼저 해야 할 것은?
① 경적 울림 ② 급방향 전환
③ 굴착 작업 ④ 버켓 내림

해설 작업장에서 굴착기가 이동 및 선회할 때 제일 먼저 경적을 울려 주위에 알려주어야 한다.

28 다음 중 굴착작업 시 안전수직으로 잘못된 것은?
① 굴착을 하면서 스윙하지 말 것
② 붐의 하강하는 중력으로 굴착하지 말 것
③ 경사대는 충분한 강도가 있어야 하며 10~15° 정도로 경사시킨다.
④ 작업 후에는 붐, 암 및 버킷을 최대한 접은 후 지면에 버킷을 내려놓는다.

해설 작업 후에는 붐, 암 및 버킷을 최대한 편 후 지면에 버킷을 내려놓는다.

예상문제(11)

29 다음 중 굴착기 채굴 작업 방법이 아닌 것은?

① 직진 채굴　　　　　② 장애물 밑 부분의 굴착
③ 3각 굴착 방법　　　④ 병진 채굴

해설 굴착기 채굴 작업 방법: 직진 채굴, 병진 채굴, 장애물 밑 부분의 굴착, 4각 굴착 방법, 간척지 작업 등이 있다.

30 굴착기를 트레일러에 상차하는 방법에 대한 설명으로 적합하지 않은 것은?

① 지면 상태가 불량한 경우에는 평탄한 지역으로 이동하여 상차한다.
② 경사대는 10~15° 정도 경사시키는 것이 좋다.
③ 트레일러에 상차 후 작업 장치를 반드시 앞쪽으로 하여 고정한다.
④ 가급적 경사대를 사용한다.

해설 트레일러에 상차 후 작업 장치를 반드시 뒤쪽으로 고정한다.

31 정기 검사 대상 건설기계의 정기 검사 신청기간으로 맞는 것은?

① 건설 기계의 정기 검사 유효기간 만료일 전 16일 이내에 신청한다.
② 건설 기계의 정기 검사 유효기간 만료일 전5일 이내에 신청한다.
③ 건설 기계의 정기 검사 유효기간 만료일 전·후 15일 이내에 신청한다.
④ 건설 기계의 정기 검사 유효기간 만료일 후 30일 이내에 신청한다.

해설 정기 검사 대상 건설기계의 정기 검사 신청기간: 정기검사 유효기간 만료일 전·후 15일 이내에 해야 한다.

32 다음 중 굴착기 엔진의 예열을 위한 일반적인 공회전 시간으로 옳은 것은 어느 것인가?

① 1~10분　　　　　② 10~20분
③ 20~30분　　　　④ 30~40분

해설 굴착기 엔진의 예열을 위해선 기온에 따라 다르지만 일반적으로 10~20분 정도의 공회전을 해주는 것이 적당하다.

33 다음 중 건설기계 등록 말소 사유에 해당 되지 않는 것은?

① 건설기계의 차대가 등록 시의 차대와 다른 경우
② 건설기계를 폐기한 경우
③ 정비 또는 개조를 목적으로 해체된 경우
④ 건설기계가 천재지변 또는 이에 준하는 사고 등으로 사용할 수 없게 되거나 멸실된 경우

해설 건설기계 등록 말소 사유
• 건설기계의 차대가 등록 시의 차대와 다른 경우
• 건설기계가 천재지변 또는 이에 준하는 사고 등으로 사용할 수 없게 되거나 멸실된 경우
• 거짓이나 그 밖의 부정한 방법으로 등록을 한 경우
• 건설기계가 건설기계안전기준에 적합하지 아니하게 된 경우
• 최고(催告)를 받고 지정된 기한까지 정기검사를 받지 아니한 경우
• 건설기계를 폐기한 경우
• 건설기계를 수출하는 경우
• 건설기계를 도난당한 경우
• 구조적 제작 결함 등으로 건설기계를 제작자 또는 판매자에게 반품한 때
• 건설기계를 교육·연구 목적으로 사용하는 경우

34 건설기계의 주요 구조를 변경하거나 개조 한 때 실시하는 검사는?

① 수시검사　　　　　② 신규등록검사
③ 정기검사　　　　　④ 구조변경검사

해설 건설기계의 주요 구조를 변경 또는 개조할 때 실시하는 검사는 구조변경검사이다.

35 운전 중 클러치가 미끄러질 때의 영향이 아닌 것은?

① 속도 감소　　　　　② 견인력 감소
③ 연료소비량 증가　　④ 엔진의 과냉

해설 클러치가 미끄러지면 엔진의 힘이 동력전달장치로 제대로 연결되지 않아 힘의 손실이 일어나고 엔진이 과열된다.

36 건설기계관리법에 의한 건설기계사업이 아닌 것은?

① 건설기계 대여업　　② 건설기계 매매업
③ 건설기계 수입업　　④ 건설기계 폐기업

해설 건설기계관리법에 의한 건설기계사업이라 함은 건설기계 대여업, 건설기계 매매업, 건설기계 정비업, 건설기계 폐기업 등이다.

37 건설기계관리법상 건설기계의 종류로 맞는 것은?

① 16종 및 특수건설기계
② 21종(20종 및 특수건설기계)
③ 27종(26종 및 특수건설기계)
④ 30종(27종 및 특수건설기계)

해설 건설기계관리법상 건설공사에 사용하는 기계는 총 27종(26종 및 특수건설기계)의 건설기계를 규정하고 있다.

예상문제(11)

38 건설기계 조종사 면허를 받지 아니하고 건설기계를 조종한 자에 대한 벌칙은?
① 1년 이하의 징역 또는 300 만 원 이하의 벌금
② 100 만 원 이하의 벌금
③ 50만 원 이하의 벌금
④ 30만 원 이하의 과태료

해설 건설기계조종사면허를 받지 아니하고 건설기계를 조종한 자는 1년 이하의 징역 또는 300 만 원 이하의 벌금에 처해진다.

39 도로교통법규상 주차금지 장소를 나타낸 것으로 틀린 것은?
① 소방용 방화물통으로부터 5m 이내의 지점
② 화재경보기로부터 3m 이내의 지점
③ 전신주로부터 12m 이내의 지점
④ 터널 안 및 다리 위

해설 도로교통법규상 주차금지 장소
• 터널안 및 다리위
• 화재경보기로부터 3미터 이내인 곳
• 다음 각 목으로 부터 5미터 이내인 곳
  - 소방용기계, 기구가 설치된 곳
  - 소방용방화물통
  - 소화전 또는 소방용방화물통의 흡수구나 흡수관을 넣는 구멍
  - 도로 공사를 하고 있는 경우에는 그 공사구역의 양쪽 가장자리
• 지방경찰청장이 도로에서의 위험을 방지하고 교통의 안전과 원활한 소통을 확보하기 위하여 필요하다고 인정되어 지정한곳 등이다.

40 차량이 남쪽에서 북쪽 방향으로 가고 있을 때, 아래 그림의 '2방향 도로면예고표지'에 대한 설명으로 잘못된 것은 어느 것인가?

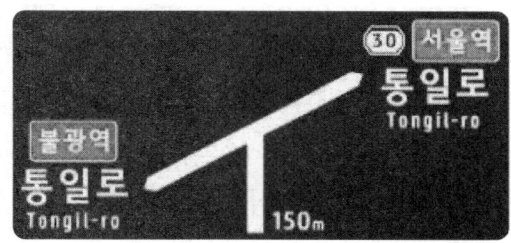

① 차량을 좌회전 할 경우 통일로로 진입이 가능하다.
② 차량을 우회전 할 경우 통일로로 진입이 가능하다.
③ 차량을 좌회전 할 경우 통일로의 건물 번호가 커진다.
④ 차량을 우회전 할 경우 통일로의 건물 번호가 작아진다.

해설 차량을 남쪽에서 북쪽 방향으로 가고 있을때, 좌회전을 하던, 우회전을 하던 다 통일로이다. 따라서 좌회전을 하던, 우회전을 하던 건물 번호는 커지게 된다.

41 다음 중 유압유(작동유)의 주요 기능이 아닌 것은 어느 것인가?
① 냉각작용　② 윤활작용
③ 동력전달작용　④ 압축작용

해설 유압유(작동유)의 주요 기능
• 부식방지
• 압력 에너지를 이용한 동력 전달
• 냉각작용 및 윤활작용
• 필요한 요소 사이의 밀봉 작용

42 유압회로 내에 잔압을 설정해두는 이유로 가장 적절한 것은?
① 제동 해제 방지　② 유로 파손방지
③ 오일 산화 방지　④ 작동지연방지

해설 유압회로 내에 잔압을 설정해두지 않을 경우 압력이 생길 때까지 작용을 해주는 시간이 소요되기 때문에 잔압을 두어 작동지연을 방지하는 것이다.

43 유압장치 중에서 회전운동을 하는 것은 어느 것인가?
① 축압기　② 유압 모터
③ 유압 실린더　④ 급속배기밸브

해설 유압 모터: 유압 회로에 사용되고 유압 에너지에 의해 연속 회전 운동을 시켜 기계 작업을 하는 기기다.

44 유압펌프에서 소음이 발생하는 원인이 아닌 것은?
① 오일의 양이 적을 때
② 펌프의 속도가 느릴 때
③ 오일 속에 공기가 들어 있을 때
④ 오일의 점도가 너무 높을 때

해설 펌프의 속도가 느릴 때 보다는 펌프의 속도가 빠를 때 소음이 발생하는 원인이 된다.

45 다음 중 유압 장치의 구성 요소가 아닌 것은?
① 유니버셜 조인트　② 오일탱크
③ 펌프　④ 제어밸브

해설 유니버셜 조인트: 두 축이 비교적 떨어진 위치에 있는 경우나 두 축의 각도(편각)가 큰 경우에 이 두 축을 연결하기 위하여 사용되는 축이음(커플링)의 일종이다.

46 방향 제어밸브를 동작시키는 방식이 아닌 것은?
① 수동식　② 유압 파일러식
③ 전자식　④ 스프링식

해설 방향 제어밸브를 동작시키는 방식에는 수동식, 유압 파일러식, 전자식이 있다.

예상문제(11)

굴착기운전기능사

47 펌프의 최고 토출압력, 평균효율이 가장 높아 고압 대출력에 사용하는 유압펌프로 가장 적합한 것은?

① 기어 펌프
② 베인 펌프
③ 트로코이드 펌프
④ 피스톤 펌프

해설 ① 기어 펌프: 회전 펌프의 일종으로서, 서로 맞물고 있는 2개의 같은 모양의 기어의 회전 운동에 의한 펌프로서, 외전식과 내전식이 있다.
② 베인 펌프: 케이싱에 접하여 베인(날개)을 회전시킴으로써 베인 사이로 흡입한 액체를 흡입측에서 토출측으로 밀어내는 형식의 펌프이다.
③ 트로코이드 펌프: 톱니바퀴 펌프의 일종으로 10kg/㎠이하에서 강제윤활 급유용으로 사용된다.

48 유압유의 흐름을 한쪽으로만 허용하고 반대방향의 흐름을 제어하는 밸브는?

① 릴리프 밸브
② 첵밸브
③ 카운더 밸런스 밸브
④ 매뉴얼 밸브

해설 ① 릴리프 밸브: 회로의 압력이 밸브의 설정 압력에 도달하면 유체의 일부 또는 전량을 배출시켜 회로 내의 압력을 설정치 이하로 유지하는 압력 제어 밸브로서, 1차 압력 설정용 밸브를 말한다.
③ 카운더 밸런스 밸브: 중력에 의한 낙하를 방지하기 위해 배압을 유지하는 압력 제어 밸브이다.
④ 매뉴얼 밸브: 장기간 동안 차량을 운행하지 않을 경우, 수동으로 연료라인을 닫아 주는 밸브이다.

49 다음 보기에서 분기 회로에 사용되는 밸브만 골라 나열한 것은?

[보기]

ㄱ, 릴리프 밸브　　　　　ㄴ, 리듀싱 밸브
ㄷ, 시퀀스 밸브　　　　　ㄹ, 언로더 밸브
ㅁ, 카운터 밸런스 밸브

① ㄱ, ㄴ
② ㄴ, ㄷ
③ ㄷ, ㄹ
④ ㄹ, ㅁ

해설 • 리듀싱 밸브: 유압 회로에서 분기회로의 압력을 주 회로의 압력보다 저압으로 사용할 때 사용하는 밸브이다.
• 시퀀스 밸브: 2개 이상의 분기회로가 있는 회로에서 작동순서를 회로의 압력 등으로 제어하는 밸브이다.

50 그림과 같은 유압기호는?

① 유압오일
② 차단밸브
③ 오일탱크
④ 유압실린더

51 산업재해는 직접 원인과 간접 원인으로 구분할 수 있다. 다음 중 직접 원인 중 인적 불안전 행위가 아닌 것은 어느 것인가?

① 기계의 결함
② 작업자의 실수
③ 위험한 장소의 출입
④ 작업태도 불안전

해설 기계의 결함은 기계의 불안전상태에 해당하는 것으로 인적 불안전 행위가 아니다.

52 작업장에서 지켜야 할 안전 수칙이 아닌 것은?

① 작업 중 입은 부상은 즉시 응급조치하고 보고 한다.
② 밀폐된 실내에서는 장비의 시동을 걸지 않는다.
③ 통로나 마루바닥에 공구나 부품을 방치하지 않는다.
④ 기름걸레나 인화물질은 나무상자에 보관한다.

해설 기름걸레나 인화물질을 나무상자에 넣어 보관하면 발화를 더 쉽게 해주는 원인이 된다.

53 다음 중 보호안경을 끼고 작업해야하는 사람과 가장 거리가 먼 것은?

① 산소용접 작업 시
② 그라인더 작업 시
③ 건설기계장비 일상점검 작업 시
④ 장비의 하부에서 점검, 정비 작업 시

해설 건설기계장비를 일상점검 할 때에는 보호안경을 착용할 의무는 없다.

54 화재의 분류에서 전기화재에 해당되는 것은?

① A급 화재
② B급 화재
③ C급 화재
④ D급 화재

해설 화재의 분류
• A급 화재: 연소 후 재를 남기는 종류의 화재로서 가장 일반적인 화재이며 나무, 종이, 섬유 등의 가연물 화재가 이에 속함
• B급 화재: 연소 후 재를 남기는 종류의 화재로서 유류, 가스 등의 가연성 액체나 기체 등의 화재가 이에 속함
• C급 화재: 전기설비 등에서 발생하는 화재로서 수변전 설비, 전선로의 화재가 이에 속함
• D급 화재: 금속 또는 금속분에서 발생하는 화재로서 이는 다른 화재에 비해 발생빈도는 높지 않으며 단체금속의 자연발화, 금속분에 의한 분진폭발 등의 화재가 이에 속함

예상문제(11)

55 볼트나 너트를 조이고 풀 때 사항으로 틀린 것은?
① 볼트와 너트는 규정토크로 조인다.
② 한 번에 조이지 말고 2~3회 나누어 조인다.
③ 토크렌치를 사용한다.
④ 규정 이상의 토크로 조이면 나사부가 손상된다.

해설 토크렌치: 볼트와 너트를 규정된 회전력에 맞춰 조일 때 사용되는 공구이다.
• 볼트나 너트를 조이고 풀 때 사용하는 공구는 렌치로 스패너라고도 한다.

56 해머(hammer)작업에 대한 내용으로 잘못된 것은?
① 작업자가 서로 마주보고 두드린다.
② 녹슨 재료 사용 시 보안경을 사용한다.
③ 타격범위에 장해물을 없도록 한다.
④ 작게 시작하여 차차 큰 행정으로 작업하는 것이 좋다.

해설 해머 작업 시 안전 사항
• 장갑을 끼고 해머작업을 하지 않는다.
• 해머로 공동 작업 시 에는 호흡을 맞추어야 한다.
• 열처리된 재료는 해머 작업을 하지 않는다.
• 기름 묻은 손으로 작업하지 않는다.
• 타격 하려는 곳에 시선을 고정한다.
• 해머 자루 고정부분 끝에 쐐기를 박는다.

57 다음 그림과 같은 안전 표지판이 나타내는 것은?

① 비상구
② 출입금지
③ 보안경 착용
④ 인화성물질 경고

58 전기장치에 관한 설명으로 틀린 것은?
① 계기 사용 시는 최대 측정범위를 초과해서 사용하지 말아야 한다.
② 전류계는 부하에 병렬로 접속해야 한다.
③ 축전지 전원 결선 시는 합선되지 않도록 유의해야 한다.
④ 절연된 전극이 접지되지 않도록 하여야 한다.

해설 전류계는 그 부하에 흐르는 모든 전류를 측정해야 하므로 회로를 단락하여 직렬로 연결 해야한다.

59 화재 및 폭발의 우려가 있는 가스발생장치 작업장에서 지켜야 할 사항으로 맞지 않는 것은?
① 불연성 재료 사용금지
② 화기 사용금지
③ 인화성 물질 사용금지
④ 점화원이 될 수 있는 기계 사용금지

해설 불연성 재료는 연소성이 없어 화재 시에 연소가 되지 않는 재료를 말한다.

60 굴착장비를 이용하여 도로 굴착작업 중 "고압선 위험" 표지시트가 발견되었다. 다음 중 맞는 것은?
① 표지시트 좌측에 전력케이블이 묻혀 있다.
② 표지시트 우측에 전력케이블이 묻혀 있다.
③ 표지시트와 직각방향에 전력케이블이 묻혀 있다.
④ 표지시트 직하에 전력케이블이 묻혀있다.

해설 굴착장비를 이용하여 도로 굴착작업 중 "고압선 위험" 표지시트가 발견될 경우 표시 시트 직하에 전력 케이블이 묻혀 있는 것이다.

정답

1	2	3	4	5	6	7	8	9	10
③	④	③	①	②	②	④	①	②	③
11	12	13	14	15	16	17	18	19	20
①	④	②	③	②	①	④	②	③	④
21	22	23	24	25	26	27	28	29	30
④	②	④	③	②	④	①	④	③	③
31	32	33	34	35	36	37	38	39	40
③	③	③	④	③	④	③	①	③	④
41	42	43	44	45	46	47	48	49	50
④	④	②	②	①	④	③	④	③	③
51	52	53	54	55	56	57	58	59	60
①	④	③	③	③	①	①	②	①	④

상시검정 예상문제(12)

굴착기운전기능사

01 기관에서 피스톤의 행정이란?

① 피스톤의 길이
② 실린더 벽의 상하 길이
③ 상사점과 하사점과의 총면적
④ 상사점과 하사점과의 거리

해설 피스톤 행정: 피스톤이 상사점에서 하사점까지의 간격을 왕복할 때, 상승 또는 하강하는 편도의 동작 또는 길이

02 압력식 라디에이터 캡에 있는 밸브는?

① 압력 밸브와 진공 밸브   ② 압력 밸브와 진공 밸브
③ 입구 밸브와 출구 밸브   ④ 압력 밸브와 메인 밸브

해설 압력식 라디에이터 캡은 라디에이터의 위 물탱크 급수구에 있고, 압력 밸브와 진공 밸브로 구성되어 있다. 압력 조정 밸브와 진공 밸브는 캡과 일체로 만들어지고, 오버플로 파이프가 연결된다.

03 라디에이터 캡의 스프링이 파손되는 경우 발생하는 현상은?

① 냉각수 비등점이 높아진다.
② 냉각수 순환이 불량해진다.
③ 냉각수 순환이 빨라진다.
④ 냉각수 비등점이 낮아진다.

해설 라디에이터 캡의 스프링이 약하거나 파손되면 냉각수 비등점이 낮아져 기관이 과열되기 쉽다.

04 기관에서 작동중인 엔진오일에 가장 많이 포함되는 이물질은?

① 유입먼지   ② 금속분말
③ 산화물   ④ 카본(carbon)

해설 엔진오일에 가장 많이 포함되어 있는 이물질은 카본이다.

05 실린더의 내경이 행정보다 작은 기관을 무엇이라고 하는가?

① 스퀘어 기관   ② 단행정 기관
③ 장행정 기관   ④ 정방행정 기관

해설 실린더 안지름과 행정 비율에 의한 분류
 • 장행정 기관: 실린더 안지름보다 피스톤 행정이 큰 형식이다.
 • 정방형 기관: 실린더 안지름과 피스톤 행정이 같은 형식이다.
 • 단행정 기관: 실린더 안지름보다 피스톤 행정이 작은 형식이다.

06 엔진 오일의 구비조건으로 틀린 것은?

① 응고점이 높을 것
② 비중과 점도가 적당할 것
③ 인화점과 발화점이 높을 것
④ 기포 발생과 카본 생성에 대한 저항력이 클 것

해설 엔진오일은 응고점이 낮아야 한다. 응고점이 낮아지면 유동점도 따라서 낮아지므로 저온에서 유동성이 좋아진다.

07 2행정 사이클 디젤기관의 소기방식이 아닌 것은 어느 것인가?

① 단류 소기식   ② 복류 소기식
③ 횡단 소기식   ④ 루프 소기식

해설 2행정 사이클 디젤기관의 소기방식에는 단류 소기식, 횡단 소기식, 루프 소기식 등의 3가지가 있다.

08 디젤기관에서 직접 분사실식의 장점이 아닌 것은?

① 연료소비량이 적다.
② 냉각손실이 적다.
③ 연료계통의 연료누출 염려가 적다.
④ 구조가 간단하여 열효율이 높다.

해설 직접 분사실식 장점은 큰 출력 엔진에 유리하다, 연소실 구조가 간단하여 열효율이 높다, 열에 의한 변형이 적다, 냉각 손실이 적다, 연료 소비율이 적다. 그러나 가격이 비싸며 노크가 일어나는 단점이 있다.

09 수랭식 냉각 방식에서 냉각수를 순환시키는 방식이 아닌 것은?

① 자연 순환식   ② 강제 순환식
③ 진공 순환식   ④ 밀봉 압력식

해설 수랭식은 냉각수를 사용하여 기관을 냉각시키는 방식으로 냉각수를 순환시키는 방식에 따라 자연 순환식, 강제 순환식, 압력 순환식, 밀봉 압력방식이 있다.

상시검정 예상문제(12)

10 크랭크축의 비틀림 진동에 대한 설명 중 틀린 것은?
① 각 실린더의 회전력 변동이 클수록 커진다.
② 크랭크축이 길수록 커진다.
③ 강성이 클수록 커진다.
④ 회전부분의 질량이 클수록 커진다.

해설 크랭크축의 비틀림 진동
• 기관의 주기적인 회전력 작용에 의해 발생한다.
• 크랭크축의 강성이 작을수록, 기관의 회전속도가 느릴수록 크다.
• 기관의 회전력 변동이 클수록, 크랭크축의 길이가 길수록 크다.

11 디젤엔진의 연소실에는 연료가 어떤 상태로 공급되는가?
① 기화기와 같은 기구를 사용하여 연료를 공급한다.
② 가솔린 엔진과 동일한 연료 공급펌프로 공급한다.
③ 노즐로 연료를 안개와 같이 분사한다.
④ 액체 상태로 공급한다.

해설 디젤엔진은 흡입한 공기를 압축하는 과정에서 연소실 내부에 노즐로 연료를 안개와 같이 분사하여, 혼합기를 생성하여 자기착화 시킨다.

12 기동회로에서 전력공급 선의 전압강하는 얼마이면 정상인가?
① 0.2V 이하 ② 1.0V 이하
③ 10.5V 이하 ④ 9.5V 이하

해설 기동회로에서 전력공급 선의 전압강하는 0.2V 이하이면 정상이다.

13 기동전동기의 전기자 코일을 시험하는데 사용되는 시험기는?
① 전류계 시험기 ② 전압계 시험기
③ 그로울러 시험기 ④ 저항 시험기

해설 그로울러 시험기: 기동 전동기 전기자의 단선, 단락, 접지를 시험할 수 있다.

14 축전지의 용량을 결정짓는 인자가 아닌 것은?
① 셀 당 극판수 ② 극판의 크기
③ 전해액의 양 ④ 단자의 크기

해설 단자는 외부회로와 확실하게 접속되도록 하기 위해 테이퍼(taper)되어 있다. 양극단자는 양극판이 과산화납으로 쉽게 산화가 발생되어 부식되기 쉽다.

15 디젤기관의 전기장치에 없는 것은?
① 스파크 플러그 ② 글로우 플러그
③ 축전지 ④ 솔레노이드 스위치

해설 스파크플러그는 그대로 스파크를 일으켜주는 플러그로 가솔린엔진에서 혼합가스에 점화하는 부품이다.

16 AC 발전기에서 전류가 발생되는 곳은?
① 여자 코일 ② 레귤레이터
③ 스테이터 코일 ④ 계자 코일

해설 스테이터 코일: 유도 기전력이 유기되는 코일로서, 코어의 홈에 끼워 넣고 이것을 차례로 연결한 것을 한 쌍으로 한다. AC 발전기에서 전류가 발생되는 곳이다.

17 좌·우측 전조등 회로의 연결 방법으로 옳은 것은?
① 단식 배선 ② 병렬 연결
③ 직렬 연결 ④ 직·병렬 연결

해설 전조등 회로는 병렬로 연결한다.

18 납산 축전지의 전해액을 만들 때 황산과 증류수의 혼합 방법에 대한 설명으로 틀린 것은?
① 조금씩 혼합하며 잘 저어서 냉각시킨다.
② 황산을 증류수에 부어 혼합한다.
③ 전기가 잘 통하는 금속제 용기를 사용하여 혼합한다.
④ 추운 지방인 경우 온도가 표준온도 일 때 비중이 1,280이 되게 측정하면서 작업을 끝낸다.

해설 납산 축전지의 전해액을 만들 때 황산과 증류수의 혼합 방법
• 황산을 증류수에 부어서 한다.
• 20℃일 때 1,280이 되도록 비중을 측정하여 작업을 한다.
• 용기는 질그릇이나 플라스틱 그릇을 사용한다.
• 조금씩 혼합하며 잘 저어서 냉각시킨다.

19 건설기계 기관에 사용되는 축전지의 가장 중요한 역할은?
① 주행 중 점화장치에 전류를 공급한다.
② 주행 중 등화장치에 전류를 공급한다.
③ 주행 중 발생하는 전기부하를 담당한다.
④ 기동장치의 전기적 부하를 담당한다.

해설 건설기계 기관에 사용되는 축전지의 가장 중요한 역할
• 기동장치의 전기적 부하를 담당한다.
• 발전기 고장 시 주행 전원으로 작동한다.
• 운전상태에 따른 발전기 출력과 부하와의 불균형을 조정한다.

20 다음 중 도로교통법을 위반한 경우는?
① 밤에 교통이 빈번한 도로에서 전조등을 계속 하향했다.
② 낮에 어두운 터널 속을 통과할 때 전조등을 켰다.
③ 소방용 방화 물통으로부터 10m 지점에 주차하였다.
④ 노면이 얼어붙은 곳에서 최고 속도의 10/100을 줄인 속도로 운행했다.

해설 노면이 얼어붙은 곳에서 최고 속도의 50/100을 줄인 속도로 운행한다.

상시검정 예상문제(12)

 굴착기운전기능사

21 제1종 운전면허를 받을 수 없는 사람은?

① 두 눈의 시력이 각각 0.5인 이상인 사람
② 대형면허를 취득하려는 경우 보청기를 착용하지 않고 55 데시벨의 소리를 들을 수 있는 사람
③ 두 눈을 동시에 뜨고 잰 시력이 0.1인 사람
④ 붉은색, 녹색 및 노란색을 구별할 수 있는 사람

해설 제1종 운전면허: 두 눈을 동시에 뜨고 잰 시력이 0.8 이상이고, 두 눈의 시력이 각각 0.5 이상

22 밤에 도로에서 차륜 운행하는 경우 등의 등화로 틀린 것은?

① 견인되는 차 : 미등·차폭등 및 번호등
② 자동차 : 자동차안전기준에서 정하는 전조등, 차폭등, 미등
③ 원동기장치자전거 : 전조등 및 미등
④ 자동차등 외의 모든 차 : 지방경찰청장이 정하여 고시하는 등화

해설 자동차 : 자동차안전기준에서 정하는 미등 및 차폭등

23 자동차 1종 대형 운전면허로 건설기계를 운전할 수 없는 것은?

① 덤프트럭　　　　　　② 노상안정기
③ 트럭적재식천공기　　④ 트레일러

해설 자동차 1종 대형 운전면허로 건설기계를 운전할 수 없는 것은 트레일러이다.

24 건설기계 안전기준에 관한 규칙상 건설기계 높이의 정의로 옳은 것은?

① 앞 차축의 중심에서 건설기계의 가장 윗부분까지의 최단 거리
② 작업장치를 부착한 자체중량 상태의 건설기계의 가장 위쪽 끝이 만드는 수평면으로부터 지면까지의 최단 거리
③ 뒷바퀴의 윗부분에서 건설기계의 가장 윗부분까지의 수직 최단거리
④ 지면에서부터 적재할 수 있는 최고의 최단거리

해설 건설기계 안전기준에 관한 규칙상 건설기계 높이란 작업장치를 부착한 자체중량 상태의 건설기계의 가장 위쪽 끝이 만드는 수평면으로부터 지면까지의 최단 거리를 말한다.

25 건설기계관리법령상 국토교통부령으로 정하는 바에 따라 등록번호표를 부착 및 봉인하지 않은 건설기계를 운행하여서는 아니 된다. 이를 1차 위반했을 경우의 과태료는? (단, 임시번호표를 부착한 경우는 제외한다.)

① 5만원　　　　　　② 10만원
③ 50만원　　　　　④ 100만원

해설 건설기계관리법령상 국토교통부령으로 정하는 바에 따라 등록번호표를 부착 및 봉인하지 않은 건설기계를 운행하여서는 아니 된다. 이를 1차 위반했을 경우 100만원의 과태료에 처해진다.

26 건설기계관리법령상 건설기계 형식 신고를 하지 아니할 수 있는 사람은?

① 건설기계를 사용목적으로 제작하려는 자
② 건설기계를 사용목적으로 조립하려는 자
③ 건설기계를 사용목적으로 수입하려는 자
④ 건설기계를 연구개발 목적으로 제작하려는 자

해설 건설기계관리법령상 건설기계 형식 신고를 하지 아니할 수 있는 사람은 건설기계를 연구개발 목적으로 제작하려는 자이다.

27 건설기계관리법령상 자가용건설기계 등록 번호표의 도색으로 옳은 것은?

① 청색판에 백색문자　　② 적색판에 흰색문자
③ 백색판에 황색문자　　④ 녹색판에 흰색문자

해설 건설기계관리법령상 자가용건설기계 등록 번호표는 녹색판에 흰색문자로 도색한다.

28 다음 중 흙 쌓기 작업에 대한 설명으로 잘못된 것은 어느 것인가?

① 흙 쌓기 작업은 규준틀, 토공 포스트, 배수 준비, 표토 제거, 구조물 및 지장물 철거 등이 완전히 이루어지기 전에 시행한다.
② 비탈면의 기울기가 1:4 보다 급한 기울기를 가진 지반 위에 흙 쌓기를 하는 경우에는 원 지반 표면에 층따기를 실시한다.
③ 기존 도로의 확장을 위하여 기존 도로에 접속시키는 흙 쌓기를 하는 경우에도 층따기를 해야 한다.
④ 비탈면 위에 흙 쌓기를 하는 경우에는 배수구와 배수층을 설치한다.

해설 흙 쌓기 작업은 규준틀, 토공 포스트, 배수 준비, 표토 제거, 구조물 및 지장물 철거 등이 완전히 이루어진 후에 시행한다.

예상문제(12)

29 건설기계관리법령상 미등록 건설기계의 임시운행 사유에 해당 되지 않는 것은?

① 등록신청을 하기 위하여 건설기계를 등록지로 운행하는 경우
② 등록신청 전에 건설기계 공사를 하기 위하여 임시로 사용하는 경우
③ 수출을 하기 위하여 건설기계를 선적지로 운행하는 경우
④ 신개발 건설기계를 시험·연구의 목적으로 운행하는 경우

해설 건설기계관리법령상 미등록 건설기계의 임시운행 사유
• 등록신청을 하기 위하여 건설기계를 등록지로 운행하는 경우
• 신규등록검사 및 확인검사를 받기 위하여 건설기계를 검사장소로 운행하는 경우
• 수출을 하기 위하여 건설기계를 선적지로 운행하는 경우
• 수출을 하기 위하여 등록말소된 건설기계를 점검·정비의 목적으로 운행하는 경우
• 신개발 건설기계를 시험·연구의 목적으로 운행하는 경우
• 판매 또는 전시를 위하여 건설기계를 일시적으로 운행하는 경우

30 건설기계관리법령상 정기검사 유효기간이 3년인 건설기계는?

① 덤프트럭
② 콘크리트믹서트럭
③ 트럭적재식 콘크리트 펌프
④ 무한궤도식 굴착기

해설 정기검사 유효기간
① 덤프트럭: 20년 이하(1년), 20년 초과(6개월)
② 콘크리트믹서트럭: 20년 이하(1년), 20년 초과(6개월)
③ 트럭적재식 콘크리트 펌프: 20년 이하(1년), 20년 초과(6개월)
④ 무한궤도식 굴착기: 20년 이하(3년), 20년 초과(1년)

31 다음은 3방향 도로명표지에 대한 설명으로 알맞은 것은 어느 것인가?

① 직진하면 300m 전방에 관평로가 나온다.
② 우회전하면 300m 전방에 평촌역이 나온다.
③ 좌회전하면 300m 전방에 시청이 나온다.
④ 관평로는 북에서 남으로 도로구간이 설정되어 있다.

해설 3방향 도로명표지를 보면 직진하면 300m 전방에 관평로가 나온다는 것이다. 도로의 시작 지점에서 끝 지점으로 갈수록 건물 번호는 커진다.

32 무한궤도식 건설기계에서 트랙 전면에 오는 충격을 완화시키기 위해 설치한 것은 어느 것인가?

① 하부 롤러
② 상부 롤러
③ 프론트 롤러
④ 리코일 스프링

해설 리코일 스프링: 주행 중 트랙 전면에서 오는 충격을 완화하여 차체의 파손을 방지해줌과 동시에 원활한 운전을 할 수 있도록 해준다.

33 굴착기 동력 전달 계통에서 최종적으로 구동력을 증가시키는 것은?

① 스프로킷
② 변속기
③ 트랙 모터
④ 종감속 기어

해설 종감속 기어는 추진축의 회전력을 변화시키면서 감속하여 차동기어에 전달하는 장치이다.

34 크롤러형 굴착기가 주행 중 주행방향이 틀려지고 있을 때 그 원인과 가장 관계가 적은 것은 어느 것인가?

① 지면이 불규칙할 때
② 유압장치에 이상이 있을 때
③ 트랙의 균형이 맞지 않았을 때
④ 트랙 슈가 약간 마모되었을 때

해설 크롤러형 굴착기가 주행 중 주행방향이 틀려지는 원인
• 센터 조인트의 작동 불량
• 유압장치의 불량
• 트랙의 균형(정렬) 불량
• 지면의 불규칙

35 다음 중 굴착기 엔진 시동 후 점검 사항과 거리가 먼 것은 어느 것인가?

① 엔진의 배기 음 및 배기색이 정상인지 확인한다.
② 작동유 탱크의 레벨 게이지는 적정 유량인지 확인한다.
③ 각 체결부의 풀림, 작업 장치 및 유압 계통의 상태를 점검한다.
④ 이상 음 및 이상 진동이 없는지 점검한다.

해설 엔진을 시동 하기 전 계기판을 점검한 후 장비를 전체적으로 돌려본다. 그리고 체결부의 풀림, 작업 장치 및 유압 계통의 상태를 점검해 준다.

36 다음 중 굴착기 선회(스윙) 동작이 원활하게 안 되는 원인으로 틀린 것은 어느 것인가?

① 터닝 조인트 불량
② 선회(스윙) 모터 내부 손상
③ 컨트롤 밸브 스풀 불량
④ 릴리프 밸브 설정 압력 부족

해설 굴착기의 선회(스윙)은 유압으로 구동되는 모터로 작동되므로 유압밸브나 스윙 모터 등에 영향을 받는다.

예상문제(12)

37 다음 중 굴삭작업 시 주의해야 할 안전에 관한 설명으로 틀린 것은 어느 것인가?

① 굴삭작업 시 구덩이 끝단과 거리를 두어 지반의 붕괴가 없도록 한다.
② 경사면 작업 시 붕괴 가능성을 항상 확인하면서 작업한다.
③ 굴삭작업 시 암을 완전히 오므리거나 완전히 펴서 작업을 한다.
④ 굴삭작업 전 장비가 위치할 지반을 확인하여 안전성을 확보한다.

해설 굴삭작업 시 암을 완전히 펼치지 않고 실린더 행정의 끝부분에 약간의 여유를 두고 작업을 해 주어야 한다.

38 굴착기 추진축의 스플라인 부가 마모되었을 때 두드러지게 나타나는 현상에 대해 설명한 것은 어느 것인가?

① 주행 중 소음을 내고 추진축이 진동한다.
② 차동기어의 물림이 불량하게 된다.
③ 신축작용 시 추진축이 구부러진다.
④ 미끄럼 현상이 일어난다.

해설 굴착기 추진축의 스플라인 부가 마모되면 주행 중 소음을 내고 추진축이 진동하게 된다.

39 다음 중 암, 붐, 버킷 등으로 구성되어 있는 굴착기의 주요 구조부는?

① 상부 주행체　　　② 하부 주행체
③ 상부 회전체　　　④ 작업장치

해설 작업장치는 유압 실린더에 의해 구동되는 것으로 암, 붐, 버킷 등으로 구성되어 있다.

40 다음은 굴착기의 선회작동에 관한 설명이다. 접합하지 않은 것은 어느 것인가?

① 조종자의 시야가 양호한 쪽으로 선회한다.
② 장애물이 있는지 확인한 후 선회한다.
③ 굴착을 완료한 후 붐을 올리면서 암과 버킷을 약간씩 오므리면서 토사가 흘러내리지 않게 한다.
④ 굴착 적재작업에서는 가능한 한 선회거리가 길어야 한다.

해설 굴착 적재작업에서는 가능한 한 선회거리가 짧아야 한다.

41 다음 중 유압식 굴착기에서 센터 조인트의 기능에 대해 설명한 것은 어느 것인가?

① 전·후륜의 중앙에 있는 디퍼렌셜을 가리키는 것이다.
② 물체가 원운동을 하고 있을 때 그 물체에 작용하는 원심력으로서 원의 중심에서 멀어지는 기능을 하는 것이다.
③ 상부 회전체의 오일을 하부주행모터에 공급한다.
④ 스티어링 링키지의 하나로 차체의 중앙 고정 축 주위에 움직이는 암이다.

해설 센터 조인트는 상부 회전체가 회전하더라도 오일 관로가 꼬이지 않고 오일을 하부 주행체로 원활히 공급하는 기능을 한다.

42 유압회로 내의 밸브를 갑자기 닫았을 때, 오일의 속도에너지가 압력에너지로 변하면서 일시적으로 큰 압력증가가 생기는 현상을 무엇이라 하는가?

① 캐비테이션(cavitation) 현상
② 서지(surge) 현상
③ 채터링(chattering) 현상
④ 에어레이션(aeration) 현상

해설 서지압력
　· 과도하게 발생하는 이상 압력의 최댓값을 말한다.
　· 유압회로 내의 밸브를 갑자기 닫았을 때, 오일의 속도에너지가 압력에너지로 변하면서 일시적으로 압력증가가 크게 나타난다.

43 유압으로 작동되는 작업 장치에서 작업 중 힘이 떨어질 때의 원인과 가장 밀접한 밸브는?

① 메인 릴리프 밸브　　　② 체크(Check) 밸브
③ 방향 전환 밸브　　　④ 메이크업 밸브

해설 메인 릴리프 밸브: 흡입 포트와 제1섹션 사이에 설치되어, 유압 펌프로부터 송출되는 유압유를 전량 배출시킬 수 있는 용량을 가진 밸브로 유압으로 작동되는 작업 장치에서 작업 중 힘이 떨어지면 메인 릴리프 밸브를 점검한다.

44 다음 중 유압회로에 사용되는 제어밸브의 역할과 종류의 연결 사항으로 틀린 것은 어느 것인가?

① 일의 시간 제어: 속도제어밸브
② 일의 속도 제어: 유량조절밸브
③ 일의 크기 제어: 압력제어밸브
④ 일의 방향 제어: 방향제어밸브

해설 제어밸브의 역할
　· 압력제어밸브: 일의 크기 결정
　· 유량제어밸브: 일의 속도 결정
　· 방향제어밸브: 일의 방향 결정

예상문제(12)

45 유압 실린더에서 피스톤 행정이 끝날 때 발생하는 충격을 흡수하기 위해 설치하는 장치는?

① 쿠션 기구
② 압력보상 장치
③ 서보 밸브
④ 스로틀 밸브

해설 ② 압력보상 장치: 내압선각 밖에 설치한 기기의 내압과 외압을 균압으로 조정하기 위한 장치
③ 서보 밸브: 기계적 또는 전기적 입력 신호에 의해서 압력 또는 유량을 제어하는 밸브를
④ 스로틀 밸브: 기화기 또는 스로틀 보디를 통과하는 공기량을 조절하기 위해 여닫는 밸브

46 유압 실린더의 종류에 해당하지 않는 것은?

① 단동 실린더
② 복동 실린더
③ 다단 실린더
④ 회전 실린더

해설 유압 실린더의 종류
- 단동 실린더: 피스톤 한쪽에만 유압이 작용하여 출력이 한쪽 방향으로만 발생되며, 복귀 작용은 자중이나 스프링 및 외력에 의해서 이루어지는 실린더를 말한다.
- 복동 실린더: 피스톤 양쪽에 유압이 작용하여 출력이 신장 및 수축 양쪽으로 작용한다. 동력 조향 장치에 사용되는 유압 실린더는 복동 실린더를 사용한다.
- 다단 실린더: 짧은 실린더로 긴 작동행정 스트로크를 얻기 위하여 실린더 내부에 다단의 실린더 혹은 피스톤을 내장한 실린더이다.

47 유압장치에서 금속가루 또는 불순물을 제거하기 위해 사용되는 부품으로 짝지어진 것은?

① 여과기와 어큐뮬레이터
② 스크레이퍼와 필터
③ 필터와 스트레이너
④ 어큐뮬레이터와 스트레이너

해설
- 스트레이너: 탱크내의 펌프 흡입구에 설치하며, 펌프 및 회로의 불순물을 제거하기 위해 흡입을 막는다.
- 필터: 불순물을 제거하기 위하여 사용하는 여과기이다.

48 유압모터의 특징 중 거리가 가장 먼 것은?

① 소형으로 강력한 힘을 낼 수 있다.
② 과부하에 대해 안전하다.
③ 정·역회전 변화가 불가능하다.
④ 무단변속이 용이하다.

해설 유압모터의 특징
- 소형 경량인데 비하여 큰 토크와 동력을 낼 수 있다.
- 비압축성 유체로서 응답성이 좋다.
- 내폭성이 좋다.
- 무단 변속의 범위가 넓다.
- 전동모터에 비하여 쉽게 급속정지를 시켜도 과부하가 걸리지 않는다.
- 정·역회전 변화가 용이하다.

49 기어식 유압펌프의 특징이 아닌 것은?

① 구조가 간단하다.
② 유압 작동유의 오염에 비교적 강한 편이다.
③ 플런저 펌프에 비해 효율이 떨어진다.
④ 가변 용량형 펌프로 적당하다.

해설 가변 용량형 펌프로 적당한 것은 플런저 펌프이다.

50 릴리프 밸브에서 볼이 밸브의 시트를 때려 소음을 발생시키는 현상은?

① 채터링(chattering) 현상
② 베이퍼 록(vaper lock) 현상
③ 페이드(fade) 현상
④ 노킹(knock) 현상

해설 ② 베이퍼 록(vaper lock) 현상: 브레이크액에 기포가 발생하여 브레이크가 제대로 작동하지 않는 현상
③ 페이드(fade) 현상: 자동차가 빠른 속도로 달릴 때 제동을 걸면 브레이크가 잘 작동하지 않는 현상
④ 노킹(knock) 현상: 다량의 열이 지나치게 많이 실린더나 피스톤에 전달되어 출력이 감소되고 나아가서는 엔진이 과열되어 파손을 야기 시키는 현상

51 산업재해 부상의 종류별 구분에서 경상해란?

① 부상으로 인하여 1일 이상 14일 미만의 노동 상실을 가져온 상해
② 응급 처지 이하의 상처로 작업에 종사하면서 치료를 받는 상해 정도
③ 부상으로 안하여 2주 이상의 노동 상실을 가져온 상해 정도
④ 업무상 목숨을 잃게 되는 경우

해설 안전사고 상해의 종류
- 중상해: 부상으로 인하여 2주 이상의 노동 상실을 가져온 상해 정도
- 경상해: 부상으로 인하여 1일 이상 14일 미만의 노동 상실을 가져온 상해
- 경미상해: 부상으로 인하여 8시간 이하의 휴무 또는 작업에 종사하면서 치료를 받는 상해

52 다음 중 보호구를 선택할 때의 유의 사항으로 틀린 것은?

① 작업 행동에 방해되지 않을 것
② 사용 목적에 구애받지 않을 것
③ 보호구 성능기준에 적합하고 보호 성능이 보장될 것
④ 착용이 용이하고 크기 등 사용자에게 편리할 것

해설 보호구는 사용 목적에 맞는 것을 사용해야 한다.

예상문제(12)

53 산업안전보건법령상 안전 · 보건표지의 종류 중 다음 그림에 해당하는 것은?

① 신화성물질경고
② 인화성물질경고
③ 폭발성물질경고
④ 급성독성물질경고

해설 산업안전보건법령상 안전 · 보건표지의 종류 문제의 그림에 해당하는 것은 인화성물질경고이다.

54 작업장의 사다리식 통로를 설치하는 관렵법상 틀린 것은?

① 견고한 구조로 할 것
② 발판의 간격은 일정하게 할 것
③ 사다리가 넘어지거나 미끄러지는 것을 방지하기 위한 조치를 할 것
④ 사다리식 통로의 길이가 10m 이상인 때에는 접이식으로 설치할 것

해설 사다리식 통로를 설치할 때는 다음 사항을 준수해야 한다(안전규칙 제20조)
• 견고한 구조로 할 것
• 계단의 간격은 동일하게 할 것
• 발판과 벽과의 사이는 적당한 간격을 유지할 것
• 사다리의 전위방지를 위한 조치를 할 것
• 사다리가 넘어지거나 미끄러지는 것을 방지하기 위한 조치를 할 것
• 사다리의 상단은 걸쳐놓은 지점으로부터 60cm 이상 올라가도록 할 것
• 사다리식 통로의 길이가 10m 이상인 때에는 5m 이내마다 계단참을 설치할 것
• 사다리식 통로의 구배는 80도 이내로 할 것

55 수공구 사용 시 유의사항으로 맞지 않는 것은?

① 무리한 공구 취급을 금한다.
② 토크렌치는 볼트를 풀 때 사용한다.
③ 수공구는 사용법을 숙지하여 사용한다.
④ 공구를 사용하고 나면 일정한 장소에 관리 보관한다.

해설 토크렌치: 볼트와 너트를 규정된 토크에 맞춰 조일 때 사용하는 공구

56 노출된 가스배관의 길이가 몇 m 이상인 경우에 기준에 따라 점검통로 및 조명시설을 설치하여야 하는가?

① 10
② 15
③ 20
④ 30

해설 노출된 가스배관의 길이가 15m 이상인 경우에 기준에 따라 점검통로 및 조명시설을 설치하여야 한다.

57 다음 중 사고의 직접적인 원인으로 가장 적당한 것은 어느 것인가?

① 유전적 요인
② 성격 결함
③ 불안전한 행동 및 상태
④ 사회적 환경 요인

해설 불안전한 행동 및 상태는 사고의 직접적인 원인으로 가장 적당한 것으로, 재해 발생 원인 중 가장 큰 비중을 차지하고 있다.

58 다음 중 사용구분에 따른 차광보안경의 종류에 해당하지 않는 것은?

① 자외선용
② 적외선용
③ 용접용
④ 비산방지용

해설 차광보안경의 종류: 자외선용, 적외선용, 복합용, 용접용

59 다음 중 산소결핍의 우려가 있는 장소에서 착용하여야 하는 마스크의 종류는?

① 방독 마스크
② 방진 마스크
③ 송기 마스크
④ 가스 마스크

해설 송기마스크는 산소 농도가 18% 미만이거나 유해물질 농도가 2% (암모니아 3%)이상인 장소에서 작업 시 사용한다.

60 다음 중 전기설비 화재 시 가장 적합하지 않은 소화기는?

① 포말 소화기
② 이산화탄소 소화기
③ 무상강화액 소화기
④ 할로겐화합물 소화기

해설 포말소화기는 거꾸로 흔들어 안에 들어 있는 두 가지 용액을 섞어 사용하고 목재, 섬유 등 일반 화재뿐만 아니라 가솔린 등의 유류나 화학 약품 화재에 적당하지만 전기 화재에는 적당하지 않다는 점이 있다.

정답

1	2	3	4	5	6	7	8	9	10
④	②	④	④	③	①	②	③	③	③
11	12	13	14	15	16	17	18	19	20
③	①	③	④	①	③	②	③	④	④
21	22	23	24	25	26	27	28	29	30
③	④	④	②	④	④	④	②	②	④
31	32	33	34	35	36	37	38	39	40
①	④	④	④	④	①	③	①	④	④
41	42	43	44	45	46	47	48	49	50
③	②	①	①	④	④	③	②	①	①
51	52	53	54	55	56	57	58	59	60
①	②	②	④	②	②	③	④	③	①

상시검정 예상문제(13)

01 건설기계 운전 작업 후 탱크에 연료를 가득 채워주는 이유와 가장 관계가 적은 것은?
① 다음 작업을 위해서
② 연료의 기포방지를 위해서
③ 연료탱크에 수분이 생기는 것을 방지하기 위해서
④ 연료의 압력을 높이기 위해서

해설 건설기계 운전 작업 후 연료탱크에 빈 공간이 있으면 연료탱크에 수분이 생기게 된다. 따라서 연료를 가득 채우는 것은 압력과는 아무런 상관이 없다.

02 4행정 디젤기관에서 동력행정을 뜻하는 것은?
① 흡기행정
② 압축행정
③ 폭발행정
④ 배기행정

해설 4행정 디젤기관: 흡입행정-압축행정-폭발행정-배기행정
• 흡입행정(공기를 흡입한다): 흡기밸브가 열리면서 배기밸브는 닫힌 상태에서 피스톤이 아래로 내려가고 공기가 실린더 내부로 들어온다.
• 압축행정(공기를 압축한다): 흡기밸브와 배기밸브가 닫히고 피스톤이 올라가면서 공기를 고온고압으로 압축한다.
• 폭발행정(고온고압의 공기에 연료를 분사하여 태운다): 피스톤이 다 올라온 시점에서 연료를 분사해 주면 고온고압의 공기가 연료를 폭발시키고 피스톤은 다시 내려간다.
• 배기행정(연료를 밷는다): 배기밸브가 열리고 내려갔던 피스톤이 올라오면서 배기가스가 나간다.

03 기관과열 원인과 가장 거리가 먼 것은?
① 팬벨트가 헐거울 때
② 물 펌프 작용이 불량할 때
③ 크랭크축 타이밍기어가 마모되었을 때
④ 방열기 코어가 규정이상으로 막혔을 때

해설 기관 과열의 원인으로는 팬벨트의 장력이 적거나 파손되었을 때, 냉각팬 파손, 방열기 코어가 규정 이상으로 막혔을 때, 수온 조절기가 닫힌체 고장, 냉각수량이 부족할 때 등이 있다.

04 디젤기관에 공급하는 연료의 압력을 높이는 것으로 조속기와 분사시기를 조절하는 장치가 설치되어 있는 것은?
① 유압펌프
② 프라이밍 펌프
③ 연료 분사펌프
④ 플런저 펌프

해설 • 유압펌프: 외부에서 공급되는 기계적 에너지를 유압 시스템 작동유의 압력 에너지로 변환시키는 장치이다. 일반적으로 고압이 요구되므로 용적식이 주로 사용된다.
• 플런저 펌프: 왕복펌프의 일종으로 실린더 내를 1개의 환봉 즉, 플런저가 왕복해서 실린더 내의 물을 배제한 양만큼 송수하는 펌프이다.

05 건설기계기관에서 크랭크 축(crank shaft)의 구성부품이 아닌 것은?
① 크랭크 암(crank arm)
② 크랭크 핀(crank pin)
③ 저널(journal)
④ 플라이 휠(fly wheel)

해설 플라이 휠: 회전축에 설치된 관성모멘트가 큰 바퀴이다.
• 특징·용도: 림의 두께를 두껍게 하고 있는 것으로, 관성모멘트 가 크고 그 관성을 이용하여 회전속도를 일정하게 하기도 하고 피스톤 기관의 토크를 평균화하게 하기도 한다.

06 실린더헤드 등 면적이 넓은 부분에서 볼트를 조이는 방법으로 가장 적합한 것은?
① 규정 토크를 한 번에 조인다.
② 중심에서 외측을 향하여 대각선으로 조인다.
③ 외측에서 중심을 향하여 대각선으로 조인다.
④ 조이기 쉬운 곳부터 조인다.

해설 실린더 헤드 등 면적이 넓은 부분에서 볼트를 조이는 방법으로는 중심에서 외측을 향하여 대각선으로 조여주어야 조이면서 헤드가 뒤틀리는 것을 방지할 수 있다.

07 직접분사식에 가장 적합한 노즐은?
① 개방형 노즐
② 핀틀형 노즐
③ 스로틀형 노즐
④ 구멍형 노즐

해설 ① 개방형 노즐: 분사노즐끝에 밸브가 없이 항상 열려 있는 노즐로서 가솔린엔진의 기화나 LPG엔진의 베이퍼라이저에 이용된다.
② 핀틀형 노즐: 노즐 본체로부터 연료 분사 구멍이 1개이며, 니들밸브 끝이 바깥쪽으로 확산되는 구조를 가지고 있다.
③ 스로틀형 노즐: 핀틀형 노즐을 개량한 것으로서 니들 밸브의 끝이 길고 2단으로 되어 있으며, 니들 밸브 끝은 나팔 모양을 하고 있다.

08 터보차저에 사용하는 오일로 맞는 것은?
① 유압오일
② 특수오일
③ 기어오일
④ 기관오일

해설 터보차저: 내연기관에서 필연적으로 발생하는 엔진의 배출가스 압력을 이용해 터빈을 돌린 후, 이 회전력을 이용해 흡입하는 공기를 대기압보다 강한 압력으로 밀어 넣어 출력을 높이기 위한 기관으로 기관오일을 사용한다.

상시검정 예상문제(13)

09 고속 디젤기관의 장점으로 틀린 것은?

① 열효율이 가솔린 기관보다 높다.
② 인화점이 높은 경유를 사용하므로 취급이 용이하다.
③ 가솔린 기관보다 최고 회전수가 빠르다.
④ 연료 소비량이 가솔린 기관보다 적다.

해설 고속 디젤기관의 장점
• 열효율이 높고, 연료소비량이 적다.
• 인화점이 높은 경유를 연료로 사용하므로 그 취급이나 저장에 위험이 적다.
• 대형 기관 제작이 가능하다.
• 경부하시 효율이 그다지 나쁘지 않다(저속에서 큰 회전력이 발생한다).
• 공기의 과잉 상태로 운전되므로 배기 가스에 일산화탄소의 함유량이 적다.
• 2사이클 기관이 비교적 유리하다.

10 피스톤의 운동 방향이 바뀔 때 실린더 벽에 충격을 주는 현상을 무엇이라고 하는가?

① 피스톤 스틱(stick) 현상
② 피스톤 슬랩(slap) 현상
③ 블로바이(blow by) 현상
④ 슬라이드(slide) 현상

해설 ① 피스톤 스틱 현상: 피스톤이 실린더에 달라붙어 움직이지 못하게 되는 현상
③ 블로바이 현상: 압축 및 폭발 행정시 실린더 벽과 피스톤 사이로 연소가스가 새어 나오는 현상

11 기관에서 실화(miss fire)가 일어났을 때의 현상으로 맞는 것은?

① 엔진의 출력이 증가한다.
② 연료소비가 적다.
③ 엔진이 과냉 한다.
④ 엔진회전이 불량하다.

해설 디젤기관에서 실화할 때 진동이 생기기 때문에 기관회전이 불량해 진다.

12 건설기계 기관에 있는 팬벨트의 장력이 약할 때 생기는 현상으로 맞는 것은?

① 발전기 출력이 저하될 수 있다.
② 물 펌프 베어링이 조기 손상된다.
③ 엔진이 과냉된다.
④ 엔진이 부조를 일으킨다.

해설 건설기계 기관에 있는 팬벨트의 장력이 약하면 발전기가 충분히 회전을 못하기 때문에 발전기의 출력이 저하된다.

13 AC 발전기의 출력은 무엇을 변화시켜 조정하는가?

① 축전지 전압   ② 발전기의 회전속도
③ 로터 전류   ④ 스테이터 전류

해설 AC 발전기의 출력은 로터 자계의 자성이 변함에 따라 출력이 변화된다.

14 충전된 축전지를 방치 시 자기방전(self-discharge)의 원인과 가장 거리가 먼 것은?

① 음극판의 작용물질이 황산과 화학작용으로 방전
② 전해액 내에 포함된 불순물에 의해 방전
③ 전해액의 온도가 올라가서 방전
④ 양극판의 작용물질 입자가 축전지 내부에 단락으로 인한 방전

해설 자기방전의 주요 원인은 전해액 속의 불순물에 의해 음극과의 사이에 국부전지가 생기고, 또 격자와 양극판의 작용물질 사이에 국부전지가 생겨 방전하는 경우가 있다. 그리고 배터리의 외부 표면에서 생기는 누전 전류도 자기방전의 원인이 된다.

15 다음 중 전조등 회로의 구성으로 맞는 것은?

① 전조등 회로는 직렬로 연결되어 있다.
② 전조등 회로는 병렬로 연결되어 있다.
③ 전조등 회로는 직렬과 단식 배선으로 연결되어 있다.
④ 전조등 회로는 단식 배선이다.

해설 전조등 회로는 퓨즈, 라이트 스위치, 디머 스위치 등으로 구성되어 있으며, 양쪽의 전조등은 하이빔과 로우빔 각각 병렬로 접속되어 있다.

16 기동 전동기의 브러시는 본래 길이의 얼마 정도 마모되면 교환하는가?

① 1/2 이상 마모되면 교환
② 1/3 이상 마모되면 교환
③ 2/3 이상 마모되면 교환
④ 3/4 이상 마모되면 교환

해설 브러시가 표준 길이에서 1/3 정도 마멸되면 교환한다.

17 전기 회로에서 단락에 의해 전선이 타거나 과대 전류가 부하에 흐르지 않도록 하는 구성품은?

① 스위치   ② 릴레이
③ 퓨즈   ④ 축전지

해설 ① 스위치: 전기회로의 개폐나 접속 상태를 변경하기 위해서 사용하는 기구이다.
② 릴레이: 전기, 전자제품의 구동과 신호 전달 기능을 수행하는 전자부품. 코일이 감겨진 철심에 전류를 흘리면 철심이 전자석이 되는 원리를 이용한 것으로 거의 모든 가전제품, 통신기기에 적용되는 범용부품이다.
④ 축전지: 양과 음의 전극판과 전해액으로 구성되어 있어, 화학작용에 의해 직류기전력을 생기게 하여 전원으로 사용할 수 있는 장치이다.

18 빛을 받으면 전류가 흐르지만 빛이 없으면 전류가 흐르지 않는 전기 소자는?

① 발광 다이오드   ② 포토 다이오드
③ 제너 다이오드   ④ PN 접합 다이오드

해설 ① 발광 다이오드: 반도체의 p-n 접합구조를 이용하여 주입된 소수캐리어(전자 또는 정공)를 만들어내고, 이들의 재결합에 의하여 발광시키는 것으로

예상문제(13)

LED(light emitting diode)라고도 한다.
③ 제너 다이오드: 정전압 다이오드라고도 한다. 제너 효과를 이용하여 전압을 일정하게 유지하는 작용을 하는 다이오드를 말한다.
④ PN 접합 다이오드: 접합만을 이용해서 구성하고 최종적인 단계에서 스위칭을 해서 전류를 조절하는 다이오드를 말한다.

19 실드빔 전조등에 대한 설명 중 틀린 것은?
① 렌즈를 교환할 수 있다.
② 광도의 변화가 적다.
③ 반사경이 흐려지는 일이 없다.
④ 내부에 불활성 가스가 들어 있다.

해설 실드빔 전조등은 렌즈와 반사경을 용접하여 안에 필라멘트를 넣어 밀봉한 전등으로 렌즈를 교환할 수 없다.

20 유체 클러치에서 가이드 링의 역할은?
① 유체클러치의 와류를 증가시킨다.
② 유체클러치의 유격을 조정한다.
③ 유체클러치의 와류를 감소시킨다.
④ 유체클러치의 마찰을 증대시킨다.

해설 가이드 링: 오일은 맴돌이 흐름을 하기 때문에 내부에서 유체간에 충돌이 발생되어 클러치 효율이 저하되는데, 중심부에 가이드 링을 설치하여 유체 충돌의 발생을 감소 시켜 클러치 효율을 높이는 역할을 한다.

21 다음 중 굴착기 스윙(선회) 동작이 원활하게 안 되는 원인으로 잘못된 것은?
① 릴리프 밸브 설정압력 부족
② 스윙(선회)모터 내부 손상
③ 터닝 조인트 불량
④ 컨트롤 밸브 스풀 불량

해설 터닝 조인트는 굴착기 상·하부의 통신을 연결하는 장치이므로 굴착기 스윙(선회) 동작과는 아무 상관이 없다.

22 굴착기 버킷 포인트(투스)의 사용 및 정비방법으로 옳은 것은 어느 것인가?
① 로크형 포인트는 점토, 석탄 등을 잘라낼 때 사용한다.
② 샤프형 포인트는 암석, 자갈 등의 굴착 및 적재작업에 사용된다.
③ 마모 상태에 따라 안쪽과 바깥쪽의 포인트를 바꿔가며 사용한다.
④ 핀과 고무 등은 가능한 한 그대로 사용한다.

해설 굴착기 버킷 포인트(투스)는 마모 상태에 따라 안쪽과 바깥쪽의 포인트를 바꿔가며 사용한다.

23 크롤러형 굴착기를 주행·운전할 때 적합하지 않은 것은 어느 것인가?
① 가능하면 평탄한 지면을 택하고, 엔진은 중속이 적합하다.
② 주행 시 전부장치는 전방을 향하게 하는 것이 좋다.
③ 주행 시 버킷의 높이는 30~40cm가 적합하다.
④ 암반 통과 시 엔진 속도는 고속이어야 한다.

해설 울퉁불퉁한 곳이나 암반을 주행할 때에는 엔진 속도는 저속이어야 한다.

24 다음 중 깎기 작업 중 원활한 깎기 작업을 위하여 벌개 채근을 수행해야 하는데, 벌개 채근 수행에 대한 설명으로 잘못된 것은?
① 흙 쌓기 높이가 1.5m 이상인 구간에 있는 수목이나 그루터기는 지표면에 바짝 붙도록 잘라 잔존 높이가 지표면에서 15cm 이하가 되도록 해야 한다.
② 흙 쌓기 구간에서 유해 물질이나 오염원 또는 유기질을 다량 함유하고 있는 표토는 감독자의 지시에 따라 제거하고 확인을 받아야 한다.
③ 소각이 안 되고 썩기 쉬운 물질은 지정된 장소에 처분해야 한다.
④ 흙 쌓기 높이가 1.5m 미만인 구간에 있는 수목이나 그루터기, 뿌리, 덤불 등은 지 표면에서 5cm 깊이까지 모두 제거해야 한다.

해설 흙 쌓기 높이가 1.5m 미만인 구간에 있는 수목이나 그루터기, 뿌리, 덤불 등은 지 표면에서 20cm 깊이까지 모두 제거해야 한다.

25 쌓기 작업 중 흙 쌓기 작업에 대한 설명으로 잘못된 것은?
① 흙 쌓기 작업은 규준틀, 토공 포스트, 배수 준비, 표토 제거, 구조물 및 지장물 철거 등과 함께 시행한다.
② 비탈면의 기울기가 1:4 보다 급한 기울기를 가진 지반 위에 흙 쌓기를 하는 경우에는 원 지반 표면에 층따기를 실시한다.
③ 기존 도로의 확장을 위하여 기존 도로에 접속시키는 흙 쌓기를 하는 경우에도 층따기를 해야 한다.
④ 비탈면 위에 흙 쌓기를 하는 경우에는 배수구와 배수층을 설치한다.

해설 흙 쌓기 작업은 규준틀, 토공 포스트, 배수 준비, 표토 제거, 구조물 및 지장물 철거 등이 완전히 이루어진 후에 시행한다.

26 굴착기에 장착된 아워 미터의 설치 목적으로 맞는 것은?
① 주행거리를 나타낸다.
② 엔진 오일량을 나타낸다.
③ 작동유량을 나타낸다.
④ 엔진 가동시간을 나타낸다.

해설 굴착기에 장착된 아워 미터는 엔진 가동시간을 나타낸다.

예상문제(13)

굴착기운전기능사

27 굴착기 작업 시 안전 사항으로 잘못된 것은 어느 것인가?

① 안전한 작업 반경을 초과해서 하중을 이동 시킨다.

② 빠르게 선회 하면서 스윙력을 이용하여 버킷으로 암석을 파쇄하지 않는다.

③ 작업을 중지할 때는 파낸 모서리에서 장비를 이동 시킨다.

④ 굴착 하면서 주행하지 않는다.

해설 굴착 작업 시 반경을 초과해서 하중을 이동 시키지 않는다.

28 붐과 암 부분에 회전기를 두어 굴삭기의 이동 없이도 암이 360도 회전할 수 있는 붐은?

① 백호 스틱 붐　　　② 투피스 붐

③ 원피스 붐　　　　④ 로터리 붐

해설 ① 백호 스틱 붐: 암의 길이가 길어 굴삭 깊이를 깊게 할 수 있고 트렌치 작업에 적당하다.

② 투피스 붐: 굴착 깊이를 깊게 할 수 있고 다용도로 쓰인다.

③ 원피스 붐: 보통 작업에 가장 많이 사용되며 174~177도의 굴착작업이 가능하다.

29 굴착기 작업 중 운전자 하차 시 주의사항으로 틀린 것은?

① 엔진을 정지시킨다.

② 엔진 정지 후 가속레버를 최대로 당겨 놓는다.

③ 버킷을 땅에 완전히 내린다.

④ 타이어식인 경우 경사지에서 정차 시 고임목을 설치한다.

해설 굴착기 작업 중 운전자 하차할 때 정지한 다음에는 가속레버를 뒤로 밀어준다.

30 굴착 작업 시 작업능력이 떨어지는 원인으로 맞는 것은?

① 트랙 슈에 주유가 안 됨

② 릴리프 밸브 조정 불량

③ 조향핸들 유격과다

④ 아워미터 고장

해설 굴착 작업 시 작업능력이 떨어지는 원인에는 릴리프 밸브로 압력을 조정하는데 릴리프 밸브 조정이 불량해지면 작업 능력이 떨어지게 된다.

31 다음 중 건설기계관리법에서 정의한 건설기계 형식을 가장 잘 나타낸 것은 어느 것인가?

① 형식 및 규격을 말함

② 구조·규격 및 성능 등에 관하여 일정하게 정한 것을 말함

③ 엔진구조 및 성능을 말함

④ 성능 및 용량을 말함

해설 건설기계관리법에서 정의한 건설기계 형식: 건설기계의 구조·규격 및 성능 등에 관하여 일정하게 정한 것을 말함

32 건설기계의 등록신청은 누구에게 하는가?

① 건설기계 작업현장 관할 시·도지사

② 국토교통부장관

③ 국무총리실

④ 건설기계 소유자의 주소지 또는 사용본거지 관할 시#도지사

해설 건설기계의 등록신청은 소유자의 주소지 또는 건설기계 사용본거지를 관할하는 시·도지사에게 한다.

33 건설기계 등록번호표 제작 등을 할 것을 통지하거나 명령하여야 하는 것에 해당 되지 않는 것은?

① 신규 등록을 하였을 때

② 등록이전 신고를 받을 때

③ 등록번호표의 재 부착 신청이 없을 때

④ 등록번호의 식별이 곤란한 때

34 등록 건설기계의 기종별 표시 방법 중 맞는 것은?

① 01: 불도저　　　② 02: 모터그레이더

③ 03: 지게차　　　④ 04: 덤프트럭

해설 등록 건설기계의 기종별 표시

01	불도저	10	노상안정기	19	골재살포기
02	굴착기	11	콘크리트뱃칭플랜트	20	쇄석기
03	로더	12	콘크리트피니셔	21	공기압축기
04	지게차	13	콘크리트살포기	22	천공기
05	스크레이퍼	14	콘크리트믹서트럭	23	항타 및 항발계
06	덤프트럭	15	콘크리트펌프	24	사리채취기
07	기중기	16	아스팔트믹싱플랜트	25	준설선
08	모터그레이더	17	아스팔트피니셔	26	특수 건설기계
09	롤러	18	아스팔트살포기	27	타워크레인

35 타이어식 굴착기의 정기검사 유효 기간은?

① 6월　　　　　② 1년

③ 2년　　　　　④ 3년

해설 각종 기계 검사

기종	구분	검사 유효기간
굴착기	타이어식	1년
로더	타이어식	2년
지게차	1톤 이상	2년
덤프트럭		1년
기중기	타이어식, 트럭 적재식	1년
모터그레이더		3년
콘크리트 믹서트럭		1년
콘크리트 펌프	트럭 적재식	1년
아스팔트 살포기		1년
천공기	트럭 적재식	2년

36 건설기계 등록지가 다른 시·도로 변경되었을 경우 해야 할 사항은?

① 등록증을 당해 등록처에 제출한다.
② 등록사항 변경 신고를 하여야 한다.
③ 등록증과 검사증을 등록처에 제출한다.
④ 등록이전 신고를 하여야 한다.

해설 등록이전 신고는 시·도지사 간의 변동이 있을 경우에 한다.

37 건설기계를 운전하여 교차로 전방 20m 지점에 이르렀을 때 황색 등화로 바뀌었을 경우 운전자의 조치방법은?

① 일시 정지하여 안전을 확인하고 진행한다.
② 정지할 조치를 취하여 정지선에 정지한다.
③ 그대로 계속 진행한다.
④ 주위의 교통에 주의하면서 진행한다.

해설 건설기계를 운전하여 교차로 전방 20m 지점에 이르렀을 때 황색 등화로 바뀌었을 경우 운전자는 정지할 조치를 취하여 정지선에 정지한다.

38 교차로의 가장자리 또는 도로의 모퉁이로부터 관련 법상 몇 m이내의 장소에 정차 및 주차를 해서는 안 되는가?

① 4m ② 5m
③ 6m ④ 8m

해설 주정차가 금지되어 있는 구역
• 교차로 · 횡단보도 · 건널목
• 보도와 차도가 구분된 도로의 보도
• 교차로의 가장자리 또는 도로의 모퉁이로부터 5미터 이내의 곳
• 안전지대의 사방으로부터 10미터 이내
• 정류장 표지판, 정류장 표시선으로부터 10미터 이내
• 건널목 가장자리 또는 횡단보도 10미터 이내

39 야간에 자동차를 도로에 정차 또는 주차하였을 때 등화조작으로 가장 적절한 것은?

① 전조등을 켜야 한다.
② 방향 지시등을 켜야 한다.
③ 실내등을 켜야 한다.
④ 미등 및 차폭등을 켜야 한다.

해설 야간에 자동차를 도로에 정차 또는 주차하였을 때는 미등과 차폭등을 켜야 한다.

40 다음 건물번호판에 대한 설명으로 맞는 것은?

① 서오릉로는 주 출입구, 100은 기초번호이다.
② 서오릉로는 도로명, 100은 건물번호이다.
③ 서오릉로는 도로별 구분기준, 100은 상세주소이다.
④ 서오릉로는 도로 시작점, 100은 건물주소이다.

해설 문제의 그림은 일반용 건물번호판으로 상단에는 도로명을, 하단에는 건물번호를 표시해 주어야 한다.

41 유압유의 노화촉진 원인이 아닌 것은?

① 유온이 높을 때
② 다른 오일이 혼입되었을 때
③ 수분이 혼입되었을 때
④ 플러싱을 했을 때

해설 플러싱: 유압계통의 완전한 세척을 말하는 것으로 플러싱을 하게 되면 유압유의 노화를 방지할수 있다.

42 유압장치에서 오일에 거품이 생기는 원인으로 가장 거리가 먼 것은?

① 오일탱크와 펌프 사이에서 공기가 유입될 때
② 오일이 부족하여 공기가 일부 흡입되었을 때
③ 펌프 축 주위의 토출측 실이 손상되었을 때
④ 유압유의 점도지수가 클 때

해설 유압유의 점도지수가 크면 온도에 따른 변화가 적어 거품이 생기지 않는다.

43 차동 회로를 설치한 유압기기에서 속도가 나지 않는 이유로 가장 적절한 것은?

① 회로 내에 감압밸브가 작동하지 않을 때
② 회로 내에 간로의 직경차가 있을 때
③ 회로 내에 바이패스 통로가 있을 때
④ 회로 내에 압력손실이 있을 때

해설 유압 회로 중 밸브와 작동기구에서 작동유가 누출되어 회로 내에 압력손실이 있을 때 유압기기에서 속도가 나지 않는 이유가 된다.

상시검정 예상문제(13)

44 유압장치에서 작동유압 에너지에 의해 연속적으로 회전운동 함으로서 기계적인 일을 하는 것은?

① 유압모터
② 유압실린더
③ 유압제어밸브
④ 유압탱크

해설 ② 유압실린더: 유압에 의해 피스톤 또는 플런저를 왕복 직선 운동시켜 기계적인 일을 행하게 하는 장치이다.
③ 유압제어밸브: 압력제어 밸브 회로의 압력을 제한, 감압, 과부하 방지, 무부하 동작, 조작의 순서 동작, 외부 부하와의 평형동작 등을 하는 밸브이다.
④ 유압탱크: 높은 곳에 두고 그 자연 낙차에 의해서 축받이 등에 급유하는 오일 탱크이다.

45 유압유에 점도가 서로 다른 2종류의 오일을 혼합하였을 경우에 대한 설명으로 맞는 것은?

① 오일 첨가제의 좋은 부분만 작동하므로 오히려 더욱 좋다.
② 점도가 달라지나 사용에는 전혀 지장이 없다.
③ 혼합은 권장 사항이며, 사용에는 전혀 지장이 없다.
④ 열화 현상을 촉진시킨다.

해설 유압유에 점도가 서로 다른 2종류의 오일을 혼합하면 열화 현상이 촉진되기 때문에 가급적이면 점도가 다른 두 종류의 오일을 혼합하여 사용하지 않아야 한다.

46 유압 실린더의 움직임이 느리거나 불규칙 할 때의 원인이 아닌 것은?

① 피스톤 링이 마모 되었다.
② 유압유의 점도가 너무 높다.
③ 회로 내에 공기가 혼입되고 있다.
④ 체크 밸브의 방향이 반대로 설치되어 있다.

해설 회로에 공기가 혼입되거나 유압이 낮아지면 유압 실린더의 움직임이 느리거나 불규칙해진다.

47 유압장치에서 금속 등 마모된 찌꺼기나 카본 덩어리 등의 이 물질을 제거하는 장치는?

① 오일 팬
② 오일 필터
③ 오일 쿨러
④ 오일 클리어런스

해설 ① 오일 팬: 절삭가공에 사용한 절삭유제나 베어링에서 유출한 기름을 받는 용기 또는 자동차 엔진 밑 부분 윤활 기름통을 말한다.
③ 오일 쿨러: 윤활용 등으로 사용되어 온도가 상승한 기름을 물 또는 공기로 냉각하는 장치이다.

48 회로 내 유체의 흐름 방향을 변환하는데 사용되는 밸브는?

① 교축 밸브
② 셔틀 밸브
③ 감압 밸브
④ 유압 액추에이터

해설 ① 교축 밸브: 통로의 단면적을 바꿔 교축 작용으로 감압과 유량 조절을 하는 밸브를 말한다.
③ 감압 밸브: 유압 회로에서 분기회로의 압력을 주 회로의 압력보다 저압으로 사용할 때 사용하는 밸브이다.

④ 유압 액추에이터: 갖고 있는 전기모터 혹은 유압이나 공기압으로 작동하는 피스톤·실린더 기구를 가리킨다.

49 유압이 규정치보다 높아 질 때 작동하여 계통을 보호하는 밸브는?

① 릴리프 밸브
② 리듀싱 밸브
③ 카운터 밸런스 밸브
④ 시퀀스 밸브

해설 ② 리듀싱 밸브: 액체의 압력이 사용 목적보다 높을 때 이것을 감압하고, 또 감압한 후 압력을 일정하게 유지하는 밸브를 말한다.
③ 카운터 밸런스 밸브: 중력에 의한 낙하를 방지하기 위해 배압을 유지하는 압력 제어 밸브이다.
④ 시퀀스 밸브: 3방향 밸브의 일종이며, 다이어프램의 수압판으로 조작된 공기압을 받아 밸브를 개폐하는 구조로 되어 있다. 팬 코일 유닛에 이용되며 냉·온수 공급을 제어하는 조작을 한다.

50 유압 펌프의 기능을 설명한 것으로 가장 적합한 것은?

① 유압회로 내의 압력을 측정하는 기구이다.
② 어큐뮬레이터와 동일한 기능을 한다.
③ 유압에너지를 동력으로 변환한다.
④ 원동기의 기계적 에너지를 유압에너지로 변환한다.

해설 유압 펌프: 외부에서 공급되는 기계적 에너지를 유압 시스템 작동유의 압력 에너지로 변환시키는 장치로 일반적으로 고압이 요구되므로 용적식이 주로 사용된다.

51 안전표지의 종류 중 안내표지에 속하지 않는 것은?

① 녹십자 표지
② 응급구호 표지
③ 비상구
④ 출입금지

해설 안내표지에는 녹십자 표지, 응급구호 표지, 들 것, 세안 장치, 비상구, 좌측 (우측) 비상구 등이 있다.

52 산업공장에서 재해의 발생을 적게 하기 위한 방법 중 틀린 것은?

① 폐기물은 정해진 위치에 모아둔다.
② 공구는 소정의 장소에 보관한다.
③ 소화기 근처에 물건을 적재한다.
④ 통로나 창문 등에 물건을 세워 놓아서는 안 된다.

해설 산업공장에서 소화기 근처에는 물건을 적재하여서는 안 된다.

53 가스누설 검사에 가장 좋고 안전한 것은?

① 아세톤
② 성냥불
③ 순수한 물
④ 비눗물

해설 가스가 새어 나오는 것을 정확하게 확인하는 방법에는 비눗물을 발라서 확인하는 것이 가장 좋다.

54 화재의 분류에서 유류, 가스 등의 가연성 액체나 기체 등의 화재에 해당되는 것은?

① A급 화재　　② B급 화재
③ C급 화재　　④ D급 화재

해설 화재의 분류
- A급 화재: 연소 후 재를 남기는 종류의 화재로서 가장 일반적인 화재이며 나무, 종이, 섬유 등의 가연물 화재가 이에 속함.
- B급 화재: 연소 후 재를 남기는 종류의 화재로서 유류, 가스 등의 가연성 액체나 기체 등의 화재가 이에 속함.
- C급 화재: 전기설비 등에서 발생하는 화재로서 수변전 설비, 전선로의 화재가 이에 속함.
- D급 화재: 금속 또는 금속분에서 발생하는 화재로서 이는 다른 화재에 비해 발생빈도는 높지 않으며 단체금속의 자연발화, 금속분에 의한 분진폭발 등의 화재가 이에 속함.

55 스패너 사용 방법 설명으로 틀린 것은?

① 스패너와 너트가 맞지 않으면 쐐기를 넣어 맞추어 쓴다.
② 스패너를 해머 대신에 사용하여서는 안 된다.
③ 스패너에 파이프를 끼워 사용하지 않는다.
④ 스패너는 볼트·너트에 잘 결합하고 앞으로 잡아당길 때 힘이 걸리도록 한다.

해설 스패너 사용 방법
- 스패너에 연장대를 끼워서 사용하지 않는다.
- 스패너는 올바르게 끼우고 앞으로 잡아당겨 사용한다.

56 벨트를 폴리에 걸 때는 어떤 상태에서 걸어야 하는가?

① 회전을 중지시킨 후 건다.
② 저속으로 회전시키면서 건다.
③ 중속으로 회전시키면서 건다.
④ 고속으로 회전시키면서 건다.

해설 벨트를 폴리에 걸 때에는 회전을 중지한 상태에서 걸어주어야 한다.

57 산업재해를 예방하기 위한 재방예방 4원칙으로 적당치 못한 것은?

① 대량 생산의 원칙　　② 예방 가능의 원칙
③ 원인 계기의 원칙　　④ 대책 선정의 원칙

해설 재해예방 4원칙
- 예방 가능의 원칙　　· 손실 우연의 원칙
- 원인 계기의 원칙　　· 대책 선정의 원칙

58 안전장치 선정 시의 고려사항에 해당되지 않는 것은?

① 위험부분에는 안전 방호 장치가 설치되어 있을 것
② 강도나 기능 면에서 신뢰도가 클 것
③ 작업하기에 불편하지 않는 구조 일 것
④ 안전장치 기능제거를 용이하게 할 것

해설 안전장치는 기능제거를 하면 안 된다.

59 굴착공사를 하고자 할 때 지하 매설물 설치 여부와 관련하여 안전상 가장 적합한 조치는?

① 굴착공사 시행자는 굴착공사를 착공하기 전에 굴착지점 또는 그 인근의 주요 매설물 설치 여부를 미리 확인하여야 한다.
② 굴착공사 시행자는 굴착공사 시공 중에 굴착지점 또는 그 인근의 주요 매설물 설치 여부를 확인하여야 한다.
③ 굴착작업 중 전기, 가스, 통신 등의 지하매설물에 손상을 가하였을 경우에는 즉시 매설 하여야 한다.
④ 굴착공사 도중 작업에 지장이 있는 고압케이블은 옆으로 옮기고 계속 작업을 진행한다.

해설 굴착공사를 하고자 할 때 시행자는 굴착공사를 착공하기 전에 굴착지점 또는 그 인근의 주요 매설물 설치 여부를 미리 확인하여야 한다.

60 도로 굴착자는 되메움 공사 완료 후 최소 몇 개월 이상 자반 침하 유무를 확인하여야 하는가?

① 1개월　　② 2개월
③ 3개월　　④ 4개월

해설 도로 굴착자는 되메움 공사 완료 후 최소 3개월 이상 자반 침하 유무를 확인하여야 한다.

정답

1	2	3	4	5	6	7	8	9	10
④	③	③	③	④	②	④	④	③	②
11	12	13	14	15	16	17	18	19	20
④	①	③	④	②	②	③	②	①	③
21	22	23	24	25	26	27	28	29	30
③	②	④	④	①	④	①	④	②	②
31	32	33	34	35	36	37	38	39	40
②	④	①	④	②	④	②	④	④	④
41	42	43	44	45	46	47	48	49	50
④	④	④	④	④	②	②	④	①	④
51	52	53	54	55	56	57	58	59	60
④	③	④	②	①	①	①	④	①	③

상시검정 예상문제(14)

굴착기운전기능사

01 건식 공기청정기의 효율저하를 방지하기 위한 방법으로 가장 적합한 것은?

① 기름으로 닦는다.
② 마른걸레로 닦아야 한다.
③ 압축공기로 먼지 등을 털어낸다.
④ 물로 깨끗이 세척한다.

해설 건식 공기청정기는 절대로 젖어서는 안 되기 때문에 압축공기로 쐬어 먼지를 털어낸다.

02 팬벨트에 대한 점검과정이다. 가장 적합하지 않은 것은?

① 팬벨트는 눌러(약 10kgf) 처짐이 13~20mm 정도로 한다.
② 팬벨트는 풀리의 밑 부분에 접촉되어야 한다.
③ 팬벨트의 조정은 발전기를 움직이면서 조정한다.
④ 팬벨트가 너무 헐거우면 기관과열의 원인이 된다.

해설 펜벨트는 발전기, 물펌프, 에어컨 등을 작동시키는 벨트로 너무 헐거우면 기관과열이 될 수 있다.

03 기관의 연료분사펌프에 연료를 보내거나 공기빼기 작업을 할 때 필요한 장치는?

① 체크 밸브(check valve)
② 프라이밍 펌프(priming pump)
③ 오버플로우 펌프(overflow pump)
④ 드레인 펌프(drain pump)

해설 ① 체크 밸브: 액체의 역류를 방지하기 위해 한쪽 방향으로만 흐르게 하는 밸브를 말한다.
④ 드레인 펌프: 수중 모터펌프와 탱크내장형의 세움축 펌프가 주로 사용되며, 건물에서 생기는 배수를 배출하는 데 사용된다.

04 냉각수 순환용 물 펌프가 고장 났을 때 기관에 나타날 수 있는 현상으로 가장 적합한 것은?

① 기관과열
② 시동 불능
③ 축전지의 비중 저하
④ 발전기 작동 불능

해설 냉각수 순환용 물 펌프가 하는 일은 강제 순환식으로 고장이 나면 즉각 온도가 상승하여 과열이 되는 주요 요인이 된다.

05 디젤기관에서 압축압력이 저하되는 가장 큰 원인은?

① 냉각수 부족
② 엔진오일 과다
③ 기어오일의 열화
④ 피스톤 링의 마모

해설 디젤기관에서 압축압력이 저하되는 가장 큰 원인은 피스톤 링의 마모 때문이다.

06 엔진 윤활유의 기능이 아닌 것은?

① 윤활작용
② 냉각작용
③ 연소작용
④ 방청작용

해설 엔진 윤활류는 윤활과 냉각, 방청, 청정, 밀봉, 완충 등의 다양한 기능을 수행한다.

07 디젤기관에서 에어클리너가 막혔을 때 발생하는 현상은?

① 배기색은 희고, 출력은 정상이다.
② 배기색은 희고, 출력은 증가한다.
③ 배기색은 검고, 출력은 저하된다.
④ 배기색은 검고, 출력은 증가한다.

해설 디젤기관에서 에어클리너가 막혔을 경우 배기색은 검고 출력은 저하된다.

08 디젤기관에서 터보차저를 부착하는 목적으로 맞는 것은?

① 기관의 유효압력을 낮추기 위해서
② 기관의 냉각을 위해서
③ 기관의 출력을 증대시키기 위해서
④ 배기 소음을 줄이기 위해서

해설 터보차저란 디젤기관의 주요 부품 중 하나로 기관의 출력 증대를 위한 목적으로 만들어진 장치이다.

09 운전 중 엔진오일 경고등이 점등되었을 때의 원인이 다닌 것은?

① 오일 드레인 플러그가 열렸을 때
② 윤활계통이 막혔을 때
③ 오일필터가 막혔을 때
④ 오일 밀도가 낮을 때

해설 운전 중 엔진오일 경고등이 점등되었을 때의 원인
• 오일 드레인 플러그가 열렸을 때
• 오일 압력 센서가 불량인 경우
• 윤활계통이 막혔을때

예상문제(14)

- 센서와 경고등을 연결하는 전선의 결함일 때
- 오일 필터가 막혔을 경우

10 기관의 피스톤이 고착되는 원인으로 틀린 것은?

① 냉각수 량이 부족할 때
② 기관오일이 부족하였을 때
③ 기관이 과열되었을 때
④ 압축 압력이 너무 높았을 때

해설 기관의 피스톤이 고착되는 원인
- 냉각수 량이 부족할 때
- 기관오일이 부족하였을 때
- 기관이 과열되었을 때
- 노킹이 심한 때에

11 다음 중 디젤기관과 관계없는 것은?

① 경유를 연료로 사용한다.
② 점화장치 내에 배전기가 있다.
③ 압축 착화한다.
④ 압축비가 가솔린기관보다 높다.

해설 점화장치는 가솔린 기관에 있는 것이다.

12 기관 실린더(cylinder) 벽에서 마멸이 가장 크게 발생하는 부위는?

① 상사점 부근   ② 하사점 부근
③ 중간 부분   ④ 하사점 이하

해설 실린더 벽의 마멸량은 상사점(TDC) 부근이 가장 크고, 하사점(BDC) 부근은 거의 마멸되지 않는다.

13 기동 전동기의 시험 항목으로 맞지 않는 것은?

① 무부하 시험   ② 회전력 시험
③ 저항 시험   ④ 중부하 시험

해설 기동전동기의 시험 항목에는 무부하 시험, 회전력(토크) 시험, 저항 시험 등 3가지가 있다.

14 전압 조정기의 종류에 해당하지 않는 것은?

① 접점식   ② 카본파일식
③ 트랜지스터식 ④ 저항식

해설 전압 조정기: 발전기 및 기타 전원의 전압을 입력 전압의 변동 혹은 부하 변동에 상관 없이 요구된 한도 내로 유지하는 기능을 가진 장치로 접점식, 트랜지스터식, 카본파일식 등이 있다.

15 축전지 급속 충전 시 주의사항으로 잘못된 것은?

① 통풍이 잘되는 곳에서 한다.
② 충전 중인 축전지에 충격을 가하지 않도록 한다.
③ 전해액 온도가 45℃를 넘지 않도록 특별히 유의한다.
④ 충전시간은 길게하고, 가능한 2주에 한 번씩 하도록 한다.

해설 충전시간은 가급적 짧게 하여야 한다.

16 교류발전기에서 전류가 발생 되는 것은?

① 스테이터   ② 전기자
③ 로터   ④ 정류자

해설 ② 전기자: 회전 전기기기에서 주요한 동작을 하는 권선(捲線)을 수용하고 있는 부분이다.
③ 로터: 모터 등의 회전부분으로 회전자라고도 한다.
④ 정류자: 직류기·교류정류자·전동기 등에서 일정한 방향으로 회전하도록 전류의 방향을 주기적으로 바꿔 전기자에 공급하는 장치이다.

17 축전지가 충전되지 않는 원인으로 가장 옳은 것은?

① 레귤레이터가 고장일 때
② 발전기의용량이 클 때
③ 팬벨트 장력이 셀 때
④ 전해액의 온도가 낮을 때

해설 축전지가 충전되지 않는 원인은 레귤레이터가 고장일 때이다.

18 건설기계에 사용하는 축전지 2개를 직렬로 연결하였을 때 변화 되는 것은?

① 전압이 증가된다.
② 사용 전류가 증가된다.
③ 비중이 증가된다.
④ 전압 및 이용 전류가 증가된다.

해설 건설기계에 사용하는 축전지 2개를 직렬로 연결하였을 경우 전압은 연결한 개수만큼 증가되지만 용량은 1개일 때와 같다.

19 건설기계의 전조등 성능을 유지하기 위하여 가장 좋은 방법은?

① 단선으로 한다.
② 복선식으로 한다.
③ 축전지와 직결시킨다.
④ 굵은선으로 갈아 끼운다.

해설 건설기계의 전조등 성능을 유지하기 위하여 복선식으로 한다.

20 무한궤도식 건설기계에서 트랙 장력을 측정하는 부위로 가장 적합한 것은?

① 아이들러와 스프로킷 사이
② 1번 상부롤러와 2번 상부롤러 사이
③ 스프로킷과 1번 상부롤러 사이
④ 아이들러와 1번 상부롤러 사이

해설 무한궤도식 건설기계에서 트랙 장력을 측정하는 부위는 아이들러와 1번 상부 롤러 사이이다.

21 굴착기 주행 조작 시의 주의사항으로 적합하지 않은 것은?

① 주행 시에는 상부 전체를 선회 로크장치로 고정시킨다.
② 가능하면 연약 지반에서의 이동은 피한다.
③ 암반이나 부정지 등은 트랙을 팽팽하게 조정 후 저속으로 주행한다.
④ 경사지 주행 시에는 버킷을 지면에서 최대한 높이 들고 주행한다.

해설 굴착기로 경사지를 주행 할 때에는 버킷을 지면에서 20~30cm 정도로 하여 긴급 시에 브레이크역할이 가능하게 한다.

22 굴착기 작업 장치에 대한 설명으로 틀린 것은?

① 붐은 작업 장치를 지지하는 기둥 역할을 하고 상하 운동을 한다.
② 버킷은 암 끝에 부착되어 암 끝을 중심으로 오므림과 펴짐의 회전운동을 한다.
③ 붐, 암, 버킷 등이 순서대로 부착되어 구성되며, 한 개의 유압 실린더에 의해 작동된다.
④ 암은 붐에 부착되어 전후 운동을 한다.

해설 굴착기의 작업 장치는 붐, 암, 버킷 등의 순서대로 구성되어 있으며, 3~4개의 유압 실린더에 의해 작동된다.

23 건설기계 현장에서 호각을 짧게 불면서 한 손을 들고 손바닥을 진행 방향으로 펴고 전후로 손을 흔드는 신호 방법은?

① 좌로   ② 긴급 정지
③ 안전하게 이동   ④ 우측으로 천천히 이동

해설 건설기계 현장 신호 방법
• 안전하게 이동: 호각을 짧게 불면서 한 손을 들고 손바닥을 진행 방향으로 펴고 전후로 손을 흔든다.
• 우로: 호각을 길게 불면서 오른손을 위로 올려 옆으로 흔든다.
• 좌로: 호각을 길게 불면서 왼손을 위로 올려 옆으로 흔든다.
• 정지: 호각을 길게 불면서 한 손을 들고 운전자를 향해 높이 올린다.
• 긴급 정지: 호각을 짧게 연속 불면서 양손을 벌리고 높이들어 흔든다.
• 우측으로 천천히 이동: 호각을 짧게 불면서 우측 손을 올리고 좌측 손으로 좌우로 흔든다.
• 좌측으로 천천히 이동: 좌측 손을 올리고 우측 손으로 좌우로 흔든다.

24 다음 중 돌, 아스팔트, 콘크리트 등 단단한 물질을 파쇄할 때 사용되는 버킷은 어느 것인가?

① 쪽버킷   ② 브레이커
③ 대버킷   ④ 채버킷

해설 ① 쪽버킷: 작은 폭으로 좁은 곳을 굴착하는 경우에 사용된다.
③ 대버킷: 일반 버킷보다 폭이 넓으며 투스가 없다. 굴착기의 버킷용량보다 초과한 대버킷을 사용하면 굴착기에 무리가 가기 때문에 용량에 적합한 대버킷을 사용해야 한다.
④ 채버킷: 돌을 거를 때 사용하기 위해 일정 크기로 격자모양의 환을 매워 만든 버킷이다. 돌을 골라내기 때문에 고운 입자의 땅으로 만들어 주는 버킷이다.

25 굴착기 붐의 자연 하강량이 많다. 그 원인이 아닌 것은 어느 것인가?

① 유압실린더 배관이 파손되었다.
② 컨트롤 밸브의 스풀에서 누출이 많다.
③ 유압실린더의 내부누출이 있다.
④ 유압작동 압력이 과도하게 낮다.

해설 붐의 자연 하강량이 많은 원인
• 유압실린더 내부누출이 있을 때
• 컨트롤 밸브 스풀에서의 누출이 많을 때
• 유압실린더 배관의 파손되었을 때
• 유압이 과도하게 높을 때이다.

26 굴착기로 작업 시 작업 안전사항으로 잘못된 것은 어느 것인가?

① 기중 작업은 가능한 피하는 것이 좋다.
② 타이어식 굴착기로 작업할 때 안전을 위하여 아웃트리거를 걸치고 작업하였다.
③ 경사지 작업 시 측면절삭을 행하는 것이 좋다.
④ 한쪽 트랙을 들 때에는 암과 붐 사이의 각도는 90~110° 범위로 해서 들어주는 것이 좋다.

해설 경사지를 작업할 때에는 측면절삭을 하지 않는 것이 좋다.

27 사질의 지반을 굴착작업 하려고 할 때 굴착면의 적당한 기울기와 높이로 알맞은 것은 어느 것인가?

① 기울기 1:1.5 이하, 높이 5m 미만
② 기울기 1:1.5 이상, 높이 5m 미만
③ 기울기 1:2 이하, 높이 10m 미만
④ 기울기 1:2 이상, 높이 10m 미만

해설 사질의 지반을 굴착작업 하려고 할 때 굴착면의 적당한 기울기와 높이는 기울기 1:1.5 이상, 높이 5m 미만으로 깎아야 한다.

28 작업을 종료하고 주기장에 주기하는 무한궤도식 굴착기의 안전 상태 확인 요령으로 잘못된 것은 어느 것인가?

① 굴착기 주차 브레이크가 주차 상태로 되어 있는지 확인한다.
② 각종 레버의 위치가 중립으로 되어 있는지 확인하고 조치한다.
③ 마스터 스위치가 있는지 확인하고 조치한다.
④ 안전 레버가 열린 상태인지 확인하고 조치한다.

해설 작업을 종료하고 주기장에 주기하는 굴착기는 주지 시 안전 레버는 잠금 상태여야 한다.

29 다음 중 절토 작업 시 안전준수 사항으로 잘못된 것은 어느 것인가?

① 상부에서 붕괴 낙하 위험이 있는 장소에서 작업은 금지한다.
② 부석이나 붕괴되기 쉬운 지반은 적절한 보강을 한다.
③ 굴착 면이 높은 경우에는 계단식으로 굴착한다.
④ 상·하부 동시 작업으로 작업 능률을 높인다.

해설 절토 작업 시 상·하부 동시 작업을 하면 안 된다.

30 굴착기 작업정비의 주기별 정비 중 주간 정비(매 50시간마다)가 아닌 것은 어느 것인가?

① 라디에이터 및 오일 쿨러 점검
② 배터리 전해액 수준 점검(증류수 보충)
③ 프레임 연결부 등에 그리스 주유
④ 팬밸트의 장력 점검 및 조정

해설 라디에이터 및 오일 쿨러 점검은 분기정비(매 500시간마다)에 해당한다.

31 다음 중 건설기계의 범위에 해당 되지 않는 것은?

① 자체중량 2톤 미만의 불도저
② 자체중량 1톤 미만의 굴착기
③ 자체중량 2톤 미만의 로더
④ 자체중량 2톤 미만의 엔진식 지게차

해설 로더는 무한궤도 또는 타이어식으로 적재장치를 가진 자체중량 2톤 이상인 것이어야 한다.

32 건설기계소유자에게 등록번호표 제작명령을 할 수 있는 기관의 장은?

① 국토교통부장관   ② 행정안전부장관
③ 경찰청장   ④ 시·도지사

해설 건설기계소유자에게 등록번호표 제작명령을 할 수 있는 기관의 장은 시·도지사이다.

33 건설기계조종사 면허가 취소되었을 경우 그 사유가 발생한 날로부터 며칠 이내에 면허증을 반납해야 하는가?

① 7일 이내   ② 10일 이내
③ 14일 이내   ④ 30일 이내

해설 건설기계조종사 면허가 취소되었을 경우 그 사유가 발생한 날로부터 10일 이내에 면허증을 반납해야 한다.

34 정기검사 신청을 받은 검사대행자는 며칠 이내 검사일시 및 장소를 통지하여야 하는가?

① 20일   ② 15일
③ 5일   ④ 3일

해설 검사 신청을 받은 시·도지사는 정기검사 신청을 받은 날부터 5일 이내에 검사일시 및 장소를 통지하여야 한다.

35 대형건설기계에 적용해야 될 내용으로 맞지 않는 것은?

① 당해 건설기계의 식별이 쉽도록 전후 범퍼에 특별도색을 하여야 한다.
② 최고속도가 35km/h 이상인 경우에는 부착하지 않아도 된다.
③ 운전석 내부의 보기 쉬운 곳에 경고 표지판을 부착하여야 한다.
④ 총중량 30톤, 축중 10톤 미만인 건설기계는 특별표지판 부착대상이 아니다.

해설 대형건설기계는 최고속도가 35km/h 이하인 경우에는 부착하지 않아도 된다.

36 앞지르기 금지 장소가 아닌 것은?

① 터널 안, 앞지르기 금지표지 설치장소
② 버스정류장 부근, 주차금지 구역
③ 경사로의 정상 부근, 급경사로의 마지막
④ 교차로 도로의 구부러진 곳

해설 앞지르기 금지장소
 • 교차로, 터널 안, 다리 위, 도로의 구부러진 곳
 • 비탈길의 고갯마루 부근 또는 가파른 비탈길의 내리막 등 지방경찰청장이 안전표지에 의해 지정한 곳

예상문제(14)

굴착기운전기능사

37 대형 건설기계 특별 표지판 부착을 하지 않아도 되는 건설기계는?

① 너비 3미터인 건설기계
② 길이 16미터인 건설기계
③ 최소 회전반경 13미터인 건설기계
④ 총중량 50톤인 건설기계

해설 건설기계관리법규 상 특별표지 부착대상 건설기계
• 길이가 16.7m 이상인 건설기계
• 너비가 2.5m 이상인 건설기계
• 높이가 3.8m 이상인 건설기계
• 최소회전 반경 12m 이상인 건설기계
• 총중량이 40ton 이상인 건설기계
• 축하중이 10ton 이상인 건설기계

38 좌회전을 하기 위하여 교차로에 진입되어 있을 때 황색 등화로 바뀌면 어떻게 하여야 하는가?

① 정지하여 정지선으로 후진한다.
② 그 자리에 정지하여야 한다.
③ 신속히 좌회전하여 교차로 밖으로 진행한다.
④ 좌회전을 중단하고 횡단보도 앞 정지선까지 후진하여야 한다.

해설 좌회전을 하기 위하여 교차로에 진입되어 있을 때 황색 등화로 바뀌면 신속히 좌회전하여 교차로 밖으로 진행해야 한다.

39 교차로 통행방법 설명 중 틀린 것은?

① 교차로 내는 차선이 없으므로 진행방향을 임의로 바꿀 수 있다.
② 좌회전할 때에는 교차로 중심 안쪽으로 서행한다.
③ 교차로에서 직진하려는 차는 이미 교차로에 진입하여 좌회전하고 있는 차의 진로를 방해할 수 없다.
④ 교차로에서 우회전할 때에는 서행하여야 한다.

해설 교통량이 빈번하거나 좌우를 확인할 수 없는 교차로에 진입할 때에는 일시정지한 후 좌우를 살펴서 다른 차가 없는 경우에 통과해야 한다.

40 도로명 안내표지의 종류 중 방향표지가 아닌 것은 어느 것인가?

① 도로명예고표지   ② 차로지정표지
③ 도로명표지   ④ 이정표지

해설 도로명 안내표지의 종류 중 방향표지에 속하는 것은 도로명표지, 도로명예고표지, 차로지정표지이다.

41 유압회로 내의 유압을 설정압력으로 일정하게 유지하기 위한 압력제어 밸브는?

① 릴리프 밸브   ② 감압 밸브
③ 릴레이 밸브   ④ 리턴 밸브

해설 ② 감압 밸브: 액체의 압력이 사용 목적보다 높을 때 이것을 감압하고, 또 감압한 후 압력을 일정하게 유지하는 밸브를 말한다.
③ 릴레이 밸브: 공기압식 자동 제어 장치에 있어서 플래퍼의 변위를 공기압으로 변환하여 신호로 하는데, 이 공기압의 범위가 좁고, 또한 노즐 배압은 공기의 절대량이 적어 큰 출력은 낼 수 없기 때문에 변화 범위를 넓혀 큰 출력을 낼 수 있도록 하기 위한 기구가 릴레이 밸브이다.
④ 리턴 밸브: 순환식 오일 배관에 있어서 버너의 앞으로부터 여분의 오일을 복귀 오일관을 통해 급유 탱크로 되돌려 보내기 위해 사용하는 밸브이다.

42 유압 에너지의 저장, 충격흡수 등에 이용되는 것은?

① 축압기(accmulator)   ② 스트레이너(strainer)
③ 펌프(pump)   ④ 오일 탱크(oil tank)

해설 ② 스트레이너: 유체 속에 포함된 고형물을 제거하여 기기 등에 이물질이 유입하는 것을 방지하는 장치의 총칭이다.
③ 펌프: 압력작용에 의하여 액체나 기체의 유체를 관을 통해서 수송하거나, 저압의 용기 속에 있는 유체를 관을 통하여 고압의 용기 속으로 압송하는 기계이다.
④ 오일 탱크: 보일러의 연소장치에 사용하는 유류를 저장하는 탱크. 건축물 난방용의 것에는 옥외탱크와 옥내탱크가 있으며, 소형의 것은 지하탱크로 할 수 있다.

43 유압유의 압력에너지(힘)를 기계적 에너지 일로 변환시키는 작용을 하는 것은?

① 유압펌프   ② 유압밸브
③ 어큐뮬레이터   ④ 액추에이터

해설 ① 유압펌프: 외부에서 공급되는 기계적 에너지를 유압 시스템 작동유의 압력 에너지로 변환시키는 장치이다.
② 유압밸브: 유압 장치에 있어서 기름의 압력·유량·흐름 방향을 제어하는 밸브이다.
③ 어큐뮬레이터: 유압장치에 있어서 유압펌프로부터 고압의 기름을 저장해 놓는 장치이다.

44 건설기계에 사용되는 유압펌프의 종류가 아닌 것은?

① 베인 펌프   ② 플런저 펌프
③ 포막 펌프   ④ 기어 펌프

해설 건설기계에 사용하는 유압펌프의 종류에는 기어식, 플런저식, 베인식 등이 있다.

예상문제(14)

45 유압회로에서 유압유의 점도가 높을 때 발생 될 수 있는 현상이 아닌 것은?

① 관내의 마찰 손실이 커진다.
② 동력 손실이 커진다.
③ 열 발생의 원인이 될 수 있다.
④ 유압이 낮아진다.

해설 유압회로에서 유압유의 점도가 높을 때
• 동력손실이 증가하므로 기계효율이 떨어진다.
• 유동저항이 증대하고, 압력손실이 증가한다.
• 유압작용이 활발하지 못하게 된다.
• 내부마찰이 증가하고, 상승한다.

46 유압회로의 압력에 의해 유압 액추에이터의 작동 순서를 제어하는 밸브는?

① 언로더 밸브   ② 시퀀스 밸브
③ 감압 밸브   ④ 릴리프 밸브

해설 ① 언로더 밸브: 유압 회로내의 압력이 설정압력에 도달하면 펌프로 부터의 전 유량을 탱크로 리턴 시키는 밸브이다.
③ 감압 밸브: 유압 회로에서 분기회로의 압력을 주 회로의 압력보다 저압으로 사용할 때 사용하는 밸브이다.
④ 릴리프 밸브: 유압 회로의 압력이 설정값에 도달하면 유체의 일부 또는 전부를 되돌아가는 측에 보내 회로내의 압력을 일정하게 유지하는 밸브이다.

47 다음 그림과 같이 안쪽은 내·외측 로터로 바깥쪽은 하우징으로 구성되어 있는 오일펌프는?

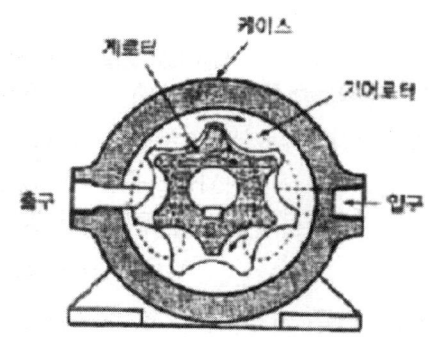

① 기어 펌프   ② 베인 펌프
③ 트로코이드 펌프 ④ 피스톤 펌프

해설 트로코이드 펌프: 안쪽은 내·외측 로터로 바깥쪽은 하우징으로 구성되어 있는 오일펌프로 10kg/cm² 이하에서 강제 윤활 급유용으로서 흔히 사용되고 있다.

48 유압장치에서 유압조절밸브의 조정방법은?

① 압력조정밸브가 열리도록 하면 유압이 높아진다.
② 밸브스프링의 장력이 커지면 유압이 낮아진다.
③ 조정 스크류를 조이면 유압이 높아진다.
④ 조정 스크류를 풀면 유압이 높아진다.

해설 유압장치에서 유압조절밸브는 조정 스크류를 조이면 유압이 높아진다.

49 다음은 유압기기를 점검 중 이상 발견 시 조치 사항이다. ( )안의 내용을 순서대로 나열한 것은?

작동유가 누출되는 상태라면 이음부를 더 조여주거나, 부품을 ( )하는 등 응급조치를 하는 것이 당연하지만, 그 원인을 조사하여 재발을 방지하고 고장이 더 확대되지 않도록 유압기기 전체를 ( )하는 일도 필요 없다.

① 플러싱, 교환   ② 교환, 재점검
③ 열화, 재점검   ④ 재점검, 교환

50 액추에이터를 순서에 맞추어 작동시키기 위해 설치한 밸브는?

① 메이크업 밸브   ② 리듀싱 밸브
③ 시퀀스 밸브   ④ 언로우드 밸브

해설 액추에이터를 순서에 맞추어 작동시키기 위해 설치한 밸브는 시퀀스 밸브이다.

51 다음 중 불안전한 행동으로 인하여 오는 산업재해가 아닌 것은 어느 것인가?

① 방호장치의 결함   ② 안전장치의 기능제거
③ 안전구의 미착용   ④ 불안전한 자세

해설 방호장치의 결함은 불안전한 행동으로 인하여 오는 산업재해가 아니라 불안전한 조건에 의해 발생하는 산업재해다.

52 산업안전보건에서 안전표지의 종류가 아닌 것은?

① 위험표지   ② 경고표지
③ 지시표지   ④ 금지표지

해설 산업안전보건에서 안전표지의 종류로는 금지표지, 경고표지, 지시표지, 안내표시 등이 있다.

53 배터리 전해액처럼 강산, 알칼리 등의 액체를 취급할 때 가장 적합한 복장은?

① 면장갑 착용   ② 면직으로 만든 옷
③ 나일론으로 만든 옷 ④ 고무로 만든 옷

해설 강산, 알칼리 등의 부식성이 심한 액체를 취급할 때에는 고무로 만든 옷이나 고무로 된 앞치마를 둘러야 한다.

예상문제(14)

굴착기운전기능사

54 가동하고 있는 엔진에서 화재가 발생하였다. 불을 끄기 위한 조치 방법으로 가장 올바른 것은?

① 원인분석을 하고 모래를 뿌린다.
② 포말 소화기를 사용 후 엔진 시동스위치를 끈다.
③ 엔진 시동스위치를 끄고 ABC 소화기를 사용한다.
④ 엔진을 급가속하여 팬의 강한 바람을 일으켜 불을 끈다.

해설 가동하고 있는 엔진에서 화재가 발생하면 엔진을 꺼야 하는데 그 이유는 엔진 내부로 연료가 공급되는 것을 방지하기 위함이다. 또한 물을 끄기 위해선 유류 화재이기 때문에 물을 뿌리는 것이 아니라 ABC 소화기를 사용하여 불을 꺼 준다.

55 작업장에서 전기가 예고 없이 정전 되었을 경우 전기로 작동하던 기계기구의 조치방법으로 틀린 것은?

① 즉시 스위치를 끈다.
② 안전을 위해 작업장을 정리해 놓는다.
③ 퓨즈의 단선 유, 무를 검사한다.
④ 전기가 들어오는 것을 알기 위해 스위치를 켜둔다.

해설 작업장에서 전기가 예고 없이 정전 되었을 경우 전기로 작동하던 기계기구의 콘센트를 뽑거나 스위치를 꺼야 한다.

56 소화작업에 대한 설명으로 틀린 것은?

① 산소의 공급을 차단한다.
② 유류화재 시 표면에 물을 붓는다.
③ 가열물질의 공급을 차단한다.
④ 점화원을 발화점 이하의 온도로 낮춘다.

해설 유류화재 시 분말 소화기 또는 이산화탄소나 하론 소화기로 소화를 하여야 한다.

57 세척작업 중에 알칼리 또는 산성. 세척유가 눈에 들어갔을 경우에 응급처치로 가장 먼저 조치하여야 하는 것은?

① 산성 세척유가 눈에 들어가면 병원으로 후송하여 알칼리성으로 중화시킨다.
② 알칼리성 세척유가 눈에 들어가면 붕산수를 구입하여 중화 시킨다.
③ 눈을 크게 뜨고 바람 부는 쪽을 향해 눈물을 흘린다.
④ 먼저 수돗물로 씻어낸다.

해설 알칼리 또는 산성. 세척유가 눈에 들어갔을 경우에는 먼저 수돗물로 씻어 응급처치를 한 후에 병원에 가야한다.

58 도시가스로 사용하는 LNG(액화천연가스)의 특징에 대한 설명으로 틀린 것은?

① 공기보다 가벼워 가스 누출 시 위로 올라간다.
② 공기보다 무거워 소량 누출 시 밑으로 가라앉는다.
③ 공기와 혼합되어 폭발범위에 이르면 점화원에 의하여 폭발한다.
④ 도시가스 배관을 통하여 각 가정에 공급되는 가스이다.

해설 LNG(액화천연가스)의 특징
• 무색의 투명 액체이다.
• 기화한 가스는 무색무취이다.
• 비중은 상온에서 공기보다 가볍다.
• 액화천연가스로부터 기화된 가스는 공기와 혼합되면 폭발성 분위기가 형성된다.

59 지하구조물이 설치된 지역에 도시가스가 공급되는 곳에서 굴삭기를 이용하여 굴착공사 중 지면에서 0.3m 깊이에서 물체가 발견되었다. 예측할 수 있는 것으로 맞는 것은?

① 도시가스 입상관
② 도시가스 배관을 보호하는 보호관
③ 가스 차단장치
④ 수취기

해설 지하에 매설되는 가스배관은 하수, 통신, 우수, 전기 등과 같은 타 시설물로부터 30cm 이상 이격하여 매설할 것, 다만 부득이 하게 이격 거리가 나오지 않는 경우 보호관 또는 보호판을 설치하여 가스배관을 보호 할 것.

60 지하매설 배관탐지장치 등으로 확인된 지점 중 확인이 곤란한 분기점, 곡선부, 장애물 우회지점의 안전 굴착 방법으로 가장 적합한 것은?

① 절대 불가 작업 구간으로 제한되어 굴착 할 수 없다.
② 유도관(가이드 파이프)을 설치하여 굴착 한다.
③ 가스배관 좌·우측 굴착을 실시한다.
④ 시험굴착을 실시하여야 한다.

정답

1	2	3	4	5	6	7	8	9	10
①	②	②	③	④	③	③	③	④	④
11	12	13	14	15	16	17	18	19	20
②	①	④	④	④	①	①	①	②	④
21	22	23	24	25	26	27	28	29	30
④	③	③	②	④	③	②	④	④	①
31	32	33	34	35	36	37	38	39	40
③	④	②	④	③	②	②	②	①	③
41	42	43	44	45	46	47	48	49	50
①	①	④	①	④	②	②	③	②	④
51	52	53	54	55	56	57	58	59	60
①	①	④	③	④	②	④	②	②	④

상시검정 예상문제(15)

01 실린더와 피스톤 사이에 유막을 형성하여 압축 및 연소가스가 누설되지 않도록 기밀을 유지하는 작용으로 옳은 것은?

① 밀봉작용
② 감마작용
③ 냉각작용
④ 방청작용

해설 ② 감마작용: 금속표면에 유막을 형성하여 마찰력을 감소시키는 작용
③ 냉각작용: 발생된 열을 직접 냉각수나 냉각공기에 전달할 수 없는 부품들을 과열로부터 보호하는 것
④ 방청작용: 미끄럼 운동 면에 유막을 형성하여 수분 및 부식성 가스의 침투를 방지하고 침투한 것을 치환하는 작용

02 기관에 사용되는 여과장치가 아닌 것은?

① 공기청정기
② 오일 필터
③ 오일 스트레이너
④ 인젝션 타이머

해설 인젝션 타이머는 압축점화기관의 연료분사시기를 변환하는 장치인 분사 시기 조정 장치이다.

03 가압식 라디에이터의 장점으로 틀린 것은?

① 방열기를 작게 할 수 있다.
② 냉각수의 비등점을 높일 수 있다.
③ 냉각수의 순환속도가 빠르다.
④ 냉각장치의 효율을 높일 수 있다.

해설 가압식 라디에이터의 장점
• 방열기를 작게 할 수 있다.
• 냉각수의 손실이 적다
• 냉각수의 비등점을 높일 수 있다.
• 기관의 열효율이 향상된다.

04 디젤엔진에 사용되는 과급기의 주된 역할 설명으로 가장 적합한 것은?

① 출력의 증대
② 윤활성의 증대
③ 냉각효율의 증대
④ 배기의 정화

해설 과급기: 내연기관의 출력을 증가시키기 위해 외기를 실린더에 밀어넣는 압축기이다. 이를 사용하면 출력이 높아지므로 비행기나 선박 등의 출력이 증가한다.

05 일반적으로 디젤기관의 점화(착화) 방법은?

① 전기 착화
② 마그넷 점화
③ 압축 착화
④ 전기 점화

해설 디젤 기관 압축 착화: 피스톤에 의해 공기만 압축한 후 분사노즐을 통해 연료가 분사되면 압축열에 의해 자기착화되어 혼합기가 연소되는 방식이다.

06 라디에이터 캡을 열었을 때 냉각수에 오일이 섞여있는 경우의 원인은?

① 실린더 블록이 과열되었다.
② 수냉식 오일 쿨러가 파손되었다.
③ 기관의 윤활유의 너무 많이 주입되었다.
④ 라디에이터가 불량하다.

해설 라디에이터 캡을 열었을 때 냉각수에 오일이 섞여있는 경우는 수냉식 오일 쿨러가 파손되었을 때이다.

07 기관에서 밸브의 개폐를 돕는 것은?

① 너클암
② 스티어링암
③ 로커암
④ 피트먼암

해설 로커암: 밸브 개폐를 위한 힘의 방향을 바꿔 주는 방향 전환 기능의 암으로, OHV와 OHC처럼 헤드에 밸브가 있는 형식의 엔진에서는 밸브를 아래쪽으로 누르면 열리게 된다.

08 기관의 예방 정비 시에 운전자가 해야 할 정비와 관계가 먼 것은?

① 딜리버리 밸브 교환
② 냉각수 보충
③ 연료 여과기의 엘리먼트 점검
④ 연료 파이프의 풀림 상태 조임

09 디젤기관에서 연료의 착화성을 표시하는 것은?

① 옥탄가
② 부탄가
③ 프로판가
④ 세탄가

해설 옥탄가: 연료가 연소할 때 이상폭발을 일으키지 않는 정도를 나타내는 수치이다.

예상문제(15)

10 다음 보기에서 피스톤과 실린더 벽 사이의 간극이 클 때 미치는 영향을 모두 나타낸 것은?

[보기]
a. 마찰열에 의해 소결되기 쉽다.
b. 블로바이에 의해 압축 압력이 낮아진다.
c. 피스톤링의 기능 저하로 인하여 오일이 연소실에 유입 되어 오일 소비가 많아진다.
d. 피스톤 슬랩 현상이 발생되며 기관 출력이 저하된다.

① a. b. c   ② c. d
③ b. c. d   ④ a. b. c. d

11 디젤엔진의 연소실에는 연료가 어떤 상태로 공급되는가?

① 기화기와 같은 기구를 사용하여 연료를 공급한다.
② 노즐로 연료를 안개와 같이 분사한다.
③ 가솔린 엔진과 동일한 연료 공급펌프로 공급한다.
④ 액체 상태로 공급한다.

해설 디젤엔진의 연소실에는 노즐로 연료를 안개와 같이 분사한다.

12 기관의 밸브 오버랩을 두는 이유로 맞는 것은?

① 밸브 개폐를 쉽게 하기 위해
② 압축 압력을 높이기 위해
③ 흡입 효율 증대를 위해
④ 연료 소모를 줄이기 위해

해설 기관의 밸브 오버랩을 두는 이유는 흡입 효율 증대를 위해서이다.

13 디젤기관 가동 중에 발전기가 고장이 났을 때 발생할 수 있는 현상으로 틀린 것은?

① 배터리가 발전되어 시동이 꺼지게 된다.
② 충전 경고등에 불이 들어온다.
③ 헤드램프를 켜면 불빛이 어두워진다.
④ 전류계의 지침이 −쪽을 가리킨다.

해설 디젤기관 가동 중에 발전기가 고장이 났을 때에는 배터리에 기전력이 남아 있는 것이기 때문에 시동이 꺼지지 않는다.

14 디젤기관 연료장치의 분사펌프에서 프라이밍 펌프는 어느 때 사용 되는가?

① 출력을 증가시키고자 할 때
② 연료계통에 공기를 배출 할 때
③ 연료의 양을 가감할 때
④ 연료의 분사압력을 측정 할 때

해설 디젤기관 연료장치의 분사펌프에서 프라이밍 펌프는 연료계통에 공기를 배출 할 때 사용된다.

15 전기장치에서 접촉저항이 발생하는 개소 중 가장 거리가 먼 것은?

① 배선 중간 지점   ② 스위치 접점
③ 축전지 터미널   ④ 배선커넥터

해설 전기장치에서 접촉저항이 발생하는 곳은 접점단이 만나는 곳인데 배선 중간 지점은 두 접점단이 만나는 곳이 아니다.

16 엔진이 기동 되었는데도 시동스위치를 계속 ON 위치로 할 때 미치는 영향으로 맞는 것은?

① 시동전동기의 수명이 단축된다.
② 클러치 디스크가 마멸된다.
③ 크랭크축 저널이 마멸된다.
④ 엔진의 수명이 단축된다.

해설 엔진이 기동 되었는데도 시동스위치를 계속 ON 위치로 하면 클러치 디스크 가 마멸된다.

17 세미실드빔 형식의 전조등을 사용하는 건설기계장비에서 전조등이 점등되지 않을 때 가장 올바른 조치 방법은?

① 렌즈를 교환한다.   ② 전조등을 교환한다.
③ 반사경을 교환한다.   ④ 전구를 교환한다.

해설 세미실드빔 형식의 전조등을 사용하는 건설기계장비에서 전조등이 점등되지 않을 때는 전구를 교환한다.

18 납산축전지를 오랫동안 방전상태로 두면 사용하지 못하게 되는 원인은?

① 극판이 영구 황산납이 되기 때문이다.
② 극판에 산화납이 형성되기 때문이다.
③ 극판에 수소가 형성되기 때문이다.
④ 극판에 녹이 슬기 때문이다.

해설 납산축전지를 오랫동안 방전상태로 두면 +, −극은 영구황산납으로 변하고 전 해액은 물이다.

19 건설기계에서 시동전동기가 회전이 안 될 경우 점검 사항 이 아닌 것은?

① 축전지의 방전여부   ② 배터리 단자의 접촉 여부
③ 펜밸트의 이완 여부   ④ 배선의 단선 여부

해설 펜밸트가 이완되어 있으면 엑셀페달을 힘껏 밟는 순각 '끽' 하는 소리가 나는 경우가 많다.

상시검정 예상문제(15)

20 수동식 변속기 건설기계를 운행 중 급가속 시켰더니 기관의 회전은 상승 하는데 차속이 증속되지 않았다. 그 원인에 해당 하는 것은?
① 클러치 파일럿 베어링의 파손
② 릴리스 포크의 마모
③ 클러치 페달의 유격 과대
④ 클러치 디스크 과대 마모

해설 수동식 변속기 건설기계를 운행 중 급가속 시켰더니 기관의 회전은 상승 하는데 차속이 증속되지 않았다는 것은 클러치 디스크 과대 마모 때문이다.

21 굴착기로 메우기 작업을 할 때 메우기 재료의 일반적인 조건이 아닌 것은?
① 압축성이 클 것
② 팽창성이 없을 것
③ 배수성이 좋을 것
④ 동결 저항력이 좋을 것

해설 메우기 재료의 일반적인 조건에서 압축성은 작아야 한다.

22 굴착기 붐의 자연 하강량이 많은데 그 원인이 아닌 것은?
① 유압실린더 배관이 파손되었다.
② 컨트롤 밸브의 스풀에서 누출이 많다.
③ 유압실린더의 내부누출이 있다.
④ 유압작동 압력이 과도하게 낮다.

해설 붐의 자연 하강량이 많은 원인
• 유압실린더의 내부누출이 있다.
• 컨트롤 밸브의 스풀에서 누출이 많다.
• 유압실린더 배관이 파손되었다.
• 유압이 과도하게 낮다.

23 다음 중 굴착기 작업 시 작업 반경 내 위험 요소 파악 내용과 거리가 먼 것은?
① 지상 구조물 파악
② 작업자 현황 파악
③ 지하 매설물 파악
④ 작업 환경 파악

해설 작업자 현황 파악은 작업 반경 내 위험 요소 파악 내용과는 관계가 없다.

24 다음 중 굴착기 장비로 작업 시 작업 안전사항으로 잘못된 것은?
① 경사지 작업 시 측면절삭을 행하는 것이 좋다.
② 한쪽 트랙을 들 때는 암과 붐 사이의 각도는 90~110도 범위로 해서 들어주는 것이 좋다.
③ 타이어식 굴착기로 작업 시 안전을 위하여 아웃트리거를 걸치고 작업하였다.
④ 기중 작업은 가능한 피하는 것이 좋다.

해설 경사지 작업 시에는 측면절삭을 피해야 한다.

25 굴착기에서 트랙 장력을 조정하는 기능을 가진 것은?
① 트랙 어저스터
② 스프로킷
③ 주행모터
④ 아이들러

해설 무한궤도 건설기계의 트랙장력은 트랙 어저스터로 조정하며, 주행 중 트랙의 장력이 유지될 수 있도록 전후로 움직여 조정하는 것은 아이들러이다.

26 다음 중 굴착기의 붐에 대한 설명으로 옳지 않은 것은?
① 로터리 붐은 붐과 암이 고정되어 있어 암이 회전할 수 없다.
② 투피스 붐은 굴착 깊이가 깊으며 크램셀 작업이 용이하다.
③ 붐은 상부회전체와 풋 핀에 의해 연결되어 있다.
④ 원피스 붐은 백호 버킷으로 정지 작업 등 일반작업에 적합하다.

해설 로터리 붐은 붐과 암의 연결부분에 회전모터를 두어 굴착기의 이동 없이도 암이 360도 회전할 수 있다.

27 굴착기로 쌓기 작업을 할 때 사용하지 말아야 할 재료가 아닌 것은?
① 초목, 그루터기, 덤불, 쓰레기, 유기질토 등이 흙이 함유된 흙
② 소토, 이소토, 이탄토, 숙령, 부패성 물질, 진흙 등이 함께 함유된 흙
③ 30cm 이상의 큰 덩어리가 포함되어 있는 토사
④ 액성한계가 50% 이상이거나 또는 소성지수가 25%를 초과하는 흙

해설 굴착기의 쌓기 작업에서 30cm 이상의 큰 덩어리가 포함되어 있는 토사는 비율이 적으므로 최대 크기의 규정은 따로 두지 않는다.

28 굴착기의 작업 장치로 철근, H빔 절당 등에 사용하는 것은?
① 크러셔
② 그래플
③ 쉬어
④ 컴팩터

해설 ① 크러셔: 바위나 큰 돌을 작게 부수어 자갈(쇄석)을 만드는 기계이다.
② 그래플: 백호, 굴삭기, 휠로더 등과 같은 건설 차량에 사용되는 부착물로 주요 기능은 잡아서 들어 올리는 것이다.
④ 컴팩터: 침목 밑에 깐 자갈의 굳힘을 하는 보선기계이다.

29 굴착 작업을 하면 좌우에 경사면이 만들어져서 배수로 작업에 적합한 버킷은?
① 틸딩 버킷
② V형 버킷
③ 셔블 버킷
④ 이젝터 버킷

해설 ① 틸딩 버킷: 경사진 곳을 굴착하기 위한 작업 장치로 버킷을 경사면 각도에 맞출 수 있도록 버킷의 조절이 가능하도록 유압모터나 실린더가 장착 되어 있다.
③ 셔블 버킷: 장비보다 위쪽의 굴토작업에 적합하다.
④ 이젝터 버킷: 버킷 안에 토사를 밀어내는 이젝터가 있어 점토질의 땅을 굴착할 때 버킷 안의 흙이 부착될 염려가 없다.

상시검정 예상문제(15)

30 건설기계를 트레일러에 상·하차 하는 방법으로 잘못된 것은?

① 언덕을 이용한다.
② 기중기를 이용한다.
③ 타이어를 이용한다.
④ 건설기계 전용 상하차대를 이용한다.

해설 건설기계를 트레일러에 상·하차 하는 방법
  • 건설기계 전용 상하차대를 이용한다.
  • 언덕을 이용한다.
  • 기중기를 이용한다.
  • 자력 주행 탑승 방법: 트레일러 차륜에 고임목을 받치고 경사대를 10~15도 이내로 설치한 후 상차해 준다.

31 등록사항의 변경 또는 등록이전신고 대상이 아닌 것은?

① 소유자 변경
② 소유자의 주소지 변경
③ 건설기계의 소재지 변동
④ 건설기계의 사용본거지 변경

해설 건설기계의 소재지 변동은 등록사항의 변경 또는 등록이전신고 대상이 아니다.

32 건설기계관리법에서 정의한 건설기계 형식을 가장 잘 나타낸 것은?

① 엔진구조 및 성능을 말한다.
② 형식 및 규격을 말한다.
③ 성능 및 용량을 말한다.
④ 구조/규격 및 성능 등에 관하여 일정하게 정한 것을 말한다.

해설 건설기계관리법에서 정의한 건설기계 형식은 구조/규격 및 성능 등에 관하여 일정하게 정한 것을 말한다.

33 건설기계의 임시운행 사유에 해당하는 것은 ?

① 작업을 위하여 건설현장에서 건설기계를 검사장소로 운행할 때
② 정기검사를 받기 위하여 건설기계를 검사장소로 운행할 때
③ 등록신청을 위하여 건설기계를 등록지로 운행할 때
④ 등록말소를 위하여 건설기계를 폐기장으로 운행할 때

해설 건설기계의 임시운행에 해당하는 것은 등록신청을 위하여 건설기계를 등록지로 운행할 때에 해당한다.

34 건설기계 등록번호표에 표시되는 않는 것은?

① 기종
② 등록관청
③ 용도
④ 연식

해설 건설기계 등록번호표에는 기종, 등록관청, 용도 및 등록번호 등을 표시해야 한다.

35 검사 유효기간이 만료된 건설기계는 유효기간이 만료된 날로 부터 몇 월 이내에 건설기계 소유자에게 최고하여야 하는가?

① 1개월
② 2개월
③ 3개월
④ 4개월

해설 검사 유효기간이 만료된 건설기계는 유효기간이 만료된 날로부터 3개월 이내에 건설기계 소유자에게 최고하여야 한다.

36 앞지르기를 할 수 없는 경우에 해당 되는 것은?

① 앞차의 좌측에 다른 차가 나란히 진행하고 있을 때
② 앞차가 우측으로 진로를 변경하고 있을 때
③ 앞차가 그 앞차와의 안전거리를 확보하고 있을 때
④ 앞차가 양보 신호를 할 때

해설 앞차의 좌측에 다른 차가 나란히 진행하고 있을 때에는 앞지르기를 할 수 없다.

37 긴급자동차에 관한 설명 중 잘못된 것은 어느 것인가?

① 소방자동차, 구급자동차는 항시 우선권과 특례의 적용을 받는다.
② 긴급 용무 중일 때에만 우선권과 특례의 적용을 받는다.
③ 우선권과 특례의 적용을 받으려면 경광등을 켜고 경음기를 울려야 한다.
④ 긴급 용무임을 표시할 때에는 제한속도 준수 및 앞지르기 금지, 일시정지 의무 등의 적용은 받지 않는다.

해설 긴급자동차
  • 그 본래의 긴급한 용도로 사용되고 있는 자동차로 소방차, 구급차, 혈액 공급차량, 그 밖에 대통령령으로 정하는 자동차
  • 국군이나 국제연합군 긴급차에 유도되고 있는 차량
  • 경찰 긴급자동차에 유도되고 있는 자동차
  • 생명이 위급한 환자를 태우고 가는 승용자동차
  • 긴급 용무 중일 때에만 우선권과 특례의 적용을 받는다.
  • 우선권과 특례의 적용을 받으려면 경광등을 켜고 경음기를 울려야 한다.
  • 긴급 용무임을 표시할 때에는 제한속도 준수 및 앞지르기 금지, 일시정지 의무 등의 적용은 받지 않는다.

38 다음 중 도로교통법에 위반되는 행위는 어느 것인가?

① 주간에 방향을 전환할 때 방향 지시등을 켰다.
② 야간에 교행할 때 전조등의 광도를 줄였다.
③ 도로 모퉁이 부근에서 앞지르기를 하였다.
④ 건널목 바로 전에 일시 정지하였다.

해설 모든 차의 운전자는 다음 각 호의 어느 하나에 해당하는 곳에서는 다른 차를 앞지르지 못한다.
  1. 교차로
  2. 터널 안
  3. 다리 위
  4. 도로의 구부러진 곳, 비탈길의 고갯마루 부근 또는 가파른 비탈길의 내리막 등 지방경찰청장이 도로에서의 위험을 방지하고 교통의 안전과 원활한 소통을 확보하기 위하여 필요하다고 인정하는 곳으로서 안전표지로 지정한 곳

39 편도 4차로의 일반도로에서 건설기계는 어느 차로로 통행해야 하는가?

① 1차로　　② 1차로와 2차로
③ 2차로　　④ 3차로와 4차로

해설 편도 4차로의 일반도로
• 1, 2차로: 승용차, 중·승합차
• 3, 4차로: 대형승합자동차, 화물자동차, 특수자동차, 이륜자동차, 법 제2조 제18호 나목에 따른 건설기계, 원동기장치자전거

40 다음 3방향 도로명 표지에 관한 것으로 잘못된 내용은 어느 것인가?

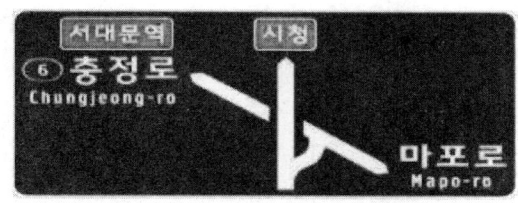

① 우회전하면 충정로 방향으로 갈 수 있다.
② 직진하면 시청으로 갈 수 있다.
③ 우회전하면 마포로 방향으로 갈 수 있다.
④ 우회전하면 서대문역 방향으로만 갈 수 있다.

해설 우회전하면 서대문역 방향과 마포로 방향으로 갈 수 있다.

41 유압유의 온도가 과열되었을 때 유압계통에 미치는 영향으로 틀린 것은?

① 온도변화에 의해 유압기기가 열변형 되기 쉽다.
② 오일의 점도 저하에 의해 누유 되기 쉽다.
③ 유압펌프의 효율이 높아진다.
④ 오일의 열화를 촉진한다.

해설 유압유의 온도가 과열되면 열화를 촉진하고 점도가 저하되기 때문에 유압펌프의 효율은 떨어진다.

42 회로 내 유체의 흐르는 방향을 조절하는데 쓰이는 밸브는?

① 압력제어밸브　　② 유량제어밸브
③ 방향제어밸브　　④ 유압 액추에이터

해설 ① 압력제어밸브: 유압·공기압 회로에 이용되는 압력을 제어하는 밸브로 종류로는 릴리프 밸브, 감압 밸브, 안전 밸브 등이 있다.
② 유량제어밸브: 유압 회로에 있어서 유량을 제어하는 밸브이다.
④ 유압 액추에이터: 갖고 있는 전기모터 혹은 유압이나 공기압으로 작동하는 피스톤·실린더 기구를 가리킨다.

43 유압 계통에서 릴리프밸브 스프링의 장력이 약화 될 때 발생 될 수 있는 현상은?

① 채터링 현상　　② 노킹 현상
③ 블로바이 현상　　④ 트램핑 현상

해설 ② 노킹 현상: 내연기관의 실린더 내에서의 이상연소에 의해 망치로 두드리는 것과 같은 소리가 나는 현상이다.
③ 블로바이 현상: 모든 내연기관엔진은 압축행정 시 실린더 벽과 피스톤사이의 틈새로 미량의 혼합기(가스)가 새나오는 현상이다.
④ 트램핑 현상: 타이어의 상·하 중량차이로 인하여 바퀴가 상·하 진동하는 현상이다.

44 유압 건설기계의 고압 호스가 자주 파열되는 원인으로 가장 적합한 것은?

① 유압펌프의 고속 회전
② 오일의 점도저하
③ 릴리프 밸브의 설정 압력 불량
④ 유압모터의 고속 회전

해설 유압 건설기계의 고압 호스가 자주 파열되는 원인은 릴리프 밸브의 설정 압력 불량 때문이다.

45 유압펌프를 통하여 송출된 에너지를 직선운동이나 회전운동을 통하여 기계적 일을 하는 기기를 무엇이라고 하는가?

① 오일 쿨러　　② 제어밸브
③ 액추에이터(작업장치)　　④ 어큐뮬레이터(축압기)

해설 유압펌프를 통하여 송출된 에너지를 직선운동이나 회전운동을 통하여 기계적 일을 하는 기기는 액추에이터(작업장치)다.

46 밀폐된 용기 내의 액체 일부에 가해진 압력은 어떻게 전달되는가?

① 유체 각 부분에 다르게 전달된다.
② 유체 각 부분에 동시에 같은 크기로 전달된다.
③ 유체의 압력이 돌출부분에서 더 세게 작용된다.
④ 유체의 압력이 홈 부분에서 더 세게 작용 된다.

해설 밀폐된 용기 내의 액체 일부에 가해진 압력은 유체 각 부분에 동시에 같은 크기로 전달된다.

47 기어펌프에 대한 설명으로 맞는 것은?

① 가변용량 펌프이다.
② 정용량 펌프이다.
③ 비정용량 펌프이다.
④ 날개깃에 의해 펌핑작용을 한다.

해설 기어펌프: 같은 모양의 2개의 기어(회전자)의 맞물림에 의하여 송액하는 펌프로서 경량이고 구조가 간단하며, 역류하지 않도록 되어 있기 때문에 밸브가 필요 없다.

상시검정 예상문제(15)

48 오일탱크 내의 오일을 전부 배출시킬 때 사용하는 것은?

① 리턴 라인 　　　　② 배플
③ 어큐뮬레이터 　　　④ 드레인 플러그

해설 오일탱크 내의 오일을 전부 배출시킬 때 사용하는 것은 드레인 플러그이다.

49 공유압 기호 중 그림이 나타내는 것은?

① 유압 동력원 　　　② 공기압 동력원
③ 전동기 　　　　　 ④ 원동기

50 유압장치의 구성 요소가 아닌 것은?

① 유니버셜 조인트 　② 오일탱크
③ 펌프 　　　　　　 ④ 제어밸브

해설 유니버셜 조인트: 축이음(커플링)의 일종으로 두 축이 비교적 떨어진 위치에 있는 경우나 두 축의 각도(편각)가 큰 경우에 이 두 축을 연결하기 위하여 사용되는 축이음(커플링)의 일종이다.

51 작업장에서 작업복을 착용하는 이유로 가장 옳은 것은?

① 작업장의 질서를 확립시키기 위해서
② 작업자의 직책과 직급을 알리기 위해서
③ 재해로부터 작업자의 몸을 보호하기 위해서
④ 작업자의 복장 통일을 위해서

해설 작업장에서 작업복을 착용하는 이유는 작업자들이 안전하고 효율적으로 작업하기 위해서이다.

52 중량물 운반작업 시 착용하여야 할 안전화로 가장 적절한 것은?

① 중 작업용 　　　　② 보통 작업용
③ 경 작업용 　　　　④ 절연용

해설 안전화 등급
　•중작업용: 광업, 건설업 및 철광업 등에서 원료취급, 가공, 강재취급 및 운반, 건설업 등에서 중량물 운반 및 취급하는 물체의 낙하, 충격 또는 날카로운 물체에 찔릴 우려가 있는 장소
　•보통작업용: 기계공업, 금속가공업, 운반, 건축업 등 공구 가공품을 손으로 취급하는 작업 및 차량 사업장, 기계 등을 운전 조작하는 일반작업장으로서 물체의 낙하, 충격 또는 날카로운 물체에 의해 찔릴 우려가 있는 장소
　•경작업용: 금속 선별, 전기제품 조립, 화학제품 선별, 반응장치 운전, 식품 가공업 등 비교적 경량의 물체를 취급하는 작업장으로서 물체의 낙하, 충격 또는 날카로운 물체에 의해 찔릴 우려가 있는 장소에서 사용

53 가스장치의 누출 여부 및 위치를 정확하게 확인하는 방법으로 맞는 것은?

① 분말 소화기 사용 　② 소리로 감지
③ 비눗물 사용 　　　④ 냄새로 감지

해설 가스장치의 누출 여부 및 위치를 확인하기 위해서는 비눗물을 사용하는 것이 좋다.

54 작업복에 대한 설명으로 적합하지 않는 것은?

① 작업복은 몸에 알맞고 동작이 편해야 한다.
② 착용자의 연령, 성별 등에 관계없이 일률적인 스타일을 선정해야 한다.
③ 작업복은 항상 깨끗한 상태로 입어야 한다.
④ 주머니가 너무 많지 않고, 소매가 단정한 것이 좋다.

해설 작업복은 작업하는 내용에 따라 스타일을 다르게 할 수 있다.

55 유류 화재 시 소화방법으로 가장 부적절한 것은?

① b급 화재 소화기 사용한다.
② 다량의 물을 부어 끈다.
③ 모래를 뿌린다.
④ abc소화기를 사용한다.

해설 유류 화재 시 소화방법으로는 이산화탄소나 하론 소화기를 사용하는 것이 좋다.

56 작업현장에서 사용되는 안전표지 색으로 잘못 짝지어진 것은?

① 빨강색-방화표시
② 노란색-충돌·추락 주의 표시
③ 녹색-비상구 표시
④ 보라색-안전지도 표시

해설 보라색은 방사능에 대한 표지이다.

57 가스 용접장치에서 산소 용기의 색은?

① 청색 　　　　　　② 황색
③ 적색 　　　　　　④ 녹색

해설 가스 용접장치에서 산소 용기의 색은 녹색이다.

58 전선로 부근에서 건설기계로 안전하게 작업을 하기 위하여 사전에 연락하여야 할 곳은?

① 인근 경찰서
② 인근설비관련 소유자 또는 관리자
③ 시, 군, 구청
④ 인근 법원

해설 전선로 부근에서 건설기계로 작업을 할 때에는 인근설비관련 소유자 또는 관리자에게 사전에 연락을 하여야 한다.

59 배관을 시가지의 도로 노면 밑에 매설하는 경우에는 노면으로부터 배관의 외면까지 몇 m이상 매설 깊이나 설치 간격을 유지하여야 하는가?

① 0.6m이상
② 1.0m이상
③ 1.2m이상
④ 1.5m 이상

해설 배관을 시가지의 도로 노면 밑에 매설하는 경우에는 노면으로부터 배관의 외면까지는 1.5m 이상 설치 간격을 유지하여야 한다.

60 감전사고의 요인을 열거한 것으로 가장 거리가 먼 것은?

① 충전부에 직접 접촉될 경우나 안전거리 이내로 접근하였을 때
② 전기 기계·기구의 절연변화, 손상, 파손 등에 의한 표면 누설로 인하여 누전되어 있는 것에 접촉하여 인체가 통로로 되었을 경우
③ 콘덴서나 고압케이블 등의 잔류전하에 의할 경우
④ 송전선로의 철탑을 손으로 만졌을 경우

해설 송전선로의 철탑을 손으로 만졌을 경우에는 그렇게 큰 감전의 요인이 되지 않는다.

정답

1	2	3	4	5	6	7	8	9	10
①	④	③	①	③	②	③	①	④	③
11	12	13	14	15	16	17	18	19	20
②	③	①	②	①	①	④	①	③	④
21	22	23	24	25	26	27	28	29	30
①	④	②	①	①	①	③	③	②	③
31	32	33	34	35	36	37	38	39	40
③	④	③	④	③	①	①	④	③	④
41	42	43	44	45	46	47	48	49	50
③	③	①	③	③	②	②	④	①	①
51	52	53	54	55	56	57	58	59	60
③	①	③	②	②	④	④	②	④	④